"十二五"普通高等教育本科国家级规划教材

电气工程及其自动化专业规划教材

U0643082

电力系统规划

（第二版）

程浩忠　主编

张　焰　严　正　刘　东　顾　洁　编写

中国电力出版社

CHINA ELECTRIC POWER PRESS

内 容 提 要

本书第一版为普通高等教育"十一五"国家级规划教材。现第二版为"十二五"普通高等教育本科国家级规划教材。

全书共 13 章。主要内容包括电力负荷预测的理论与方法、电力系统规划的经济评价方法、电源规划的理论与方法、电力系统规划的可靠性评价方法、电网规划方法、不确定性电网规划方法、电网柔性规划、多目标多阶段电网规划、配电网规划、电力系统无功规划、电力系统自动化规划、多适应性电力系统规划。只要具有电力系统基本理论的读者都应能顺利阅读并理解本书的内容。本书可作为普通高等院校电气工程及其自动化专业的高年级本科生和研究生教材,也可作为电力系统及相关领域从事电力系统规划、计划工作的工程技术人员和技术管理人员参考用书和专业培训教材。

图书在版编目(CIP)数据

电力系统规划/程浩忠主编;张焰等编写. —2 版. —北京:中国电力出版社,2014.1(2024.6 重印)

"十二五"普通高等教育本科国家级规划教材. 电气工程及其自动化专业规划教材

ISBN 978 - 7 - 5123 - 4999 - 5

Ⅰ.①电… Ⅱ.①程… ②张… Ⅲ.①电力系统规划—高等学校—教材 Ⅳ.①TM715

中国版本图书馆 CIP 数据核字(2013)第 232660 号

中国电力出版社出版、发行
(北京市东城区北京站西街 19 号 100005 http://www.cepp.sgcc.com.cn)
固安县铭成印刷有限公司印刷
各地新华书店经售
*
2008 年 4 月第一版
2014 年 1 月第二版 2024 年 6 月北京第十四次印刷
787 毫米×1092 毫米 16 开本 19.5 印张 475 千字
定价 58.00 元

前　言

本书第一版发行已有 5 年了，这 5 年来中国电力系统发生了很大变化，年发电量和装机容量已超过美国跃居世界第一，并且建设运行了特高压交流 1000kV 和直流 ±800kV 线路。智能电网、主动配电网和微网也有了很大的发展。为了适应新形势下电力系统规划需要，本书增加了第 13 章多适应性电力系统规划，该内容主要是从规划角度，为适应大规模风电和分布式发电发展，建立合理的规划模型，使电网更好地适应大规模风电和分布式发电接入；另外，在第 3 章经济评价方法中增加了全寿命周期成本计算。

全书在编写体系和叙述上，继承了第一版中侧重规划基础理论和方法的简明阐述，所增加的内容丰富了全书体系。全书首先介绍负荷预测理论与方法、电力系统规划经济评价方法、电源规划理论与方法、电力系统规划的可靠性评价方法等基础性内容，然后进一步阐述电网规划的方法和理论及其相关的不确定性规划、柔性规划、多目标多阶段规划、配电网规划、无功规划和自动化规划，最后讲述了大规模风电、分布式发电、网源联合规划和智能电网背景下电网规划的理念等。

本书第二版由程浩忠主编，张焰、严正、刘东、顾洁编写。本书第 2 章由顾洁副教授编写，第 4 章由严正教授编写，第 5、7 章由张焰教授编写，第 12 章由刘东研究员编写，其余章节由程浩忠教授编写，最后由程浩忠教授统稿。四川大学刘俊勇教授和上海交通大学陈章潮教授主审了本书，提出了许多宝贵意见，在此表示感谢。本书注重理论与实用方法的结合，书中内容经过十多届本科生、研究生的教学试用和完善，并且经过第一版（连续印刷 5 次）的使用，能使读者对电力系统规划问题有一个全面的了解，并可较快地进入这一领域开展研究工作。

本书第二版完善和增加的内容参阅和引用了许多文献和报告，尤其是一些课题报告和论文等研究成果，柳璐、洪绍云博士以及陆惠莹等同志做了大量辅助工作，洪绍云还参与了第 13 章的编写，在此表示感谢。同时对于第一版和第二版完善过程中，许多专家和编者的许多同事、朋友、家人为本书的编写创造了条件并给予关心，在此一并向他们致以衷心的感谢。

鉴于电力系统规划是不断发展的，尤其是智能电网的发展，同时编者水平有限，对于书中不够正确和不完善的地方，恳请读者予以批评指正。

编　者

2013 年 9 月于上海交通大学"电力传输与功率变换控制"教育部重点实验室

第一版前言

科学合理的电力系统规划是电力系统安全、可靠、经济运行的前提。在当前国家经济和社会发展背景下，要实现科学合理的电力系统规划，迫切需要解决包括电力负荷预测、电源规划、电网规划及调度自动化规划等多个领域的众多实际课题。

本书从电力系统规划的基本内容、目的、意义出发，比较系统地阐述了有关电力系统规划的基础理论和方法。首先，介绍了电力负荷预测的理论与方法、电力系统规划的经济评价办法、电源规划的理论与方法、电力系统规划的可靠性评价方法等基础性的内容，后面进一步讲述了电网规划的方法和理论及其相关的不确定性规划、柔性规划、多目标多阶段规划、配电网规划、无功规划和自动化规划。本书注重理论与实用方法的结合，书中内容经过多届本科生、研究生的教学试用，能使读者对电力系统规划问题有一个全面的了解并可较快地进入这一领域的前沿。

编著者在电力系统规划方面有着相当丰富的研究经历和扎实的研究基础，有一支具备相当实力的科研团队（该书的全部编者都是该团队的成员），该团队从事电力系统规划研究工作20余年，完成了50多项来自国家自然科学基金、上海市重点科技攻关、曙光计划、启明星计划和上海市重点学科、国家电网公司、华东电网公司、上海市电力公司、上海市区供电公司、上海市东供电公司、市南供电公司等单位的有关电力系统规划方面的课题。本书依托以上项目的报告和论文，结合相关理论和基础工作，对编著者在电力系统规划方面的工作和成果进行整理。随着电力系统的发展和电力工业体制改革和市场化的不断深入，对电力系统规划提出了更高的要求，因此电力系统规划工作必须要有超前的眼光和先进的理论方法作指导。本课程的开设和教材的编写正顺应了这一潮流。

本书由程浩忠主编，张焰、严正、刘东、顾洁参编。本书第2章由顾洁副教授编写，第4章由严正教授编写，第5、7章由张焰教授编写，第12章由刘东研究员编写，其余章节由程浩忠教授编写，最后由程浩忠教授统稿。本书承蒙熊信银教授、陈章潮教授主审，提出了许多宝贵意见，在此表示感谢。

本书参阅和引用了不少前辈和同行的工作成果，是他们的一些工作成果使得本书能够比较系统、全面地反映一些有关电力系统规划的最新研究成果。本书在编写的过程中，范宏、张节潭、孔涛、武鹏、唐陇军博士以及朱坚强、姜翠珍等同志做了大量辅助工作；同时，上海交通大学的许多领导、专家和编者的许多同事、朋友、家人为本书的编写创造了条件并给予关心，在此一并向他们致以衷心的感谢。

鉴于目前国内外有关电力系统规划方面内容全面且深入的书籍较少，涉及应用需要的更少，同时电力系统规划领域又有许多问题尚在研究和探讨之中，且编者水平有限，因此，不完善、不正确的地方在所难免，恳望读者见谅，并请予以批评指正为盼！

编　者

2008年1月于上海交通大学

目　录

1 绪 论

本章主要介绍中国电力系统发展的简要历程、发展趋势，阐述电力系统规划的重要性及电力系统规划的任务、基本要求及分类。

1.1 中国电力系统的发展历程及发展趋势

1.1.1 基本概况

中国的电力工业起步很早，但在 1949 年以前发展缓慢。早在 1882 年德波列茨进行第一次高压输电试验时，英国商人 C. M. Dyce, G. E. Low, W. S. Wetmore 便在上海投资 5 万两白银，创办了上海电气公司（SEC）并在上海乍浦路老同浮洋行建起了装机容量为 12kW 的发电厂，在上海外滩亮起了五盏明灯。初步形成了具有生产、输送、分配、消费电能的由发电机、变压器、电力线路、用电设备联系在一起组成的统一整体的电力系统雏形。其后，1911 年英美在上海开办了杨树浦发电厂，1913 年投入运行；至 1924 年该厂装机 12 台，总容量 121MW，成为当时远东第一大电厂。中国的发电机装机容量、发电量、世界排名（装机）见表 1-1、表 1-2。

表 1-1　　中国电力系统初期的装机容量、发电量、世界排名（装机）

年份	装机容量	发电量（亿 kW·h）	中国在世界排名（装机）
1882	12kW		
1936	1285MW	38	14
1949	1849MW	43	25

表 1-2　　1949 年以后中国电力系统的装机容量、发电量、世界排名（装机）

年份	装机容量（MW）	发电量（亿 kW·h）	中国在世界排名（装机）
1949	1849	43	25
1978	57120	2566	7
1980	60500	3006	8
1987	100000	4960	5～6
1993	170000	8364	4
1995	200000	10069	4（前三名分别为美、日、俄）
1998	270000	11670	2
2000	319320.9	13685	2
2005	517184.8	24975	2
2011	1055760.0	46928	2

注 据美国能源信息局统计，美国发电设备容量 2011 年度 115314 万 kW，2012 年度估计 11.6 亿 kW。据中国电力企业联合会统计，中国发电设备容量 2011 年度 105576 万 kW，2012 年度 11.45 亿 kW；2012 年度中国净发电量已超过美国，2013 年中国电力装机容量将超美国。

1949 年，当时除东北有一条 220kV 线路和几条 154kV 线路、京津唐和台湾地区建有规模不大的地区高压电网和上海市建有 33kV 电压等级的电网外，其他地区只有以城市供电区为中心的发电厂，全国没有一个超高压电网。到 1978 年，我国建成了 330kV 输电线路 535km 和 220kV 输电线路 2267km，相应变电设备容量分别为 490MV·A 和 24790MV·A。1998 年 220kV 及以上线路 14.37 万 km，变电容量 3.29 亿 kV·A，分别是 1978 年的 6.2 倍和 13 倍，年均递增 9.5% 和 13.7%。2007 年，全国 220kV 及以上输电线路长度达到 32.71 万 km，同比年增长 14.20%，220kV 及以上变电设备容量达到 114445 万 kV·A，同比年增长 18.71%。中国已经形成一个比较完善并具有相当规模的电力工业体系。截至 2011 年底，中国 220kV 及以上输电线路长度、公用变电容量分别为 48.0 万 km、21.99 亿 kV·A。

1.1.2　电源的发展

中国电源建设在"大力发展水电，优化发展火电，适当发展核电，因地制宜发展新能源发电，开发与节约并重"方针的指导下，得到了迅速发展。从 1988 年开始全国每年新投产发电机组都超过 10000MW，1990 年后每年新投产大中型发电机组都超过 10000MW，到 1998 年全国装机容量到 2.7 亿 kW，发电量达到 11600 亿 kW·h。2005 年全国装机容量达 5.1718 亿 kW，发电量达到 24975.26 亿 kW·h，发电装机超过 10 GW 的有河北、山西、内蒙古、山东、上海、江苏、浙江、安徽、福建、河南、湖北、四川、重庆、陕西、宁夏、广东、贵州及广西共 18 个省市自治区直辖市。2011 年全国装机容量达 10.56 亿 kW，发电装机容量不到 10GW 的有北京、海南和西藏，其他都已经超过 10GW。各种容量发电机组首台投产时间、地点见表 1-3。

表 1-3　　　　　　　　　　第一台不同容量发电机组投产时间、地点

时间	地点	容量（MW）
1956 年 4 月	淮南田家庵电厂	6
1958 年 8 月	重庆电厂	12
1958 年 12 月	闸北电厂	25
1959 年 11 月	辽宁电厂	50
1967 年 2 月	北京高井电厂	100
1969 年 9 月	上海吴泾电厂	125
1973 年 4 月	辽宁朝阳电厂	200
1974 年 11 月	上海望亭电厂	300
1989 年	安徽平圩电厂	600
1994 年	广东大亚湾核电厂	900
2002 年	广东岭澳核电厂	1000
2007 年	浙江华能玉环火电厂	1000

2005 年全国 200MW 及以上机组达到 789 台，总容量 252539.3MW，占全部装机容量的 48.8%，其中 600MW 及以上机组达到 84 台，总容量 55491MW。到 2010 年底，全国 200MW 及以上机组 1419 台，总容量 556050MW，占全部装机容量的 80.18%，其中

600MW 及以上机组达到 394 台，总容量 255470MW。从 2005 年和 2010 年的数据看，这五年期间大机组发展较快。截至 2011 年，中国已运行的机组中，最大的核电机组达到1060MW，最大火电机组达到 1000MW，最大水电机组达到 700MW。近些年来，中国已经形成了具有自己特色并适合国情的电力设备制造体系，能生产制造 1000MW 及以下容量的系列发电机组，并建成成套发电设备的生产基地：上海闵行、哈尔滨、四川德阳。

百万千瓦大厂到 1978 年时全国只有 2 座，合计装机容量 2325MW，占全国装机容量的4.1%；2005 年全国达到 128 座，总装机容量 191934MW，占全国装机容量的 37.11%；截至 2011 年初，百万千瓦及以上电厂 305 座，总装机容量 501GW，占全国装机容量已突破50%。1986 年以前，中国每年投产水电机组都在 1000MW 左右徘徊，20 世纪 80 年代中后期，水电建设高潮迭起。水电机组 1987 年投产 2530MW，1993 年投产 3680MW，1994 年投产 4030MW，连续跨上年投产 2000、3000、4000MW 的台阶。这期间水电建设的"五朵金花"：广州抽水蓄能、岩滩、漫湾、水口、隔河岩水电站等 5 个百万千瓦级水电站相继开工建设或投产，装机容量 3300MW 的二滩水电站已于 1998 年投产第一台 550MW 机组。1994 年中国自行设计、制造、施工的浙江秦山核电站和中外合作引进法国机组建设的广东大亚湾核电站相继建成投入商业化运行，结束了中国大陆长期无核电的历史。1993 年中国开始投产大型抽水蓄能机组。1994 年 12 月 14 日中国开工建设举世瞩目的长江三峡工程，2003 年如期实现发电，2009 年所有工程如期完工，总装机容量达到 2250 万 kW，年发电量约 1000 亿 kW·h。

在开发新能源和可再生能源发电方面，我国从 20 世纪 50 年代开始研制风力发电机，80年代以来相继研制成功 50～200W 的微型风力发电机组并安装在内蒙古、甘肃、新疆、青海、西藏等省区的牧区草原和沿海电网延伸不到的地区；1986 年山东省荣成市组成了中国第一个风电场；近些年来，中国风电发展较快，截至 2011 年，中国风电装机容量达 62GW，位居世界第一。1970 年前后，全国兴建了十几座潮汐电站，包括江厦潮汐试验电站和白沙口潮汐电站，装机容量分别为 3200kW 和 960kW，1989 年 5 月又投产了福建平潭岛的幸福洋潮汐电站。到 2005 年，全国已建成 8 座潮汐电站和 1 座潮洪电站，总装机容量为10650kW，截至 2013 年初，该总装机容量没有变化。1977 年在西藏羊八井建成的地热电站，1998 年底装机容量已达到 25.18MW，截至 2011 年，累计发电量跨越 24 亿 kW·h。在光伏发电方面，中国已具备建设兆瓦级的光伏发电站能力。目前，我国光伏发电装机容量累计超过 14 万 kW。

1.1.3 电网的发展

一、输变电发展

建国后，中国电网由小变大，由低压、高压到超高压，由弱联系逐步过渡到强联系，其发展过程大体是：首先发展了城市孤立电网，然后形成地区电网，再发展成省内电网，并进一步发展为大区电网，今后要加快大区电网互联。从 20 世纪 50 年代开始，随着大型水、火电站的相继建成，各地区开始建设 110kV 和 220kV 线路。1970～1980 年期间，先后形成了17 个 220kV 的跨省地区电网或省电网。1972 年，中国第一条 330kV 超高压输变电工程——刘家峡经天水到陕西关中的全长 534km 的刘天关线路投运，1981 年又建成从河南平顶山到湖北武汉的中国第一条全长 595km 的 500kV 线路。此后，在普遍建设 220kV 地区电网的基础上，500kV（包括 330kV）电网工程在许多省份和大区内的省际间迅速发展，逐步形成了东北、华北、华中、华东、西北、南方 6 个跨省区电网；1989 年中国建成了第一条跨大区远距离±500kV 直流输电线路——葛沪线，其中华东电网和南方联营电网装机容量分别达到 44750MW 和 44970MW；独立省电网有海南、新疆、西藏 3 个。大电网已覆盖全国的所有城市和大部分乡村。1978 年全国输电线路总长为 22762km，变电容量 24790MV·A，1998 年分别达到 117447km 和 24951MV·A，比 1978 年增长了 5.1 倍和 10.1 倍；1978 年全国 330kV 输电线路 535km，变电容量 490MV·A，1998 年分别达到 7126km 和 10320MV·A；1978 年中国还没有 500kV 输电线路和变电设备，到 1998 年 500kV 交流输电线路和变电设备却已达到 18104km 和 66410MV·A，±500kV 直流输电线路 1044.5km，换流站容量为 2400MW。华东、华北、东北、华中已形成 500kV 跨省市主干电网；西北电网已形成结构紧密的 330kV 网络。2005 年 9 月，我国第一个 750kV 输变电工程正式投入运行。2009 年初我国第一个 1000kV 特高压交流试验示范工程投入运行（晋东南—南阳—荆门）。华中与西北联网的灵宝直流工程、三峡电站及相应的输变电工程、山东青州输变电工程、江苏电网第三回 500kV 过江输变电工程等一批重点工程陆续投产，全国六大区域电网已实现互联。截至 2011 年初，我国交流 1000、750、500、330、220kV 电压线路长度分别达 1006、6685、135180、20338、277988km，相应变电设备容量达 600、3870、69843、6457、118247 万 kV·A；直流高压 ±800、±600、±500kV 线路长度分别达 3334、1095、8081km。未来国家电网计划在"十二五"和"十三五"期间，加快构建以华北、华中和华东为中心的"三华"特高压互联电网，计划 2015 年形成"三横三纵"特高压"三华"电网，2020 年形成"五纵六横"特高压"三华"主网架。

三峡输变电工程的第一个单项工程四川长寿至万县的 500kV 输变电工程已于 1998 年 5 月建成投产。三峡输变电工程在华中、华东、川渝电网内建设 500kV 交流线路 6900km，变电设备容量 24750MV·A、±500kV 直流输电线路 2200km、换流站（两端）12000MW，以及其他二次系统设施。三峡工程于 2009 年全部竣工，已经形成中国坚强的中部电网，成为全国联合电网的核心。随着"十二五"和"十三五"期间"三华"特高压互联电网形成，国家电网将基本实现坚强互联电网。

二、城乡电网建设与改造

1998 年开始，国家决定加快基础建设，投入 3000 亿元人民币进行为期三年左右的城乡电网大规模建设改造，并将其列入国债建设管理。截至 2000 年底，全国城网项目工程形象进度已完成 760 多亿元（约占城网总投资 1200 亿元规模的 60%），农网完成约 1100 亿元（约占农网总投资 1800 亿元规模的 61%）。用这笔资金建设和改造全国 2400 多个县级农村电网，通过改革农电管理体制、建设和改造农村电网，进而实现城乡用电同网同价，大幅度降低农村电价，减轻农民负担；对全国 280 个地级以上城市电网进行改造，以开拓电力市场，增加用电量。1998～2000 年，电力工业发、输、配投资比例约为 1：0.37：0.69，这种投资结构比以往有了很大改善，趋同国际发达国家发、输、配投资比例。

1998～2000 年城网规模平均增长率高于"八五"增长率，城网供电能力有了较大提高。部分竣工城网经初步评估或估测，2000 年 35～220kV 城网网架初步建成，网络结构得到加强，基本满足 N—1 安全供电准则要求。高压配电网变压器容载比由 1.5～1.7 上升到 1.8～2.0，供电能力比 1995 年增长近 50%，中压配电容量增长约 25%。1999～2000 年北京、上海、山东、广东、江苏等省市城网经历连年夏季高峰负荷两位数的快速增长，基本没有发生过负荷、烧设备问题，没有限电。

城乡电网建设与改造发展较快，截至 2011 年初，全国县供电企业拥有 3～220kV 高压线路 392 万 km，低压线路 836 万 km；35～220kV 变电设备容量 10.93 亿 kV·A，配电变压器容量 9.14 亿 kV·A。

三、农村电气化

在农村电气化方面，到 1997 年底，中国在广大农村和边远地区建起了 45047 座小型水电站、1057 座小型火电厂、86084 万座柴油机发电站和 67278 台风力发电机组，总装机容量达到 43830MW，建成 274.5 万 km 高压线路、613.4 万 km 低压线路和配电设备容量263210MV·A。到 1997 年底，全国农村地区乡、村和农户通电率达到 99.03%、97.66% 和 95.86%，全国已有 14 个省（直辖市、自治区）实现了村村通电，同时建成农村电气化县 832 个。

2005 年农村水电新增装机突破 500 万 kW，达到 530 万 kW，一年投产超过"八五"期间 5 年投产总量，超过改革开放前 30 年投产总量，超过投产 7 台三峡机组容量；年发电量 1380 亿 kW·h，在建规模 2000 万 kW。"十五"期间，农村水电累计完成投资 1500 亿元，新增装机 1600 万 kW，发电量 5600 亿 kW·h，实现工业增加值 2800 亿元，税利 350 多亿元，解决了 1200 万无电人口的用电问题。

农村电气化已经取得一定发展，截至 2011 年初，中国乡（镇）、行政村、农村居民用户合计通电率分别达到 99.72%、99.76% 和 99.83%，尚未实现乡（镇）全部通电的有四川、青海和西藏 3 个供电区域，四川、黑龙江、蒙东、青海、新疆、西藏和云南 7 个供电区域未实现"村村通电"，四川、黑龙江、蒙东、甘肃、青海、新疆、西藏、云南和蒙西 9 个供电区域未实现"户户通电"。

四、信息化发展

中国电网五级调度体系已经在分阶段实现计算机化。与此同时，电网的规划、设计、设备制造、施工、运行、管理、科研试验等方面都取得了长足的进步，对中国电网的发展和现代化起到了重要的推动和促进作用。

在统一规划下，具有坚强的网架结构、先进的技术装备和调控手段，担负着电力输送和各类发电厂联合运行、互相调剂，发挥综合效益的现代化大电网正在不断形成。中国的电网建设已经进入跨大区联网送电、逐步实现全国统一联合电网的新阶段。

1.1.4 科技进步与电力体制改革及法治建设

中国已经掌握了先进的 300、500MW 和超临界 600MW 火电机组、1000MW 级核电机组和 1000kV 交流和 ±800kV 直流输变电工程的设计、施工、调试和运行技术，掌握了高 180m 级的各类大坝的筑坝和大型抽水蓄能电站的设计、施工技术，有能力建设像二滩、三峡水电站那样的大型水电工程，开发了先进的大型水、火电厂分散控制系统。各大电力系统的计算机监控调度系统进入实用化阶段，使电力系统运行和调度实现了自动化。目前正在开展 1000kV 的特高压试验示范推广工程。

电力工业贯彻国务院提出的"政企分开、省为实体、联合电网、统一调度、集资办电"和"因省、因网制宜"的方针，以集资办电为突破口开始了不断深化的电力体制改革，打破了长期以来形成的依靠中央政府一家办电的格局，形成了多渠道、多层次、多形式集资办电的局面，开拓出了一条符合中国国情的有利于加速电力工业发展从而满足国民经济发展和人民生活水平日益提高对电力旺盛需求的新路。

《电网调度管理制度》已于 1993 年 11 月 1 日开始实施,《电力法》也于 1996 年 4 月 1 日在全国范围实施,它们为电力工业进一步深化体制改革,实行公司制改组、商业化运行、法治化管理奠定了法律基础。同时,《供用电管理条例》也于 1996 年施行。

2002 年 3 月,国务院批准了《电力体制改革方案》,并成立了电力体制改革工作小组,负责组织电力体制改革方案实施工作,进行资产重组。根据改革方案,为在发电环节引入市场竞争机制,首先要实现"厂网分开",将国家电力公司管理的电力资产按照发电和电网两类业务进行划分。发电环节按照现代企业制度要求,将国家电力公司管理的发电资产直接改组或重组为规模大致相当的 5 个全国性的独立发电公司,逐步实行"竞价上网",开展公平竞争。电网环节分别设立国家电网公司和中国南方电网有限责任公司。国家电网公司下设华北、东北、华东、华中和西北 5 个区域电网公司。另外,还设立国家电力监管委员会,对电力产业实施必要的监管。2002 年 12 月 29 日,中国电力新组建(改组)的 11 家公司宣告成立。通过产业重组,我国电力产业内实现了厂网分开,初步引入了竞争机制。

2006 年 11 月 1 日,国务院常务会议审议并原则通过《关于"十一五"深化电力体制改革的实施意见》。"十五"期间,我国电力体制改革取得重大进展,政企分开、厂网分开基本实现,发电领域竞争态势已经形成,新型电力监管体制初步建立。"十一五"期间,深化电力体制改革的基本原则是:坚持以改革促发展,坚持市场化改革方向,坚持整体规划、分步实施、重点突破;主要任务是:第一,抓紧处理厂网分开遗留问题,逐步推进电网企业主辅分离改革。第二,加快电力市场建设,着力构建符合国情的统一开放的电力市场体系,形成与市场经济相适应的电价机制,实行有利于节能环保的电价政策。第三,进一步转变政府职能,坚持政企分开,健全电力市场监管体制。"十二五"期间,将进一步充实"十一五"关于电力改革的内涵建设,完善电力市场制度改革,确实提高电力资源优化配置能力。

1.2　电力系统规划的重要性及基本要求

1.2.1　电力系统规划的重要性

用户对电能需求的不断增长,只有通过电力工业本身的基本建设,不断扩大电力系统的规模才能满足。要满足国民经济发展的需要,电力工业必须先行,因此做好电力工程建设的前期工作,落实发、送、变电本体工程的建设条件,协调其建设进度,优化其设计方案,意义尤为重大。电力系统规划正是电力工程前期工作的重要组成部分,是关于单项本体工程设计的总体规划,是具体建设项目实施的方针和原则,是一项具有战略意义的工作。电力系统规划工作应在国家产业和能源政策指导下,在国民经济综合平衡的基础上进行,首先应该进行长期电力规划,经审议后在此基础上从电力系统整体出发,进一步研究并提出电力系统具体的发展方案及电源和电网建设的主要技术原则。

电力工业的发展速度及其经济合理性不仅关系到电力工业本身能源利用和投资使用的经济和社会效益,同时也将对国民经济其他行业的发展产生巨大的影响。正确、合理的电力系统规划实施后可以最大限度地节约国家基建投资,促进国民经济其他行业的健康发展,提高其他行业的经济和社会效益,因而其重要性是不可低估的。

电网由输电、变电、配电等环节组成,电网规划是电力规划的重要组成部分,它和电源规划有着密切联系。往往只有在全盘考虑电源与电网的条件下，才能找到最合理的供电方案。例如，在离负荷点远处有较经济廉价的电源，近处则有较不经济的电源，若它们之间进行比较和选择时，就必须全盘考虑电源与电网才能选出合理的方案。

1.2.2　电网规划的基本要求

电网规划的目的是力求在规划期末使电网达到一个较理想的结构。一个理想的电网结构应满足以下基本要求：

（1）输、变、配电比例适当，容量充裕。要求电网在各种运行方式下都能满足将电力安全经济地输送到用户，并有适当的裕度。在电网上既没有薄弱环节，造成发电能力不能充分利用的现象，也不存在设备能力闲置、积压资金现象。

（2）电压支撑点多。电压支撑点的设置数量要能保证在正常及事故情况下电力系统的安全及电能质量。电网规划必须考虑全系统的安全，在绝大多数可能出现的故障情况下仍能持续供电，不引起系统不稳定及电网解列，也不导致不允许的电压及频率降低或甩负荷。在某些罕见的复合故障下可限制其后果。例如允许系统分块解列运行，以保障重要供电不中断并能较快地恢复正常运行；对停电的时间及范围有所限制，但不允许出现全系统失步、电压崩溃等导致系统瓦解的重大事故。为此，在电网规划中要考虑各种措施。如单回线的送电容量不得超过受端容量的 35%～50%。又如对大容量、远距离输电应采用双回线或多回线，同路径或同杆塔线路在中途分段并互相连接，设置中间开关站。这样，如一点发生故障时可以分段切除，只失去一回路中的一段，其他部分仍可继续运行，可以显著地提高运行安全性。

（3）保证用户供电的可靠性。对于供电中断将会造成国民经济或人民的生命财产重大损失的一级负荷及重要供电地区，必须设置两个及以上彼此独立的供电电源；对于无重要用户的三级负荷及供电地区，规划中一般不考虑备用电源；介于上二者之间的二级负荷及供电地区，是否设置备用电源，应视系统情况权衡停电损失及装备备用电源增加的综合投资成本后确定。

（4）系统运行的灵活性。电网结构应能适合多种可能的运行方式，包括正常及事故情况下、高峰及低谷负荷时的运行方式；有大水电站或水电比重大的系统应分别考虑丰、平、枯水时的运行方式。

（5）系统运行的经济性。电网中潮流分布合理，无迂回倒流或送电距离过长等现象，线路损失小，投资及运行费用低。

提高线路的输送容量是降低单位容量造价、提高输电线路效益的重要措施。超高压线路输送容量应按照超过自然功率设计。各种电压线路的自然功率见表 1 - 4。

表 1 - 4　　　　　　　　　　　各种电压线路的自然功率

线路电压（kV）	自然功率（万 kW）				
	单导线	双分裂导线	三分裂导线	四分裂导线	八分裂导线
220	12	16			
330	27	36			
500			90		
750				200	
1000					500

提高输送容量主要采用串联感性补偿或并联电容补偿，或两者并用。串联补偿对提高输送容量效果显著，但需注意避免发生次同步谐振；并联补偿可以控制线路波阻抗，提高输送容量并控制过电压。为了维持线路电压恒定，要求其阻抗在轻载时为感性，重载时为容性。

（6）便于运行，在变动运行方式或检修时操作简便、安全，对通信线路影响小等。一般在电力系统规划中先进行系统中最高一级电压网络的规划。当系统中新采用高一级电压，其电网尚未充分发展时，要同时考虑原系统中最高一级电压与新出现的电压网络的规划，在地区供电规划中再考虑较低电压等级的网络规划。

确定一个较理想的电网结构方案是涉及多方面因素的复杂问题，应在考虑各种因素下制定出若干可行方案，经过充分的系统分析及比较后选定。

1.2.3　电力系统规划中的重大举措

一、实现全国联网

大电网互联是世界电力发展的共同经验，是我国适应"西电东送"格局的重要措施。2003年，以三峡电站建设为中心，首先形成我国的中部电网。2010年，已经基本形成北、中、南3个跨区互联电网，其中北部电网由华北、东北、西北和山东电网组成，中部电网由华中、华东、川渝和福建电网组成，南部电网由广东、广西、云南、贵州、香港、澳门电网组成。2010～2020年期间，将形成基本覆盖全国的统一联合电网。

二、加快城市电网和农村电网的建设改造

1. 城市电网采用现代化技术

（1）利用现代化技术促进城网装备现代化，提高供电可靠性，提高新建住宅区内配线供电能力。

（2）中心城区大力推广变、配电所与建筑物相结合和地下变电所，以减少占地面积和接近电力负荷中心，推进电缆线路供电。

2. 深化农电体制改革　加快农村电网改造

（1）全国实现一县一公司。

（2）全国推行"五统一"（统一电价、统一发票、统一抄表、统一核算、统一考核）和"三公开"（电量公开、电价公开、电费公开），逐步实现电力销售到户、抄表到户、收费到户、服务到户。

（3）规范电网投资管理，努力控制工程造价，降低建设成本，减轻农民负担。

三、树立优良的社会形象，全心全意为用户服务，严格执行《电力法》

（1）电力工业应当根据国民经济和社会发展的需要适当超前发展。

（2）国家鼓励国内外经济组织和个人依法投资开发电源，兴办电力生产企业，实行谁投资谁受益。

（3）电力设施和电能受国家保护。

（4）电力建设和电力生产要依法保护环境防治公害。

（5）国家鼓励和支持利用再生能源和清洁能源发电。

（6）电力企业依法实行自主经营、自负盈亏并接受监督。

（7）国家帮助和扶持少数民族地区、边远地区和贫困地区发展电力工业。

（8）国家鼓励采用先进的科学技术和管理方法发展电力工业。

四、建立科学合理的电价形成机制

建立科学合理的电价形成机制可实现：

(1) 促进电力企业改善自身的经营状况，使电力企业获得应有的利润，从而积累资金，走向良性循环。

(2) 约束电力工程造价，降低建设成本，消除盲目投资，减少资金积压和浪费。

(3) 约束电力生产成本，降低发电能源进价。

(4) 投资者获得较高的回报，从而也确保了电力建设和改造资金的来源。

(5) 用户公平负担。

(6) 推动电力企业经营者、生产者的素质提高，促进人才流动。

五、特高压试验示范工程

2006 年 8 月 19 日，特高压试验示范工程 1000kV 晋东南—南阳—荆门工程正式奠基，2009 年初正式投运，这是我国首个特高压交流试验示范工程。该试验示范工程包括三站两线，起于山西省长治市境内的晋东南变电站，经河南省南阳市境内的南阳开关站，止于湖北省荆门市境内的荆门变电站，线路全长约 653.8km。工程可行性研究报告估算静态投资约为 58 亿元（2004 年价格水平），动态总投资约为 60 亿元。系统额定电压为 1000kV，最高运行电压 1100kV，自然输送功率约 500 万 kV·A。

晋东南变电站 1000kV 配电装置采用气体绝缘金属全封闭开关设备（Gas Insulated Switch，GIS），南阳开关站、荆门变电站 1000kV 配电装置采用紧凑型 SF_6 全封闭组合电器设备（Hybrid Gas Insulated Switch，HGIS）。

晋东南—南阳线路途经山西、河南两省，在河南省孟州市境内跨越黄河。线路长度约 363km，其中一般线路 359.5km，黄河大跨越约 3.5km。线路长度山西省境内约 115.2km，河南省境内约 247.8km。

南阳—荆门线路途经河南、湖北两省，在湖北省钟祥市境内跨越汉江。线路全长 290.8km，其中一般线路约 288km，汉江大跨越约 2.8km。线路长度河南省境内约 104km，湖北省境内约 186.8km。

全线采用单回路，导线截面为 $8 \times 500mm^2$，分裂间距 400mm，一根地线采用 OPGW—150，另一根采用 LBGJ—150—20AC 铝包钢绞线。

在试验示范过程中，国家电网公司按照建设"安全可靠、先进适用、经济合理、环境友好、世界一流"精品工程的目标，认真做好特高压交流试验示范工程实施工作。试验示范工程的建成，拉开了我国特高压电网建设的序幕，标志着中国电网发展进入了一个新阶段。"十一五"和"十二五"特高压坚强电网规划，也正是在特高压试验示范工程基础上展开的。

1.3 电力系统规划的任务及分类

1.3.1 电力系统负荷预测

电力系统负荷一般可以分为城市民用负荷、商业负荷、工业负荷、农村负荷以及其他负荷等，不同类型的负荷具有不同的特点和规律。

(1) 城市民用负荷。城市民用负荷主要是指城市居民的家用电器用电负荷。它具有年年增长的趋势和明显的季节性波动特点，而且还与居民的日常生活和工作的规律紧密相关。

(2) 商业负荷。商业负荷主要是指商业部门的照明、空调、动力等用电负荷,覆盖面积大,且用电增长平稳。商业负荷同样具有季节性波动的特性。

(3) 工业负荷。工业负荷是指用于工业生产的用电负荷。一般工业负荷的比重在用电构成中居于首位,它不仅取决于工业用户的工作方式(包括设备利用情况、企业的工作班制等),而且与各行业的行业特点、季节因素都有紧密的联系。一般工业负荷是比较恒定的。

(4) 农村负荷。农村负荷是指农村居民用电负荷和农业生产用电负荷。此类负荷与工业负荷相比,受气候、季节等自然条件的影响很大,这是由农业生产的特点所决定的。

电力系统负荷预测包括最大负荷功率、负荷电量及负荷曲线的预测。最大负荷功率预测对于确定电力系统发电设备及输变电设备的容量是非常重要的。为了选择适当的机组类型和合理的电源结构以及确定燃料计划等,还必须预测负荷电量。负荷曲线的预测可为研究电力系统的峰值、抽水蓄能电站的容量以及发输电设备的协调运行提供数据支持。

电力系统负荷预测可以分为调度电力负荷预测和规划电力负荷预测。调度电力负荷预测又可以分为超短期、短期、中期和长期四种;规划电力负荷预测又可以分为短期电力负荷预测、中期电力负荷预测和长期电力负荷预测,详见第 2.1 节。

与一般的经济预测或需求预测相比,电力负荷预测有以下几个特点:

(1) 不仅要作短期预测,更要作长期预测。

(2) 既要作电力预测,也要作电量预测。

(3) 既要有全国的负荷预测,也要有分地区的负荷预测。

(4) 电力负荷预测是"被动型"预测。

(5) 负荷预测受不确定性因素影响较大。

负荷预测工作的关键在于收集大量的历史数据,建立科学有效的预测模型,采用有效的算法,以历史数据为基础,进行大量试验性研究,总结经验,不断修正模型和算法,以真正反映负荷变化规律。其基本过程如下:①确定预测内容;②收集相关资料;③分析基础资料;④预测经济发展;⑤选择预测模型;⑥应用预测模型;⑦评价预测结果;⑧评价预测精度。

当然在实际的预测应用中,并不是严格地按以上步骤进行按部就班的预测,可以根据预测时的实际情况灵活地进行处理。

1.3.2　电源规划

电源规划是电力系统电源布局的战略决策,在电力系统规划中处于十分重要的地位,规划的合理与否,将直接影响系统今后运行的可靠性、经济性、电能质量、网络结构及其将来的发展。电源规划作为电力系统规划的一个主要组成部分,近些年来已成为电力系统规划研究的一个重要课题。电源规划分为短期电源规划和中长期电源规划两类。

(1) 短期电源规划考虑未来 1~5 年的发展情况,规划的具体内容包括:

1) 制定发电设备的维修计划;

2) 分析推迟或提前新发电机组投产计划的效益;

3) 分析与相邻电力系统互联的效益及互联方案;

4) 确定燃料需求量及购买、运输、储存计划。

(2) 中长期电源规划应考虑 10~30 年的发展情况,应回答以下问题:

1) 何时、何地扩建新发电机组;

2）扩建什么类型及多大容量的发电机组；

3）现有发电机组的退役及更新计划；

4）燃料的需求量及解决燃料问题的策略；

5）采用新发电技术（如太阳能发电）的可能性；

6）采用负荷管理对系统电力电量平衡的影响；

7）与相邻电力系统进行电力交换的可能性。

当电力系统规划涉及大型水电建设项目或一个水系的水电站开发时，其建设周期较长，一般需 10 年以上。在这种情况下，为充分体现其经济效益，规划周期往往要考虑 50 年或更长。

进入 21 世纪，环保的呼声越来越高，在进行电源规划工作时，还必须考虑电源建设对环境保护的影响，分析各种类型机组所排放的污染物对环境危害程度的不同，建立追求方案总费用现值最小、CO_2 排放量最小和核废料排放量最小等的多目标电源规划模型。

1.3.3　电网规划

电网规划是根据电力系统的负荷预测及电源规划对输电系统的主要网架做出发展规划，又称输电系统规划。它是电力系统规划的一个重要组成部分。

电网规划的基本要求是确保供电所要求的输送容量、电压质量和供电可靠性等，把电力系统各部分组合起来使其整体结构的运行效率最高，经济上最合理，并能充分适应系统日后发展的需要。可靠性分析除了满足电力不足概率（$LOLP$）和电力不足期望值（$EENS$）的要求外，还应进行安全性检查，满足 $N-1$ 原则。

电网规划可按照时间长短分类，也可按照问题不同划分。按照时间划分，电网规划可分为短期规划（1～5 年）、中长期规划（6～15 年）、远景规划（16～30 年）。

（1）短期规划用于制定网络扩展决策，确定详细的网络方案。它一般针对一个较短的水平年，如 1～5 年。

（2）中长期规划介于短期和远景规划两者之间，用于估计实际电网的长期发展或演变，比如 6～15 年。

在三种规划中，它起着十分重要的作用。一方面，远景规划所作出的技术选择可通过长期电网实际状况进行修正。另一方面，它又可以指导短期规划，确保短期决策同中长期电网发展相一致；反过来，中长期规划中所引入的一些假设可通过更精确的分析或短期规划得到验证。

（3）远景规划通过对未来各种发展情形的简单分析，给出根据环境参数进行技术选择的一般原则，并作出最后的初步选择，比如，选择电压等级、输电方式等。远景规划一般相对于一个较长水平年，如 16～30 年。

与电源规划相比，电网规划问题更为复杂。首先，电网规划要考虑具体的网络拓扑结构，各待选路径都必须作为独立的决策变量来处理，因此电网规划决策变量的维数比电源规划更高。其次，电网规划应满足的约束条件非常复杂，其中一些约束条件不仅涉及非线性方程（如电压水平限制等），甚至还涉及微分方程（如系统稳定问题）。所以，要构成一个完整的电网规划数学模型是比较困难的，对这样的问题进行求解就更加困难。

为避免上述困难，一般将电网规划问题分为方案形成和方案校验两个阶段。

规划中要按不同类型的输电线路和变电站的性质、任务来考虑其电网结构。一般来说，电网规划应解决下列问题：①在何处投建新输电线路；②何时投建新输电线路；③投建何种类型的输电线路。

电网规划的目的在于根据投资及运行等费用最小的原则，确定扩建线路的类型、时间及地点，保证可靠地将负荷由发电厂送到负荷，并且出入线及沿途环境都可以接受。显然，这是一个系统优化的问题，具有下列特点：

(1) 离散性。线路是按整数的回路架设的，所以规划决策的取值必须是离散的或整数的。

(2) 动态性。电网规划不仅要满足规划年限内的经济、技术等性能指标要求，而且要考虑到电网的今后发展以及今后电网性能指标的实现问题。

(3) 非线性。线路电气参数与线路功率及网损等费用的关系是非线性的。

(4) 多目标性。规划方案不仅要满足经济、技术上的要求，还必须考虑社会、政治及环境等因素，这些因素常常是相互冲突和矛盾的。

(5) 不确定性。负荷预测、设备有效度及水力条件等均存在显著的不确定性。

因此，从数学上讲，电网规划是一个动态多目标不确定性非线性混合整数规划问题。要想解决这个复杂的问题，不进行一些技术上的假设和简化是不可能的。根据简化手段的不同，形成了众多有特点的电网规划方法。根据对电网规划期间处理的不同，规划方法可分为单阶段扩展规划和多阶段扩展规划。

单阶段扩展规划根据规划期开始的数据寻求规划末年（即水平年）的最佳网络结构方案。多阶段扩展规划中，前一阶段的规划结果对后一阶段有明显影响，因此，每一扩展方案既要考虑本阶段的要求又要考虑整个规划期的要求。多阶段扩展规划既可采用动态规划方法，也可采用静态规划方法来实现。考虑整个规划期最优扩展方案的方法称为动态规划方法。把多阶段中每一阶段都作为单阶段扩展规划来优化，把上阶段优化结果作为下阶段的输入，这种处理称为静态规划方法。动态规划处理要比静态规划复杂得多，但静态规划不能给出整个规划的最优解。

为了保证电力系统安全可靠地运行，必须对电网发展方案进行安全性检查（即方案校验）。通过计算求得设计水平年的运行电压、电流和功率（系统的各种运行方式），检查取值是否在安全范围内，从而判断方案的可行性，并为改进方案、选择合适的电工设备、采用其他安全措施提供依据。安全性检查通常包括对潮流、暂态稳定性、短路电流、工频过电压的检查。近年来，$N-1$ 校验和可靠性分析也作为安全性检查的一部分。

电网规划实际上不仅仅是输电网规划，还应该包含配电网规划。配电网规划是供电企业的一项重要工作。为了获取最大的经济效益，电网规划既要保证电网安全可靠，又要保证电网经济运行，所以配电网规划的主要任务是在可行技术的条件下，为满足负荷发展的需求，制定可行的配电网发展方案。

我国目前 500～220kV 级为输电电压，110、35kV 级为高压配电电压，10kV 级为中压配电电压、380V 为低压配电电压。因此，做规划时可将 220～500kV 列入输电网规划（主网规划）、380V～110kV 列入配电网规划。

1.3.4　电力系统规划各部分之间的关系

电力系统规划的失误会给国家建设带来不可弥补的损失，反之，一个合理的电力系统规划方案则可以获得很大的经济效益和社会效益。电网规划应在国家计划及能源政策指导下进行。电力负荷预测是电源规划和电网规划的基础，并和它们同属电力系统规划。其结构与国家计划及能源政策之间的关系如图 1-1 所示。

能源规划的任务是在国家计划及能源政策指导下，综合研究一次能源，如煤、石油、天然气、水能、核能等的有效利用、相互协调和替代关系，并分析能源部门与非能源部门在供求及投资需求之间的矛盾及调整对策。

电力系统的发展受到未来电力负荷增长、一次能源供应及电力技术设备供应和国家财力的直接影响。如图 1-1 所示，电力系统规划由电力负荷预测、电源规划和电网规划构成。电力负荷预测是电力系统规划的基础，它提供电力需求增长状况、负荷曲线及负荷分布情况。就电力系统而言，电源规划方案和

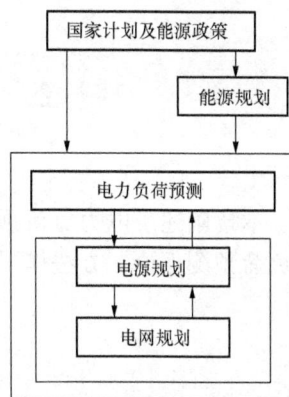

图 1-1　电力系统规划的结构

电网规划方案实质上是不可分割的整体。但是由于两者侧重点不同，并且统一解决这两个问题又非常困难，所以目前不得不将电源规划与电网规划的问题分开处理，在必要时对它们采用协调技术进行迭代求解。

2　电力负荷预测的理论与方法

本章阐述了电力负荷预测的研究意义、基本原理、常用预测方法及特点，并对一些新兴的负荷预测理论、方法作了简单的分析和比较。

2.1　概　　述

电力负荷预测是电力系统规划的重要组成部分，也是电力系统经济运行的基础，任何时候，电力负荷预测对电力系统规划和运行都极其重要。近年来，随着我国智能电网的建设、分布式能源接入及电力工业市场化营运机制的推行，对电力负荷预测的准确度提出了更高的要求。而与此同时，由于社会运转速度的不断加快和信息量的膨胀，使得准确的负荷预测变得愈加困难。

2.1.1　电力负荷预测的基本概念

电力负荷包括两方面的含义，既用以指安装在国家机关、企业、居民等用户处的各种用电设备，也可用以描述上述用电设备所消耗的电力或电量的数值。

而电力负荷预测则是以电力负荷为对象进行的一系列预测工作。从预测对象来看，负荷预测包括对未来电力需求量（功率）的预测和对未来用电量（能量）的预测以及对负荷特性（如负荷曲线）的预测。其主要工作是预测未来电力负荷的时间分布和空间分布，为电力系统规划和运行提供可靠的决策依据。

最大负荷功率预测对于确定电力系统发电设备及输变电设备的容量是非常重要的。为了选择适当的机组类型和合理的电源结构以及确定燃料计划，构建安全经济、可靠运行的输配电网等，必须较为准确地预测电力及电量需求。负荷曲线的预测可以为研究电力系统的峰值、抽水蓄能电站的容量以及发输变电设备的协调运行提供数据支持。随着分布式电源及需求侧响应技术的推广应用，准确的负荷特性预测是实现电源、电网及用户多方资源高效利用的重要前提。

2.1.2　电力负荷预测的意义

电力负荷预测是电力企业的重要工作之一。基于准确的负荷预测，可以经济合理地安排电力系统内部发电机组的启停，保持电网运行的安全稳定性，减少不必要的旋转储备容量，合理安排机组检修计划，保持社会的正常生产和生活，有效地降低发电成本，提高经济效益和社会效益。因此，负荷预测工作的水平已成为衡量电力企业的管理现代化程度的显著标志之一。

2.1.3　电力负荷的构成与特点

不同的用电单位或部门，以及不同的用电设备，对电力的需要量、用电方式有着明显的差别。在电力系统规划工作中进行电力负荷预测时，以及在综合用电统计时，不可能也没有必要对每一个个别的用电单位的用电特点及用电需求进行分析预测，而是采用不同的分类方法，将规划区域范围内［例如全国、省、地、县（市）］的电力负荷分成若干类别；然后分门别类地进行分析研究和预测其可能的变化趋势；最后，在分类研究及预测的基础上，采用某些综合技术进行综合研究和预测，便可以得到电力系统规划工作中所需要的相关负荷预测结果。

我国电力行业曾采用过的分类方法有多种，不同的分类方法应用于不同的研究目的。主要的分类方法有：①按用电部门的属性划分；②按用电的目的划分；③按用电单位或部门的重要性划分；④按电力负荷的大小划分及按负荷预测的时间长短划分等。电力系统规划中电力负荷预测采用的分类方法主要是按用电部门的属性划分法和按负荷预测的时间长短的划分法。

一、按用电部门的属性划分

这是一种电力系统规划及电力工业统计中常用的分类方法。该方法一般将用电负荷划分为工业用电、农业用电、交通运输用电和市政生活用电四大类，其中每一大类又可划分为若干小类，如工业用电可进一步分为重工业用电和轻工业用电，重工业用电又可以细分为黑色冶金工业用电、有色冶金工业用电、机械工业用电、能源工业用电、化学工业用电等，轻工业用电也可以细分为纺织工业用电、造纸工业用电、日用化工用电、医药工业用电等；农业用电可以进一步分为排灌用电、农副加工用电、农村照明用电等；交通运输用电又可以分为电气化铁路用电、城市电车交通用电等；市政生活用电可以分为商业用电、街道照明用电、家庭生活用电及城市公共娱乐场所用电等。划分的详细程度视研究的目的和深度要求而定。

我国从1986年起，为了便于电力负荷的分类研究和管理，对电力负荷的分类方法作了较大的调整，在电力工业统计报表中采用了按"国民经济行业用电分类"的新分类统计法，把全部用电量按下列三个原则进行划分：一是参考国际行业分类的标准和经验，从我国实际情况出发划分各行业的界限，并在具体分类中兼顾国际资料对比的需要；二是区分物质生产领域和非物质生产领域；三是主要按照企业、事业单位、机关团体和个体从业人员所从事的生产或其他社会活动性质的同一性分类，即按其所属行业分类，而不按其所属行政主管系统分类，但也应适当照顾行政主管部门业务管理范围的需要。按此三原则确定将电力负荷划分为八大类，即农林牧渔水利用电，工业用电（含农村工业用电），地质普查勘探业用电，建筑业用电，交通运输邮电业用电，商业、饮食业、物资供销和仓储业用电，城市上下水道及其他事业用电，居民生活（含城市和乡村）用电。

20世纪90年代初期，为适应我国经济结构的变化，并与国际惯例接轨，又将电力负荷按国民经济统计分类方法划分为第一产业（主要是农业）用电，第二产业（主要是工业）用电，第三产业（除第一、二产业以外的其他事业，如商业、旅游业、金融业、餐饮业及房地产业等）用电和居民生活用电。特别是在研究全国电力系统或地区的电力系统规划时，目前广泛采用按产业划分电力负荷的分类方法。以前采用过的分类方法有时也被应用，但随着统计分类方法的变化，往往由于搜集资料的困难而实际上难以应用。

二、按使用电力的目的划分

按使用电力的目的划分一般将电力负荷分为动力用电、照明用电、电热用电、各种电气设备仪器的操作控制用电及通信用电。这类分类方法主要用于能源平衡分析，电力系统规划工作中的负荷预测一般不采用。

三、按电力用户的重要性划分

长期以来，我国根据电力用户的重要性程度不同，将电力负荷划分为三类，即一类负荷、二类负荷和三类负荷。

一类负荷（也称一级负荷）是关系到国民经济的命脉及人民的生命财产安全的用户，或者停电及突然停电对其造成的损失太大的用户，如冶炼、医院、重要的军政机关等。对这类用户供电必须保证高度的供电可靠性。

二类负荷（也称二级负荷），其在国民经济中的地位不如一类负荷重要，对其停电造成的经济损失虽然也不小，但还不是无可挽回的。对这类用户的供电，电力系统至少要有中等程度的供电可靠性。在一般情况下，并不限制对这类用户的按计划供电，但在电力不足，或系统出现严重故障时，不得已也可中断对这类用户的供电。一般工业用电均属于二类负荷。

三类负荷（也称三级负荷），它在国民经济中的地位更低，与人民的生命财务安全关系不大，中断对这类负荷的供电带来的损失最少。当电力系统由于容量不足，或出现事故需要限制用电时，首先被拉闸的是这类负荷。因此，这类用户的供电可靠性是比较低的。一般将非农忙季节的农业用电，市政生活用电等列为三类负荷。

上述负荷的划分，在不同历史时期有不同的内容和要求。这种分类方法主要用于电力系统的调度管理和用电管理，例如电力需求侧管理工作中的有序用电等。负荷预测中一般不采用这类分类方法。

四、按负荷的大小划分

按用户用电需求变化特性中负荷的大小不同，电力负荷可分为最大负荷、平均负荷和最小负荷。

2.1.4　电力负荷预测的分类及特点

电力负荷预测是根据过去和现在负荷的发展及过去、现在和将来社会经济的发展、规划而对未来电力负荷水平、出现时间、地点等因素做出的科学合理的推测，从而为预测对象未来的电源开发建设、电网优化发展规划或合理的运行发电计划制定服务。电力负荷预测可按多种标准进行分类。

一、负荷预测按时间分类

电力负荷预测中经常按预测时间跨度进行分类，通常分为长期、中期、短期和超短期负荷预测。由于工作性质的差异，电网调度部门与电力系统规划设计部门对负荷预测时间跨度的分类差别较大，因此电力负荷预测往往按照电网调度和电网规划两种方式分别进行分类。

（1）电力规划部门对长期、中期和短期负荷预测的时间范围划分界定如下：

1）长期负荷预测一般指预测期限为10～30年并以年为单位的预测。该类预测用于电力系统战略规划，包括对发电能源资源的长远需求的估计，确定电力工业的战略目标，确定电力新科技发展及科技开发规划，以及长远电力发展对资金总量的需求估计等，均需要从电力负荷长期预测的结果出发来作出分析和判断。

2）中期负荷预测指预测期限为5～10年并以年为单位的预测。中期预测的期限大致与电力工程项目的建设周期相适应。因此，对电力部门来讲这种期限的预测至关重要。根据这种预测的结果，做出发输配电项目的建设计划，对电网的规划、增容和改建工作至关重要，是电力规划部门的重要工作之一。

3）短期负荷预测指预测期限为1～5年并以年为单位的预测，主要是为电力系统规划，特别是配电网规划服务的，对配电网的增容、规划极为重要。同时，由于短期负荷预测的时间较短，与电力系统的近（短）期发展直接相关，因此短期负荷预测的准确与否对于电力系统而言十分重要。

（2）电网调度部门对电力负荷预测的时间划分界定为：

1）超短期负荷预测是指时间跨度在1h之内的负荷预测，其中用于电能质量控制需要时间跨度在 5～10s 的负荷预测值，用于安全监视则需要时间跨度为 1～5min 的负荷预测值，而用于预防控制和紧急状态处理需要时间跨度在 10～60min 的负荷预测值。超短期负荷预测的结果用于编制发电机的运行计划，确定旋转备用容量，控制检修计划，计算燃料及购入电量的数量和费用。该类预测结果的使用对象是电网的调度人员。

2）短期负荷预测是指时间跨度在24～48h内的负荷预测，主要用于水火电分配、水火协调、经济调度和功率交换。该类预测结果的使用对象是编制电力调度计划的工程师。

3）中期负荷预测是指时间跨度在一周至一月内的负荷预测，主要用于水库调度、机组检修、交换计划和燃料计划。该类预测结果的使用对象是编制中长期运行计划的工程师。

4）长期负荷预测则指以年为单位的负荷预测，主要用于电源和电网的发展，需数年至数十年的负荷预测值。该类预测结果的使用对象是规划工程师。

二、负荷预测按行业分类

电力负荷预测按用电行业可以分为城市民用负荷、商业负荷、农村负荷、工业负荷以及其他负荷的负荷预测。

虽然负荷可以大致按此标准进行分类预测，但并不严格，对于按某类负荷进行预测时，可能因存在交叉而发生某些实际负荷归类的多种选择。此时，需要由各供电部门按各自更具体的负荷预测分类细目具体确定。

三、负荷预测按负荷特性指标分类

根据负荷预测表示的不同特性，常常又分为最大负荷、最低负荷、平均负荷、负荷峰谷差、高峰负荷平均、低谷负荷平均、平峰负荷平均、全网负荷、母线负荷、负荷率等类型的负荷预测，以满足供电、用电部门管理工作的需要。

2.1.5　电力负荷预测的基本程序

负荷预测工作的关键在于收集大量的历史数据，建立科学有效的预测模型，采用有效的算法，以历史数据为基础，进行大量试验性研究，总结经验，不断修正模型和算法，以准确反映负荷变化规律。其基本过程如下：

（1）调查和选择历史负荷数据资料。多方面调查收集资料，包括电力企业内部资料和外部资料，从众多的资料中挑选出有用的部分，即把资料浓缩到最小量。挑选资料的标准是要一手、可靠并且最新的资料。如果资料的收集和选择得不好，会直接影响负荷预测的质量。

（2）历史资料的整理。一般来说，由于预测的质量不会超过所用资料的质量，所以要对所收集的与负荷有关的统计资料进行审核和必要的加工整理，来保证资料的质量，从而为保证预测质量打下基础，既要注意资料完整、数字准确，反映的都是正常状态下的水平，资料中没有异常的"分离项"，还要注意资料的补缺，并对不可靠的资料加以核实调整。

（3）对负荷数据的预处理。在经过初步整理之后，还要对所用资料进行数据分析预处理，即对历史资料中的异常值的平稳化以及缺失数据的补缺，针对异常数据，主要采用水平处理和垂直处理方法。

数据的水平处理，即在进行分析数据时将前后两个时间点的负荷数据作为基准，设定待处理数据的最大变动范围，当待处理数据超过这个范围时，就视其为不良数据，采用平均值的方法平稳其变化。数据的垂直处理是指在负荷数据预处理时考虑其 24h 的小周期，即认为不同日期的同一时刻的负荷应该具有相似性，同时刻的负荷值应维持在一定的范围内，对于超出范围的不良数据，修正为待处理数据的最近几天该时刻的负荷平均值。

(4) 建立负荷预测模型。负荷预测模型是统计资料轨迹的概括，预测模型是多种多样的，因此，对于具体资料要选择恰当的预测模型，这是负荷预测过程中至关重要的一步。当由于模型选择不当而造成预测误差过大时，就需要改换模型，必要时，还可以同时采用几种数学模型分别进行运算，以便对比、选择。

选择适当的预测技术建立负荷预测数学模型后，在进行预测工作时，由于已掌握的电力负荷过去和当前发展变化规律并不能代表将来的变化规律，所以要对影响预测对象的新因素进行分析，对预测模型进行恰当的修正后确定预测值。

(5) 预测模型的应用。将模型应用到实际的系统中，对未来时段的情况进行预测。

(6) 预测结果的评价。通过对各种方法得到的预测结果进行比较和综合分析，根据经验和常识判断结果的合理性，对预测结果进行适当的修正，确定最终的预测结果。

(7) 预测精度的评价。对所采用预测方法进行可信度分析。

(8) 编写预测分析报告。结合预测工作的目的及相关部门要求，对预测对象的用电现状、用电特点进行分析总结，并根据预测的结果提出未来发展规律和主要建议及意见。

实际工作中可以根据需要对上述预测过程进行简化或调整。

2.1.6　影响电力负荷预测的因素

为了进一步加深对负荷及负荷特性的了解，把握负荷变化的规律和发展趋势，国家电力公司于 2000 年 3 月组织各网、省公司全面且系统地收集有关负荷及负荷特性资料，进行了详细深入的分析。通过对若干试点城市（或地区）的调研结果进行总结，论述了当前和今后一段时期内会对我国电力负荷及负荷特性发展规律产生影响的主要因素。这些因素有：

(1) 经济发展水平及经济结构调整的影响；

(2) 收入水平、生活水平和消费观念变化的影响；

(3) 电力消费结构变化的影响；

(4) 气候气温的影响；

(5) 电价（分时电价、可中断电价）的影响；

(6) 需求侧管理措施的影响（移峰填谷等）；

(7) 电力供应侧（电力短缺状况、电网建设与配电网改造等）的影响；

(8) 政策因素（如环保要求、对高耗电行业的优惠电价、能源替代等）的影响。

这些因素从根本上可归纳为四种类型：经济、时间、气候和随机干扰。它们对不同时间跨度的负荷预测工作影响程度不同。其中，经济类因素包括供电区域的人口、工业生产水平、电器设备数量变化、政策变化发展趋势以及经济发展趋势、电力网络本身的管理策略等，这类因素对负荷影响的时间一般较长，是在进行中长期负荷预测时需要重点考虑的因素。时间及气候类因素对负荷变化的影响是显著的。该领域已出现了很多成熟的预测方法和模型，例如负荷的温度敏感特性分析、节假日的负荷变化模式研究等，并取得了较好的效果。研究结果表明该类因素主要对年用电量及负荷曲线产生较大影响，是短期负荷预测中必须计及的因素，本章将在后续部分对考虑气温影响的负荷预测方法进行介绍。此外，还有其他所有能引起负荷模式变化，又未包括在上述三类中的因素，如某个容量较大的点负荷的投运造成的负荷波动及诸如工业设备损坏、重大影响国计民生事件的发生等，都会使负荷的变化受到影响，但其影响程度却无法预计，统称为随机干扰因素。相比前几类因素这类因素的影响最难以估计，涉及众多因素，同时其突发性、无历史资料可依的特点往往是进行准确预测的一大难题。

2.2　电力负荷预测的数据处理技术

历史数据是负荷预测的根基，任何预测技术都是针对历史数据进行研究，发现其内在规律，进而预测未来水平，所以历史数据的真实、准确和简洁直接影响到预测精度高低。一个理论上很成熟的方法，若缺乏有效的历史数据，也必然无法得到好的预测结果。而事实上，现有的历史资料经常不能准确反映过去负荷信息，如以前由人工手抄进行记录时，发生笔误将造成奇异点的产生，遗漏某点则造成缺失数据，或由于通信设备原因造成数据缺失等，这些都会影响预测精度；其次，历史负荷究竟受哪些因素影响，哪个因素影响更大一些，这些都应进行预先处理，否则就会把一些无关因素或影响甚小的因素添加进来，削弱甚至湮没掉重要因素在预测过程中的作用。因此，进行包括数据噪声处理、关键因素识别等数据预处理是负荷预测的重要一步。迄今为止，很多预测方法往往只重视预测过程，而对历史数据的处理却比较粗糙甚至不加处理，从而导致精度不能进一步提高。

为了获得较好的预测效果，用于预测的历史数据的合理性应该得到充分保证。因此，需要对历史数据进行合理性分析，去伪存真。最基本的要求是：必须排除由于人为因素带来的错误（如录入错误）以及由于统计口径不同带来的误差。另外，要尽量减少"异常数据"。历史上的突发事件或由于某些特殊原因会对统计数据带来重大的影响，这些数据被称为"异常数据"。"异常数据"的存在将影响系统的预测精度，"异常数据"过大甚至会误导系统的预测结果，因此必须排除由于"异常数据"的存在带来的不良影响。此外，电力负荷预测工作开展过程中常常会遇到，由于统计口径或历史资料的保存等造成的部分数据资料的缺失，如何对缺失数据进行合理处理也是提高预测精度和改善模型使用效果的重要措施。

本节从预测中原始资料的补全、电力负荷预测的抗差估计等方面入手，讨论电力负荷预测工作中数据处理的相关问题。

2.2.1　数据处理的必要性

负荷预测的核心和实质是根据预测对象的历史数据建立相应的数学模型来描述其发展规律，精确的电力负荷预测必须建立在大量全面、准确的系统负荷及社会经济发展数据的基础上。实际系统中由于各种原因引起的原始数据偏差或数据缺失将可能导致预测模型和预测结果与负荷实际水平间的差异超出系统所能接受的范围，从而使得预测工作失去了实际意义。因此，欲提高预测结果的可信度，对预测基础数据进行分析处理就显得非常必要。

同时，数据的前置处理可以使得原始数据得到优化，降低算法的时间和空间的复杂度，利于算法的最终实现。在负荷预测之前进行数据前置处理，可以使原始数据知识达到规范化和最优化，是最终实现算法的关键步骤之一。

2.2.2　数据处理基本内容

电力负荷预测中可能涉及的数据预处理有多种方法，包括数据补全、数据集成、数据变换和数据归约等。这些数据处理技术在数据挖掘——应用预测模型之前使用，大大提高了数据挖掘模式的质量，降低实际挖掘所需要的时间。

一、数据补全

首先是处理空缺值。例如，要分析某电力系统的用电量与经济数据之间的相关性，但该研究对象的经济或电量数据若干项没有记录，处理这类问题可以采用以下方法：

(1) 忽略元组。忽略整条记录。

(2) 人工填写空缺值。根据其他资料手工填写。

(3) 使用一个全局常量填充空缺值。使所有缺失项记录都以一个常量填充。

(4) 使用属性的平均值填充空缺值。取得其他记录中该属性的平均值进行填充。

(5) 使用与给定元组属同一类的所有样本的平均值。处理过程与上面相类似。

(6) 使用最可能的值填充空缺值。处理过程与上面相类似。

二、数据噪声处理

如前所述，由于数据录入或测量仪表等原因可能会造成历史数据存在较大偏差，为了保证预测模型的有效性，必须对"异常数据"进行处理。常见的处理方法有：

(1) 分箱。通过考察周围的值来平滑存储数据的值，有两种方法：①按箱平均值平滑，箱中每一个值被箱中的平均值替换；②按箱边界平滑，箱中的最大和最小值被视为箱边界，箱中的每一个值被最近的边界值替换。

(2) 聚类。聚类简单来说就是取得相对比较集中的值，相对分散的值忽略不计。

(3) 回归。回归是指通过一个合适的函数（如回归函数）来平滑数据。

(4) 计算机和人工检查结合。计算机和人工检查相结合，即手工处理。

数据集成、数据变换以及数据归约往往针对数据量非常大，在少量数据上进行挖掘分析需要很长的时间的技术问题，对数据进行前期处理，以减小数据规模，提高挖掘效率，具体方法和理论可以参见有关数据挖掘专著，本章对此不作展开。

2.2.3 负荷预测的数据补全

缺失数据是电力负荷预测中无法回避的难题之一，它的存在增大了预测误差。对缺失数据集进行处理的最终目的是希望替代后的数据集尽可能接近真实数据集，这种接近体现在值的接近和分布的接近两方面。

最简单的处理方法是将缺失数据剔除，或者代之以按照一定准则确定的数值，即插补法。插补可以分为单一插补和多重插补。单一插补是指对每一个缺失值只构造一个替代值，而多重插补是指给每个缺失值都构造多个替代值，这样就产生了若干个完整数据集，对每个完整数据集分别使用相同的方法处理，得到若干个处理结果，最后再用统计学方法处理这些结果，就得到目标变量的估计。因此，多重插补法实质是假设已知数据中隐藏着缺失数据的某种概率分布，然后通过模拟方法形成多个完整的数据集。两者相比，多重插补的效果较好，但工作量增大；单一插补法虽然容易扭曲样本分布或变量之间的关系，而且稳定性不够，但可适用于具有某些明显特点的数据组。具体可按照缺失数据的特性进行分别处理。

一、数据补全的一般算法

(1) 首端、末端数据空缺的补全。对于历史数据首端、末端数据空缺，可以采用趋势比例计算代替，进行资料的补缺推算。趋势比例计算具体可采用级比生成等方法。所谓级比生成就是级比与光滑比生成的总称。例如 n 元数列 X 为

$$\{X\} = \{w(1), \ x(2), \ x(3), \ \cdots, \ w(n)\} \tag{2-1}$$

此处，$w(1)$ 与 $w(n)$ 为空缺数据，显然求 $w(1)$ 可按右邻的级比生成或光滑比生成，而求 $w(n)$ 则可按左邻的级比生成或光滑比生成。

若令 $\{X\}$ 为原始序列，即 $\{X\} = \{x(1), x(2), x(3), \cdots, x(n)\}$，$H(k)$ 为 $\{X\}$ 的级比，定义为

$$H(k) = X(k)/X(k-1) \tag{2-2}$$

则 $\qquad w(1) = x(2)/H(1) = [x(2)]^2/x(3)$

同理 $\qquad w(n) = H(n) \times x(n-1) = [x(n-1)]^2/x(n-2)$

$S(k)$ 为 $\{X\}$ 的光滑比，有

$$S(k) = x(k) / \sum_{i=1}^{k-1} x_i \tag{2-3}$$

则 $\qquad w(1) = x(2) \times \{[\sum_{i=1}^{2} x(i)]/x(3) - 1\} = [x(2)]^2/x(3)$

$$w(n) = \{x(n-1) \times [\sum_{i=1}^{n-1} x(i)]\}/[\sum_{i=1}^{n-2} x(i)] \tag{2-4}$$

对于历史数据首、末端空缺数据较多时，可利用趋势比例补全法逐个进行补全。

另外，也可将空缺数据作为预测数据进行补全。若首端数据空缺，则进行反向预测，得出空缺数据的预测值；若末端数据空缺，直接预测出空缺数据。

(2) 中间数据空缺的补全。当预测的参考数据序列中间段若干数据出现缺失时，可以采用非近邻均值生成法、递推式非近邻均值生成法以及分序列与均值生成综合补全法等进行补全处理。

1) 非近邻均值生成法。非近邻均值生成法的基本原理为：

若原始数列为 $\{X\} = [x(1), x(2), \cdots, x(k-1), w(k), x(k+1), \cdots, x(n)]$，其中 $w(k)$ 为空缺数据，记 k 点的生成值为 $w(k)$，且

$$w(k) = 0.5x(k-1) + 0.5x(k+1) \tag{2-5}$$

2) 递推式非近邻均值生成法。递推式非近邻均值生成法，是在中间数据空缺较多的情况下，利用空缺数据两端的数据采用非邻均值生成法得到中间的空缺数据，再用两端的数据和已得出的空缺数据逐个采用非近邻均值生成法，最终补全空缺数据的一种方法。若原始数列 $\{X\} = [x(1), x(2), \cdots, w(k_1), w(k_2), w(k_j), \cdots, x(n)]$，其中 $w(k_j)$ 中 $(j = 1, \cdots, i)$ 为空缺数据，则

$$w(k_{(i+1)/2}) = \frac{x(k-1) + x(k+1)}{2} \tag{2-6}$$

$$w(k_{(i-1)/2}) = \frac{x(k-1) + x(k_{(i+1)/2})}{2} \tag{2-7}$$

同理，可以对其他空缺数据进行填补。

3) 分序列与均值生成综合补全法。所谓分序列与均值生成综合补全法就是将中间缺失的若干原始数列采用分序列法，将数列 $\{X\} = [x(1), x(2), \cdots, w(k_1), \cdots, w(k_2), \cdots, x(n)]$ 在数据缺失处或其他合适的位置进行分解，划分为两个数列 $\{X1\}$ 和 $\{X2\}$。例如，$\{X1\} = [x(1), x(2), \cdots, w(k_1)]$，$\{X2\} = [\cdots, w(k_2), \cdots, x(n)]$，则此时数列 $\{X1\}$ 为末端（或中间）数据空缺，$\{X2\}$ 为首端或中间项数据空缺，可以采用前文述及的补全方法进行处理。

以上处理方法实现方式简单，但容易造成较大偏差，而且着眼于数值的接近，对于随机

性强的数据集合，更应该从分布的接近入手。近几十年，缺失数据统计方法的发展是统计学研究中的一个活跃领域，20 多年前由 Rubin 提出来的以贝叶斯理论为基础的多重插补补全法是其中较为经典的一个。

二、数据补全的粗糙集算法

粗糙集是近年来迅速崛起的一个较新的学术热点。该理论能有效地分析和处理不精确、不一致、不完整等各种不完备信息，从而挖掘出潜在的规律。针对历史训练集中的对象存在缺失值时的插补问题，近年来涌现了许多运用粗糙集理论中的相似关系和相似类的概念，用相似关系代替粗糙集理论中的不可分辨关系，用相似类取代等价类，对原始数据组成的决策表中的缺失值进行补齐的方法，取得了较好的应用效果。

2.2.4　负荷预测的抗差估计

致力于电力系统运行管理众多领域的很多专家学者，在"不良数据"的检测识别方面做了大量的工作，也取得了显著的效果。尽管如此，目前要在所有情况下都能把观测数据中的"不良数据"正确地辨识出来，仍然相当困难。因此，不能把所有的注意力都放在如何处理观测数据中的"不良数据"上，还应当更切合实际地考虑到在"不良数据"不能完全有效剔除的情况下，如何提高参数估计的准确度问题，即电力负荷预测的参数抗差估计问题。

一、抗差估计思想

抗差估计是指在粗差（不良数据或坏数据）不可避免的情况下，选择适当的估计方法，尽可能避免粗差的影响，得出正常模式下参量的最佳估计值。它与经典估计理论（如最小二乘估计）的根本区别在于：抗差估计理论建立在符合数据实际分布模式的基础上，考虑了数据实际情况的分布模式与假设分布模式的偏差，而经典估计理论则建立在某种理想的分布模式基础上（如正态分布等），不具备抗差能力。

抗差估计主要有三种类型：M 估计、L 估计和 R 估计。M 估计是经典的极大似然估计的推广，又称为广义的极大似然估计，使用最为广泛，同时与经典最小二乘估计也最为接近。鉴于最小二乘估计有悠久的应用历史，并积累了丰富的使用经验，本书以能方便转化为最小二乘估计的 M 抗差估计为例，介绍对负荷预测模型参数进行抗差估计的主要过程。

二、M 抗差估计基本方法

（1）M 抗差估计的准则函数。对观测方程组

$$V = Y - AX \tag{2-8}$$

式中　A——系数矩阵；

　　　X——未知参数向量；

　　　Y——观测向量；

　　　V——Y 的残差向量。

则 M 估计的准则函数定义为

$$F_C = \min \left[\sum_{i=1}^{n} P(V_i) \right] \tag{2-9}$$

式中　n——观测向量的维数。

可以证明，当 $q(V_i) = P'(V_i)$ 时，定义为 $\sum_{i=1}^{n} q(V_i) a_i = 0$ 的 M 估计完全等价。

式中　$P(\cdot)$——适当选择的凸函数；

$q(\cdot)$——适当选择的单调正半轴非降函数；

V_i——残差向量的第 i 个分量；

a_i——系数矩阵 A 的第 i 行向量。

（2）加权最小二乘估计的准则函数。对应于如上观测方程组，按照加权最小二乘法的定义，其相应的准则函数为

$$F_C = \min(\sum_{i=1}^n r_i V_i^2) \tag{2-10}$$

式中　r_i——第 i 个观测量的权值。

显然式（2-6）与

$$\sum_{i=1}^n r_i V_i a_i = 0 \tag{2-11}$$

相等价，即 $q(V_i) = r_i V_i$。若令

$$w(V_i) = \frac{q(V_i)}{V_i} \tag{2-12}$$

则式 $\sum_{i=1}^n q(V_i)a_i = 0$ 又可变为

$$\sum_{i=1}^n w(V_i)V_i a_i = 0 \tag{2-13}$$

比较式（2-7）与式（2-9），发现二者有相同的形式，根据 M 估计的准则函数，由式（2-8）得到 $w(V_i)$，即可用加权最小二乘法进行 M 估计。在加权最小二乘法中权值 r_i 由使用者确定，在整个计算过程中是不变的，而抗差估计中的等价权 $w(V_i)$ 是残差 V_i 的函数，故又称为权函数。式（2-7）与式（2-9）的相似性，为实现抗差估计提供了方便，无论何种估计，只要能确定其等价权函数，只需对经典的加权最小二乘法作少许修改即能得到抗差估计的结果。

三、中位数抗差估计法

常用于抗差估计的 M 估计方法有中位数估计、Tukey 双权估计等，其中，中位数估计的抗差能力最强。该种估计方法中的 $P(\cdot)$ 函数、$q(\cdot)$ 函数和等价权的权函数 $w(V_i)$ 分别为

$$\left. \begin{array}{l} p(V_i) = |V_i| \\ q(V_i) = \mathrm{sign}(V_i) \\ w(V_i) = \dfrac{1}{|V_i|} \end{array} \right\} \tag{2-14}$$

式中　V_i——预测的残差向量 $V(V = Y - Y^*)$ 的第 i 个分量。

基于权函数的电力负荷预测参数抗差估计算法如前所述，对于电力负荷预测方程

$$Y = h(X) + V \tag{2-15}$$

式中　Y——负荷观测值向量；

X——相关预测变量构成的向量；

$h(\cdot)$——预测模型对应的线性或非线性函数；

V——预测的残差向量。

其参数的加权最小二乘估计的目标函数为

$$J(X) = \sum_{i=1}^{n} r_i V_i^2 \qquad (2-16)$$

式中　　n——观测值向量的维数。

而对应的加权绝对值最小估计的目标函数为

$$J(X) = \sum_{i=1}^{n} r_i |V_i| = \sum_{i=1}^{n} r_i \frac{V_i^2}{|V_i|} = \sum_{i=1}^{n} r_i^* V_i^2 \qquad (2-17)$$

显然，若令 $r_i^* = \dfrac{r_i}{|V_i|}$，则 r_i^* 可视为抗差估计中的权函数，而基于式（2-11）与式（2-12）在形式上的相似，可以用求解加权最小二乘法的算法直接求解对应的加权绝对值最小估计问题，从而得到抗差估计结果。

四、基于权函数的电力负荷预测参数抗差估计算法实现过程

基于上述分析，不难得出基于权函数的电力负荷预测参数抗差估计算法实现过程如下：

（1）给定观测值的权值，固定该权值，用求解加权最小二乘的算法进行迭代；

（2）根据残差用权函数计算观测值的初始权值，然后进行观测权值随残差变化的迭代（加权最小二乘法），每次迭代前修改观测值的权值，直到满足收敛要求；

（3）根据迭代结果计算参数。

理论及实际算例分析表明：迭代结束时，观测值的权值能在一定程度上反映出观测数据的可信度，当观测数据中存在"坏数据"时，一般"坏数据"对应的观测值的残差比其他正常观测值的残差的绝对值大，残差绝对值大的观测值对应的权值小；在迭代过程中，"坏数据"对应的权值不断减小，这样在一定程度上抑制了"坏数据"对预测结果的不良影响，实现了抗差估计的初衷。

2.3　确定性负荷预测方法

确定性负荷预测方法是把电力负荷（含电力与电量，下同）预测用一个或一组方程来描述，电力负荷与自变量之间有明确的一一对应关系。其中又可分为经验预测方法、经典预测方法、经济模型预测法、时间序列预测法、相关系数预测法和饱和曲线预测法等。

如前所述，按所使用的数据分类，电力负荷预测技术主要有自身外推法和相关分析法两类。自身外推法仅以负荷自身的历史数据为预测基础，通过对负荷历史数据的分析推出负荷变化的规律与特性，并将其变化、发展模式外推而进行未来负荷预测，如常用的水平趋势预测技术、线性趋势外推技术、多项式趋势外推技术、时间序列法等均为该类方法的典型代表。相关分析法是将负荷与各种社会和经济因素联合起来考虑，即考虑负荷发展与其他社会、经济因素发展、变化的因果作用，通过寻找及建立电力负荷与影响其变化的相关因素之间的关系或数学模型，以此进行预测，如线性回归预测、多元线性回归预测、非线性回归预测等回归模型预测技术便属于这类预测方法。

时间序列分析法和回归分析法是目前比较成熟的两大类常规预测方法。

时间序列法将负荷数据当作一个随时间变化的序列进行处理，以这一序列为依据建立合适的数学模型来描述电力负荷变化的随机过程，从而外推进行未来的负荷预测。时间序列分析就是指为建立这样一个合适的数学模型而作的广泛讨论。按照处理方法的不同，该类方法又分为确定性时间序列分析法和随机时间序列分析法两类。常用确定性时间序列模型有指数平滑法、Census - Ⅱ分解法、谱展开法等，其中前两者最为常用。常用的随机时间序列分析法有 Box—Jenkins 法、状态空间法、Markov 法等。

回归分析法根据负荷过去的历史资料，假定负荷与一个或多个独立变量存在因果关系，通过寻找并建立因果关系的数学模型来进行未来负荷的预测。而这些相关因素则是根据各地区的特点，经过大量的计算分析后选出的。例如，人口、经济变化及国家的产业发展政策、新住宅区建设的趋势、电器用具的饱和度、气象条件、物价对最大负荷与用电量的影响、电价政策对最大负荷与用电量的影响、采取节能政策后对用电量的影响，等等。常用的回归分析方法又有一元回归分析法、多元回归分析法和非线性回归分析法等。

2.3.1 经验技术预测方法

电力负荷的经验技术预测方法主要依靠专家的判断，一般不建立数学模型，用于针对电力负荷变化给出方向性的结论，主要有专家预测法、类比法、主观概率法。

一、专家预测法

专家预测法分为专家会议法和专家小组法。专家会议法通过召集专家开会，面对面地讨论问题，每个专家能充分发表意见，并听取其他专家的意见。这种方法的主要缺点在于参加会议的人数有限，影响代表性；权威者的意见可能起到主导作用，并影响其他人的意见。因此，专家会议法得出的结论有可能不能集中所有专家的正确看法。专家小组法则可以避免这些问题，专家们不通过会议形式，而是以书面形式独立地发表个人见解，专家之间相互保密，经过多次反复，给专家以重新考虑并修改原先意见的机会，最后综合给出预测结果。

专家小组法的步骤主要分为四步：

第一步，准备阶段：确定专家组成员，他们对电力负荷预测问题应该具有专家级水平，并热心回答问题；拟定准备提出的问题，问题应该简明扼要，便于专家作出简洁明确的回答；搜集专家们可能要用到的资料。

第二步，第一轮预测：把所提出的问题以及必需的资料分送给各位专家，请他们按要求回答问题，并注明回收日期，以便及时收回材料和答案。

第三步，反复预测：把专家首次的预测意见加以综合，归纳出几种不同的方案，再次分送给各位专家复议，并请他们在比较自己的和别人的意见的基础上，确定是否修改自己的意见，然后收集判断意见，再进行归纳分析。这样反复进行 3～5 次便可以将专家们的意见归于统一。

第四步，得出预测结果：对最后一次专家意见，用统计方法进行分析，得出最后的预测结果。

专家小组法克服了专家会议法的不足，又节约了专家们的时间和行程费用，有利于专家们安排时间、解决问题。

二、类比法

类比法是将类似事物进行对比分析，通过已知事物对未知事物或新事物作出预测。例如，在预测某新开发区未来的用电情况时，由于缺乏历史资料或地区的跳跃式发展造成历史资料的参考价值降低，此时可考虑采用类比法，依据地区发展定位或其他可行的标准，选取国内外类似的城市或地区为类比对象，参考该对象的发展轨迹对本地区作出可信的预测。

三、主观概率法

主观概率法是请若干专家来估计某特定事件发生的主观概率，然后综合得出该事件的概率。

2.3.2　经典技术预测方法

从严格意义上讲，负荷预测的经典技术预测方法并不是真正的负荷预测方法，仅仅是依靠专家的经验或一些简单的变量之间的相关关系对未来负荷值做一个方向性的结论，预测精度较差。该类方法主要有五种。

一、分产业产值（产量）单耗法

单耗法即单位产品电耗法，是通过某一工业产品的平均单位产品（或产值）用电量以及该产品的产量，得到生产这种产品的总用电量。单耗法需要做大量细致的统计调查工作，近期预测效果较佳、但实际中很难对所有产品较准确地求出其用电单耗，且工作量非常大。有时考虑用国内生产总值或工农业总产值 b 结合其用电量单耗（产值单耗）g，计算出用电量 A，计算式为

$$A = bg \tag{2-18}$$

二、电力消费弹性系数法

电力消费弹性系数是电量年平均增长率与国内生产总值年平均增长率之间的比值。根据国内生产总值增长速度结合电力弹性系数和基准年的实际消费电量得到规划期末的总用电量。同单耗法一样，电力弹性系统法需要做大量细致的统计工作。

由历史的用电量及国内生产总值数据可以计算出对应变量的平均增长率，分别记为 I_x 和 I_y，按照弹性系数的定义得出，电力消费弹性系数为

$$k = \frac{I_x}{I_y} \tag{2-19}$$

当应用类比法或其他方法获得距当前时间 m 年的预测水平年对应的电力消费弹性系数 $\bar{k}_m$ 以及国内生产总值的增长率 $\bar{I}_x$ 后，可以按照式（2-20）计算得到对应年份的电力需求增长率为

$$\bar{I}_y = \bar{I}_x \bar{k}_m \tag{2-20}$$

电力消费弹性系数法预测水平年的电量为

$$A_m = A_0 (1 + \bar{I}_y)^m \tag{2-21}$$

式中　A_0——预测起始年份的用电量；

　　　　A_m——预测终止年份的用电量。

三、负荷密度法

负荷密度法是从地区土地面积（或建筑面积）的平均耗电量出发的预测方法。该计算方法一般先预测未来某时期的土地面积（或建筑面积）和单位面积用电密度，得到用电量预测值。分区负荷密度法首先根据近年来的发展情况、经济发展目标以及电力规划目标将待预测区域划分成多个功能区，然后对每个功能区用负荷密度法进行预测，最后相加得到总的用电量预测值，即

$$A = SD \tag{2-22}$$

式中　A——某地区的年（月）用电量；

　　　　S——该地区的人口数（或建筑面积、土地面积）；

　　D——人均用电量（kW·h/人）或用电密度（kW·h/m² 建筑面积或 kW·h/hm²
土地面积）。

　　在进行预测时，首先预测出未来某时期的人口数量（或建筑面积、土地面积）S 和人均
用电量（或用电密度）D。

四、人均电量指标换算法

　　人均电量指标换算法是指选取一个与本地区人文地理条件、经济发展状况以及用电结构
等方面相似的国内外地区作为比较对象，通过分析比较两地区过去和现在的人均电量指标，
得到本地区的人均电量预测值，再结合人口分析得到总用电量的预测值。

五、分部门法

　　该方法分别对生活用电和产业用电进行预测，二者相加得到总需电量的预测。其优点是
考虑了社会各个部门对负荷的影响，在数据准确的情况下可达到很高的精度；缺点是需要数
据量大。该方法适合应用于预测地区较大时的中长期电力负荷预测。

2.3.3　回归预测法

　　基于电力负荷是由经济发展程度所决定的，因此回归预测类模型便通过建立负荷与经济
变量间的相关关系，以回归预测技术来实现对电力负荷发展规律的捕捉。由于在预测过程
中，该方法以数理统计中的回归分析方法为基础来确定变量之间的相关关系而达到预测目
的，故而称为回归预测模型或经济预测模型预测法，简称回归预测法。

　　回归预测法是目前广泛应用的定量预测方法。它通过对历史数据的分析研究，探索经
济、社会各有关因素与电力负荷的内在联系和发展变化规律，并根据对规划期内，本地区经
济、社会发展情况的预测来推算未来的负荷，其任务是确定预测值和影响因子之间的关系。

　　在具体实现中，电力负荷预测的回归预测模型往往是通过对影响因子值（比如国内生产
总值、工农业总产值、人口和气候条件等）和用电的历史资料进行统计分析，以确定用电量
和影响因子之间的函数关系，从而实现预测。该方法依赖于模型的准确性，更依赖于影响因
子其本身预测值的准确度。

　　回归预测法是最小二乘法原理的发展，根据自变量的多少，可分为一元线性回归、二元
线性回归模型和多元线性回归模型，此外还有非线性回归等回归模型。

一、一元线性回归模型

　　一元线性回归模型可以表述为

$$y = f(S, X) = a + bx + \varepsilon \tag{2-23}$$

式中　S——模型的参数向量，$S = [a, b]^{\mathrm{T}}$；

　　　X——模型的自变量向量；

　　　x——自变量，例如时间或对负荷产生重大影响的因素；

　　　y——依赖于 x 的随机变量（如电力负荷）；

　　　ε——服从正态分布 $N(0, \sigma^2)$ 的随机误差，又称为随机干扰。

　　残差平方和为

$$Q(a, b) = \sum_{i=1}^{n} (y_i - a - bx_i)^2 \quad (i = 1, 2, \cdots, n) \tag{2-24}$$

式中　x_i，y_i——样本。

　　利用最小二乘法来估计模型参数 a、b，即选取参数 a 和 b，以使 Q 达到极小值，得到

模型参数估计值为

$$\begin{cases} \hat{b} = \dfrac{\displaystyle\sum_{i=1}^{n}(x_i - \overline{x})(y_i - \overline{y})}{\displaystyle\sum_{i=1}^{n}(x_i - \overline{x})^2} \\[4mm] \hat{a} = \overline{y} - \hat{b}\,\overline{x} \end{cases} \tag{2-25}$$

式中　$\overline{x} = \dfrac{1}{n}\sum\limits_{i=1}^{n} x_i$、$\overline{y} = \dfrac{1}{n}\sum\limits_{i=1}^{n} y_i$。

变量 y 对 x 的线性回归方程式，即预测方程为

$$\hat{y} = \hat{a} + \hat{b}x \tag{2-26}$$

回归预测模型建立后必须进行相应的统计检验，以保证回归方程的实用价值。

二、多元线性回归模型

电力负荷变化常受到多种因素的影响，这时根据历史资料研究负荷与相关因素的依赖关系就要用多元回归分析方法来解决，多元线性回归分析是其中简单而又重要的一种。

多元线性回归分析的模型可表述为

$$\begin{cases} y = f(S,\ X) = a_0 + \sum\limits_{i=1}^{m} a_i x_i + \varepsilon \\[2mm] \varepsilon \sim N(0,\ \sigma^2) \end{cases} \tag{2-27}$$

式中　X——由对负荷产生影响的一系列因素构成的自变量向量；

　　　y——依赖于 X 的随机变量，如电力负荷。

模型参数为 $A = [a_0,\ a_1,\ \cdots,\ a_m]^{\mathrm{T}}$，同样利用基于残差平方和最小二乘法对参数进行估计，其表达式如下

$$\hat{A} = \begin{bmatrix} \hat{a}_0 \\ \hat{a}_1 \\ \vdots \\ \hat{a}_m \end{bmatrix} = (X'X)^{-1}X'Y \tag{2-28}$$

其中

$$Y = \begin{bmatrix} y_1 \\ y_2 \\ \vdots \\ y_n \end{bmatrix},\quad X = \begin{bmatrix} 1 & x_{11} & x_{12} & \cdots & x_{1m} \\ 1 & x_{21} & x_{22} & \cdots & x_{2m} \\ \cdots & \cdots & \cdots & \cdots & \cdots \\ 1 & x_{n1} & x_{n2} & \cdots & x_{nm} \end{bmatrix}$$

将得到的参数估计值代入预测方程，得到负荷的预测数值为

$$\hat{y} = \hat{a}_0 + \sum_{i=0}^{m} \hat{a}_i x_i \tag{2-29}$$

同样，只有通过假设检验的多元线性回归模型才可应用于实际工程。

三、非线性回归模型

非线性回归模型的自变量与因变量间存在的相关关系的表现形式是非线性的，这类情形虽然在实际系统中最为多见，但是考虑到非线性回归模型及参数求取的复杂性，因此常见的非线性回归模型主要指其中可以通过适当的变量代换，将非线性关系转化为线性关系来处理的模型。这种模型一般有：

（1）双曲线模型，即

$$\frac{1}{y} = a + \frac{b}{x} \tag{2-30}$$

（2）幂函数曲线模型，即

$$y = ax^b \quad (x > 0, \ a > 0) \tag{2-31}$$

（3）指数曲线模型，即

$$y = ae^{bx} \quad (a > 0) \tag{2-32}$$

（4）倒指数曲线模型，即

$$y = ae^{\frac{b}{x}} \quad (a > 0) \tag{2-33}$$

（5）S型曲线模型，即

$$y = \frac{1}{a + be^{-x}} \tag{2-34}$$

线性回归模型一般应用于中期负荷预测。但由于回归分析中，选用哪些相关因子、其关联关系如何表达等有时只是一种推测，而且影响用电因子的多样性和某些因子的不可测性，使回归分析在某些情况下受到限制。用回归模型能测算出综合用电负荷的发展水平，但是由于对用电发展产生重要影响的社会经济发展因素统计口径上的限制及用电体量较小的区域用电负荷的统计特征相对不明显等原因，回归模型往往无法直接应用于范围较小的区域，即无法测算出各个供电区的负荷发展水平，也就无法进行具体的电网建设规划。

2.3.4 时间序列预测法

对某一个变量或一组变量 $X(t)$ 进行观察，对应一系列时刻 t_1，t_2，$\cdots$，t_n（t 满足 $t_{i-1} < t_i < t_{i+1}$），得到一组数 x_1，x_2，$\cdots$，x_n，称为离散时间序列，用来分析离散时间序列的各种方法称为时间序列方法。时间序列方法并不考虑负荷与其他因素之间的因果关系，仅仅把电力负荷看作一组随时间变化的数列。

时间序列预测法所需的数据形式是：

第一年历史负荷	第二年历史负荷	...	第 n 年历史负荷

时间序列预测法可用于短期和中长期负荷预测，是基于统计数据的预测方法，它要求尽量多的历史数据，因此也限制了该类方法的适用范围，例如小城市或地区电网的负荷预测中，往往由于某些大用户可能会影响总负荷的变化规律，使负荷变化不太符合统计规律，因此不适合采用该类方法进行预测。

这种方法认为预测年的负荷值只与历史数据有关，而没有考虑负荷变化的因果关系，所以一般适用于负荷变化比较均匀的情况，所需历史数据越多越好，当阶数增加时，工作量比较大。

目前被广泛使用的时间序列预测法有一阶自回归［AutoRegression，AR（1）］、n 阶自回归［AR（n）］、自回归与移动平均（AutoRegression and Moving Average，ARMA）预测法。它们的共同点在于从历史负荷数据的相关关系出发，来预测未来年的负荷。

一、一阶自回归 AR（1）

该方法基于简单线性回归算法，即认为观测值 y_t 与 x_t 之间为线性关系，可表达为

$$y_t = \beta_0 + \beta_1 x_t + \varepsilon_t \tag{2-35}$$

式中 β_0、β_1——待确定参数；

ε_t——残差，服从正态分布，NID $(0, \sigma_s^2)$。

求 $\sum_t \varepsilon_t^2$ 的最小值，用最小二乘法来确定 β_0、β_1 的估算值 $\hat{\beta}_0$、$\hat{\beta}_1$。

一阶自回归中前后两个时段负荷的关系为线性关系，则

$$x_t = \varphi_1 x_{t-1} + \varepsilon_t \qquad (2\text{-}36)$$

式中 x_t，x_{t-1}——t，$t-1$ 阶段的负荷值。

这种方法认为预测年的负荷值只与历史数据有关，而没有考虑负荷变化的因果，所以一般适用于负荷变化比较均匀的情况。其所需数据较少，相应的数据资料收集所需工作量也较少。

二、n 阶自回归 AR（n）

n 阶自回归是一阶自回归的扩展。该方法利用了多重回归的思路，认为变量 y_t 与一组变量 x_{1t}，x_{2t}，$\cdots$，x_{nt} 有关，即

$$y_t = \beta_0 + \beta_1 x_{1t} + \beta_2 x_{2t} + \cdots + \beta_n x_{nt} + \varepsilon_t \qquad (2\text{-}37)$$

将 y_t 和 x_{1t}，x_{2t}，$\cdots$，x_{nt} 平稳化（$Y_t = y_t - \overline{Y}$）后得到式（2-37）的等价表达式为

$$Y_t = \beta_1 X_{1t} + \beta_2 X_{2t} + \cdots + \beta_n X_{nt} + \varepsilon_t$$

式中 β_1，β_2，$\cdots$，β_n——待求参数；

ε_t——残差，服从正态分布，NID $(0, \sigma_s^2)$。

令

$$Y = \begin{bmatrix} Y_1 \\ Y_2 \\ \vdots \\ Y_N \end{bmatrix}, \quad X = \begin{bmatrix} X_{11} & X_{21} & \cdots & X_{n1} \\ X_{12} & X_{22} & \cdots & X_{n2} \\ \vdots & \vdots & & \vdots \\ X_{1N} & X_{2N} & \cdots & X_{nN} \end{bmatrix}, \quad \beta = \begin{bmatrix} \beta_1 \\ \beta_2 \\ \vdots \\ \beta_N \end{bmatrix}$$

则由最小二乘法求出待确定参数的值

$$\hat{\beta} = (X^{\mathrm{T}} X)^{-1} X^{\mathrm{T}} Y \qquad (2\text{-}38)$$

将按照式（2-38）估算出的参数值代入式（2-37），进行外推进一步得到 Y 的预测值。

n 阶自回归认为 t 时段的负荷值与前面 n 个负荷值呈线性相关，即

$$X_t = \phi_1 X_{t-1} + \phi_2 X_{t-2} + \cdots + \phi_n X_{t-n} + \varepsilon_t \qquad (2\text{-}39)$$

式中 X_t，X_{t-1}，X_{t-2}，$\cdots$，X_{t-n}——各个时段的负荷值。

三、自回归与移动平均 ARMA（n，m）

自回归与移动平均考虑负荷值与前 n 个阶段的历史负荷值及前 m 个阶段的噪声关系，有

$$X_t = \phi_1 X_{t-1} + \phi_2 X_{t-2} + \cdots + \phi_n X_{t-n} + \varepsilon_t - \theta_1 \varepsilon_{t-1} - \cdots - \theta_m \varepsilon_{t-m} \qquad (2\text{-}40)$$

式中 X_t，X_{t-1}，X_{t-2}，$\cdots$，X_{t-n}——各个时段的负荷值；

ε_1，ε_{t-1}，$\cdots$，ε_{t-m}——各个时段的噪声。

由于对于 t 阶段来说，$t-1$ 等之前各阶段的噪声并不可知，因此 X_t 与 X_{t-1}，X_{t-2}，$\cdots$，X_{t-n} 并不存在线性关系。对自回归与移动平均要求从 $t=0$ 时刻开始，一步一步向前推。

ARMA（n，m）模型的建立中要求 ε_t 独立于 ε_{t-m-1}，ε_{t-m-2}，$\cdots$ 及 ε_{t-n-1}，ε_{t-n-2}，$\cdots$。如果不满足该条件，则应该扩大 n，m 的值，即加大模型阶数。

2.3.5 趋势外推预测法

电力负荷的变化一方面有其不确定性，如气候的变化、国家政策的改变、意外事故的发生等造成对电力负荷的随机干扰；另一方面，在一定条件下，电力负荷存在着明显的变化趋势。趋势外推预测法的特点是对预测序列进行分析得出变化趋势并加以外推拓展，但不对其中的随机成分进行统计处理。

利用趋势外推预测法进行电力负荷的预测工作，其原理是基于负荷变化表现出的明显趋势，获得了负荷的变化趋势，就可以按照该趋势对未来负荷情况作出预测。通过对原始数据序列的分析，例如借助于散点图等方法，能够定性地确定变化的趋势类型。趋势类型一般可分为水平趋势、线性趋势、多项式趋势和增长趋势。

一、水平趋势外推

假定负荷变化的历史数据序列为 $\{x_1, x_2 \cdots x_T\}$，符合水平趋势变化规律，则可以由这组数据出发利用水平趋势外推，求出负荷的预测值序列 $\{\hat{x}_1, \hat{x}_2 \cdots \hat{x}_T, \hat{x}_{T+1}, \hat{x}_{T+2} \cdots \}$。

（1）全平均法。其预测模型为

$$\begin{cases} \lambda_t = \dfrac{1}{t} \sum_{i=1}^{t} x_i \, (t \leqslant T) \\ \hat{x}_{t+l} = \lambda_t \end{cases} \tag{2-41}$$

一般取 $l=1$。

（2）一次滑动平均法。该方法基于"远小近大"的预测原则，在建模过程中可以对数据加以不同权重，以强化近期数据的作用，而弱化远期数据的影响，从而提高预测的精度。其预测模型如为

$$\begin{cases} M_t = \dfrac{1}{N} \sum_{i=1}^{N} x_{t-N+i} \, (t=N, \; N+1, \; \cdots, \; T) \\ \hat{x}_{t+l} = M_t \end{cases} \tag{2-42}$$

式中 N——跨度，依数据的具体情况而定，其值越大则滑动平均的平滑作用越大。

（3）一次指数平滑法。取定参数 α，$0 < \alpha < 1$，初值 $s_0 = x_1$，其预测模型为

$$\begin{cases} s_t = \alpha x_t + (1-\alpha) s_{t-1} \\ \hat{x}_{t+1} = s_t \end{cases} \tag{2-43}$$

二、线性趋势外推

（1）二次滑动平均法。二次滑动平均法对一次滑动平均序列再作一次滑动平均处理，取跨度为 N。二次滑动平均预测模型为

$$\begin{cases} M_t^{(1)} = \dfrac{1}{N} \sum_{i=1}^{N} x_{t-N+i} \quad (t=N, \; N+1, \; \cdots, \; T) \\ M_t^{(2)} = \dfrac{1}{N} \sum_{i=1}^{N} M_{t-N+i}^{(1)} \quad (t=2N, \; 2N+1, \; \cdots, \; T) \\ \hat{x}_{t+1} = \dfrac{2N}{N-1} M_t^{(1)} - \dfrac{N+1}{N-1} M_t^{(2)} \quad (t=2N, \; 2N+1, \; \cdots, \; T) \end{cases} \tag{2-44}$$

（2）二次指数平滑法。二次指数平滑法在一次指数平滑基础上再次进行指数平滑后得到外推结果。其预测模型为

$$\begin{cases} s_t^{(1)} = \alpha x_t + (1-\alpha) s_{t-1}^{(1)} \\ s_t^{(2)} = \alpha s_t^{(1)} + (1-\alpha) s_{t-1}^{(2)} \quad (t=1,2,\cdots,T) \\ \hat{x}_{t+1} = \dfrac{2-\alpha}{1-\alpha} s_t^{(1)} - \dfrac{1}{1-\alpha} s_t^{(2)} \quad (t=1,2,\cdots,T-1) \end{cases} \quad (2-45)$$

三、多项式趋势外推

在负荷预测中常用呈二次多项式趋势的三次指数平滑等进行预测。其预测模型为

$$\begin{cases} s_t^{(3)} = \alpha s_t^{(2)} + (1-\alpha) s_{t-1}^{(3)} \\ \hat{x}_t = \hat{a}_t + \hat{b}_t l + \hat{c}_t l^2 \\ \hat{a}_t = 3 s_t^{(1)} - 3 s_t^{(2)} + s_t^{(3)} \\ \hat{b}_t = \dfrac{\alpha}{2(1-\alpha)^2} \left[(6-5\alpha) s_t^{(1)} - 2 \times (5-4\alpha) s_t^{(2)} + (4-3\alpha) s_t^{(3)} \right] \\ \hat{c}_t = \dfrac{\alpha^2}{2(1-\alpha)^2} (s_t^{(1)} - 2 s_t^{(2)} + s_t^{(3)}) \end{cases} \quad (2-46)$$

四、增长趋势外推

一般下年度或季度、月度电量呈递增的变化趋势，可采用趋势增长模型进行预测。

（1）指数曲线模型。设历史用电量数据序列 $\{x_1, x_2, \cdots, x_T\}$ 大体为指数增长趋势

$$x_t = a e^{bt} \quad (a>0, b>0) \quad (2-47)$$

两边同时取常用对数，利用变量替换，得到

$$\begin{cases} \ln \hat{x}_t = \ln a + bt \\ \hat{x}_t = \ln \hat{x}_t = a + bt \end{cases} \quad (2-48)$$

进而利用最小二乘法可以求出模型参数 a 和 b，代入模型进行预测。

（2）非齐次指数模型又称修正指数模型，模型为

$$x_t = c + a e^{bt} \quad (2-49)$$

（3）龚帕兹（B. Compertz）模型。该模型由英国统计学家、数学家龚帕兹提出，模型为

$$x_t = e^{(c + a e^{bt})}, \quad b<0, \quad a<0 \quad (2-50)$$

式（2-45）同样可利用变量代换转换为线性方程，从而用最小二乘法进行求解。

（4）逻辑斯谛（logistic）模型。该模型由比利时数学家提出，又称为 S 曲线模型，模型为

$$x_t = \dfrac{1}{(c + a e^{bt})} \quad (c>0, a>0, b<0) \quad (2-51)$$

模型的求解可以利用尤拉法、若赫茨法或耐尔法等实现，具体可参考文献 [14]。

2.4　不确定性负荷预测方法

由于上述负荷预测方法与负荷预测经典技术（产值单耗法、负荷密度法、比例增长法及弹性系数法等），在预测中利用一个或一组确定方程来描述电量和电力负荷的变化规律，其中变量间有明确的一一对应关系，属于确定性预测方法。而实际电力负荷发展变化规律非常复杂，受到很多因素的影响。但这种影响关系更确切地说是一种对应和相关关系，不能用简

单的显式数学方程来描述其间的对应和相关。为了能够解决这一问题，众多专家学者经过不懈的努力，把许多新的方法和理论引入到负荷预测中来，产生了一类基于类比对应等关系进行推理预测的不确定性预测方法，为电力系统不确定性因素的处理提供了有效工具，并在实际应用中发挥了很好的作用。

随着新兴学科领域的兴起和发展完善，近年来涌现了许多新的不确定性预测技术，如专家系统法、优选组合预测法、模糊预测法、神经网络法、灰色预测法、基于证据理论的预测法、混沌预测模型、小波预测模型以及将模糊理论与神经网络结合的模糊神经网络模型等。其中如神经网络法、模糊神经网络模型、小波理论、混沌理论目前主要用于实现短期及超短期负荷预测，因此本文不对这些方法一一进行讨论；而应用模糊理论形成的众多模糊预测模型和基于灰色系统理论建立的各种灰色预测模型由于本身具有明显趋势，比较适用于电力系统中长期负荷预测。

2.4.1 电力负荷预测的灰色预测法
一、灰色系统理论

灰色系统理论是用于处理信息不完全系统的一项理论，为不确定性因素的处理提供了一个新的有力工具。该理论是由黑箱—白箱—灰箱理论拓展而来的，是系统控制理论发展的产物。

灰色系统理论把已知的信息称为"白色"信息，完全未知的信息称为"黑色"信息，介于两者之间的称为"灰色"信息。

灰色预测法是在灰色理论模型的基础上发展起来的，是目前在中长期负荷预测中应用最为广泛、效果最为理想的不确定性预测方法之一。其以灰色生成来减弱原始序列的随机性，从而在利用各种模型对生成后的序列进行拟合处理的基础上通过还原操作得出原始序列的预测结果。由于电力系统本身具备灰色系统的基本特征，故而用灰色理论来对电力负荷进行建模预测符合灰色预测模型的基本条件。该类模型具有要求负荷数据少、不考虑原始数据的分布规律、运算方便等优点，但在数据离散度较大时，预测精度将明显降低，尤其是用于时间跨度较长的中长期负荷预测中，预测时段末端预测效果不够理想。经分析发现造成这一现象的根本原因在于灰色模型本身，因而很多相关文献针对灰色模型的缺陷做了大量改进，形成了许多改进的灰色预测模型。

灰色系统理论的核心是灰色动态建模（Grey Dynamic Model，GM），其思想是直接将时间序列转化为微分方程，从而建立系统发展变化的动态模型。灰色预测模型通常称 GM 模型，目前在电力负荷预测中经常采用的动态模型是 GM（1，1）、GM（1，n）等模型。这些模型都是按照如下方法建立的：

（1）将电力负荷视为在一定范围变化的灰色量，对应其所具有的随机过程也可看作灰色变化过程。

（2）生成灰色序列量。

（3）累加生成灰色模型，使灰色过程变"白"。

（4）结合不同灰色生成方式与数据取舍、调整和修改，以提高灰色建模的精度。

（5）累减还原数据，得到预测值。

通过上述建模过程得到的基本预测模型，在实际应用中取得一定成果，但也表现出其局限性，即数据的离散程度越大，其预测值的误差越大。

二、灰色预测模型简介

设原始数列为 $X = \{x(t)\}(t = 1, 2, \cdots, n)$，对此数列作一次累加后形成新的数列

$$X^{(1)}(t) = \sum_{k=1}^{t} x(k) \tag{2-52}$$

式中　$X^{(1)}(t)$ ——一次累加生成后的新数列。

$X^{(1)} = \{x^{(1)}(t)\}(t = 1, 2, \cdots, n)$，用一阶累加生成建立 GM（1，1）模型，其微分方程为

$$\mathrm{d}x^{(1)}/\mathrm{d}t + ax^{(1)} = \mu \tag{2-53}$$

解得的预测模型为

$$\begin{bmatrix} a \\ \mu \end{bmatrix} = [B^{\mathrm{T}}B]^{-1}B^{\mathrm{T}}C \tag{2-54}$$

其中　$B = \begin{bmatrix} -\dfrac{1}{2}(x^{(1)}(1) + x^{(1)}(2)) \\ \vdots \\ -\dfrac{1}{2}(x^{(1)}(k-1) + x^{(1)}(k)) \end{bmatrix}$，$C = \begin{bmatrix} x^{(0)}(2) \\ x^{(0)}(3) \\ \vdots \\ x^{(0)}(n) \end{bmatrix}$

$$x^{(1)}(k+1) = [x^{(0)}(1) - \mu/a]\mathrm{e}^{-ak} + \mu/a \tag{2-55}$$

经累减还原得

$$x^{(0)}(k+1) = x^{(1)}(k+1) - x^{(1)}(k) \tag{2-56}$$

三、灰色预测模型的改进

灰色预测有一个广义的前提，即在广义能量系统内，随机序列量的累加所形成的新序列都具有指数增长发展规律，灰色方法的预测模型是一个指数函数。如果某个系统不能满足这个前提，灰色预测方法将不能使用，因而它适合用于发展系数较小的短期预测。然而实际电力负荷的变化很难呈指数规律，故其预测结果必然不会令人满意。为了提高适应性和预测精度，需要对模型进行改进，如根据社会和经济的远期发展指标，将规划期划分为若干个时间段，进行分段优化，求出各个时间段对应的发展系数，用不同的值预测不同时段的电力负荷，结果与实际的情况比较接近。通常的改进方法有如下几种：

(1) 改造原始数列。

(2) 局部残差处理。

(3) 灰色递阶技术。

(4) 等维信息填补技术。

2.4.2 电力负荷预测的模糊预测法

模糊预测法以模糊数学为工具，针对不确定或不完整、模糊性较大的数据进行分析、处理，其核心在于以隶属函数描述事物间的从属、相关关系，不再将事物间的关系简单地视为仅有"是"或"不是"的二值逻辑，从而能更客观地对电力负荷及其相关因素作出计算和推断。这类模型通过引入模糊数学特有的计算分析操作得出负荷的发展规律，较常规的预测算法在精度、对原始数据的准确度要求及预测结果的提供形式上有很大的改进。这类预测模型一般可以同时提供负荷的可能分布区间及相应的分布概率，而并非仅单一的一个负荷点，这一特点对于不确定环境下电力系统的运行和发展规划极有裨益。由于理论上的局限性，在实

际系统的中长期负荷预测中上述模型大都经过较大的改进，目前使用较多的是改进后的模糊预测模型。

模糊预测法是基于模糊理论和模糊推理而形成的预测方法。它不是通过对历史数据分析而直接建立负荷和其他因素之间的关系，而是考虑了电力负荷与多因素的相关，将电力负荷与对应的环境作为一个数据整体进行加工处理，寻找出负荷的变化模式以及对应环境因素特征，并将待测年环境因素与各历史环境特征进行比较，从而求得负荷预测值。

当前应用于电力负荷预测的模糊预测法一般可分为两大类：对样本的分类或相似程度做模糊化的预测方法和直接处理负荷值的模糊性的预测方法。

一、模糊时间序列预测法

模糊时间序列预测法是在传统时间序列预测技术的基础上建立的模糊时间序列预测模型——以模糊多项式进行预测的方法，主要用于处理由模糊观测值所构成的时间序列的预测问题。当研究对象无法进行精确观测时，尤其是研究对象仅能用语言变量表述时，采用本模型能减少人为干涉因素，有利于科学合理地进行预测。

1. 模糊时间序列预测法理论及基本模型

模糊时间序列预测法将模糊理论和时间序列结合。经典时间序列模型具有如下形式

$$y(t)=a_0+a_1t+a_2t^2+\cdots+a_kt^k+\varepsilon \tag{2-57}$$

预测过程中模型的构造以及参数的识别等都建立在常规数学理论的基础上，随着原始数据不确定性的增加，该模型的预测精度将显著下降。

为解决带有模糊信息的动态预测问题，提出了模糊时间序列预测法。假定模糊时间序列预测法也有类似于式（2-57）的形式，即

$$Y(t)=p_0+p_1t+p_2t^2+\cdots+p_kt^k+\varepsilon \tag{2-58}$$
$$(k\in N,\ p_i\in\hat{R},\ i=0,\ 1,\ \cdots,\ k)$$

式中　ε——随机误差，满足 $E(\varepsilon)=0$。

若有 T 期模糊数据 $\{(t,\ y_t)\}_{t=1}^T$，其中，y_t 为观测值，T 为数据长度。（这里采用三角模糊数的形式，也可用其他形式的模糊数，如梯形模糊数。）

对模型参数 $(p_0,\ p_1,\ \cdots,\ p_k)$ 的估计是通过求解两个线性规划问题，使系统的模糊度最小而实现的，获得模型参数后，预测表达式为

$$\hat{Y}(t)=\hat{p}_0+\hat{p}_1t+\hat{p}_2t^2+\cdots+\hat{p}_kt^k \tag{2-59}$$

式中　$\hat{p}_i$——p_i 的估计值，$i=0,\ 1,\ \cdots,\ k$。

2. 模糊时间序列预测法的预测过程

（1）获取模糊数据。首先将历史数据模糊化，采用何种模糊数，有待对具体问题进行分析后确定，这里为计算方便以三角模糊数来构造模糊数据。若历史数据本身以模糊数的形式提供，则可以直接进入下一步。三角模糊数的构造步骤如下：

如有历史数据 $x_1,\ x_2,\ \cdots,\ x_T$，令 $u_t=\max\{x_{t-1},\ x_t,\ x_{t+1}\}$，$v_t=\min\{x_{t-1},\ x_t,\ x_{t+1}\}$ $t=2,\ 3,\ \cdots,\ T-1$，而令 $u_1=\max\{x_1,\ x_2\}$，$v_1=\min\{x_1,\ x_2\}$，$u_T=\max\{x_{T-1},\ x_T\}$，$v_T=\min\{x_{T-1},\ x_T\}$，则

$$y_t(t)=\begin{cases}1-|x-a_t|/c_t & (x\in[v_t,\ u_t])\\ 0 & (\text{其他})\end{cases} \tag{2-60}$$

式中　$c_t=(u_t-v_t)/2$，$a_t=(u_t+v_t)/2$，$t=2,\ 3,\ \cdots,\ T-1$。

即 y_t 是参数为 (a_t, c_t) 的三角模糊数。

重复上述计算可得到一组模糊数 $y_1, y_2, \cdots, y_T$，实现了历史数据的模糊化处理。

(2) 确定模糊时间序列的长度 k。将 k 取为若干不同的自然数，相应于每个不同的 k 值求式（2-59）的回归函数。令

$$d = \sum_{t=1}^{T} \delta[y_t, \hat{Y}(t)]/T \qquad (2\text{-}61)$$

则

$$\delta(a, b) = 1 - \sum_{i=1}^{n} |a_i - b_i|/n \qquad (2\text{-}62)$$

式中 δ——某种贴近度。

改变 k 进行计算，选择使拟合度 d 最大的 k 值作为多项式的阶数。

实际中，由于高阶项对模型的影响较小，且实际意义也不大，可考虑阶数在 8～10 以下的模糊时间序列模型，即 k 值不超过 8～10。

(3) 确定模糊系数 p_i。其估计值 $\hat{p}_i$（$i=0, 1, \cdots, k$）为

$$\hat{p}_i(x) = \begin{cases} 1 - |x - \beta_i|/s_i & (x \in [\beta_i - s_i, \beta_i + s_i]) \\ 0 & (\text{其他}) \end{cases} \qquad (2\text{-}63)$$

求出 $\beta_0, \beta_1, \cdots, \beta_k$ 和 $s_0, s_1, \cdots, s_k$，就可以确定相应的模糊数。

参数的确定准则是使实测值 y_t 与拟合值 $\hat{Y}(t)$ 尽可能接近，回归函数的模糊性最小。$\{p_0, p_1, \cdots, p_k\}$ 构成的集合，其总模糊度为

$$s = \sum_{i=0}^{k} \omega_i s_i \qquad (2\text{-}64)$$

式中 s_i——p_i 中的第二个参数；

ω_i——s_i 在集合中的权重。

对于 ω_i 可根据权重的意义及模糊时间序列与传统时间序列模型在使用的数学模型上的相似性，由下列途径确定：

以历史数据进行普通的线性回归，得

$$\hat{Y}(t) = \hat{a}_0 + \hat{a}_1 t + \hat{a}_2 t^2 + \cdots + \hat{a}_k t^k \qquad (2\text{-}65)$$

根据回归结果，可令

$$\omega_i = |\hat{a}_i| / \sum_{j=0}^{k} |\hat{a}_j| \qquad (i=0, 1, \cdots, k) \qquad (2\text{-}66)$$

观测值 y_t 和拟合值 $\hat{Y}(t)$ 的接近程度，采用贴近度度量。令

$$r_t = 1 - Cd[y_t, \hat{Y}(t)] \qquad (t=1, 2, \cdots, T) \qquad (2\text{-}67)$$

其中，d 可以采用海明距离来计算。

让所有 r_t 不小于给定的阈值 r_0，同时使系统模糊度 s 最小，即构成优化问题

$$\begin{cases} \min s \\ \text{s. t.} \quad r_t \geq r_0 (t=1, 2, \cdots, T) \end{cases} \qquad (2\text{-}68)$$

对于三角模糊数 $y_t(a_t, c_t)$ 和 $\hat{Y}(t)(\sum_{i=0}^{k} \beta_i t^i, \sum_{i=0}^{k} s_i t^i)$，海明距离定义为

$$d[y_t, \hat{Y}(t)] = \sum_{j=1}^{n} |y_{tj} - \hat{Y}_j(t)| = 2\max\{|\sum_{i=0}^{k} \beta_i t^i - a_t|, |\sum_{i=0}^{k} s_i t^i - c_t|\}$$

$$(2\text{-}69)$$

通过如下线性规划问题来确定 s_i

$$\min s = \sum_{i=0}^{k} \omega_i s_i$$

$$\text{s. t.} \begin{cases} \sum_{i=0}^{k} s_i t^i \leqslant c_t + c_t(1-r_0) \\ \sum_{i=0}^{k} s_i t^i \geqslant c_t - c_t(1-r_0) \end{cases} \quad (t=1, 2, \cdots, T) \quad (2\text{-}70)$$

$s_i \geqslant 0$, $i=0, 1, \cdots, k$, s_i 应不全为零。

求解 $\min\beta = \sum_{i=0}^{k} \varphi_i \beta_i$ 的线性规划问题，使模型的平滑度较小，并忽略高阶项的影响，以确定 β_i。问题的数学表达如下

$$\min\beta = \sum_{i=0}^{k} \phi_i \beta_i$$

$$\text{s. t.} \begin{cases} \sum_{i=0}^{k} \beta_i t^i \leqslant a_t + c_t(1-r_0) \\ \sum_{i=0}^{k} \beta_i t^i \geqslant a_t - c_t(1-r_0) \end{cases} \quad (t=1, 2, \cdots, T) \quad (2\text{-}71)$$

$\beta_i \geqslant 0$, $i=0, 1, \cdots, k$, β_i 应不全为零。

(4) 模型的修正和预报。解式（2-70）、式（2-71）所确定的线性规划问题，可以求出参数 β_0, β_1, $\cdots$, β_k 和 s_0, s_1, $\cdots$, s_k 的估计值。显然，所求出的解，其估计曲线的大部分将偏离中心值而处于曲线下方，即产生一定的偏差。故令

$$d_t = a_t - \sum_{i=0}^{k} \hat{\beta}_i t^i \quad (t=1, 2, \cdots, T) \quad (2\text{-}72)$$

对偏差 d_1, d_2, $\cdots$, d_T 采用 $y = a + bt + ct^2$ 曲线拟合。

t 时刻三角模糊数中 a_t 的估计值为

$$\hat{a}_t = \sum_{i=0}^{k} \hat{\beta}_i t^i + \hat{d}_t \quad (2\text{-}73)$$

而相应 c_t 的估计值为

$$\hat{c}_t = \sum_{i=0}^{k} s_i t^i / (1-r_0) \quad (2\text{-}74)$$

从而确定出 t 时刻的三角模糊数 $(\hat{a}_t, \hat{c}_t)$，得到了该时刻电力负荷预测结果。

二、模糊线性回归预测法

回归分析法假定负荷与一个或多个独立变量间存在因果关系，通过建立反映因果关系的数学模型，预测出将来的负荷值。在模糊线性回归预测法中，认为观察值和估计值之间的偏差是由系统的模糊性引起的，即回归系数的模糊性引起了模型的拟合值与观测值之间的偏差，使得预测的结果为带有一定模糊幅度的模糊数。

1. 模糊线性回归预测法的数学模型

线性回归模型为

$$\boldsymbol{Y} = \boldsymbol{ZA} + e \quad (2\text{-}75)$$

38 电力系统规划(第二版)

式中　Y——电力负荷（或待测量）；

　　　Z——独立变量的矩阵；

　　　A——不依赖于 Z 的未知参数；

　　　e——随机误差。

其模糊表达为

$$\widetilde{Y}=\mathbf{Z}\widetilde{A} \tag{2-76}$$

写成另一种形式，即

$$\widetilde{y}_i(z_i)=\widetilde{a}_0+\widetilde{a}_1 z_{i1}+\cdots+\widetilde{a}_k z_{ik} \tag{2-77}$$
$$(i=0,\ 1,\ 2,\ \cdots,\ R-1)$$

式中　R——历史电力负荷数据的个数。

用三角模糊数 $\widetilde{a}_i=[a_{ic},\ a_{ir}]$ 来表示式（2-77）中的 $\widetilde{a}_0,\ \widetilde{a}_1,\ \cdots,\ \widetilde{a}_k$ 时，其可改写为

$$\widetilde{y}_i(z_i)=[a_{0c},\ a_{0r}]+[a_{1c},\ a_{1r}]z_{i1}+\cdots+[a_{kc},\ a_{kr}]z_{ik} \tag{2-78}$$
$$y_{ic}(z_i)=a_{0c}+a_{1c}z_{i1}+\cdots+a_{kc}z_{ik} \tag{2-79}$$
$$y_{ir}(z_i)=a_{0r}+a_{1r}z_{i1}+\cdots+a_{kr}z_{ik} \tag{2-80}$$

式中　$y_c,\ a_c$——三角模糊数的中心参数，其隶属度为 1；

　　　$y_r,\ a_r$——模糊数的幅度，也就是模糊数的基（区间）的一半。

参数 A 需要通过"线性规划"的方法来求解。

其目标函数与约束条件为：

$$\min\sum_{i=0}^{R-1}(a_{0r}+a_{1r}|z_{i1}|+\cdots+a_{kr}|z_{ik}|) \tag{2-81}$$

s. t.

$$a_{0c}+\sum_{j=1}^k(a_{jc}z_{ij})-a_{0r}-\sum_{j=1}^k(a_{jr}|z_{ij}|)\leqslant y_i \quad (i=0,\ 1,\ 2,\ \cdots,\ R-1) \tag{2-82}$$

$$a_{0c}+\sum_{j=1}^k(a_{jc}z_{ij})+a_{0r}+\sum_{j=1}^k(a_{jr}|z_{ij}|)\geqslant y_i \quad (i=0,\ 1,\ 2,\ \cdots,\ R-1) \tag{2-83}$$

2. 电力负荷的模糊线性回归预测

求解上述有约束的线性规划问题，求出未知参数 A 后，进一步将参数代入式（2-79）与式（2-80），得到相应的电力负荷预测结果。

三、模糊聚类预测法

1. 模糊聚类预测法的基本原理

模糊聚类预测法是应用模糊数学对历史环境因素与待预测因素构成的样本进行分类后再作进一步处理，从而求出预测值。由于选用电力负荷本身作为被预测变量并不合适，此方法采用电力负荷增长率作为被测量，选取国内生产总值（GDP）、人口、工业生产总值、农业生产总值、人均国民收入、人均电力等因素的增长率作为影响电力负荷增长的环境因素（在实际分析中，对环境因素的选取是进行分析、调查的结果，并不限于以上因素），构成一个总体环境。通过对历史环境因素与历史电力负荷增长率总体的分类及类特征、环境特征的建立，进一步由未来待测年份的环境因素对各历史类环境特征的识别，来选出与之最为接近的那类环境，其所对应的电力负荷增长率即为所求。

2. 模糊聚类预测法的解算过程

上述分析表明，模糊聚类预测法主要通过对历史数据进行加工处理，提炼出负荷变化的若干种典型模式，这样在待测时段环境状态已知时，可通过该环境特征和历史环境特征进行比较，判断出与哪种历史类最为接近，从而认为该时段的电力负荷与历史类所对应的预测变量具有相同的变化模式，进而由影响负荷变化的相关因素的未来状态去判断未来负荷变化属于哪种模式，从而达到预测的目的。模糊聚类预测法的解算步骤为：

（1）数据收集。确定影响待预测变量的主要环境因素及数据的收集整理。

（2）建立模糊相似矩阵。设待预测的负荷变量 y 是由多个环境变量所决定的。现有 T 期历史数据 $Z_t = (X_t, Y_t)$ $(t=1, 2, \cdots, T)$。

式中　　X_t——第 t 个时段各环境因素的取值；

　　　　Y_t——第 t 个时段的负荷值。

设 r_{ij} 表示样本 Z_i 与样本 Z_j 的相似程度，确定样本相似程度的方法很多，计算得到的所有 r_{ij} 组成模糊相似矩阵 $\boldsymbol{R}$，再求得 $\boldsymbol{R}$ 的等价闭包 $T(\boldsymbol{R})$，使得其满足自反性、对称性和传递性。

（3）确定最佳聚类。给定置信度区间 $[\lambda_1, \lambda_2]$，利用 λ 偏差度的概念，在此区间里搜索到一个截水平 λ_0，称之为最佳截水平，用 λ_0 去截取 $T(\boldsymbol{R})$ 得到的分类结果就是最佳聚类。

（4）刻画各分类中环境因素的特征及负荷变化模式。在此可以采用正态模糊集来表示环境因素特征，再求出与之对应的负荷特征，从而可以求得对应于最佳分类的环境因素和负荷特征的模糊数。

（5）求未来负荷变量的预测值。假定对第 s 期的待测量进行预测，从第 s 期的环境因素中选出和最优聚类相对应的因素求出其环境特征，选出与其最为接近的，则可以得到其对应的电力负荷增长率。

（6）计算修正量。由于以上的计算是采用待测环境对历史环境进行模式识别而进行预测的，使得预测值在历史负荷变化模式中相对择优，故被测量的未来年增长率不能超过其历史变化范围，而当预测区域为新兴供电区域时，如经济开发区等，其电力负荷将发生大幅度的增长，增长率势必会超越历史值的范围，因此需对此进行修正。

所需数据见表 2-1。

表 2-1　　　　　　　　　　　模糊聚类预测法所需历史数据

历史年数据	历史年负荷值	GDP	工业总产值	农业总产值	人均国民收入	人均电力	负荷增长率
预测年数据	预测年负荷预测值	预测年GDP	预测年工业总产值	预测年农业总产值	预测年人均国民收入	预测年人均电力	

预测结果为预测年的负荷增长率、电力负荷值或其他待预测量。

四、模糊相似优先比预测法

1. 模糊相似优先比预测法的理论基础

相似优先比是模糊集理论中用来描述样本与一个参考样本的比较过程中，判断哪一样本与参考样本更为相似的一个量化概念。由于影响电力负荷变化的环境因素很多，可以从中选出几个环境因素的增长率和电力增长率变化规律相似的因素——优势因素，认为它们对电力负荷的变化起着决定性作用，从而以优势因素为依据，用待测年环境进行模式识别得出在该因素状态下的负荷增长率。对未来的电力增长率可由优势因素来评判。

2. 模糊相似优先比预测法的解算步骤

具体步骤如下：

（1）数据收集。确定影响电力增长的主要环境因素及其数据。

（2）形成相似优先比矩阵。设有 T 个历史时段数据

$$Z_t = (X_t, Y_t) \quad (t = 1, 2, \cdots, T)$$

式中　X_t——环境因素向量；

　　　Y_t——电力增长率。

选用适当的方法，求得 T 个时段的相似优先比矩阵。

（3）截取 T 个相似优先比矩阵，获得各因素的优势编号。对 T 个相似优先比矩阵进行截取得到 T 组编号，将 T 组编号中相同行的序号相加，则编号累加值小的行对应的因素即为优势因素，它们与电力负荷增长的相似程度最接近。

（4）以优势因素为依据，预测未来时段的电力增长率。在此可以仅以优势因素为依据，也可以取优势因素和较小的几个因素为依据进行预测。

（5）求取超越量。电力负荷增长率超越量的计算方法与模糊聚类预测法的求取过程是一样的。

所需数据及预测结果与前述模糊聚类预测方法类似。

2.4.3　电力负荷预测的神经网络预测法

人工神经网络（ANN）是人们模拟人脑信息处理、储存的检索机制而构造的，由大量人工神经元密集连接而成的网络。根据人工神经元结构以及互连方式的不同，可以获得各种不同的人工神经网络模型，目前比较有代表性的模型有多层前馈神经网络（BP）模型、Hopfield 模型、Kohonen 模型等。在电力负荷预测中应用较多的人工神经网络模型是 Kohonen 模型、BP 模型。

神经网络预测法适于解决时间序列预测问题（尤其是平稳随机过程的预测），应用于短期负荷预测要比应用于中长期负荷预测更为适宜。因为短期负荷变化可认为是一个平稳随机过程，而长期负荷预测与国家或地区的政治、经济、政策等因素密切相关，通常会有些大的波动而并非一个平稳随机过程。神经网络在进行负荷预测时，一般有两种应用方式：

（1）直接用来预测未来的负荷值，即网络的输出就是预测负荷值；

（2）用来预测未来负荷的变化。

选用何种应用方式，要根据实际情况进行考虑。

在短期负荷预测中，应用最多的是带有隐含层的前馈型神经网络，它通常由输入层、输出层和若干隐含层组成。多层前馈网络是通过多个神经元的相互连接，使其输入和输出构成一个复杂的非线性处理系统。实际上代表输入、输出关系的有关信息主要分布在神经元之间的连接权上，不同的连接强度反映不同的输入、输出关系。网络的学习或训练的过程实质是给定输入和希望输出不断地调整权重，所遵循的预定规则就是训练算法。短期负荷预测就是利用这个过程来记忆复杂的非线性输入、输出映射关系，而这种特性正是一些传统的负荷预测方法难以实现的。

2.4.4 电力负荷预测的物元综合预测法

基于历史统计资料，用影响电力系统负荷的因素对预测年份负荷增长率的分类预测问题实质上是模式识别问题。可拓集合和物元概念能根据事物关于特征的量值来判断事物属于某集合的程度，而关联函数能使识别精确化、定量化，从而为解决从变化的角度进行识别的问题提供了新途径。本节将可拓学的基础理论应用于电力系统中长期负荷预测，介绍一种新的适合于中长期负荷预测的物元模型。

一、电力系统中长期负荷的物元综合预测模型

电力系统中长期负荷预测方法较多，实际应用中多种方法由于依据的基本原理不同，故而有各自的特点及适用性。如何对众多预测方案作出量化评价和分析，是充分利用有效信息和提高预测准确度的关键。综合预测模型能够在不增加数据收集难度的基础上最大限度地利用现有信息，是中长期负荷预测工作中值得探讨的一种手段。

1. 模型的基本原理

构建用于电力系统中长期负荷综合预测的物元模型核心，在于建立对各种常用的电力系统中长期负荷预测方法进行量化比较，对其结果进行综合优化的数学模型，从而得到较为全面的负荷预测结果。

2. 模型的实现步骤

具体实现步骤如下：

（1）假设有 n 种负荷预测方法，每种方法都预测出 m 年的负荷数值（设这些负荷数值所对应的实际值已知），那么，首先构建预测物元为

$$R_i = (N_i, C, V_i) = \begin{bmatrix} N_i, & c_1, & V_{i1} \\ & c_2, & V_{i2} \\ & \vdots & \vdots \\ & c_m, & V_{im} \end{bmatrix} \tag{2-84}$$

式中 $C = \{c_1, c_2, \cdots, c_m\}$——该种预测方法对于每个历史样本年份负荷的预测；

$V_i = \langle V_{i1}, V_{i2} \cdots, V_{im} \rangle$——该预测方法对于每个历史样本年份负荷的预测数值；

N_i——第 i 种负荷预测方法。

（2）构建评价物元——经典域物元，即

$$R_c = (N_c, C, V_c) = \begin{bmatrix} N_c, & c_1, & V_{c1} \\ & c_2, & V_{c2} \\ & \vdots & \vdots \\ & c_m, & V_{cm} \end{bmatrix} \tag{2-85}$$

式中 N_c——综合评价方法；

　　C——每个历史样本年份的实际负荷情况；

　　V_i——每个历史样本年份的实际负荷数值所处的区间，区间端点还是利用布尔推理算法获得。

（3）构建评价物元——节域物元，即

$$R_p = \{N_p, \quad c_p, \quad V_p\} \tag{2-86}$$

式中 N_p——综合评价方法；

　　c_p——所有历史样本年份实际负荷情况；

V_p——所有历史样本年份实际负荷数值共同所处的区间。

（4）计算各预测方法与评价物元关于第 j 个历史样本年份的关联度，关联函数的形式应根据所求解问题的特点分别确定，例如，可选用如下关联函数

$$k_j\big[x_i(m)\big]=\begin{cases}-\dfrac{\rho(x_i(m),\ X_{oji})}{|X_{oji}|} & \big[x_i(m)\in X_{oji}\big]\\[3mm]\dfrac{\rho(x_i(m),\ X_{oji})}{\rho(x_i(m),\ X_{pi})-\rho(x_i(m),\ X_{oji})} & \big[x_i(m)\notin X_{oji}\big]\end{cases}$$

$$(i=1,\ 2,\ \cdots,\ n,\ j=1,\ 2,\ \cdots,\ m)$$

（2 - 87）

（5）计算每种预测方法与评价物元关于所有历史样本年份的关联度的平均值，即

$$k_i=\sum_{j=1}^{m}k_i(x_{ij})\quad(i=1,\ 2,\ \cdots,\ n)\qquad(2\text{-}88)$$

将 K_i 作为第 i 种预测方法的权值，利用这个权值对每一个待测年份的各方案预测结果进行加权综合，从而得到各待测年份的综合预测结果为

$$r_j=\dfrac{\displaystyle\sum_{i=1}^{n}k_ir_{ij}}{\displaystyle\sum_{i=1}^{n}k_i}\quad(j=1,\ 2,\ \cdots,\ m)\qquad(2\text{-}89)$$

式中　r_{ij}——第 i 种预测方法第 j 年的预测结果；

　　　　r_j——物元综合预测模型第 j 年的预测结果。

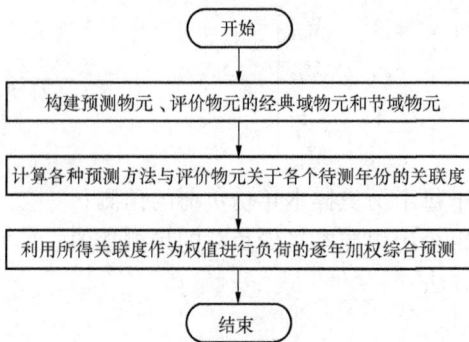

构建用于电力系统中长期负荷综合预测的物元模型的算法可用图 2-1 所示流程表示。

二、电力系统中长期负荷的物元综合预测模型的改进

在经典域物元的构建中，每个历史样本年份实际负荷数值所处区间（即经典域）的断点由布尔推理算法计算得到。受布尔推理算法的算法特征所限，某个历史样本年份实际负荷数值所处区间的中点理论上并不与该年份的实际负荷数值点相互重合，从而导致在进行综合预测时，较好的负荷预测模型的作用会被淡化，而相对较差的负荷预测模型的作用却有可能被强化，将大大降低了综合预测结论的可信度。

图 2-1　用于中长期电力负荷综合预测的物元模型构建流程图

为了避免上述现象的出现，可以考虑对关联函数 $K(x)$ 进行改进。具体的改进方法是：设待测年份实际负荷数值为 x_0，该年份实际负荷数值所处区间中点为 x_m，$\delta=x_0-x_m$；改进前的关联函数 $K(x)$ 的函数图像，在坐标轴横轴（即论域轴）上取 $x=x_m$ 时，该图像沿纵轴（即关联度轴）方向达到最高点 $K_{\max}(x)$。现将关联函数 $K(x)$ 的函数图像沿横轴平移，使得当横轴上取 $x=x_0$ 时，得到该图像沿纵轴（即关联度轴）方向的最高点 $K_{\max}(x)$，即将关联函数 $K(x)$ 的函数图像沿横轴向正方向平移了 $\delta=x_0-x_m$ 的距离。

经过上述改进，使得在进行综合预测时，较好的负荷预测模型的作用被突出，而相对较差的负荷预测模型的作用被削弱，达到了综合预测的目的。

三、算例分析

以我国某系统实际系统数据为例，采用综合预测物元模型对电力负荷进行预测，并对预测的结果进行分析评价。

应用负荷综合预测模型对某系统的年用电量进行预测，已知的七种预测模型为计量经济模型、逐步回归模型、灰色指数平滑模型、模糊聚类模型、模糊线性回归模型、模糊指数平滑模型和灰色群模型，历史年份为1986～1995年，预测年份为1996～2000年，数据见表2-2。构建物元模型并进行计算，得到预测结果如表2-3所示。

表2-2   某系统年用电量七种原始模型预测结果   单位：亿 kW·h

年份	历史值	计量经济模型	逐步回归模型	灰色指数平滑模型	模糊聚类模型	模糊线性回归模型	模糊指数平滑模型	灰色群模型
1986	831	831	831	831	831	916	831	849
1987	922	918	918	926	911	966	922	883
1988	986	1009	987	995	985	1027	1004	963
1989	1016	1059	1061	1077	1064	1044	1053	1049
1990	1097	1089	1110	1166	1149	1078	1049	1143
1991	1210	1176	1182	1262	1288	1124	1174	1246
1992	1356	1318	1312	1366	1413	1275	1319	1357
1993	1491	1478	1518	1479	1527	1436	1499	1478
1994	1677	1636	1650	1601	1649	1592	1626	1608
1995	1838	1815	1781	1733	1782	1760	1859	1749
1996	1968	1979	1936	1875	1925	1909	2002	1901
1997	2061	2118	2095	2030	2080	2065	2101	2065
1998	2130	2231	2196	2197	2247	2206	2157	2241
1999	2284	2330	2309	2378	2427	2370	2202	2429
2000	2617	2488	2598	2574	2622	2564	2431	2631

表2-3   某系统年用电量物元综合预测结果

待测年份	实际负荷值（亿 kW·h）	预测负荷值（亿 kW·h）	预测误差
1996	1968	1943.7	−1.235%
1997	2061	2084.92	1.161%
1998	2130	2205.47	3.543%
1999	2284	2328.75	1.959%
2000	2617	2542.09	−2.862%

由算例可以看到，对该系统年用电量预测来说，七个模型的预测精度的优劣比较随年份而变化，这些模型各有优点，应当将它们进行综合，达到优势互补的目的。物元综合预测模型的精度令人较为满意。综合预测模型仅通过计算各模型在各待测年份的预测结果与实际负

荷情况的关联度，还是较难量化地评价各预测模型的优劣，如何利用物元模型对各预测模型的优劣进行量化评价，值得进一步研究。

除了以上几种不确定性负荷预测方法外，目前在电力负荷预测中还有一些其他的不确定性方法，例如专家系统、模糊专家系统和模糊神经网络方法、证据理论法、组合预测法等。研究表明这些方法在电力负荷预测中具有良好的应用前景。

2.4.5 电力负荷预测方法比较

电力负荷预测目的及要求随所研究时间跨度而不同，因而上述预测方法也分别适用于时限长短不同的负荷预测研究，为便于说明，以表格形式对几种方法的特点进行比较，见表 2-4。

表 2-4　　　　　　　　　　　　　　负 荷 预 测 方 法 比 较

预测方法		优点	缺点	适用范围
确定性预测方法	自身外推法	需要数据量少	若负荷本身无可外推的本质即不能自解释时会导致误预测	适用于预测周期较短的负荷预测
	相关分析法	使预测人员可清楚得到负荷增长趋势与其他可测量因素之间的关系	需利用较多相关社会经济发展指数，造成实际预测的困难	适用于负荷模式变化较大，预测周期较长的情况
	指数平滑法	简单、快速	预测精度较差	适用于预测量大、周期短的负荷预测
	时间序列法	考虑了负荷行为及主要相关因素的随机影响	依靠人的经验识别比较困难	较适用于电力系统短期负荷预测
	回归分析法	模型参数估计技术比较成熟，预测过程简单	线性回归分析模型预测精度较低；而非线性回归预测计算开销大，预测过程复杂	适用于中期负荷预测
不确定性预测方法	优选组合预测法（综合预测模型）	预测精度较高、稳定性较好	综合预测结果的精度与它所依据的单一预测算法有关	适用于负荷总量预测
	模糊预测法	预测结果可以预测区间及概率形式提供，精度较高	要求提供较多的历史数据，造成使用中的困难	尤其适用于未来社会经济发展有很大不确定性的新开发区中长期负荷预测
	专家系统法	将专家的经验知识与统计方法相结合，可为负荷未来的发展趋势给出方向性的结论，克服了单一方法的片面性	专家经验提炼困难，知识库的形成难度大	尤其适用于异常负荷模式预测（中长期）
	神经网络法	模仿人脑的智能化处理，对大量非结构性、非精确性规律有自学习自适应功能	样本训练时间及在不同预测地区间的通用性上存在很大问题	适用于平稳时间序列预测，短期负荷预测
	混沌预测法	仅利用电力负荷本身来寻找负荷变化的规律，所需数据资料较少，同时可提高预测精度	相空间的重建过程中有关时滞及嵌入维数的选取等问题尚需进一步研究	适用于短期和超短期负荷预测
	小波分析法	能对信号进行精细分析，采样精度较高，可聚焦到信号的任意细节，尤其对奇异信号敏感，可方便有效地用于原始信号的处理存储分析及重建	计算复杂程度较高	适用于短期负荷预测

2.5 空间负荷预测

电力负荷预测可分为负荷总量预测和空间负荷预测。负荷总量预测属于战略预测，是将整个规划地区的电量和负荷作为预测对象，其结果决定了未来供电地区对电力的需求量和未来供电区域的供电容量。总量预测的方法包括弹性系数法、时间序列法、回归分析法、灰色预测法、模糊预测法、专家预测法、人工神经网络法等。

负荷预测是电网规划的基础，传统的总量负荷预测仅对未来规划水平年的一个地区（一个城市或城市的一个大区）的总体负荷量进行预测，普遍关注负荷的历史和现有数据，以及经济因素等对负荷的影响，而对负荷的空间分布则较少关注。

随着城市规划的发展，负荷的地理分布日益细化和规范，应用空间负荷预测的预测方法，不仅可以预测未来负荷的变化规律，更可以揭示负荷的地理分布情况。对电力规划部门而言，不仅需要预测未来负荷的量，而且需要负荷增长的空间信息，由确定的负荷空间分布，准确地进行电网变电站布点和线路走廊规划，具有重要的现实意义。

2.5.1 空间负荷预测概述

空间负荷预测的概念最早是由美国的 H. Lee. Willis 在 20 世纪 80 年代提出的，定义为在未来电力部门的供电范围内，根据城市电网电压水平的不同，将城市用地按照一定的原则划分为相应大小的规则网格状或不规则（变电站、馈线供电区域）的小区，然后预测每个小区中电力用户负荷的数量和产生的时间，即它能够提供未来负荷的空间分布信息。

本节主要探讨空间负荷预测，但由于空间负荷预测与总量预测存在着密切的关系。总量负荷预测是空间负荷预测的约束条件之一，二者预测结果必须协调一致，在预测方法上也有可以共同参考借鉴的地方。

从预测年限角度看，空间负荷预测可分为短期预测、中期预测和长期预测，时间期限的划分与本章 2.1 节中负荷总量预测的时间期限划分相似。从与总量预测的关系角度看，空间负荷预测方法可分为自下而上的方法和自上而下的方法。自下而上的方法是先预测负荷分布，再将其累加为负荷总量；与之相反，自上而下的方法是先预测负荷总量，再将其"分解"到各小区，得到负荷的分布。从历史数据和计算方法的角度看，目前的空间负荷预测方法主要分为趋势法（Trending）和仿真法（Simulation）两大类。

空间负荷预测是城市配电网规划的基础。配电网规划不仅要求能预测电力负荷的总量，而且要求预测未来负荷的空间分布。只有确定了供电区域内各小区的未来负荷，才能对变电站的位置、容量、馈线路径、开关设备以及它们的投入时间等决策变量进行规划。

2.5.2 空间负荷预测流程

空间负荷预测是将总量负荷预测分配到供电小区的过程，主要可以分为以下三个阶段：

（1）空间信息收集。近年来随着地理信息系统（GIS）在配电网中的应用，空间信息的收集和处理越来越方便，利用地理信息系统（GIS）平台对待预测区域的空间信息进行处理，可以收集到该区域在地理、交通、社区、市政和城市规划方面的信息。

（2）土地使用决策。根据不同负荷类别对区域使用条件的要求，对待预测区域内准备开发的空地进行适应度评价，按照得分高低决定未来各区域的发展情况，并且在决策过程中，要满足总量、分类负荷预测以及新增用地总面积等约束条件。

（3）负荷增长预测。根据用地决策得到的各类负荷用地区域面积，结合已有的各类用地的负荷密度，就可以得到该区域的新增用地的负荷增长情况。

图 2-2 是空间负荷预测的流程图，整个流程图分为 4 个模块：数据准备模块、总量预测模块、用地仿真模块及土地决策和负荷转换模块。其中，用地仿真模块是空间负荷预测的核心，其作用是根据小区的地理、社会和交通等属性将总量用地预测分配到各小区。

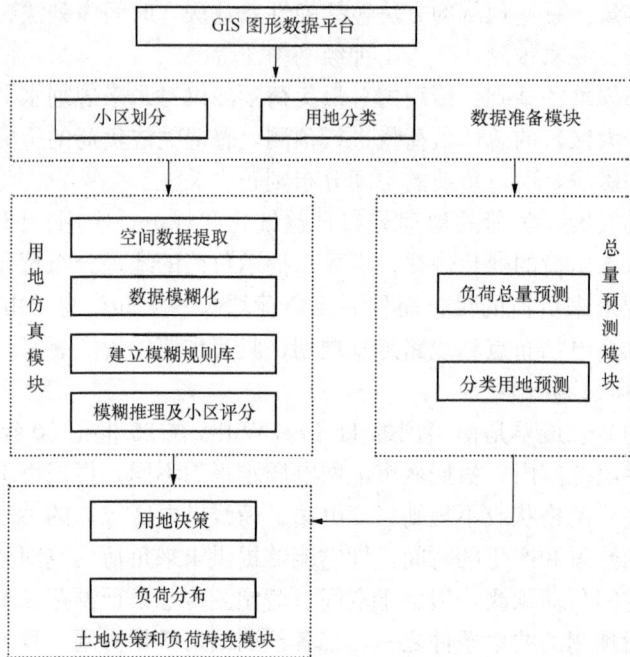

图 2-2 空间负荷预测流程图

2.5.3 空间负荷预测基本方法

从历史数据和计算方法的角度看，H. L. Willis 将空间负荷预测方法主要分为解析方法（analytic methods）和非解析方法（nonanalytic methods）两大类。解析方法运用数学工具分析小区的各项原始数据（如历史负荷、相关经济指标和用地数据等），进而预测小区负荷的发展趋势。解析方法可分为趋势法、多元变量法、基于土地利用的方法等。非解析方法则更多以规划人员、专家的经验和主观判断为依据来决定负荷的大小和分布，虽然在一定程度上缺乏必要的科学性，但可作为解析方法的辅助手段。

配电网规划中中国常用负荷密度法为小区负荷预测的主要手段，而国外则以趋势分析法和用地仿真法为主导。

一、负荷密度法

负荷密度是指单位面积上用户消耗电力的多少，随着用户特点（土地使用功能）的不同，负荷密度的大小亦不相同。

政府有关部门和开发单位在城市规划中，会明确城市各分区中各类用地的使用性质。一般城市功能块主要划分为居住用地、工业用地、公共设施用地、市政公用设施用地、对外交通用地、商业用地等；还可以根据实际需要在大的用地分类基础上，详细地进行小的分类，比如将居住用地分为一类居住用地、二类居住用地和三类居住用地。然后，根据研究区域的经济发展规划、人口规划等社会经济指标，参照国内外类似地区的负荷水平，对各功能区分别选择合适的负荷密度指标，计算研究区域内的空间负荷分布情况。其中计算式为

$$A = \sum_{i=1}^{n} (k_i D_i S_i) \tag{2-90}$$

式中　A——研究区域的预测负荷值，kW；

　　　k_i——各功能块的同时率；

　　　D_i——各功能块的负荷密度，kW/km^2；

　　　S_i——各功能块的面积，km^2。

为保证负荷密度法的预测精度，必须注意功能块的划分要合理，其次是各功能块的负荷密度确定时要保证数据的代表性和可信性。小区负荷密度指标可以看作是预测人员对规划水平年小区负荷密度的一个估计值，规划水平年小区负荷密度的预测值可以在此基础上修正得到。这个指标同时也反映了各小区负荷密度之间的比例关系。小区负荷密度数据的获得方式，主要和小区的性质有关，可以采用以下几种方法确定：

（1）按分类平均负荷密度设置。

（2）参考经验数据。

（3）通过现状供电区域调查获得。

二、用地仿真法

用地仿真法通过分析城市土地利用的特性和发展规律，来预测城市土地的使用类型、地理分布和面积构成，并在此基础上将土地使用情况转化成空间负荷。用地仿真法预测负荷及其分布包括三个部分的内容，即空间信息收集、土地使用决策和负荷增长预测。首先将供电区域划分为大小一致的小区，把负荷分为若干类（如工业、商业、居民），根据小区内地理、环境、交通、社会经济等信息，通过建立用地仿真模型来模拟小区的未来发展情况，对小区适于发展某类负荷的程度进行评分，然后根据评分将总负荷分配给每个小区。这是一种自上而下的方法。

用地仿真法要求每类用户的年最大峰值负荷数据能较好地考虑负荷转移特性，对空地的负荷预测相关性较好，对短、中和长期负荷预测都较适合。国内外不少学者投入了该项研究，利用卫星摄影照片获取历史年和现状年城市土地资料，为土地资料的获取奠定了基础；引入模糊逻辑，使用模糊逻辑技术对规划区域地理信息进行模糊推理并清晰化，得到各小区适于发展各类负荷的适应性评分；应用遗传算法、粗糙集等训练模糊推理规则；运用运输模型来分配各小区中各类负荷的增长等。

用地仿真法常用到多维模式识别、终端用户电力负荷模型以及表征工业、商业、居民等不同用户类型之间相互作用、相互影响的城市模型。该方法可包括很多方面，例如，可使用"交通流量"（Traffic Load Flow）来确定由于大城市不同位置交通情况对负荷增长的影响。就长期负荷预测而言，用地仿真法精度最高，甚至比最好的趋势分析法都要高一个数量级。基于这个原因，许多学者认为用地仿真法最适于配电网的长期规划。然而，用地仿真法需要大量有关用户、土地使用、土地分区、终端用户、人口等数据（通常电力公司很难快速获得这些数据），这在一定的程度上限制了用地仿真法的推广应用。

三、趋势分析法

趋势分析法不仅广泛应用于对电力负荷总量的估计预测，在空间负荷预测中也可以

应用。

　　趋势分析法是所有基于负荷历史数据外推负荷发展趋势的方法的总称。该方法以划分的小区为基础，利用历史年峰值负荷外推来预测将来的峰值负荷，常采用多项式曲线来拟合馈线的历史年峰值负荷，并将其外推到将来。除了曲线拟合外，还可用模板法来做趋势外推，例如，利用每条馈线的历史年峰值负荷预测其自身的将来峰值负荷。该方法主要包括负荷搜集法、扩散法、偏好系数法和时间序列法等。该方法简单方便，数据需求量小，但存在负荷增长曲线的平滑性和连续性都比较差、不能正确地处理倒供电产生的馈线或变电站间的负荷转移量等问题。趋势分析法还要求小区的划分不能太小，而且小区的历史负荷不能为零。这就使历史年负荷为零的空地预测遇到了困难。尤其是在长期预测中，趋势分析法不能仿真那些引起负荷变化的原因（如就业引起的区域经济变化、市政分区引起的负荷变化、经济因素引起的负荷变化等），而仅仅利用历史负荷数据是不能推断这些变化的。因此，有关学者已证明该方法仅适用于 1～4 年的短期负荷预测。

　　作为空间负荷预测常用的三种预测方法，负荷密度法比较适用于预测各功能分区的用电负荷，也适用于新开发区用电负荷的预测。趋势分析法采用同一地区的原始数据进行建模，其数学基础为数理统计规律，因此比较适用于样本较多，而且过去、现在和将来发展模式基本一致的地区的中长期预测；用地仿真法具有预测精度高，尤其对那些发展变化余地较大的地区，采用仿真法往往能够可以满足各类配电网规划的要求。

2.6　基于气温影响分析的年最大负荷预测

　　随着越来越多的空调、制冷设备等电器投入使用，使得电力负荷的季节性特点更加明显。全国不少地区的电力负荷变化规律分析表明：负荷预测中，气温对负荷的影响非常显著，必须在预测工作中加以重视。

　　气温因素是各级电网进行年最大负荷预测时需要重点关注的影响因素之一，传统中长期负荷预测一般不考虑其影响。随着社会经济发展和人民生活水平的提高，电网年度高峰负荷与最高（低）气温的关系愈加密切。因此，需要重点研究气温与高峰负荷的关联关系，并在预测中剔除气温敏感负荷的影响，才能有效提高负荷预测的准确度。本节提出了在对负荷与气温的关系进行关联分析的基础上，基于气温还原模型的年最大负荷预测方法。

2.6.1　基于气温影响分析的年最大负荷预测基本思路

考虑气温影响的年最大负荷预测基本思路如下：

　　(1) 根据预测地的历年负荷及气温数据，将负荷划分为基础负荷和气温敏感负荷两个部分，并进行基础负荷和气温负荷的提取；

　　(2) 建立气温负荷与气温的关联模型；

　　(3) 分析各温度下单位温升负荷效应，提出负荷变化的气温敏感点及饱和点；

　　(4) 基于负荷与气温关联关系及历年最大负荷日邻近阶段的气温数据，确定年基准最高气温，并进行气温累积效应的修正；

　　(5) 求取历史年最大负荷的气温还原值；

　　(6) 对历史年气温还原负荷建立外推模型；

　　(7) 对目标年还原负荷进行外推预测；

（8）基于（2）所建立的负荷与气温关联模型，求出各假定温度下的负荷预测值，或根据单位温升负荷效应，由基准气温与假定温度的差异，得到负荷预测结果。

2.6.2 负荷与气温关联分析

忽略其他随机因素影响，可以将年最大负荷分为基础负荷和气温敏感负荷两部分。由于两部分负荷变化规律差异较大，分别进行分析将有利于提高负荷预测的准确度。同时，考虑到我国南方城市夏季降温负荷往往超过冬季取暖负荷，年最大负荷通常出现在夏季，因此本节以夏季负荷为例进行气温与负荷关联关系讨论。

一、基础负荷提取

关于提取每年基础负荷的方法，目前使用较多的是求取 4、5 月和 10 月的日最大负荷平均值，也可尝试采用 HP 滤波分析求取基础负荷的方法。

二、气温敏感负荷的获得

1. 气温敏感负荷与气温关系的模型

气温敏感负荷通常与最高气温有着相同的变化趋势，基于此，可用经典的多段线性模型描述夏季最大负荷与最高气温的关系，如图 2-3 所示。

图 2-3 中，k_1、k_2、k_3、k_4、k_5 为气温敏感负荷对气温的敏感系数，表示气温每上升 1℃ 所带来的负荷增量占当年基础负荷的比例；ω_1 为敏感气温阈值，ω_2、ω_3、ω_4、ω_5 为敏感系数的转折气温。

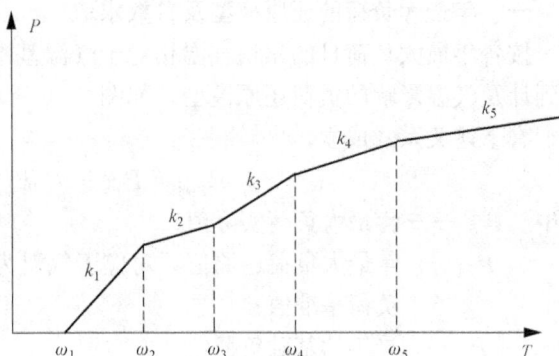

图 2-3 气温敏感负荷与气温关系的多段线性模型

在实际应用中，通常对此模型进行一定的简化，用三次函数曲线来代替多段线性曲线，再求出各转折温度的斜率作为对应的敏感系数。其模型简化如图 2-4 所示。

2. 气温累积效应的定义

考虑夏季高温期间气温对负荷影响的累积效应，在进行历史数据分析时，通常会首先对日最高气温进行积温效应的修正，修正公式为

$$T_0' = T_0 + \sum_{i=1}^{p} \alpha^i (T_i - T_0) \tag{2-91}$$

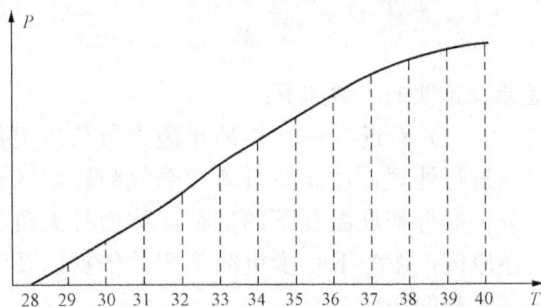

图 2-4 气温敏感负荷与气温关系的简化模型——三次函数模型

或者

$$T_0'' = T_0 + \sum_{i=1}^{p} \alpha^i (T_i - T_{i-1}) \tag{2-92}$$

式中　T_0' 和 T_0''——考虑累积效应后的日最高气温修正值；

　　　T_0——研究日的最高气温实际值；

　　　T_i——研究日 i 天前的日最高气温实际值；

　　　α——累积效应系数，反映了不同温度下累积效应的强弱程度，α 可由研究区

域的历史数据分析计算得到;

p——统计气温累积效应时的天数,一般取 $p=\min(n,3)$,其中,n 为日最高温度连续高于28℃的天数。

3. 负荷单位温升效应分析

负荷的单位温升效应,是指气温每升高1℃所引起的负荷增长,即图2-3中的敏感系数 k。根据历史统计数据得到负荷与气温的一一对应序列,按照图2-4所示的简化模型,对负荷与气温数据进行三次函数的回归拟合,可以得到负荷单位温升效应。

2.6.3 计及气温影响的年最大负荷预测

对年最大负荷的历史数据进行还原,剔除掉气温因素的影响,然后再进行预测。

一、年最大负荷的还原模型及参数求取

按各年最大负荷日的累积气温相对于气温基准值的变化量对最大负荷值进行还原修正,得到计及气温影响的负荷还原模型,如图2-5所示。

有下述关系式成立

$$P_{\max} = P_{\mathrm{ref}} + P_B k(T_{\max} - T_{\mathrm{ref}}) \tag{2-93}$$

式中　$P_{\max}$——年最大负荷实际值;

$\quad\quad P_{\mathrm{ref}}$——年最大负荷还原值,对应于气温为基准温度时的最大负荷值,也可称为最大负荷基准值;

$\quad\quad P_B$——当年的基础负荷值;

$\quad\quad T_{\max}$——年最大负荷日累积气温值;

$\quad\quad k$——调整系数。

当 $T_{\max}$ 低于 T_{ref} 时,取 $k=k_1$,当 $T_{\max}$ 高于 T_{ref} 时,取 $k=k_2$。

由式(2-94)可推出用最大负荷实际值表示的最大负荷还原值计算式为

$$P_{\mathrm{ref}} = P_{\max} - P_B k(T_{\max} - T_{\mathrm{ref}}) \tag{2-94}$$

二、负荷还原及预测方法

根据图2-5所示的气温还原模型,负荷还原及预测的步骤如下:

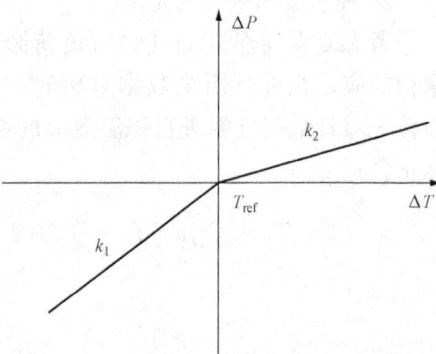

图2-5　计及气温影响的负荷还原模型

ΔT 表示各年最大负荷日气温相对于气温基准值的变化量;ΔP 表示实际最大负荷相对于基准温度下最大负荷基准值 P_{ref} 的变化量;T_{ref} 表示基准温度;k_1、k_2 表示累积气温在基准温度左右变化时,每下降或上升1℃,年最大负荷的变化量占当年基础负荷的比例,简称调整系数。

(1)对近5~10年的年最大负荷历史数据进行处理,过滤掉负荷中受气温影响的部分,取得基准温度下的负荷,称为最大负荷还原值,作为下一步负荷预测的依据以及结果调整的基准。

(2)根据年基础负荷和最大负荷还原值预测目标年的基础负荷值和最大负荷基准值。

(3)预测目标年的最高气温,作为最大负荷日累积气温的参考,确定前后相差1℃的累积气温修正区间,由此对最大负荷基准值预测结果进行调整,得到目标年最大负荷的最终预测结果。

2.6.4　算例应用

以中国南方某地区2011年最大负荷的预

测为例,验证本节提出方法的有效性。篇幅所限,这里略去原始数据及数据处理过程。

2011 年该地区最大负荷日的最高气温为 37.9℃,累积气温修正区间为 37.66℃,综合考虑,可取定最高气温修正区间为 37~38℃,用此温度区间进行预测。

将该地区历年负荷值直接外推模型得到的结果,与本节提出的基于气温还原模型的预测结果对比见表 2-5。

表 2-5 　　　　　　　　**中国南方某地区 2011 年最大负荷预测结果比较**

实测值（MW）	按历年负荷值外推的预测模型		基于气温还原的预测模型	
	预测结果（MW）	相对误差（%）	预测结果（MW）	相对误差（%）
3157.0	3324.83	5.32	[3166.836, 3198.50]	0.31~1.31

由表 2-5 可见,采用历年负荷值直接外推的模型预测误差较大。深入分析后发现,2011 年该地区夏季最高气温远低于历年夏季最高气温,因此直接外推后得到的预测结果中气温影响引起的负荷分量会较实际值偏高,从而导致了较大的预测误差。采用基于气温还原的预测模型能够根据目标年的气温预测区间对年最大负荷进行预测,则降低了预测误差。将基于气温还原的预测模型运用于实际电网中,可根据当地历年夏季最高气温的分布情况,对年最大负荷做出区间预测,为电网规划和运行调度工作提供准确的负荷数据。

2.7　电力负荷预测的综合评价

电力负荷预测是一种对未来用电情况的估计,而实际系统负荷的变化受多方面因素的影响,在影响电力负荷变化的诸多因素中,许多因素都具有很大的不确定性,如政治经济条件、天气变化等,往往难以准确预料,这给电力负荷预测工作带来了很大的困难,从而使电力负荷预测也具有显著的不确定性,预测的结果与客观实际存在着一定的差距,这个差距就是预测误差。

不同预测方法(模型)由于建模中侧重点不同,在实用中由于预测对象、社会环境等的不同,预测的效果会有较大的差异,需要对预测方法(模型)及其结果进行评价,以指导用户合理地选择预测方法(模型)。

2.7.1　负荷预测模型分析评价必要性

预测误差往往用以衡量一个预测模型的应用效果,在得到预测结果后对其误差进行分析,务必使误差处于可接受的范围内。若误差太大,就失去了预测的意义,从而导致电力规划的失误。一般来说,短期预测的误差不应超过±3%,中期预测的允许误差为±5%,长期预测的误差也不应超过±15%。

预测误差和预测结果的准确性关系密切。误差愈大,准确性就愈低;反之,误差愈小,准确性就愈高。可见,研究产生误差的原因,计算并分析误差的大小,不但可以认识预测结果的准确程度,从而在利用预测资料作决策时具有重要的参考价值,同时,对于改进负荷预测工作,检验和选用恰当的预测模型等方面也有很大帮助。

一、预测误差形成原因

负荷预测误差主要由以下几方面因素引起:

(1) 进行预测往往要用到数学模型,而数学模型大多只包括所研究对象的某些主要因素，很多次要因素被略去了。对于错综复杂的电力负荷变化来说，这样的模型只是一种经过简单化了的负荷状况的反映，与实际负荷之间存在差距，用它来进行预测，也就不可避免地会与实际负荷产生误差。

（2）负荷所受影响是千变万化的，进行预测的目的和要求又多种多样，因而就有一个如何从许多预测方法中正确选用一个合适的预测方法的问题。如果选择不当的话，也就随之而产生误差。

（3）进行负荷预测要用到大量资料，而各项资料并不能保证都是准确可靠，这就必然会带来预测误差。

（4）某种意外事件的发生或情况的突然变化，也会造成预测误差。此外，由于计算或判断上的错误，如平滑常数的选择不妥，也会产生不同程度的误差。

以上各种不同原因引起的误差是混合在一起表现出来的，因此，当发现误差很大，预测结果严重失实时，必须针对以上各种原因逐一进行审查，寻找根源，加以改进。

二、预测误差分析指标

计算和分析预测误差的方法和指标很多，常用的主要有以下几种：

（1）绝对误差。设 Y 表示电力负荷实际值，$\hat{Y}$ 表示预测值，则称 $E = Y - \hat{Y}$ 为绝对误差。

（2）相对误差。设 Y 表示电力负荷实际值，$\hat{Y}$ 表示预测值，则称 $E = \dfrac{Y - \hat{Y}}{Y}$ 为相对误差，常以百分值形式表示。

（3）均方根误差。设 Y 表示电力负荷实际值，$\hat{Y}$ 表示预测值，则称

$$RMSE = \sqrt{\sum_{i=1}^{n}(Y_i - \hat{Y}_i)^2} \tag{2-95}$$

为均方根误差

（4）后验差检验。后验差检验是参考概率预测方法中相关概念而得出的，主要根据模型预测值与实际值之间的统计情况，进行检验。其主要内容为：以残差为基础，根据各时刻残差绝对值的大小，考察残差较小的点出现的概率，计算得出后验差比值以及小误差概率，从而对预测模型进行评价。

2.7.2 负荷预测模型的综合决策评判

投资项目方案往往受技术、经济、环境、社会与文化的综合影响，仅凭单一的经济指标评价选择投资项目方案不符合客观实际，而且，由于投资主体的目标是多元的，有的目标甚至是冲突的。因此，应从技术、经济、环境、社会与文化协调发展的大局出发，对投资项目方案进行多指标综合评价优选。根据熵的性质，把多指标评价投资项目方案固有信息的客观作用与决策者经验判断的主观能力量化并结合为一个复合权值集，据此从中选出最好的方案，作为最后的投资方案。

类似的问题出现在电力负荷预测方案的选取上。假定有多个电力负荷预测的方案，如何对多个方案进行评价并选出最优的方案，是做好负荷预测工作必须考虑的，这与从一组投资项目方案中选取最优的投资项目有着相似之处，如果只凭一种因素来考虑预测模型是不完全的。例如，有两个预测方案，要对 5 年的负荷增长趋势作出预测。第一个预测模型的相对误差分别是 1%，5%，10%，3%，15%，其相对误差平均值是 6.8%。而另一个预测模型的

相对误差分别是 6%，5%，8%，8%，7%，其相对误差平均值是 7.5%。是否能说第一个模型因为相对误差比第二个小，就认为它比第二个模型好吗？很明显答案是不能肯定的。因为虽然第一个模型的预测误差平均值比第二个小，但是其预测结果的相对误差波动要比第二个大，即它的稳定性方面要比第二个差。所以，不能单纯地仅凭一个相对误差因素就断定第一个模型一定比第二个好，必须考虑尽可能多的因素，根据它们的各个指标来进行综合评价，从中选出最优的方案。

一、模糊熵的决策评价模型基本原理

为了评价每一种预测方案的实用与否，通过分析可以选取预测值的期望、方差、相对误差、残差等因素作为评判的指标，应用熵的原理，计算出所有指标与理想预测方案接近度之差的加权和 S_i，S_i 最大的预测方案即为所选择的最优预测方案，并按其中最优的预测方案对该地区的负荷做出预测，从而提高整个负荷预测的精确性。

所讨论的模型根据熵的性质，把多指标评价预测模型固有信息的客观作用与决策者经验判断的主观能力量化并结合为一个复合权值集，用它来对预测项目方案排序，并将其作为目标函数的系数，从中选出最优的预测模型。

二、模糊熵的决策评价模型实现步骤

建模过程如下：

（1）拟定独立的备选预测的方案 i（$i=1,2,\cdots,n$）。

（2）建立评价指标体系的评价指标 j（$j=1,2,\cdots,m$），包括期望值、方差、相对误差和残差。

（3）构造指标水平矩阵 $\boldsymbol{A}$。其元素 a_{ij} 为 i 方案的 j 指标水平值，a_{ij} 按下式进行归一化处理

$$a'_{ij}=\frac{a_{ij}-\min a_{ij}}{\max a_{ij}-\min a_{ij}} \quad (j\in J_1，对于收益性指标) \tag{2-96}$$

$$a'_{ij}=\frac{\max a_{ij}-a_{ij}}{\max a_{ij}-\min a_{ij}} \quad (j\in J_2，对于损失性指标) \tag{2-97}$$

指标水平矩阵为

$$\boldsymbol{A}=\begin{bmatrix} a_{11} & a_{12} & \cdots & \cdots & a_{1m} \\ a_{21} & a_{22} & \cdots & \cdots & a_{2m} \\ \cdots & \cdots & \cdots & \cdots & \cdots \\ \cdots & \cdots & \cdots & \cdots & \cdots \\ a_{n1} & a_{n2} & \cdots & \cdots & a_{nm} \end{bmatrix} \tag{2-98}$$

$$\boldsymbol{A}'=\begin{bmatrix} a'_{11} & a'_{12} & \cdots & \cdots & a'_{1m} \\ a'_{21} & a'_{22} & \cdots & \cdots & a'_{2m} \\ \cdots & \cdots & \cdots & \cdots & \cdots \\ \cdots & \cdots & \cdots & \cdots & \cdots \\ a'_{n1} & a'_{n2} & \cdots & \cdots & a'_{nm} \end{bmatrix} \tag{2-99}$$

（4）计算各指标的熵值。为确定各预测模型方案的相对重要性，就要计算各指标在评价预测模型方案时的相对重要度。其熵值为

$$e'_j = -\sum_{i=1}^{n}\left(\frac{a'_{ij}}{\sum\limits_{j=1}^{m}a'_{ij}}\right)\log\left(\frac{a'_{ij}}{\sum\limits_{j=1}^{m}a'_{ij}}\right) \quad (j=1,2,\cdots,m,\text{且}\ a'_{ij}\neq 0) \quad (2-100)$$

当 $a'_{ij}=0$ 时，取 $e'_j=0$。

由熵的极值性可知，各预测方案的指标水平值越接近相等，其熵值就越大，即当各预测方案的 $a'_{ij}/\sum\limits_{j=1}^{m}a'_{ij}(i=1,2,\cdots,n)$ 数值相等时，熵值最大，$(e'_j)_{\max}=\log(n)$。用 $\log(n)$ 对式（2-93）进行归一化处理，得到表征指标 j 的相对重要度的熵为

$$E_j = -\frac{1}{\log(n)}e'_j \quad (j=1,2,\cdots,m) \quad (2-101)$$

根据熵的性质可以判断，E_j 越大，指标 j 的相对重要度越小。

（5）层次分析法确定表征预测模型方案的主观经验作用的权值 W_j，并将 E_j 和 W_j 复合成权值 λ_j，即

$$\lambda_j = \frac{E_j W_j}{\sum\limits_{i=1}^{m}E_j W_j} \quad (2-102)$$

λ_j 满足 $0\leqslant\lambda_j\leqslant 1$ 和 $\sum\limits_{i=1}^{m}\lambda_j=1$。

用 λ_j 对矩阵 A' 加权，得到矩阵 A''

$$A'' = \lambda_j A' \quad (2-103)$$

对于预测模型方案 i，所有指标与理想预测模型方案接近度之差的加权和 S_i 为

$$S_i = m - \sum_{j=1}^{m}\frac{\lambda_j a''_{ij}}{P_j} \quad (i=1,2,\cdots,n) \quad (2-104)$$

显然，S_i 大的预测模型方案优先，根据 S_i 便可对预测模型方案排序。

2.7.3　电力负荷预测的误差反馈校正

从数学角度讲，负荷预测就是估计一个时间序列未来值的问题，存在一定的误差。如果能够对预测误差进行校正处理，那么对提高预测的精确性将有重要意义。目前已有不少文献提出带有自修正功能的方法进行电力负荷预测的误差修正。

为了提高预测精度，实际系统中可以采取减少负荷预测误差的措施和进行负荷预测滚动修正的一般方法。

一、减少负荷预测误差的措施

（1）根据负荷受气象因素影响，采用分时段输入气象资料。

（2）采用模糊规则、灰色系统进行预测。

（3）对停投没有规律性的大用户负荷，采用人工及时修改负荷参数的方法。

（4）积累历史数据，并确保其正确性、完整性，对电力系统突发事故造成的误差，应及时修正数据。

（5）对节假日负荷的影响在模型中用特殊的方法进行修正。

二、负荷预测滚动修正的一般方法

目前，规划研究部门所使用的各种预测方法，无外乎分类负荷指标法、曲线回归法、趋势外推法、单耗法和比较参照法等几种，事实上这几种预测方法都未能真正反映电力需求发

展的内在规律。我国的《电力需求条例（试行）》明确规定"在一个五年计划前 2～3 年进行 5 年计划的电力需求预测，在适当的时候（一般在 5 年计划期中）滚动修正一次，经常保持一个最新的预测水平"；"进行 10～30 年中、长期电力需求预测时，在 10～30 年前做一次初步匡计。以后 10 年预测每 3 年左右做一次滚动修正，10～30 年预测每 5～8 年滚动修正一次"。事实上已有不少地方电力规划人员对近期的电力需求几乎都根据情况每 1～2 年做一次滚动修正，10～30 年预测也是每 3～5 年左右即做滚动修正一次，以期尽可能准确预测电力系统负荷的发展水平。

滚动修正周期将取决于城市规划的修正、调整和重新编制的时间安排。它的时间要根据城市规划与城市经济和城市发展不相适应的情况而定。

不少文献采用多种预测模型交叉结合的方法对负荷预测结果进行滚动修正，预测模型改进效果显著。例如根据负荷的不确定性和非线性的特点，采用了 ANN 和 AFS 理论进行短期负荷预测，分两个步骤：在 ANN 中引入了平滑因子和遗忘因子，来加速收敛速度并解决 ANN 的遗忘问题；在 AFS 中对基本负荷预测值进行修正，引进不平均的隶属函数来体现负荷变化对温度的敏感性。这就很好地解决了系统负荷的非线性问题，以及天气、节假日对负荷预测的影响，显著地提高了预测精度。

有文献深入研究了天气和特殊事件对电力负荷的影响，建立了结合径向基（RBF）神经网络和专家系统来进行短期负荷预测的模型。利用 RBF 神经网络的非线性逼近能力预测出日负荷曲线，然后利用专家系统根据天气因素或特殊事件对负荷曲线进行修正，使其在天气突变等情况下也能达到较高的预测精度。

3 电力系统规划的经济评价方法

本章简要介绍电力系统规划经济评价的意义、原则、注意事项、方法及不同经济评价方法的含义与差别,着重介绍了资金的时间价值、最小费用法、净现值法、内部收益率法和差额投资内部收益率法、折返年限法及相关计算法、财务评价方法、国民经济评价方法、不确定性的评价方法和各类方案比较宜考虑的因素,最后简要介绍全寿命周期经济评价方法。

3.1 概　　述

3.1.1 经济评价的意义

经济评价是工程项目或方案评价的一个组成部分,而且往往是通过技术经济比较对方案进行筛选后,将优选方案再进行国民经济评价、财务评价及不确定性分析。电力系统规划中经济评价应用最为广泛的是方案经济比较。经济评价是可行性研究的重要内容和确定方案的重要依据。

电力系统规划的成果是电力发展决策部门批准电力建设方案的依据或重要参考资料。为确定某一规划方案或一个电力建设工程项目,除了分析该方案或工程项目是否在技术上先进、可靠和适用外,还要分析该方案或工程项目在经济上是否合理。只有技术和经济两个方面都合理,该方案或工程项目才能实施。所以,电力系统规划方案经济比较(或经济评价)是电力建设项目决策科学化、民主化,减少和避免决策失误,提高电力建设经济效益的重要手段。

3.1.2 经济评价的原则

电力系统规划中经济评价的原则是:

(1) 技术上可行;

(2) 从国家整体利益出发,不带主观偏见,不迁就照顾人情;

(3) 符合国家能源和电力建设方针政策;

(4) 按市场经济规律办事;

(5) 符合集资办电、统一规划、统一调度、省为实体的电力管理体制精神。

3.1.3 经济比较评价的注意事项

经济比较评价要注意的事项是:

(1) 电力系统规划工作需要进行经济评价的内容多种多样,经济评价的方法也有多种,应从实际需要出发,选用合适的经济评价方法;

(2) 方案应有可比性,如生产能力或产量不同的方案或项目,应设法使方案不同部分等同后再比较;

(3) 一般应考虑时间因素,按动态评价法比较分析,以静态指标进行辅助分析,对工期较短或较小型的项目,也可按静态评价法比较分析;

(4) 电力建设的投资渠道多,贷款利率也各不相同,如涉及投资渠道和贷款利率均比较明确的电力建设工程方案比较时，应考虑建设期投资贷款利息和生产期流动资金贷款利息及其相应变动对方案的经济影响；

（5）经济评价的内容应完整、不漏项；

（6）采用的基础资料和数据应正确无误；

（7）各方案需用同一时间的价格指标；

（8）当方案涉及相关的煤炭、水利或交通运输部门的费用和效益时，应分析其影响；

（9）某些方案若涉及社会效益或国家利益而又难以用经济指标表达时，宜将社会效益或国家利益作为经济比较的辅助材料同时列出；

（10）要对可变因素加以分析；

（11）方案比较时，一般可按现行价格进行，但若某些材料、设备在项目费用中占较大比重，而价格又明显不合理，可能影响方案确定时，应采用其影子价格；

（12）经济评价方法只是一种科学手段，不能代替规划人员的分析和判断，所以要求规划者应多做方案，多调查研究，对计算所采用的参数要慎重研究，对具体项目必须做出具体分析。

3.1.4 目前采用的经济评价方法

目前采用的经济评价方法分以下三类：静态评价法、动态评价法、不确定性的评价方法。

在评价工程项目投资的经济效果时，如不考虑资金的时间价值，则称为静态评价法。静态评价法比较简单直观，但难以考虑工程项目在使用期内收益和费用的变化，难以考虑各方案使用寿命的差异，特别是不能考虑资金的时间因素，因此一般只用于简单项目的初步可行性研究。对电力系统规划来说，由于工程项目，如火电站、水电站、核电站、变电站、输电线路等的周期长，且涉及众多使用寿命不同的子项目，在规划期内费用流比较复杂，不宜采用静态评价法。

动态评价法考虑了资金的时间因素，比较符合资金的动态规律，因而给出的经济评价更符合实际。目前世界各国在电源规划和输电规划中常采用的动态评价法有以下四种：净现值法、内部收益率法、费用现值法、等年费用法。

不确定性的评价方法在第 3.9 中介绍。

3.1.5 不同经济评价方法的含义与差别

经济评价内容包括财务评价、国民经济评价、不确定性分析和方案比较四个方面。

财务评价是从企业角度根据国家现行财税制度和现行价格，分析测算项目的效益和费用，考察项目的获利能力、清偿能力及外汇效果等财务状况，以判别建设项目财务上的可行性。

国民经济评价是从国家整体角度考察项目的效益和费用，计算分析项目给国民经济带来的净效益，评价项目经济上的合理性。

财务评价和国民经济评价都是以国家规定的效益指标为基础作比较，并不要求多个项目相互比较。二者的相互关系是以国民经济评价为主，当二者分析结论相矛盾时，项目及方案的取舍取决于国民经济评价结果。对于某些国计民生急需项目，国民经济评价可行，财务评价认为不可行时，可向国家和主管项目的领导部门提出经济上的优惠措施建议，使项目有财务上的生存能力。

财务评价与国民经济评价的差异是：

（1）分析角度不同。财务评价是从财务角度考察货币收支和盈利状况及借款偿还能力，以确定投资行为的财务可行性；国民经济评价是从国家整体的角度考察项目需要国家付出的代价和对国家的贡献。

（2）效益与费用的含义和划分范围不同。财务评价是根据项目的实际收支确定项目的效益和费用，税金、利息等均计为费用；国民经济评价着眼于项目为社会提供的有用产品和服务及项目所耗费的全社会有用资源，考察其项目的效益和费用，税金、国内借款利息和补贴不计入项目的效益和费用。财务评价只计项目的直接效益和费用，国民经济评价要计入间接费用和效益。

（3）使用价格不同。财务评价用现行价格，国民经济评价用影子价格。

（4）主要参数不同。财务评价用官方汇率，并按行业的基准收益率作为折现率；国民经济评价用统一的影子汇率和社会折现率。

不确定性分析是分析可变因素以测定项目可承担风险的能力。

方案比较主要用于多方案筛选，排列出不同方案经济上的优劣顺序，不是最优方案不等于财务评价和国民经济评价是不可行的方案；同样，经济比较筛选出的最优方案，也可能财务评价和国民经济评价不可行。方案比较可以计算比较方案的不同部分，因而只计算各方案的部分费用，可根据项目的实际情况选用适宜的比较方法，而财务评价和国民经济评价必须严格计算规定的各项指标。方案比较常用的方法有最小费用法、净现值法、内部收益率法、折返年限法等，每种方法又可演化出不同表达式。

3.2 资金的时间价值

资金的价值与时间有密切关系。当前的一笔资金，即使不考虑通货膨胀的因素，也比将来数量相同的资金更有价值。因为当前的资金可在使用过程中产生利润。因此，工程项目在不同时刻投入的资金及获得的效益，其价值是不同的。为了取得经济上的正确评价，应该把不同时刻的金额折算为同一时刻的金额，然后在相同的时间基础上进行比较。

在经济分析中，工程项目有关资金的时间价值可以用以下四种方法来表示：

（1）现值 P。把不同时刻的资金换算为当前时刻的等效金额，此金额称为现值。这种换算称为贴现计算，现值也称为贴现值。

（2）将来值 F。把资金换算为将来某一时刻的等效金额，此金额称为将来值。资金的将来值有时也叫终值。

（3）等年值 A。把资金换算为按期等额支付的金额，通常每期为一年，故此金额称等年值。

（4）递增年值 G。把资金换算为按期递增支付的金额，此金额称为递增年值。

现值和将来值都是一次支付性质的，等年值和递增年值都是多次支付性质的。

以上四种类型的资金可以互相转换。它们之间的换算和众所周知的利息算法完全相同。在作工程项目的经济评价时，利息比利率的真正含义要深得多，无论在概念上和数值上都与银行存款不同，它是在资金使用过程中通过利润产生的。有时为了区分这两个概念，用贴现率代替利率。尽管概念和内涵不同，利息的计算形式目前仍被当作在理论上体现资金时间价值的正确方法。

3.2.1 由现值 P 求将来值 F

由现值 P 求将来值 F 的计算也叫本利和计算。设利率为 i，则在第 n 年末的利息及本利和如表 3-1 所示。

表 3-1 本 利 和 计 算

期数	期初金额	本期利息（增长数）	期末金额
1	P	Pi	$P+Pi=P(1+i)=F_1$
2	$P(1+i)$	$P(1+i)i$	$P(1+i)+P(1+i)i=P(1+i)^2=F_2$
3	$P(1+i)^2$	$P(1+i)^2i$	$P(1+i)^2+P(1+i)^2i=P(1+i)^3=F_3$
$\vdots$	$\vdots$	$\vdots$	$\vdots \quad \vdots \quad \vdots$
n	$P(1+i)^{n-1}$	$P(1+i)^{n-1}i$	$P(1+i)^{n-1}+P(1+i)^{n-1}i=P(1+i)^n=F_n$

由表中可以看出，第 n 年末的将来值 F 与现值 P 的关系为

$$F=P(1+i)^n \tag{3-1}$$

式中 $(1+i)^n$ ——一次支付本利和系数。

利用式（3-1）进行计算时应注意 P 值发生在第一年初，而 F 值发生在第 n 年末。

3.2.2 由将来值 F 求现值 P

由将来值 F 求现值 P 的计算称为贴现计算。由式（3-1）可知

$$P=F/(1+i)^n \tag{3-2}$$

式中 $\dfrac{1}{(1+i)^n}$ ——一次支付贴现系数，为一次支付本利和系数的倒数。

3.2.3 由等年值 A 求将来值 F

由等年值 A 求将来值 F 的计算叫等年值本利和计算。当等额 A 的现金流发生在从 $t=1$ 到 $t=n$ 年的每年末时，在第 n 年末的将来值 F 等于这 n 个现金流中每个 A 值的将来值的总和，即

$$F=A+A(1+i)+A(1+i)^2+\cdots+A(1+i)^{n-1} \tag{3-3}$$

这是一个等比级数之和，其公比为 $1+i$。将式（3-3）两端乘以 $1+i$ 得

$$F(1+i)=A(1+i)+A(1+i)^2+\cdots+A(1+i)^n \tag{3-4}$$

以式（3-4）减式（3-3），得

$$F(1+i)-F=A(1+i)^n-A$$

故知

$$F=A\frac{(1+i)^n-1}{i} \tag{3-5}$$

式中 $\dfrac{(1+i)^n-1}{i}$ ——等年值本利和系数，表达了 n 年的等年值 A 与第 n 年末将来值 F 之间的关系。

【例 3-1】 某工程投资 80 亿元，施工期为 10 年，每年投资分摊为 8 亿元。如果全部投资由银行贷款，贷款利率为 10%，问工程投产时欠银行多少？

解

$$F = A \frac{(1+i)^n - 1}{i}$$

$$= 8 \times \frac{(1.0 + 0.1)^{10} - 1}{0.1}$$

$$= 8 \times 15.937 = 127.496 (亿元)$$

3.2.4 由将来值 F 求等年值 A

由将来值 F 求等年值 A 的计算称为偿还基金计算。由式（3-5）可得

$$A = F \frac{i}{(1+i)^n - 1} \tag{3-6}$$

式中 $\dfrac{i}{(1+i)^n - 1}$——偿还基金系数。

利用偿还基金计算可以回答这样的问题：为了支付第 n 年的一笔费用，从现在起到第 n 年止，每年应该等额储蓄多少？

【**例 3-2**】   为了在第 20 年末购买一台设备，预计当时的价格为 20000 元。若银行的年利率为 7%且维持不变，每年应储蓄多少？

    解

$$A = F \frac{i}{(1+i)^n - 1}$$

$$= 20000 \times \frac{0.07}{(1 + 0.07)^{20} - 1}$$

$$= 20000 \times 0.02439$$

$$= 487.8 (元)$$

3.2.5 由等年值 A 求现值 P

由等年值 A 求现值 P 的计算称为等年值的现值计算。由式（3-2）知

$$P = F \frac{1}{(1+i)^n} \tag{3-7}$$

将式（3-5）代入式（3-7）可得

$$P = A \frac{(1+i)^n - 1}{i} \times \frac{1}{(1+i)^n} \tag{3-8}$$

定义

$$PA(i, n) \triangleq \frac{(1+i)^n - 1}{i(1+i)^n} \tag{3-9}$$

称为等年值的现值系数。

【**例 3-3**】   设某工程投产后每年净收益 3 亿元，希望在 10 年内连本带利把投资全部收回。若利率为 10%，问该工程在开始投产时最多容许筹划多少投资？

    解

$$P = A \frac{(1+i)^n - 1}{i(1+i)^n}$$

$$= 3 \times \frac{(1 + 0.1)^{10} - 1}{0.1 \times (1 + 0.1)^{10}}$$

$$=3 \times 6.1445 = 18.4335(亿元)$$

3.2.6 由现值 P 求等年值 A

由现值 P 求等年值 A 的计算称为资金收回计算。由式（3-8）可得

$$A = P \frac{i(1+i)^n}{(1+i)^n - 1} = P \times AP(i, n) \tag{3-10}$$

$$AP(i, n) = \frac{i(1+i)^n}{(1+i)^n - 1} \tag{3-11}$$

$AP(i, n)$ 称为资金收回系数，是经济分析中的一个重要系数，它表达了已知现值 P（发生在第一年初）和 n 个等年值 A（发生在第 1，2，…，n 年末）之间的等效关系。

【例 3-4】 某公司目前借款购买一台价值 20000 元的机器，该款应在 20 年中等额还清。设利息为 7%，每年末应偿还多少？

解

$$A = P \times AP(7\%, 20)$$
$$= 20000 \times \frac{0.07 \times (1+0.07)^{20}}{(1+0.07)^{20} - 1}$$
$$= 20000 \times 0.09439 = 1887.8(元)$$

3.3 最小费用法

最小费用法是电力系统规划经济分析应用较普遍的方法，适用于比较效益相同或效益基本相同但难以具体估算的方案。最小费用法有三种不同表达方式。

3.3.1 费用现值比较法

该方法简称现值比较法是将各方案基本建设期和生产运行期的全部支出费用均折算至计算期的第一年，现值低的方案是可取的方案。通用表达式为

$$P_w = \sum_{t=1}^{n} (I + C' - S_v - W)_t (1+i)^{-t} \tag{3-12}$$

式中　　$(1+i)^{-t}$——折现系数。

　　　　P_w——费用现值；

　　　　I——全部投资（包括固定资产投资和流动资金）；

　　　　C'——年经营总成本；

　　　　S_v——计算期末回收固定资产余值；

　　　　W——计算期末回收流动资金；

　　　　i——电力工业基准收益率或折现率；

　　　　n——计算期。

在实际工作中，也有按式（3-12）演化为终值费用或工程建成年计算费用进行比较的。终值费用法只需将式（3-12）中的折现系数改为终值系数即可（折现系数与终值系数互为倒数）。工程建成年费用是将建设期的投资及运营费等按终值费用法折算到建成年；生产运行期的支出费用和计算期末回收的固定资产余值与流动资金按折现法折算到建成年。终值费用法计算出的数据庞大，工程建成年费用计算较为麻烦，费用现值法比较简单。

3.3.2　计算期不同的现值费用比较法

电力系统规划中，如参加比较的方案计算期不同（如水、火电源方案比较），则不能简单地按式（3-12）计算不同方案的现值费用。一般可按各方案中计算期最短的计算，其表达式为

$$P_{w1} = \sum_{t=1}^{n_1} (I_1 + C_1' - S_{v1} - W_1)_t (1+i)^{-t} \tag{3-13}$$

$$P_{w2} = \left[\sum_{t=1}^{n_2} (I_2 + C_2' - S_{v2} - W_2)_t (1+i)^{-t} \right]$$

$$\left[\frac{i(1+i)^{n_2}}{(1+i)^{n_2} - 1} \right] \left[\frac{(1+i)^{n_1} - 1}{i(1+i)^{n_1}} \right] \tag{3-14}$$

式中　$\dfrac{i(1+i)^{n_2}}{(1+i)^{n_2} - 1}$——第二方案的资金回收系数；

　　　$\dfrac{(1+i)^{n_1} - 1}{i(1+i)^{n_1}}$——第一方案的年金现值系数；

　　　I_1、I_2——第一、二方案的投资；

　　　C_1'、C_2'——第一、二方案的年运营总成本；

　　　S_{v1}、S_{v2}——第一、二方案回收的固定资产余值；

　　　W_1、W_2——第一、二方案回收的流动资金；

　　　n_1、n_2——第一、二方案的计算期（$n_2 > n_1$）。

3.3.3　年费用比较法

年费用比较法是将参加比较的诸方案计算期的全部支出费用折算成等额年费用后进行比较，年费用低的方案为经济上优越方案。计算期不同的方案宜采用年费用法。计算方法只是将式（3-12）的费用现值再乘以资金回收系数，通用的年费用表达式为

$$AC = \left[\sum_{t=1}^{n} (I + C' - S_v - W)_t (1+i)^{-t} \right] \left[\frac{i(1+i)^{n}}{(1+i)^{n} - 1} \right] \tag{3-15}$$

式中　$\dfrac{i(1+i)^{n}}{(1+i)^{n} - 1}$——资金回收系数；

其余符号的含义同式（3-12）。

式（3-15）为国家计委颁布的计算方法。原电力工业部颁发的《电力工程经济分析暂行条例》的年费用计算式为

$$AC_m = I_m \left[\frac{i(1+i)^{n}}{(1+i)^{n} - 1} \right] + C_m' \tag{3-16}$$

式中　AC_m——折算到工程建成年的年费用；

　　　I_m——折算到工程建成年的总投资；

　　　C_m——折算到工程建成年的运营成本；

其余符号含义同式（3-12）。

将式（3-16）展开后的全面计算式为

$$AC_m = \left\{ \sum_{t=1}^{m} I_t (1+i)^{m-t} + \left[\sum_{t=t'}^{m} C_t' (1+i)^{m-t} + \sum_{t=m+1}^{m+n} C_t' \frac{1}{(1+i)^{t-m}} \right] \right\}$$

$$\frac{i(1+i)^n}{(1+i)^n-1} \tag{3-17}$$

式中　$m+n$——施工期加生产运行期；

$\quad\quad\quad I_t$——施工期逐年投资；

$\quad\quad\quad C_t'$——逐年运营费；

$\quad\quad\quad m$——施工期；

$\quad\quad\quad n$——生产运行期；

$\quad\quad\quad t'$——开始投产年；

其余符号含义如图 3-1 所示。

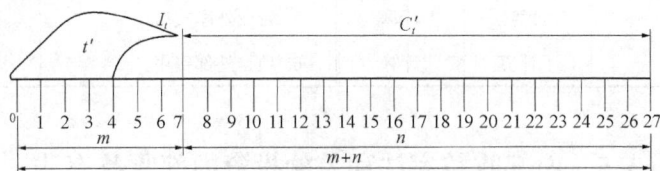

图 3-1　投资及运营流程图

对比式（3-15）和式（3-17）可知，式（3-15）是将全部支出费用折算至现值后再折算为年费用，而且考虑了固定资产余值和流动资金的回收；式（3-17）是将全部支出费用折算至工程建成年后再折算为年费用，未表达出固定资产余值和流动资金两项费用的处理。

3.4　净　现　值　法

净现值是用折现率将项目计算期内各年的净效益折算到工程建设初期的现值之和。净现值率是反映该工程项目的单位投资取得效益的相对指标，它是净效益现值与投资值之比。净现值法要求计算比较项目的投入与产出效益的全部费用，因而比较项目都需具备较准确的经济评价用原始参数，适用于项目决策的最后评估。采用净现值法比较，如果诸方案投资相同，净现值大的方案为经济占优势方案；若诸方案投资不同，需进一步用净现值率来衡量。其计算式为

$$ENPV = \sum_{t=1}^{n}(C_1-C_O)_t(1+i)^{-t} \tag{3-18}$$

$$ENPVR = ENPV/I_p \tag{3-19}$$

式中　$(C_1-C_O)_t$——第 t 年的净现金流量；

$\quad\quad ENPV$——净现值；

$\quad\quad ENPVR$——净现值率；

$\quad\quad\quad C_1$——现金流入量；

$\quad\quad\quad C_O$——现金流出量；

$\quad\quad\quad I_p$——投资净现值；

其余符号含义同前。

净现值法又分经济净现值法和财务净现值法，计算项目不尽相同，二者比较见表 3-2。

表 3 - 2 经济净现值法与财务净现值法计算项目的比较

计算项目	经济净现值法	财务净现值法	计算项目	经济净现值法	财务净现值法
一、现金流入			二、现金流出		
1. 产品销售收入	计算	计算	1. 固定资产投资	计算	计算
2. 回收固定资产余值	计算	计算	2. 流动资金	计算	计算
3. 回收流动资金	计算	计算	3. 经营成本	计算	计算
4. 项目外部效益	计算	不计算	4. 销售税金	不计算	计算
5. 计算转让费	计算	计算	5. 营业外净支出	不计算	计算
6. 资源税	不计算	计算	6. 项目外部费用	计算	不计算

3.5　内部收益率法和差额投资内部收益率法

内部收益率是反映项目对国民经济贡献的相对指标，是使项目计算期内的经济或财务净现值累计等于零的折现率。方案比较时可用内部收益率法，也可用差额投资内部收益率法。

3.5.1　内部收益率法

内部收益率法，要先计算各比较方案的内部收益率，然后再相互比较，内部收益率大的方案为经济上占优势方案；但各比较方案的内部收益率均应大于电力工业投资基准收益率，因为低于电力工业投资基准收益率的方案，本身就是经济上不能成立的方案。内部收益率的计算式为

$$\sum_{t=1}^{n}(C_{\mathrm{I}}-C_{\mathrm{O}})_{t}(1+i)^{-t}=0 \qquad (3-20)$$

式中各符号含义同式（3-18）。内部收益率采用试差法求得。

3.5.2　差额投资内部收益率法

差额投资内部收益率法是由式（3-20）演化得来，其表达式为

$$\sum_{t=1}^{n}[(C_{\mathrm{I}}-C_{\mathrm{O}})_{2}-(C_{\mathrm{I}}-C_{\mathrm{O}})_{1}]_{t}(1+\Delta IRR)^{-t}=0 \qquad (3-21)$$

式中　　$(C_{\mathrm{I}}-C_{\mathrm{O}})_{2}$——投资大的方案净现金流量；

$(C_{\mathrm{I}}-C_{\mathrm{O}})_{1}$——投资小的方案净现金流量；

ΔIRR——差额投资内部收益率。

差额投资内部收益率用试差法求得，但大于或等于电力工业投资基准收益率或社会折现率时，投资大的方案较优；小于电力工业投资基准收益率或社会折现率时，投资小的方案较优。

3.6　折返年限法及相关计算法

国家计委颁布的《建设项目经济评价方法与参数》中的静态差额投资回收期法就是折返年限法。该方法的优点是计算简单，资料要求少。其缺点是以无偿占有国家投资为出发点，未考虑时间因素，无法计算推迟投资效果，投资发生于施工期，运行费发生于投资后，在时

间上未统一起来；仅计算回收年限，未考虑投资比例多少，未考虑固定资产残值；多方案比较一次无法计算出。但由于计算简单，电力系统规划设计中简单方案比较还可采用。折返年限法的计算式是

$$P_a = \frac{I_2 - I_1}{C_1' - C_2'} \qquad (3-22)$$

式中　P_a——静态差额投资回收期（折返年限）；

　I_1、I_2——分别为两个比较方案的投资；

　C_1'、C_2'——分别为两个比较方案的运行费。

如果比较方案的产量不同，可按式（3-22）用产品单位投资和单位成本进行比较。

式（3-22）亦可演化成式（3-23）用于计算。

$$R_a = \frac{C_1' - C_2'}{I_2 - I_1} \qquad (3-23)$$

式中　R_a——静态差额投资收益率。

式（3-22）计算的折返年限低于电力工业基准回收年限和式（3-23）计算的差额投资收益率大于电力工业基准收益率的方案为经济上优越方案。

将式（3-23）按不等式计算，其表达式为

$$\frac{C_1' - C_2'}{I_2 - I_1} > i \qquad (3-24)$$

式（3-24）还可以变换为

$$C_1' + iI_1 > C_2' + iI_2 \qquad (3-25)$$

式中　i——电力工业投资基准收益率（或称投资效果系数）。

从式（3-25）看出，折算费用最小的方案为经济上最优的方案。

3.7　财　务　评　价　方　法

财务评价以财务内部收益率、投资回收期和固定资产投资借款偿还期作为主要评价指标。

3.7.1　财务内部收益率

财务内部收益率（$FIRR$）的计算表达式与式（3-20）相同，只是将式中 i 换成 $FIRR$。该式现金流入、流出的计算项目按财务评价规定的计算项目核算。当 $FIRR \geqslant i$（电力工业基准收益率）时，应认为项目在财务上是可行的；当 $FIRR < i$ 时，认为该项目财务上是不可行的。

3.7.2　投资回收期

投资回收期，又称投资返本年限，是该项目或方案的净收益抵偿全部投资（包括固定资产和流动资金）所需的时间。投资回收期自工程开始年算起，按年表示的表达式为

$$\sum_{t=1}^{P_t} (C_I - C_O)_t = 0 \qquad (3-26)$$

财务内部收益率和投资回收期可由财务现金流量表推算出。该表中投资回收期表达式为

$$P_t = P_{tn} - 1 + \frac{C_{sLj}}{C_{dj}} \qquad (3-27)$$

式中　P_t——计算投资回收期（以年数表示）；

$\quad\quad P_{tn}$——累计净现金流量开始出现正值的年份数；

$\quad\quad C_{sLj}$——上年累计净现金流量的绝对值；

$\quad\quad C_{dj}$——当年净现金流量。

将 P_t 与电力工业投资基准回收期 P_c 相比较，当 $P_t < P_c$ 时，应认为在财务上是可行的；当 $P_t \geqslant P_c$ 时，认为在财务上是不可行的。

3.7.3　固定资产投资借款偿还期

借款偿还期是指在国家财政规定及项目具体财务条件下，项目投产后可用作还款的利润、折旧及其他收益额偿还固定资产投资借款本金和利息所需时间。其中固定资产投资借款本金与利息之和的计算式为

$$I_d = \sum_{t=1}^{P_d} (R_P + D' + R_0 - R_t)_t \qquad (3-28)$$

式中　$(R_P + D' + R_0 - R_t)_t$——第 t 年可用作还款的收益额；

$\quad\quad I_d$——固定资产投资借款本金与利息之和；

$\quad\quad P_d$——借款偿还期（从建设开始年算起，若从投产年算起应注明）；

$\quad\quad R_P$——年利润总额；

$\quad\quad D'$——年可用作偿还借款的折旧；

$\quad\quad R_0$——年可用作偿还借款的其他收益；

$\quad\quad R_t$——还款期间企业留利。

借款偿还期可由财务平衡表直接推算出，以年表示。计算表达式为

$$P_d = P_{dy} - 1 + \frac{R_{dj}}{R_{dSj}} \qquad (3-29)$$

式中　P_{dy}——借款偿还后开始出现盈余的年份数；

$\quad\quad R_{dj}$——当年应偿还金额；

$\quad\quad R_{dSj}$——当年可用作还款的收益额。

财务评价还有一系列辅助指标，具体请参看有关规定。

3.8　国民经济评价方法

国民经济评价以经济内部收益率为主要评价指标。根据项目特点和实际需要，可计算经济净现值和经济净现值率等指标。其数学表达式与财务评价数学表达式完全相同，只是代表符号不同。

3.8.1　经济内部收益率

经济内部收益率反映项目对国民经济的相对贡献，是使项目计算期内的经济净现值累计等于零时的折现率，计算出的经济内部收益率大于或等于社会折现率的项目认为是可考虑接受的。其计算式为

$$\sum_{t=1}^{n} (C_I - C_O)_t (1 + EIRR)^{-t} = 0 \qquad (3-30)$$

式中　　$(C_I - C_O)_t$——第 t 年净现金流量

　　　　$EIRR$——经济内部收益率；

　　　　　C_I——现金流入量；

　　　　　C_O——现金流出量；

　　　　　n——计算期。

3.8.2　经济净现值

经济净现值是反映项目对国民经济所作贡献的绝对指标，是用社会折现率将项目计算期内各年的净效益折算到建设起点的现值之和。当经济净现值大于零时表示该项目是可以接受的。其计算式为

$$ENPV = \sum_{t=1}^{n}(C_I - C_O)_t (1 + i_s)^{-t} \qquad (3-31)$$

式中　　$ENPV$——经济净现值；

　　　　　i_s——社会折现率；

其余符号同式（3-30）。

3.8.3　经济净现值率

经济净现值率用于方案比较，当各方案投资不同时用经济净现值率表示。其计算式为

$$ENPVR = \frac{ENPV}{I_P} \qquad (3-32)$$

式中　　I_P——投资的现值，包括固定资产投资和流动资金。

3.9　不确定性的评价方法

不确定性的评价方法是考虑原始数据的不确定性及不准确性的经济分析方法。电力工程项目中，这种不确定性来自电力负荷的预测误差，一次能源和电工技术设备价格的变化等。不确定性的评价方法又分为以下三种：

（1）盈亏平衡分析。当对于某一参数或原始数据完全无法确定时，可以分析该参数的取值范围，以确定该参数在什么范围内时方案是经济可取的，在什么范围内时方案是不经济的。

（2）灵敏度分析。当已知某参数的一些可能的取值，但不知道这些数值出现的概率时，可以分析参数不同取值对方案经济性的灵敏度。

（3）概率分析。概率分析又称风险分析，是一种用统计原理研究不确定性的方法。它通过不确定因素的概率分布寻找经济评价值的概率分布情况，进而判断方案的损益和风险。

概率分析的关键是要事先知道那些不确定因素的概率分布。为此需要充足的资料和丰富的经验，并要做艰巨的数据处理工作。所以除非特殊需要，一般工程项目的经济评价都不作概率分析。

3.10　各类方案比较宜考虑的因素

3.10.1　一般性小方案比较

一般性小方案比较指如局部性的小电网、电气主接线、设备型号等不同方案的比较，

要求：

(1) 各比较方案生产能力相同；

(2) 比较内容应包括投资、电能损失和运营费；

(3) 比较方法可采用静态法，如果方案涉及国外贷款或设备进口，应考虑到其贷款利息和进口税收影响。

3.10.2　同一电网的火电厂厂址方案比较

(1) 比较条件应是供电能力和主设备相同。

(2) 比较内容包括发电厂本体部分（土石方量、进厂铁路和公路专用线、供水、除灰、环保以及因厂址不同引起的电气主接线差异），电网接线和燃料运输的投资与运营费差别。如厂址不同、煤源不同，还应考虑煤矿建设与运营费的差异。

(3) 因电厂建设期长，比较方法必须考虑建设期贷款利息和投资时间因素，即应当用动态法比较。

3.10.3　水、火、核电厂方案比较

水、火、核电厂间的方案比较较为复杂，很难补齐可比条件，往往补得功率相同后年供电量又不同，电量补得相同后供电功率又不相同，因而要求：

(1) 尽可能补齐可比条件，即设计水平年不同方案的逐年供电功率和供电量应设法补齐。

(2) 比较内容应包括水、火、核电厂本体部分（环保、淹没损失赔偿也应计入），电网差异部分，交通运输的不同部分，能源建设的差异部分和综合效益的差别。

(3) 比较方法要考虑投资时间因素，建设期的贷款利息，水电、火电和核电的不同使用寿命等差异。

3.10.4　不同水电厂开发方案比较

(1) 比较条件应是设计水平年内逐年最大负荷的供电功率和逐年供电量相同。

(2) 比较内容应包括不同方案的发电厂本体（包括环保和淹没赔偿）、不同电厂的电网建设和综合效益。

(3) 比较方法要考虑投资时间因素和建设期贷款利息。

3.10.5　电源已定的不同网架方案比较

(1) 比较条件应是供电能力相同，包括稳定运行水平、电压水平、可靠性等。

(2) 比较内容应包括不同网架方案的送变电本体、电能损失和无功补偿费用。

(3) 比较方法要考虑不同方案的过渡期的电网建设差异的影响，还应考虑投资时间因素和建设期的贷款利息。

3.10.6　联网方案比较

(1) 比较条件应是设计水平年内逐年供电电力和电量相同。

(2) 分析联网效益的内容有错峰效益、节约备用效益、提高水电输出功率的效益、补偿调节效益、减少弃水效益、改善运行方式节能效益、提高可靠性效益等。

(3) 比较内容应包括联网和不联网发电厂建设与运营费的差别、电网建设与运营费的差别（包括送变电本体、电能损失、无功补偿）、一次能源开发和生产的差别、交通运输的差别等。

(4) 比较方法应考虑时间因素和建设期贷款利息，还宜对联网本体工程进行财务分析。

3.10.7　输煤送电方案比较

（1）比较方案应具备煤源相同、供电功率和供电量相同、发电厂主设备基本相同等条件。

（2）比较内容包括电厂本体费用的差异、送电网络费用的差异、输煤费用的差异，因送电而实现联网还应计算联网效益。

（3）比较方法要考虑建设期贷款利息和时间因素。

3.10.8　特高压超高压送电方案比较

（1）比较条件应是供电能力相同，包括稳定运行水平、可靠性等。

（2）比较内容应包括不同送电方案的送变电本体、电能损失和无功补偿费用，改善电网结构、实现联网的效益。

（3）比较方法应考虑时间因数和建设期贷款利息以及对环境的影响等。

3.11　全寿命周期成本经济评价方法

全寿命周期成本（Life Cycle Cost，LCC）经济评价方法是在传统规划经济评价中，需要考虑系统设备全寿命周期成本、系统成本和环境成本。分析系统设备全寿命周期成本，有利于系统和设备的最小成本管理。本节简要介绍 LCC 原理以及电网 LCC 分解方法。

3.11.1　全寿命周期成本（LCC）原理

全寿命周期成本（LCC）理论最初是一个典型的工程经济评价方法，分析范围包括建设项目的规划、设计、施工、运营维护和残值回收，其目的就是在多个可替代方案中，选定一个全寿命周期内成本最小的方案。

LCC 不仅仅是考虑电网规划初期设备的一次性投入成本，而更要考虑设备在整个全寿命周期内的支持成本，包括安装、运行、维修、改造、更新直至报废的全过程，其核心内容是对设备或系统的 LCC 进行分析计算，根据量化值进行决策。

全寿命周期阶段分类繁多且复杂，并且不同的建设项目还有其自身的特点。电力系统的建设项目投资规模巨大、技术难度高，可采用以下 LCC 计算模型

$$LCC = CI + CO + CM + CF + CD \qquad (3-33)$$

式中　　LCC——全寿命周期成本；

　　　　CI——投资成本，为一次或二次设备投入成本（investment costs），即用户为获得该产品或设备一次性投入的资金；

　　　　CO——运行成本（operation costs），为设备在寿命周期内正常使用过程中发生的费用，包括：人员费、能源费（电、水、气、汽、燃料、油）、消耗品费、培训费、技改费、诊断检测费等；

　　　　CM——维护成本（maintenance costs），为设备投入使用以后至退役前对其进行维修与保障所发生的费用，包括备件与修理零件、各种检测设备、维修和保障设施、维修保障管理、维修培训、人员、各类数据与计算机资源等方面发生的费用；

　　　　CF——故障成本，也称惩罚成本（outage or failure costs），指因发生故障进行修理，不能正常使用（包括设备效率和性能下降）所造成的损失，如电力系

统中的停电损失费用；

CD——废弃成本（disposal costs），包括设备在退役阶段发生的处理费，以及退役时的残值。

在保障电力系统安全可靠运行的前提下，采用最小费用法，将待选电网规划方案的 LCC 统一到基准年并进行比较，认为 LCC 低的规划方案全寿命周期内最经济。

电网 LCC 建模分为设备层建模和系统层建模。在设备层 LCC 模型中，可以分别考虑各个主要输变电设备的全寿命周期成本，对其成本组成进行细化；在系统层 LCC 模型中，从人工成本、输送电量、多重故障的角度，考虑其成本的组成。全网 LCC 构成如下所示

$$全网 LCC = 设备层 LCC + 系统层 LCC \tag{3-34}$$

3.11.2 LCC 设备层费用分解与建模

电网设备层包括变压器、断路器、GIS 设备、母线、输电线路（架空线路/电缆）、逆变器/整流器等。在电网规划方案经济评价中，可以列写所有设备，也可以根据实际情况不考虑成本影响因素比较小的设备。这里考虑普通情况，则可供选择的设备层模型为

$$设备层 LCC = LCC_t + LCC_s + LCC_G + LCC_b + LCC_L + LCC_c \tag{3-35}$$

其中，变压器费用成本加下标 t 表示，断路器费用加下标 s 表示，GIS 费用加下标 G 表示，母线费用成本加下标 b 表示，输电线路费用成本加下标 L 表示，逆变器/整流器费用成本加下标 c 表示。

以变压器为例的费用详细分解模型如表 3-3 所示，则

$$LCC_t = m_1 + m_2 + m_3 + m_4 + m_5 + m_6 + m_7$$

表 3-3   设备层变压器费用详细分解模型

LCC_t	CI	设备购置成本为 m_1
		设备安装调试费用和旧设备拆迁费用为 m_2
	CO	运行成本为 m_3
	CM	根据历史数据，得出设备校正维修的频率为 p，在单重故障的情况下，设每次维修成本为 x（人工、设备、备品备件、修理时间），则这一部分的成本为 $m_4 = px$
		其中变压器单重故障包括本体故障和外部故障，本体故障可分为漏油、匝间故障、套管故障、相间接地故障等；将所有故障频率相加，即得到校正维修频率 p
		根据历史数据，得出设备预防维修的频率为 p，设每次维修成本为 y（人工、设备、备品备件、修理时间），则这一部分的成本为 $m_5 = py$
	CF	直接故障成本 m_6 是停运概率、停运持续时间、平均停用功率和停运后维修成本的函数，可以设备停运后造成的直接经济损失来衡量。500kV 电网设备满足 $N-1$ 要求，其停运一般不会造成直接停电损失，因此这一部分可以近似考虑为 0
	CD	包括改造旧设备的报废处理，设成本为 x。考虑旧设备的运行年限以及所替换时的年限，假设旧设备成本为 a，折旧率为 b，已使用年限为 c，则旧设备替换时的残值为 $y = a(1-bc)$。那么这一部分成本为 $m_7 = x - y$

断路器、GIS、母线、输电线路（架空线路/电缆）、逆变器/整流器等设备采用表 3-3 相似的分解模型，在此不重复列写。

3.11.3 *LCC* 系统层费用分解与建模

系统层 *LCC* 模型是全网 *LCC* 模型建立的关键，系统层 *LCC* 模型与设备层 *LCC* 模型不同之处是，它需要关注的问题不再是单个设备的行为，而是设备总体对全网产生的影响，即从人工成本、输送电量、故障停电的角度，考虑其成本的组成，因此全网 *LCC* 模型就不再是简单的单个设备 *LCC* 模型的叠加。

从整个系统的角度出发考虑，*LCC* 的基本分解模型系统层详细费用分解如表 3-4 所示，则

表 3-4 系统层详细费用分解

	本年度新建工程可行性阶段的研究费用、设计费用和工程前期准备费用为 f_1
CI	本年度新建工程地块改造和购买费用，包括房屋建筑、绿化场地部分为 f_2
	各项与上述投入成本有关的本年度管理费用，如运输费、监理费、公积金等为 f_3
	人工成本变化影响（原有运行人员数、改造后运行人员数）。如改造后需要员工 x 人，每人年工资为 p 元，则这一部分的成本为 $f_4 = xp$
CO	运行调度方式变化或变电站接线方法改变引起的可靠性变化，如改造后可靠性指标提高到 x，相应付出的成本为 f_5。注意到系统可靠性的变化可能不大，因此可以近似考虑为 0
	提高短路电流或其他措施后，变电站年输送电量的变化。如改造后每回线输送功率增加所带来的线损为 x（单位：kW），这一线路的年平均重载时间为 y（单位：h），以电量收益 z［单位：元/（kW·h）］计，则线损成本为 $f_6 = xyz$，由全网潮流计算得到线损量
CM	根据历史数据，得出规划方案新增设备多重故障下校正维修的频率为 p，在多重故障的情况下，设每次维修成本为 x（人工、设备、备品备件、修理时间），则这一部分的成本为 $f_7 = px$
	这一部分可以在进行网络 $N-2$ 故障校验时，由各设备故障率乘积可得到此类故障的发生概率，再将所有涉及新增设备的多重故障频率相加，即得到校正维修频率 p
CF	故障惩罚成本为 f_8
CD	无

系统层 $LCC = f_1 + f_2 + f_3 + f_4 + f_5 + f_6 + f_7 + f_8$

如不考虑可靠性对 *LCC* 模型的影响，那么 *LCC* 模型就成为了单纯的经济性成本指标，这对于规划方案的评估太过片面，在追求经济性的同时必须保证电力系统和用户供电的可靠性。因此，必须处理好电网可靠性与经济性之间的关系。在前面设备层 *LCC* 模型中，*CF* 仅仅是单台设备的直接故障惩罚成本，而一般情况下，主网十分坚强，可靠性已经较高，单台设备的直接故障导致的失负荷概率很小，因此其惩罚成本不高。需要将可靠性纳入到系统层 *LCC* 模型中，重点考虑单台设备的间接故障惩罚成本。

电网故障停用成本不但与本身的停用有关，还与其他分支的停用有关，以及故障后发生的供货方设备材料费、服务费和可能会发生的赔偿费用，对社会造成的不良影响以及企业信誉受损等。这一部分即属于设备的间接故障成本。

故障成本需要从全网停电电量损失的角度进行考虑，即可视为停电成本。停电成本与许多因素有关，其中包括停电发生的时间、停电量、停电持续时间、停电频率以及用户类型等。

（1）停电发生的时间：用户的活动具有时间性，在不同的季节、不同的时间，具有不同的停电成本。

(2) 停电量：电网可靠性水平越高，电网因故障而造成的用户停电量就越少，停电成本也就越低。

(3) 停电持续时间：一般在停电开始阶段，停电持续时间越长，单位停电成本越高。到达一定时间后，随着停电持续时间增加，有些用户单位停电成本下降。有资料表明，有些用户持续 4h 停电的单位停电成本仅为持续 1h 停电时的 60%。这是因为停电造成的直接经济损失是一定的，而且具有即时性。但当计入由于停电而造成的间接损失时，有些用户的单位停电成本将随着停电持续时间的增加而不成比例地增加。

(4) 停电频率：单位时间停电次数越多，用户活动所受的干扰就越频繁，停电成本越高。

(5) 用户类型：不同的用户类型，停电成本不同。

停电成本是上述这些因素的函数。理论上讲，需要对每种停电故障进行供电可靠性计算并对每种影响因素进行分析，然后由停电成本函数得出该故障下的停电成本，最后利用停电故障概率求出所有故障下的停电成本期望值。

为了将停电成本纳入到系统层 LCC 模型中，可考虑采用蒙特卡罗模拟得到电量不足期望值（EENS）可靠性指标，继而转化为全网停电损失费用模拟。考虑可靠性的故障惩罚成本详细费用分解如表 3-5 所示，也即 $f_9 = g_1 + g_2$。

表 3-5　　　　　　　　　考虑可靠性的故障惩罚成本详细费用分解

CF (f_9)	间接故障成本 g_1，包括赔偿费用、对社会造成的不良影响以及企业信誉受损等间接费用
	采用蒙特卡罗模拟得到电量不足可靠性指标 EENS，以电量收益 x [单位：元/（kW·h）] 计，则全网缺电成本 $g_2 = EENSx$

综上，LCC 成本分别从设备层和系统层建模。在设备层和系统层成本分解中还可以考虑环境影响因素，形成环境成本。设备层考虑环境影响时主要从设备材料的环保性和设备自身对环境影响；系统层考虑环境影响时主要是在设备层中不能单独认定是某设备所引起的影响，需要归类于系统对环境的影响，譬如，电磁辐射和噪声。同样，在设备层和系统层成本分解中，根据政策环境背景，针对具体工程，可以考虑一些其他成本。

4 电源规划的理论与方法

本章对电源规划的基本理论和方法作了简要介绍，内容包括电源规划的数学模型、含新能源的电源规划模型、常规的数学优化方法、目前较流行的电源规划实用软件包，最后还对电力市场环境下的电源规划问题作了简要介绍。

4.1 概　　述

电源规划的任务是确定在何时、何地兴建何种类型和何种规模的发电厂，在满足负荷需求和达到各种技术经济指标的条件下，使规划期内电力系统能安全运行且投资经济合理。

4.1.1 电源规划的投资决策原则

电源规划与负荷预测、电力电量平衡、厂址选择、机组类型和规模、燃料来源及其运输条件、水库调度、系统运行、网络规划和各种技术经济指标的选择等一系列问题有关，其决策过程必须与多个部门配合，因此是一项繁琐而艰巨的任务。由于电源规划的投资规模大、周期长，对国民经济的发展有举足轻重的影响，因此在制定电源规划方案时，必须遵循一定的原则：

（1）参与经济计算和比较的各个电源规划方案必须具有可比性。

（2）必须确定合理的经济计算年限，但比较方案的计算年限要一致（采用年费用最小法时可不一致）。

（3）确定合理的经济比较标准。如各方案的投入相同时，应以比较方案的收益最大为标准；如各方案的收益相同时，应以比较方案的费用最小为标准。

（4）在投资决策中，各项费用和收益，如建设期的投资、运营期的年费用和效益，都要考虑资金的时间因素，并以同一时间为基础。

（5）决策过程必须统筹兼顾国民经济的整体利益，与相关部门密切配合。

4.1.2 电源规划的经济评价方法

电源规划的经济评价是决策过程中的重要环节。其目的是根据国民经济整体发展战略及地区发展规划的要求，计算各方案的投入费用和产出效益，以进行多方案的技术经济比较，从而选择对国民经济的发展最有益的方案。对于可行的电源规划方案，通常认为有相同的效益，因此在满足负荷需要和各种约束条件及技术经济指标下，总投入最小的方案就是最经济的方案。如果某个方案除了发电效益以外还有其他效益，则可采用投资分摊或者计入方案费用的方法进行方案比较。常见的电源规划方案的经济性评价方法有投资回收期法、年总费用最小法、净现值法和等年值法等，这在第3章已有介绍，不再赘述。

4.2 电源规划数学模型

电源规划问题与系统规划密切相关，在确定电源规划采取的具体模型时，需要充分考虑优化系统本身的特点，以减小计算规模，提高计算速度和精度。电源规划优化模型的一般数

学形式可以表示为[41]

$$\min \quad f(X, Y) \tag{4-1}$$

$$\text{s. t} \quad h_i(X) \leqslant a_i \tag{4-2}$$

$$g_i(Y) \leqslant b_i \tag{4-3}$$

$$k_i(X, Y) \geqslant d_i \tag{4-4}$$

$$X \geqslant 0, Y \geqslant 0 (或加上 X 为整数) \tag{4-5}$$

式中　a_i, b_i, d_i——待建电厂 i 所对应的约束常数，$i=1, 2, \cdots, m$；

　　　　X——发电机容量变量；

　　　　Y——发电机输出功率；

　　　　m——待建电厂数。

　　式（4-1）为目标函数，式（4-2）为电源建设的施工约束，式（4-3）为运行约束，式（4-4）为发电机输出功率受电厂安装容量的限制，式（4-5）为数学模型本身要求的变量约束。目标函数以及约束条件的具体表达，将在后面的小节中论述。

　　由于电源规划问题相当复杂，在各种优化模型中，都不可避免地采用一定程度的近似和简化。不同的优化方法以及对某些问题的处理方式不同，就形成了各种各样的电源规划模型。当将 $f(X, Y)$ 与约束条件均处理为线性且 X 为连续变量时，就构成了电源规划线性模型；若 X 部分或全部为整数变量时，就构成了电源规划整数模型；若允许存在非线性关系，就构成了电源规划非线性模型；如果考虑时间推移，希望求得整个时间序列上的最优方案，则构成电源规划动态模型；若不考虑整体优化，而只是对各阶段进行优化，就是逐阶段优化模型；若在模型中考虑一些随机因素，则形成了电源规划随机模型；若将各种随机因素作为确定量处理，则构成确定性电源规划模型。在具体计算中，这些处理方式并不是被孤立的使用，而是根据具体问题，互相配合。

4.2.1　目标函数

　　式（4-1）为目标函数，一般为系统总投资费用最小，包括两个部分：第一部分与安装发电机组容量有关，如发电厂的投资费用；另一部分与发电机的实际输出功率有关，如发电厂的运行费用中主要是发电厂的燃料费用。

　　在实际应用中，规划目标不仅仅是投资和运行费用，还应包括其他效益和支出，如计及可靠性指标、输电线路费用、未来不确定性因素，如负荷预测、水文数据甚至市场因素等对规划结果的影响，即电源规划是一个多目标问题。对此，具体处理方法是多样的，实用的方法是将不同目标函数乘以不同权值形成一个新的目标函数，转化为单目标问题处理。

4.2.2　约束条件

　　对于不同系统，约束条件是不相同的；使用不同的优化算法，约束条件也有差异。这里只讨论通常规划中都需要考虑的条件。

一、电源建设施工约束

（1）待建电厂各年最大装机容量约束

$$\sum_{\tau \in t} X_{j\tau} \leqslant P_{\max t} \quad (j=1, 2, \cdots, m) \tag{4-6}$$

即各待建电厂某年 t 的装机容量，不应超过由施工、设备等条件决定的在该年最大容许装机容量。

（2）待建电厂总装机容量约束

$$\sum_{t=1}^{T} X_{jt} \leqslant P_{\max} \quad (j=1, 2, \cdots, m) \tag{4-7}$$

即各待建电源最大装机容量受一些具体条件限制，在装机过程中各电源在规划期 T 内的总装机容量不应超过规定的最大容量。

（3）最早投入年限约束

$$\sum_{t=1}^{t_j} X_{jt} = 0 \quad (j=1, 2, \cdots, m) \tag{4-8}$$

即从实际可能的角度考虑待建电厂 j 最早建成投入年限不应早于一定年限 t_j。如果某些厂从规划年开始就可能投入，则可不受此约束。

（4）财政约束，即某个时期内电源建设不应该超过财政支付能力。

（5）待建电厂装机连续性约束，即某个电厂第一台机组投入运行后，后续机组应该连续安装，否则会给施工带来麻烦。

（6）建设顺序约束。某些电厂建设有先后顺序。

二、系统运行约束

（1）系统需求约束，为任何时候系统发电容量总和要满足系统电力需求，即

$$\sum_{j=1}^{m} P_{jt} + P_{0t} = D_t(1+\rho+\sigma) \tag{4-9}$$

式中　P_{jt}、P_{0t}——j 电厂和系统原有电厂在 t 时刻输出功率；

　　　　D_t——系统在 t 时刻负荷；

　　　　ρ——电厂厂用电率；

　　　　σ——系统线损率。

（2）发电机组最大最小输出功率约束

$$P_{j\min t} \leqslant P_{jt} \leqslant P_{j\max t} \quad (j=1, 2, \cdots, m) \tag{4-10}$$

式中　$P_{j\min t}$——机组 j 的最小输出功率；

　　　　$P_{j\max t}$——机组 j 的最大输出功率。

（3）火电燃料消耗约束

$$\sum_{\tau \in t} E_{j\tau} \beta_j \leqslant A_{jt} \quad (j=1, 2, \cdots, k) \tag{4-11}$$

式中　$E_{j\tau}$——电厂 j 在时间段 τ 的发电量；

　　　　β_j——电厂 j 的平均燃料单耗；

　　　　A_{jt}——电厂 j 在 t 时间段内的燃料消耗限量。

（4）水电厂水量消耗限制

$$\sum_{t=1}^{\tau} E_{jt} \leqslant W_j \tau \quad (j=k+1, k+2, \cdots, n) \tag{4-12}$$

式中　E_{jt}——水电厂 j 在 t 时段的发电量；

　　　　W_j——水电厂 j 在所考虑时段内的平均输出功率。

三、备用容量或可靠性约束

为了保证供电可靠性和电能质量，电力系统电源容量除了满足负荷需求外，还应计及一定的备用容量。备用容量包括调频备用、事故备用和检修备用等。调频备用可取为最大负荷

的 $2\%\sim3\%$，事故备用为最大负荷的 $8\%\sim10\%$ 且应大于系统最大一台机组的容量，检修备用则应由检修计划安排来确定。

系统备用容量可表述为

$$\sum_{j=0}^{m} X_{jt} + P_0 - P_{mt}(1+\rho+\sigma) \geqslant \Delta P_t \tag{4-13}$$

式中　X_{jt}——新建电厂 j 在 t 年新装容量，$(t=1, 2, \cdots, T)$；

　　　P_0——系统原有装机容量；

　　　P_{mt}——系统在 t 年的最大负荷；

　　　ΔP_t——系统在 t 年应有的备用容量；

　　　T——规划期年数。

对于可靠性指标的考虑主要有两种方法：一种是将可靠性指标记入约束中；另一种是将其做某种处理，记入目标函数中。由于具体情况的差异，对不同系统的电源规划采用统一的可靠性标准并不现实。此外，在制定可靠性标准时要考虑其经济性，例如在建立的目标函数中综合考虑经济性和紧急情况处置及停电损失的费用，这种处理方法在电源规划中被大量采用。

根据所采用模型的不同，除了上述常用约束条件，可能还要考虑输电能力约束、最小开机容量约束、火电年利用小时数约束、抽水蓄能电站约束、核电厂基能约束以及分布式发电机组约束等。需要指出的是，以上所列约束条件在不同模型中表达式不同，处理方式也有差异。

4.2.3　电源规划数学模型——电源投资决策

电源规划数学模型中，变量可分为离散变量与连续变量两类，据此可将电源规划数学模型分解为电源投资决策和生产模拟两部分[42]。这两部分可采用不同的优化技术，相应的电源规划过程也被分成相互关联的两个阶段。其中，电源投资决策问题以离散变量为主要变量，其解反映了方案中各项目的建设与投产年份，以及厂址、机组类型和容量等，也即确定了方案中与投资成本对应的费用。

4.2.4　电源规划数学模型——生产模拟

电源规划中的生产模拟，是在电源投资决策条件给定的前提下，对方案中的运行成本逐年进行详细优化计算的问题。规划期内可能存在诸如各机组的非计划强迫停运、未来电力负荷的随机波动、水电厂来水的不确定性等因素，考虑这些因素影响的生产模拟就是随机生产模拟。通过随机生产模拟，可获得方案中各机组的期望生产电能、生产费用及电源可靠性指标，为电源规划的决策提供准确的反馈信息。

一、随机生产模拟的基本原理[7]

（一）等效持续负荷曲线

在随机生产模拟技术发展过程中，等效持续负荷曲线（ELDC）将发电机组的随机停运和随机负荷模型巧妙结合起来，成为随机生产模拟中最重要的概念[43]。

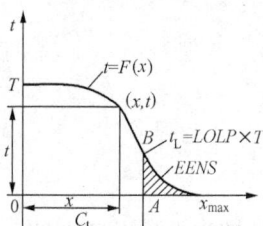

图 4-1　持续负荷曲线

等效持续负荷曲线是从一般的负荷曲线发展而来的。图 4-1 表示一条负荷曲线，其横坐标表示系统的负荷，纵坐标表示持续时间。图中 T 为研究周期，根据具体要求可以是年、月、周、日等。曲线上任何一点 (x, t) 表示系统负荷大于或等于 x 的持续时间，即

$$t = F(x)$$

用周期 T 除上式得

$$P = f(x) = \frac{F(x)}{T} \tag{4-14}$$

其中，P 可以看作系统负荷大于或等于 x 的概率。由式（4-15）可以求得负荷总电量

$$E_t = \int_0^{x_{\max}} F(x) \mathrm{d}x \tag{4-15}$$

将式（4-15）两边除以 T，则得到系统负荷的平均值（或期望值）

$$\overline{x} = \int_0^{x_{\max}} f(x) \mathrm{d}x \tag{4-16}$$

设系统在该期间投入运行的发电机组的总容量为 C_t，由图 4-1 可知，系统负荷大于发电机组总容量的持续时间为

$$t_L = F(C_t) \tag{4-17}$$

相应的概率即电力不足概率 $LOLP$ 为

$$LOLP = t_L/T = f(C_t)$$

在这种情况下，图 4-1 阴影部分的负荷电量不能满足要求，其面积就是电量不足期望值

$$EENS = \int_{C_t}^{x_{\max}} F(x) \mathrm{d}x = T \int_{C_t}^{x_{\max}} f(x) \mathrm{d}x \tag{4-18}$$

当 $C_t > x_{\max}$，即系统发电机组总容量大于最大负荷时，在所有发电机组绝对可靠的情况下，系统不会出现电力不足，此时电量不足期望值 $EENS$ 为零。但是，如果考虑发电机组的随机故障因素，必须做进一步的分析。

等效持续负荷曲线是将发电机组故障影响当成等效负荷对原始持续负荷曲线不断修正的结果。当发电机组故障时，系统的等效负荷就要增大。关于这一概念的几何解释可看图 4-2。为了方便，在图 4-2 的纵坐标上用概率 p 代替了图 4-1 中的时间 t。

图中 $f^{(0)}(x)$ 是原始持续负荷曲线，表示系统中所有发电机组应承担的负荷。设第一台发电机首先带负荷，其容量为 C_1，强迫停运率为 q_1。当这台发电机组处于运行状态时，它和其他发电机组应承担的负荷由 $f^{(0)}(x)$ 来表示。当发电机组 1 故障时，$f^{(0)}(x)$ 所表示的负荷曲线应由除去发电机组 1 以外的其他发电机组承担。这样就相当于发电机组 1 和其他机组共同承担了向右平移了 C_1 的负荷曲线〔如图中 $f^{(0)}(x-C_1)$ 所示〕中的负荷。

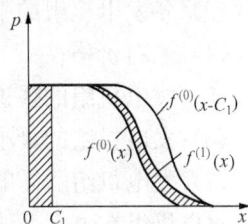

图 4-2 等效持续
负荷曲线的形成

由于发电机组 1 的强迫停运率为 q_1，正常运行的概率为 $p_1 = 1 - q_1$，所以考虑发电机组 1 的随机停运影响以后，系统的随机负荷曲线应由下式表示

$$f^{(1)}(x) = p_1 f^{(0)}(x) + q_1 f^{(0)}(x - C_1) \tag{4-19}$$

式（4-19）是发电机组 1 的随机停运与持续负荷曲线的卷积公式，其结果就是考虑该机组随机停运因素以后的系统等效持续负荷曲线。

应该指出，等效持续负荷曲线 $f^{(1)}(x)$ 比 $f^{(0)}(x)$ 的最大负荷大了 C_1，而总的负荷电量

增加了 ΔE （如图中阴影部分所示）。可以证明，这里的 ΔE 正好等于发电机组 1 由于故障而少发的电量。

对于第 i 台发电机组，上述结论可推广为

$$f^{(i)}(x) = p_i f^{(i-1)}(x) + q_i f^{(i-1)}(x - C_i) \qquad (4-20)$$

式中　C_i——发电机组 i 的容量；

　　　q_i——发电机组 i 的强迫停运率，$q_i = 1 - p_i$。

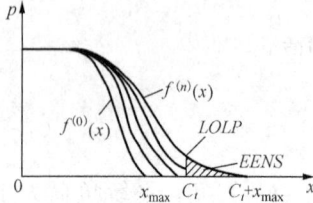

在发电机组逐个卷积过程中，等效持续负荷曲线也在不断变化，最大等效负荷不断增大。设系统中共有 n 台发电机组，其总容量为 C_t。当全部发电机组卷积运算结束时，等效持续负荷曲线为 $f^{(n)}(x)$，最大等效负荷为 $x_{max} + C_t$，如图 4-3 所示。这时系统电力不足概率 $LOLP$ 及电量不足期望值 $EENS$ 分别为

$$LOLP = f^{(n)}(C_t) \qquad (4-21)$$

$$EENS = T \int_{C_t}^{x_{max}+C_t} f^{(n)}(x)\,\mathrm{d}x \qquad (4-22)$$

图 4-3　等效持续负荷曲线与可靠性指标

(二) 随机生产模拟过程

随机生产模拟需要的原始资料包括负荷数据和发电机组的技术经济数据。

负荷数据主要用来形成研究期间的原始持续负荷曲线及最大负荷曲线。最大负荷曲线是指每月或每周的最大负荷按时间序列形成的曲线，它的用途是安排检修计划。

火电机组的技术经济数据通常包括：

(1) 发电机组的类型、容量；

(2) 发电机组的台数；

(3) 各发电机组的平均煤耗率；

(4) 燃料价格；

(5) 发电机组的强迫停运率；

(6) 发电机组的最小输出功率；

(7) 发电机组所需的检修时间。

水电机组在电力系统中的运用与火电机组有很大差别。首先，水电机组的发电量是由水文条件及水库调度决定的，因此在发电调度中水电机组的发电量是给定的已知量；其次，由于水库上下游水位变动，水电机组的发电功率可能达不到其铭牌容量。这种由水力条件决定的水电机组的实际发电能力称为预想输出功率。在生产调度中，常用预想输出功率代替水电机组的容量参与电力平衡。

下面以仅包含火电机组的电力系统为例说明随机生产模拟的过程，假设检修计划已知，即参与运行的发电机组已确定。在上述条件下，随机生产模拟的过程可叙述如下：

(1) 处理负荷数据，形成原始持续负荷曲线。

(2) 确定发电机组带负荷的优先顺序；火电机组按其平均煤耗率由小到大的排序，就决定了发电机组带负荷的优先顺序。由于随机生产模拟是从基荷开始逐步向上给发电机组分配负荷，按这种排序就能保证煤耗率小的机组分配到较大的发电量，从而保证整个系统的煤耗

量最小。

（3）按其带负荷顺序安排发电机组运行，计算发电量。

第 i 台发电机组的发电量 E_{gi} 应根据等效持续负荷曲线 $f^{(i-1)}(x)$ 来进行计算，计算式为

$$E_{gi} = Tp_i \int_{x_{i-1}}^{x_i} f^{(i-1)}(x)\mathrm{d}x \qquad (4-23)$$

$$x_i = \sum_{j=1}^{t} C_j \qquad (4-24)$$

式中　T——研究周期；

　　　p_i——发电机组 i 的可用率，$p_i=1-q_i$；

　　　C_j——发电机组 j 的容量。

（4）修正等效持续负荷曲线。根据式（4-20）发电机组 i 参与运行后的等效持续负荷曲线。这是随机生产模拟计算量最大的部分。这时，如果发电机组已全部安排完则转入下一步，否则返回上一步。

（5）按照式（4-21）、式（4-22）计算系统可靠性指标。

（6）根据各发电机组的发电量计算系统燃料消耗量并进行发电成本分析。

（7）进行其他特殊问题的研究。

二、随机生产模拟计算方法简介

随机生产模拟的计算方法目前主要有傅里叶级数法、标准卷积法、半不变量法以及等效电量函数法等。

傅里叶级数法[43] 用 50～100 项傅里叶级数描述持续负荷曲线，然后在傅里叶领域内进行卷积计算。该方法的计算量不随系统规模迅速上升，但计算量仍很大。

标准卷积法[44] 将概率学中对随机变量概率分布函数的卷积计算公式作为算法的核心，概念很清晰，但计算工作量也很大。这是因为，在随机生产模拟计算中，为了保证计算的精确度，往往需要计算数以百计的离散点来描述其等效持续负荷曲线；而每次卷积及反卷积计算都必须重新计算这些离散点的函数值。并且，随着电力系统规模的扩大以及机组运行方式的复杂化，这种采用递归卷积计算处理离散点的方法使计算量急剧上升，给随机生产模拟的实际应用带来很大困难。

半不变量法用随机分布的数字特征——半不变量来描述系统的持续负荷曲线和各发电机组的随机停运[46]。该方法将卷积和反卷积的计算简化为几个半不变量的加法和减法运算，减少了计算量。当已知等效持续负荷曲线的各阶半不变量时，用 Gram-Charlier 级数或 Geworth 级数展开式即可求得该曲线上各点的函数值，由此可计算出各项指标。因此，该方法计算效率比较高，应用广泛。但是，它存在误差难以控制的缺点，特别是可靠性指标电力不足概率（LOLP）和电量不足期望值（EENS）的计算都是在整个分布的右端尾部进行的，这往往会引起很大的误差，有时甚至出现负值。

等效电量函数法[47,48]（equivalent energy function method）先求出电力系统在不同负荷水平下的电量需求（即形成电量函数），然后在考虑发电机组故障时直接修正各负荷水平所需的电量（即修正等效电量函数），就可以方便地完成随机生产模拟计算。该方法直接利用电量函数进行卷积和反卷积运算，使计算量显著下降，且计算精度较高，非常适合于含有多

个水电厂的电力系统进行随机生产模拟。

4.3 含新能源的电源规划数学模型

为了适应能源战略需求，应对环境变化压力，电源的发展逐渐呈现多元化趋势。电源结构在不断优化调整过程中，新能源将会得到进一步发展与利用。新能源是相对于传统常规能源而言的，种类繁多，一般包括风能、太阳能、生物质能、地热能等。随着新能源的大规模发展，电源规划面临新的挑战。新能源具有间歇性、波动性、随机性、能量密度低、可控性差、可预测性弱等特点，为含有新能源的电源规划带来较大影响。在规划设计过程中，应符合电源规划的投资决策原则，合理地选择新能源资源丰富地区作为电厂厂址，选择与资源条件匹配的机组类型和规模，为规划方案提供基础条件。

满足了规划决策的基本原则，需要考虑规划中采用的具体模型。含新能源的电源规划模型主要分为两类：①确定性规划模型；②随机规划模型。确定性规划模型将新能源作为某种类型电源，融入到传统的常规电源规划模型中，构成含新能源的确定性电源规划模型。随机规划模型中考虑了一些表征新能源特性的不确定性因素，并通过概率形式表示含新能源的电源规划随机模型。

4.3.1 确定性规划模型

计及新能源的确定性电源规划模型是以电源投资及运维成本最小化为目标，满足系统电力电量平衡约束，具有充足的调峰调频能力和新能源输出功率变化对系统冲击能力而形成的。本节新能源主要考虑为大规模风电场。目标函数一般数学表达形式为

$$\min C = \sum_{t=1}^{T} \left[C_{ct} + C_{ht} + C_{wt} \right] \tag{4-25}$$

式中　C_{ct}——t 规划年内火电机组投资建设成本与运行维护成本；
　　　C_{ht}——t 规划年内水电机组投资建设成本与运行维护成本；
　　　C_{wt}——t 规划年内风电机组投资建设成本与运行维护成本。

约束条件包括机组建设约束、电力电量平衡约束、可靠性约束、系统调峰约束以及环保约束。

（1）机组建设约束，即电源建设施工约束，包括待建电厂规划年内的最大装机容量约束、待建电厂总装机容量约束及最早投入年限约束，如式（4-6）、式（4-7）和式（4-8）。

（2）电力平衡约束为

$$\sum_{\tau=1}^{t} (P_{c\tau} + P_{h\tau} + P_{w\tau}) \geqslant D_{mt}(1+R_{Dt}) - P_{0t} \tag{4-26}$$

式中　$P_{c\tau}$——τ 时段火电机组输出功率；
　　　$P_{h\tau}$——τ 时段水电机组输出功率；
　　　$P_{w\tau}$——τ 时段风电机组输出功率；
　　　D_{mt}——t 规划年内系统最大负荷；
　　　R_{Dt}——t 规划年内系统容量备用系数。

（3）电量平衡约束为

$$\sum_{\tau=1}^{t} (P_{c\tau}H_{c\tau} + P_{h\tau}H_{h\tau} + P_{w\tau}H_{w\tau}) \geqslant E_t \tag{4-27}$$

式中　H_{cr}，H_{hr}，H_{wr}——火电、水电、风电机组 τ 时段内的利用小时数；

　　　　　　E_t——t 规划年内需要新建电力系统补充的发电量。

（4）系统调峰约束为

$$\alpha_{ct}P_{ct} + \alpha_{ht}P_{ht} + \alpha_{0t}P_{0t} \geqslant \Delta P_{wt}^{\max} + \Delta P_{Dt}^{\max} \tag{4-28}$$

式中　α_{ct}，α_{ht}，α_{0t}——火电、水电、风电机组 t 规划年内的调峰深度；

　　　　　　$\Delta P_{wt}^{\max}$——t 规划年内风电最大输出功率变化；

　　　　　　$\Delta P_{Dt}^{\max}$——t 规划年内电力系统最大峰谷差。

（5）可靠性约束为

$$\begin{cases} LOLP_t \leqslant LOLP_{\max} \\ EENS_t \leqslant EENS_{\max} \end{cases} \tag{4-29}$$

（6）环保约束为

$$0 \leqslant \gamma P_{ct}t \leqslant WR_{\max t} \tag{4-30}$$

式中　γ——系统污染物排放系数；

　　　　$WR_{\max t}$——系统在 t 规划年内的最大允许污染排放量。

4.3.2　随机规划模型

新能源发电具有随机波动性、间歇性、不可预测等特点，这将对电力系统安全可靠运行带来不利影响。为了体现新能源中不确定因素对电源规划的影响，一般采用随机优化法建立电源规划模型。机会约束规划作为一种常用的随机优化理论，主要用于约束条件中含有随机变量，且必须在观测到随机变量的实现之前作出决策的优化问题。机会约束规划方法允许所作决策在一定程度上不满足约束条件，但应使约束条件成立的概率不小于某一置信水平。机会约束规划模型一般数学形式可表述为

$$\min f(x) \tag{4-31}$$

$$\text{st. } \Pr\{g_j(X, \xi) \leqslant 0, j=1, 2, \cdots, k\} \geqslant \beta \tag{4-32}$$

式中　X——发电机容量变量；

　　　　ξ——新能源机组的随机变量。

式（4-32）为运行中的随机约束。

在含新能源的电源机会约束规划模型中，目标函数一般也是电源的投资建设成本与运行维护成本的总和最小化。约束条件除需要考虑确定性规划模型中的一些约束外，还要考虑新能源发电及系统运行中的随机约束。介绍两种典型的随机约束条件如下：

（1）电源容量的随机约束为

$$\Pr(X_{jt} = P_{Gjt}) = \alpha_{jt} \tag{4-33}$$

式中　P_{Gjt}——新建电厂 j 在 t 规划年内的规划容量；

　　　　α_{jt}——新建电厂 j 在 t 规划年内满足约束条件的置信水平。

（2）系统负荷变化的随机约束为

$$\Pr(D_t \leqslant D_{\max}) \geqslant \alpha_{Dt} \tag{4-34}$$

式中　$D_{\max}$——系统最大负荷；

　　　　α_{Dt}——系统负荷在 t 规划年内满足约束条件的置信水平。

考虑到系统负荷增长具有不确定性，合理的选择使系统运行在约束条件之内的概率达到一个可接受的值。

4.4 电源规划的数学优化方法

从数学上讲，电源规划的一个方案是一个包含许多电厂或机组的有序组合，即一个排序问题，具有高维数、非线性及随机性的特点。

(1) 高维数。电源规划需要处理各种类型的发电机组，并需要考虑相当长的时期内系统电源过渡问题。这样在规划中涉及的决策变量数多得惊人，维数障碍使得运筹学中的典型算法难以直接应用。

(2) 非线性。发电机组的投资现值和年运行费用都不是有关决策变量的线性函数。此外，一些约束条件，例如可靠性约束也是非线性的。因而，电源规划模型实际上是非线性的，给求解带来很大困难。

(3) 随机性。电源规划所需的基础数据，如负荷预测数据、燃料和设备价格、水电厂水文数据、贴现率等都包含不确定性因素，从而，电源规划问题具有明显的随机性性质。这样，我们不仅要寻求电源开发的方案，还应对方案进行一系列的灵敏度分析。

由于以上原因，即使现代大型计算机要在合理的时间里给出严格最优解也几乎是不可能的；另一方面，原始资料和参数的误差以及很多难以用数学表达的因素都会影响方案的最终决策；同时，数学上的最优解对实际工程问题而言未必是最优解。所以，目前电源规划都在数学的严格性和计算量之间作了折中，采取了一些简化方法。

4.4.1 混合整数规划法

一、电源规划的混合整数规划模型

由于电力系统的机组是逐台安装的，电厂特别是水电厂是逐个建设的，将它们作为连续变量处理，将带来一系列问题，最后归整处理又将降低优化结果的最优性。为了解决这一矛盾，将系统中某一些变量设为整数，另一些仍为连续变量。这种变量设置的数学规划称为混合整数规划[41]。

设连续变量 X，整数变量 Y，则混合整数规划模型可表述为

$$\min \ [f(X) + g(Y)] \tag{4-35}$$

$$\text{s. t} \quad AX + BY \geqslant b \tag{4-36}$$

$$X \geqslant 0 \tag{4-37}$$

式中　A，B——系数矩阵；

　　　b——常数数组。

这类电源规划模型的目标函数和线性电源规划模型类似，因为模型中整数变量只表示电厂或机组投入运行或未投入运行（0，1变量），或表示机组装了几台或第几次装机（每次装机可能不止一台）。每次计算费用时，只需将每台机组容量或每次装机容量乘此整数变量即得出装机容量。目标函数如下

$$\min[f(X) + g(X)] = \sum_{t=1}^{T} \sum_{j=1}^{J_1} [C_{zj}X_{jt} + C_{fj}C_{zj}X_{sjt} + C_{cj}X_{sjt}](1+r)^{-t} +$$

$$\sum_{t=1}^{T} \sum_{j=J_1+1}^{J} [C_{zj}W_jY_{jt} + C_{fj}C_{zj}W_jY_{sjt} + C_{cj}W_jY_{sjt}](1+r)^{-t}$$

$$C_{cj} = (b_j + d_j)\beta_j T_{jt} \tag{4-38}$$

式中　X——连续变量描述电厂新装容量；

　　　Y——整数变量，用以表示电厂新装机组台数；

　　W_j——每台机组容量；

　　J_1——连续变量个数，整数变量个数为（$J-J_1$）；

　　　T——规划期；

　　C_{zj}——电厂 j 每千瓦装机容量的综合投资（包括相应的输电费用在内）；

　　C_{cj}——机组煤耗费用率；

　　C_{fj}——固定运行费用率；

　　T_{jt}——电厂 j 在第 t 年的最大负荷利用小时数；

　　　b_j——煤价（计及了煤矿投资分摊）；

　　　d_j——运费；

　　　β_j——平均煤耗，$t/(MW \cdot h)$；

　　　r——贴现率。

下标 jt 表示第 j 电厂（或机组）在第 t 年的数值，下标 sjt 则表示 j 电厂到第 t 年为止新装机组或容量之和，即

$$\begin{cases} X_{sjt} = \sum_{\tau=1}^{t} X_{j\tau} \\ Y_{sjt} = \sum_{\tau=1}^{t} Y_{j\tau} \end{cases} \qquad (4\text{-}39)$$

若整数变量表示一个电厂的装机台数或次数，由于已上的电厂不能退下，因此有

$$Y_{jt} \geqslant Y_{j(t-\tau)} \quad [\tau=1, 2, \cdots, (t-1)] \qquad (4\text{-}40)$$

二、模型的解法

对于混合整数规划问题，可采用分枝定界法[49] 或割平面法[50] 求解。然而，整数规划需要较长的计算时间。为了适应算法对计算规模的需要，很多整数规划问题可以转化为 0—1 规划问题进行求解。

4.4.2　分解协调技术

分解协调技术具有以下优点：

（1）将大系统分解成若干子系统后，求解问题规模变小，可提高工作效率和节省时间。

（2）各子系统可以选用自己适合的模型，更符合实际情况。

（3）使进行并行处理成为可能。

因此，在电源规划中分解协调技术被大量采用。目前常用的分解协调技术是基于 Lagrange 松弛的分解法和 Benders 分解法。下面以 Benders 分解法为例，介绍分解协调技术的数学描述和对问题的求解过程。

一、Benders 分解法

Benders 模型的标准式为

$$\begin{aligned} \min \quad & ux \\ \text{s. t.} \quad & Ax \geqslant b \\ & Ex + Fy \geqslant h \end{aligned} \qquad (4\text{-}41)$$

引入 Benders 分解技术，上述模型可以分解为主问题和子问题，用以下方法可以求解：

　　(1) 在主问题中，电源规划问题的状态 x 用式（4 - 42）求解

$$\min \quad ux$$
$$\text{s. t.} \quad Ax \geqslant b \qquad\qquad (4 - 42)$$
$$w(x) \leqslant 0$$

式中　$w(x)$——提供有关状态 x 可行性信息的割。

　　(2) 给定 $\hat{x}$，子问题可描述成

$$\min \quad w(\hat{x}) = dy$$
$$\text{s. t.} \quad Fy \geqslant h - E\hat{x} \qquad\qquad (4 - 43)$$

　　如果目标函数 $w(\hat{x})$ 大于 0，一旦在子问题中检测到越界现象，将生成 Benders 割 $w(x) \leqslant 0$。由子问题的结果可得到 Benders 割的线性近似，其中线性近似系数为与式（4 - 41）中约束条件相关的单纯形乘子 π_i。Benders 割的线性形式为

$$w(x) = w(\hat{x}) + \pi(x - \hat{x}) \leqslant 0$$

式中　$w(\hat{x})$——式（4 - 43）所示子问题的最优解；

　　　　$\hat{x}$——主问题的解；

　　　　π——单纯形乘子向量。

二、分解协调技术在电源规划中的具体应用

　　电源规划模型一般分解为电源投资决策和生产优化两个子问题，可分别采用不同的优化技术。例如，先假定不同年份的可用系数 α 和利用小时数 T，应用线性模型求出一个电源建设方案，确定各年应新装机组类型、容量和地点。然后，根据求出的各年新增电源和系统已有电源做运行模拟，求出新的 α 和 T。再使用某种方法修正原先设定的 α 和 T，做电源规划。如此交替反复，直到 α 和 T 误差小于某个允许值为止[41]。

　　应用 Benders 分解法时[51]，模型中的两个子问题可以分别计算，因此易于引入统一计算中不易考虑的因素，如限能电厂和储能电厂的作用，以及电力市场环境下的竞争和财政约束等。此外，在计算可靠性和生产费用时，将同类电厂合并，而规划新装机组时，单独计算，能减小计算规模，加快计算速度。对模型作线性优化时引入随机性，将不确定因素处理为简单事件树，并把规划期划分为多个阶段，每个阶段用分解协调技术和剪枝方法，同样能提高计算效率[52]。

4.4.3　动态规划法

　　动态规划是运筹学的重要分支之一，是解决多阶段决策过程最优化的一种方法[53]。根据多阶段决策问题的特性，提出了解决这类问题的"最优化原理"。

一、动态规划的基本原理[53]

（一）动态规划的基本概念

1. 阶段

　　对于一个给定的多阶段决策过程，可以根据问题的特点，把整个过程划分为若干个相互联系的阶段。通常用 k 表示阶段的序号（也称为阶段变量），并按时间或空间顺序依次编号。

2. 状态

　　状态表示系统某阶段的出发位置或状况、特征，既是某阶段过程演变的起点，又是前一阶段某种决策的结果。通常一个阶段包含有若干个状态。

　　描述状态的变量，称为状态变量，常用 s_k 表示第 k 阶段的状态变量。每一阶段所有状

态的集合，称为允许状态集合，它是关于状态的约束条件，并用相应于该阶段状态变量的大写字母来表示允许状态集合。

3. 决策

决策就是当某阶段的状态给定后，从该状态演变到下一阶段某种状态的选择。

描述决策的变量称为决策变量，常用 x_k 表示第 k 阶段的决策变量。它是状态变量 s_k 的函数，$x_k=x_k(s_k)$，即 $x_k(s_k)$ 表示第 k 阶段系统处于 s_k 状态时的决策选择。它的取值决定着系统下一阶段处于哪一个状态，可以是一个数或一组数。

在实际问题中，决策变量的取值往往被限制在某一范围内，称为允许决策集合，它是决策的约束条件，常用 $D_k(s_k)$ 表示第 k 阶段系统处于 s_k 状态时的允许决策集合，显然

$$x_k(s_k) \in D_k(s_k)$$

由于从初始阶段开始到最终阶段，每一个阶段均有一决策，从而由各阶段的决策形成一决策序列，称此决策序列为系统的一个策略。使系统达到最优效果的策略，称为最优策略。对于 n 个阶段的决策过程，由第一阶段的某一状态（比如 s_1）出发，做出的决策序列 x_1，x_2，…，x_n 而形成的策略（即全过程策略）记为 $P_{1,n}$，即

$$P_{1,n}(s_1)=\{x_1(s_1),\ x_2(s_2),\ \cdots,\ x_n(s_n)\}$$

在 n 阶段决策过程中，从第 k 阶段到系统终点的过程，称 k 后部子过程，简称 k 子过程。对于 k 后部子过程相应的决策序列，称为 k 后部子过程策略，简称为子策略，记为 $P_{k,n}$，即

$$P_{k,n}(s_k)=\{x_k(s_k),\ x_{k+1}(s_{k+1}),\ \cdots,\ x_n(s_n)\}$$

4. 状态转移方程

对于具有无后效性的多阶段决策过程，系统由阶段 k 到阶段 $k+1$ 的状态转移方程是

$$s_{k+1}=T_k(s_k,\ x_k) \tag{4-44}$$

式（4-44）反映了系统状态转移的递推规律，它是根据问题的特性及阶段 k 的状态与阶段的状态提供的信息确定的。

5. 阶段效应与最优指标函数

在阶段 k 状态为 s_k，当决策变量 x_k 取得某个值（或方案）后，就得到一个反映这个局部措施效应的数量指标 $r_k(s_k,\ x_k)$，称为 k 状态的效应函数（也称阶段指标函数）。对于无后效性的多阶段决策过程，阶段效应函数完全由本阶段的状态和决策所决定，第 k 阶段的效应函数 $r_k=r_k(s_k,\ x_k)$。

第 k 阶段的状态 s_k，当采取最优子策略后，从阶段 k 到阶段 n 可获得的总效应，称为最优指标函数，记为 $f_k(s_k)$。通常，$f_k(s_k)$ 可写成下列形式

$$f_k(s_k)=\mathop{\text{opt}}_{D_k(s_k)}\{r_k(s_k,\ x_k)\odot r_{k+1}(s_{k+1},\ s_{k+1})\odot\cdots\odot r_n(s_n,\ x_n)\}$$

其中，运算符号 $\odot$ 表示某种运算，可以是加、乘或其他运算。符号 opt 是 optimization 的缩写，可根据问题的性质取 max 或 min。

（二）最优性原理

作为整个过程的最优策略具有这样的性质：无论过去的状态和决策如何，相对于前面决策所形成的状态而言，余下的决策序列必然构成最优子策略。这一最优性原理是动态规划的核心。利用它采用递推方法解多阶段决策问题时，各状态前面的状态和决策，对其后面的子问题来说，只不过相当于初始条件而已，并不影响后面的最优决策。

（三）动态规划的数学模型

1. 动态规划的函数方程

设在阶段 k 的状态 s_k，执行了选定的决策 x_k 后，状态变为 $s_{k+1}=T_k(s_k, x_k)$。这时，k 后部子过程变为 $k+1$ 后部子过程。根据最优性原理，对 $k+1$ 后部子过程采取最优性策略后，则 k 后部子过程的最优指标函数为

$$f_k(s_k) = \mathop{\text{opt}}_{x_k \in D_k(s_k)} \{r_k(s_k, x_k) \odot f_{k+1}(s_{k+1})\}$$
$$= \mathop{\text{opt}}_{x_k \in D_k(s_k)} \{r_k(s_k, x_k) \odot f_{k+1}(T_k(s_k, x_k))\} \qquad (4-45)$$
$$(k=n, n-1, \cdots, 1)$$

另有下列条件成立

$$f_{n+1}(s_{n+1}) = 0 \text{ 或 } 1 \qquad (4-46)$$

式（4-46）通常称为边界条件，它是指过程结束（或过程开始）时的状况。当式（4-45）中运算符号 $\odot$ 取加法运算时，取 $f_{n+1}(s_{n+1})=0$；当 $\odot$ 取乘法运算时，取 $f_{n+1}(s_{n+1})=1$。

式（4-45）和式（4-46）一起称为动态规划的基本函数方程，简称动态规划的基本方程。它们也称为递归方程，因为最优指标函数 $f_k(s_k)$ 与 $f_{k+1}(s_{k+1})$ 之间的关系是递推关系。

2. 建立动态规划模型的步骤[54]

用动态规划方法解决实际问题，需要根据题意建立动态规划的数学模型。这是非常重要的一步，也是比较困难的一步。

建立动态规划的数学模型一般包括划分阶段、确定状态变量和决策变量及其取值范围、建立状态转移方程、确定阶段效应和最优指标函数、建立动态规划的函数方程等几个步骤。

（四）动态规划的求解方法

在实际问题中，最常见的最优指标函数形式，一种是加法型的，另一种是乘法型的。从而，动态规划递推形式的基本方程分别为

$$\begin{cases} f_k(s_k) = \mathop{\text{opt}}_{x_k \in D_k(s_k)} \{r_k(s_k, x_k) + f_{k+1}(s_{k+1})\}(k=n, n-1, \cdots, 1) \\ f_{n+1}(s_{n+1}) = 0 \end{cases} \qquad (4-47)$$

及

$$\begin{cases} f_k(s_k) = \mathop{\text{opt}}_{x_k \in D_k(s_k)} \{r_k(s_k, x_k) f_{k+1}(s_{k+1})\}(k=n, n-1, \cdots, 1) \\ f_{n+1}(s_{n+1}) = 1 \end{cases} \qquad (4-48)$$

可见，用递推基本方程式（4-47）［或式（4-48）］及状态转移方程式（4-46）求解动态规划的过程，是由 $k=n$ 递推至 $k=1$。这种由后向前逐步递推的方法，称为逆序解法。当求出全过程的最优策略时，即得到原来问题的最优解。逆序解法是一般常用的方法。有些问题也可以采用由前向后逐步递推的方法，即顺序解法。这时状态转移方程和基本方程（加法型的）分别为

$$s_{k-1} = T_k(s_k, x_k)(k=1, 2, \cdots, n)$$

$$\begin{cases} f_k(s_k) = \mathop{\text{opt}}_{x_k \in D_k(s_k)} \{r_k(s_k, x_k) + f_{k+1}(s_{k+1})\}(k=1, 2, \cdots, n) \\ f_0(s_0) = 0 \end{cases} \qquad (4-49)$$

与最优指标函数乘法形式对应的基本方程，写法和式（4-49）类似。

既可用逆序解法求解，又可用顺序解法求解的多阶段决策过程，称为可逆过程。

二、动态规划方法在电源规划中的应用

对于电源规划这种多阶段寻优问题，动态规划是一种有效的方法。在动态规划中能够引入各种约束条件和其他方法难以考虑的因素，如水电电源的不同组合方案和不同补偿调节数据、离散变量和随机因素[55]，重要电厂的合理装机容量以及不同年份中的一些特殊问题等。考虑到电源规划目标的多重性，还出现了多重目标的动态规划[56]。

理论上动态规划法可以获得整体最优解，但是对于大规模问题会出现维数灾现象，且容易出现后效问题。

采用动态规划法求解电源规划问题的一般方法如下：

（1）阶段。电源动态规划模型一般有两种划分阶段的方法：第一种是按照时间划分；另一种是按投入运行的新建电厂数目划分。其中第一种方法比较符合工程的习惯，且容易和计划部门的计划阶段相配合。

（2）状态。电源规划中的状态是系统原有和待建电厂的某种组合，对于某一阶段 X_i 可表述为

$$X_i = \{S_j\}(j=0, 1, 2, \cdots, n)$$

式中 S_j——一个电厂或一组有先后顺序的已定电厂群。

状态可根据实际问题用数组或代码表示。

（3）状态转移和决策变量。根据动态规划原理，在某一阶段 i，若其初始状态为 x_{i-1}，也就是上一个阶段的一个状态，经过这一阶段采取某种策略 d_i 后转移到本阶段末的状态 x_i，这种转移可用如下状态转移方程表示

$$x_i = \varphi(x_{i-1}, d_i) \tag{4-50}$$

本阶段的状态 x_i 也就是下一阶段 $i+1$ 的初始状态，决策变量就是本阶段可能投入的新电厂或机组。这样，状态转移方程可以简单地表示为

$$x_i = x_{i-1} + d_i \tag{4-51}$$

式中 d_i——一个策略。

从式（4-51）可知：在 i 阶段的某个状态是 $i-1$ 阶段中可被它包含的某个状态加上一个策略后形成的状态转移。这是动态规划算法判断可行路径的基本原则。

（4）目标函数和递推公式。电源规划的目标函数是使系统总支出最小，根据具体情况而定。费用递推公式可描述为

$$\begin{cases} F_i = \min_{k \in i-1}\{f_i(x_k, d_i) + F_{i-1}(x_k)\} \\ F_0 = 0 \end{cases} \tag{4-52}$$

式中 $f_i(x_k, d_i)$——从第 $i-1$ 阶段状态 x_k 转移到第 i 阶段状态 x_i 所采用策略的新增机组有关费用；

$F(x_i)$——第 i 阶段状态 x_i 至起点的费用；

$F_{i-1}(x_k)$——第 $i-1$ 阶段状态 x_k 至起点的最小费用；

$F_0(x_0)$——起点费用。

（5）约束条件。电源规划动态模型中，一般考虑各电厂最大装机容量约束、各电厂各阶段最大装机容量约束、最早可能投入运行年限约束、分区平衡或联络输电线路容量约束、水火电

装机容量比例约束、可靠性指标或备用容量约束、功率平衡约束、电量平衡或发电机最大负荷利用小时数约束、机组最大和最小功率约束、火电厂燃料消耗量约束、水电厂水量和流量约束、火电最小开机容量约束、财政约束、某些电厂施工中装机连续性约束等约束条件。

这些约束并不像线性规划那样一一列出，大多数是直接编入程序之中，其中大部分是运行约束，直接编入运行模拟电力电量平衡程序中。电力电量平衡是指电源开发项目连同已建及在建电厂一起，在电力电量上应满足电力系统规划水平年内负荷的电力和电量需求。在进行电力电量平衡时，系统负荷的最大功率应计入网损和发电厂的厂用电。

为了减小计算规模，动态规划中普遍采取某种措施略去一些状态，如将同类发电机组合并[57]，按发电机组类型进行优化。

4.4.4　模拟进化方法

除了上述基于混合整数规划、分解协调技术和动态规划的电源规划模型外，还有基于非线性规划方法的，如变尺度法、微分法、牛顿法、梯度法等。

这些传统的非线性规划算法应用于电源规划存在如下问题：

（1）非线性规划要求函数连续，有的算法还要求可导，而电源规划中决策变量（如机组投入等）是不连续的，按连续函数计算后进行归整处理，会带来误差。

（2）非线性规划是对凸函数进行的，而电源规划的目标函数和约束条件并不是在任何条件下都是凸的。

（3）非线性规划算法不少，但没有一类是普遍有效的，这给选择算法带来困难。

（4）非线性规划算法所求结果一般是局部最优解，而电源规划的对象投资巨大，全局最优与局部最优投资相差可能非常大。

随着计算技术的发展，出现了大量的非传统优化方法，如模糊集合论方法、专家系统方法、模拟进化方法，等等，使得电源规划的求解更加方便灵活，这些方法通常称为人工智能方法。本节介绍其中的模拟进化方法。

一、模拟进化方法的原理和优点

模拟进化方法通过对生物进化机制的模拟发展而来，运算过程与生物进化过程相仿，其哲学基础是达尔文的"适者生存，优胜劣汰"自然选择学说。该方法能将从自然界抽象出来的人造最适应生存的"环境"与"进化算子"结合起来，形成一种强搜索过程。

目前出现的模拟进化方法主要包括遗传算法（Genetic Algorithm，GA）、遗传规划（Genetic Programming，GP）、进化规划（Evolutionary Programming，EP）和进化策略（Evolution Strategies，ES）等。这些方法均属于随机优化方法，原理上能以较大概率找到优化问题的全局最优解，具有全局收敛性、固有并行处理特性、通用性及鲁棒性强的特点。

与传统的搜索算法相比，在解决复杂问题时，模拟进化算法体现了一定的优越性。这是因为，模拟进化方法采用了许多独特的方法和技术，主要体现在以下几个方面：

（1）与传统的单点搜索策略不同，模拟进化方法采用群体搜索策略，同时对多个解进行评估。这使其具有较好的全局搜索性能，减少陷入局部解的可能。同时，模拟进化方法也易于并行化。

（2）在标准模拟进化方法中，不用搜索空间的知识或其他辅助信息，而仅用适应度函数值来评价个体，在此基础上进行遗传操作。其适应度函数不受连续可微的限制，而且其定义域可任意设定。这使遗传算法特别适于求解非连续变量的结构优化问题。

（3）模拟进化方法采用的不是确定性的规则，而是用概率变迁规则来指导它的搜索方向。模拟进化方法概率仅仅作为一种工具来指导其搜索过程朝着搜索空间的更优化区域发展，看似盲目地搜索，实际上却有明确的方向。

（4）模拟进化方法可求出一组解，包括全局最优和局部最优，让规划者自行选择。

但模拟进化方法也存在收敛条件不易确定、全局搜索能力强但局部搜索能力不足等缺点。

二、遗传算法

现以遗传算法为例说明模拟进化方法在电源规划中的具体应用。

遗传算法是由美国学者 J. Holland 于 1975 年首次提出的[58]。它除具有模拟进化算法共同特点外还有自己的特征，即遗传算法不是处理参数本身，而是处理参数及进行编码的个体。此编码操作，使遗传算法可直接对结构对象进行操作。所谓结构对象泛指集合、序列、矩阵、树、图、链和表等一维或多维的结构形式和对象。这一特点使遗传算法适用于传统优化算法难以解决的离散的非线性结构优化问题。

1. 遗传算法的原理

传统的遗传算法也称为简单遗传算法（Simple Genetic Algorithm，SGA）或基本遗传算法，其遗传操作由选择、交叉和变异组成。从数学上可以证明，SGA 不能以概率"1"收敛至全局最优解。

单亲遗传算法[59]（Partheno Genetic Algorithm，PGA）是对基本遗传算法的一种改进。与拥有选择、交叉和变异等算子的简单遗传算法不同，单亲遗传算法没有交叉算子，但保留了选择算子，并且仍然可以采用轮盘赌选择法等在基本遗传算法中常用的策略，使较好的个体在下一代中以较大概率得以保留。

除选择算子外，PGA 的另外一个遗传算子就是基因重组算子，它包括基因换位、基因移位和基因倒位等调整基因在染色体中相对位置的算子。在取消交叉算子后，PGA 采取了基因重组的方法，在一条染色体上进行全部的遗传操作。研究结果证实，PGA 的基因重组算子隐含了序号编码遗传算法的交叉算子的功能，交叉算子与在同一条染色体上进行的基因换位、基因移位、基因倒位操作是相互等价的。

在 PGA 的基础上，出现了改进的 PGA，通过引入保留算子，使得 PGA 能以概率"1"收敛至全局最优解。

2. 遗传算法在电源规划中的应用

由于简单遗传算法在数学上不能保证以概率"1"收敛至全局最优解，电源规划中采用的是改进遗传算法[60]。在 SGA 中引入保留算子，即在开始 SGA 操作前保留种群中的若干最优个体，在 SGA 完成后，将保留的个体放回种群中。数学理论可以证明，改进后的遗传算法能以概率"1"收敛至全局最优解。在目标函数中计入投资和运行费用并扣除发电以外的效益，将约束条件以罚函数形式记入目标函数中。这种方法建立的算法适用于大型水火电系统中长期电源规划，可以方便地计及各种约束条件、电厂分期投入、可靠性约束，可以用确定型运行模拟也可用随机型运行模拟，在得到最优解的同时，也可以得到一组次优解，方便了规划人员比较选择。

此外，并行遗传算法也是求解电源规划问题的一种思路。在这种方法中，为了提高搜索效率，初始种群里加入了一些其他优化算法找出的次优解。文献 [61] 设计了一种多处理器并行计算的方法，比较了不同数量处理器计算的效率，并尝试用十进制和二进制两种方法编码。研究表明，十进制编码效率要高一些。但是，直接编码会导致遗传操作后出现非法编码，而计算过程中非法编码不被接受的，这样就需要进行重新操作，使得遗传算法操作效率有所降低。

遗传算法还有另外一种改进方式[62]，即在初始种群时人工指定一部分（一组次优解），随机初始化一部分，用随机交叉技术进行交叉操作，以轮赌方式从三种交叉方法（一点交叉、两点交叉和子串交叉）中作选择。这种方法在一定程度上克服了局部最优解的问题。

单亲遗传算法出现后不久，即被应用到电源规划的求解当中[63]。在算法实现时，为了简化各电厂的分期工程问题，将每台机组作为一个基因，按照基因特征（如投资现年值、年利用小时数、强迫停运率等）的异同，将每台机组按种类进行编码；以电源建设的约束条件为准则对染色体进行基因换位，将基因按单位规划期（年）进行自然分段，构建记忆表，将已比较过的染色体写入其中，避免重复比较和计算。仿真结果表明，这种方法能大大简化电源规划的计算量，避免了早熟收敛问题，计算效率得到很大提高。

4.5　电源规划应用软件介绍

4.5.1　电源规划应用软件 WASP[57]

维也纳系统规划程序包（Wien Automatic System Planning Package，WASP）是目前国际上较为流行的一种电源规划程序包，由美国 TVA（Tennessee Valley Authority）和 ORNL（Oak Ridge National Laboratory）1972～1973 年为维也纳国际原子能机构（International Atomic Energy Agency，IAEA）开发。经过不断改进，目前 IAEA 已推出 WASP－Ⅳ。而我国在 20 世纪 80 年代曾引进过 WASP－Ⅲ。

该软件按发电机组进行优化，是一种单节点数学模型，即假定电力系统的全部电力负荷与所有发电机都被认为集中在一个节点上。这类模型把同类型机组的发电厂都归并在一起，无须考虑电源和电力负荷的地理分布，使得决策变量的个数大为减少，模型和算法都得到简化。这是单节点模型的优点。

但是，WASP 也存在一些明显的缺陷，例如，无法解决在什么地方扩建这些机组的问题，也不能计及输电费用对电源投资决策的影响。因此，只有当系统跨越地区较小和已存在很强的输电系统，并且所有发电厂本身的特点可以忽略的情况下，这种模型才是合理的。此外，WASP 的计算量过大，所需的计算机 CPU 时间太长。

WASP 能在满足给定约束的情况下，寻求长达 30 年的电源最优扩建方案。该模型采用最小费用法作为经济评价的根据。下面以 WASP－Ⅲ 为例说明[7]。

一、数学模型

WASP 的目标函数为某个规划方案的总费用现值最小。各方案的费用包括投资、燃料费、运行维修费、停电损失费用以及折余费用。其中，折余费用是由于各类机组使用寿命不同，投建时间不同，在规划期末将有不同的剩余使用年限，所相应投资项目的折余值。各项费用的具体计算方法请参阅文献［57］。

WASP 模型的约束条件包括电力平衡和可靠性约束条件。

二、程序结构和数据处理

WASP-Ⅲ包括七个子程序块。每个子程序块都有相应的输入数据，形成中间结果文件，这样可以使程序的执行比较灵活，且可以随时监视运算的情况。各子程序块的名称和功能如表 4-1 所示。

表 4-1 WASP-Ⅲ的子程序块及其功能

子程序模块		功能	交换文件
Module 1	LOADSY	处理负荷数据	LOADDUCU
Module 2	FIXSYS	处理系统现有电源数据	FIXPLANT
Module 3	VARSYS	处理系统待选电源数据	VARPLANT
Module 4	CONGEN	生成电源布局	EXPLANT
Module 5	MERSIM	随机生产模拟	SIMULOLD
			SIMULINL
			SIMULNEW
			SIMULRSM
Module 6	DYNPRO	动态规划优化过程	EXPANREP
			OSDYNDAT
Module 7	PEPROBAT	输出结果报告	FINAL SOLUTION

可见，这七个子程序块中的前三个，即 Module 1~Module 3 的主要任务是处理原始数据，Module 4~Module 6 则主要进行运算，最后一个子程序块 Module 7 是输出程序。

三、算法概要

WASP 采用前向动态规划算法对上述问题进行求解。总体而言，WASP 的数学模型简明，结构紧凑，通过中间结果可以监视整个优化过程，而且最后能提供一个最优方案和几个次优方案，为最终决策提供多个选择。

4.5.2 电源规划应用软件 JASP

我国的地域辽阔，能源分布和负荷分布很不均匀，原有输电系统非常薄弱。在这种情况下不考虑输电费用对电源投资决策的影响将可能导致决策上的失误。此外，我国水利资源丰富，合理开发水电是电源规划的一个重要任务，合并发电厂将使各水电厂的特点难以充分反映。因此，采用按机组类型优化的电源规划模型对我国的情况是不适合的，应按发电厂进行优化。JASP 是由我国自行开发的电源规划软件包，其电源规划模型按发电厂进行优化。

一、JASP 的程序结构和数据处理

JASP 采取了比较复杂的系统分解协调过程，主要由数据处理、优化模型及输出报告三部分组成。

（1）数据处理。JASP 的原始数据由负荷数据、发电厂数据、地理分布数据及水库调度数据四部分组成。

（2）优化模型。优化模型是 JASP 的主要组成部分，在这里电源投资决策模型是核心。电源投资决策模型对电源投建方案进行优化，给出各待选火电厂及水电厂的投建时间表，并分别与输电费用修正模型、典型日运行方式模型及生产优化模型进行协调迭代。

（3）输出报告。电源规划的输出报告应能输出有关方案比较完整的技术经济数据及信息，尽可能从各个角度反映该方案的特点，以便为最终决策提供依据。结果的输出量很大，应根据需要有选择地输出。

二、电源投资决策模型

（1）目标函数。目标函数为待选电厂的投资和运行费用与原有发电厂的运行费用之和最小。对原有发电厂来说，各方案在规划期各年的维护修理费可认为是不变的，故只需计及火电厂的燃料费用。

对于多个电源工程项目在规划年末具有不同剩余使用年限的问题，JASP 使用等年值法进行处理。

（2）约束条件。约束条件指由待选电厂本身特点决定的约束、电力电量平衡条件、最小技术处理约束以及发电系统可靠性指标约束。

由待选电厂特点决定的约束主要有以下几个方面：投资决策变量为整数，而取值不小于零；火电厂每年投产机组的台数，应受施工及制造能力所容许投产台数的限制；火电厂的总装机台数，不应超过给定的最终装机台数；水电厂首批机组投产的互斥性约束；电厂的最早投建年限约束。

三、算法概要

当电源规划按发电厂进行优化时，模型中的变量数非常大，是一个大规模的整数规划问题。针对上述电源投资决策模型，JASP 使用了一种由排序和爬山过程两部分组成的启发式算法。该算法虽然不能从理论上保证取得问题的最优解，但可以在较少的计算时间内取得接近最优解的结果，能够基本满足工程实际问题的需要。

在爬山过程中，初始值的选择是很重要的。它不仅影响寻求最优解的速度，还可能影响最终解的优化程度。在 JASP 中，先对所有待选水电厂的投建计划进行一次初步优化，使得爬山过程能取得一个好的初值。

4.6 电力市场环境下的电源规划

4.6.1 市场环境下电源规划面临的新挑战

传统的电力系统中，电源规划是由一个电力主管部门统一完成的。随着电力系统的市场化改革，电网企业和发电企业分别成为独立的经济实体，发电侧也被分解为多个相互独立的发电企业。因此，传统的统一规划方法无法适应电力市场环境下分散决策的需要。在电力市场环境下，强制性的、统一性的电源规划和投资决策已不可能实现。电源规划中，无论是考虑新增发电机组还是退役旧机组，都是发电企业的内部决策问题，新增发电机组将以电厂投资者的利益最大化为前提。电源规划很大程度上取决于未来市场的电价波动情况、国家政策的变化（有无容量电价、绿色电力市场等）、能源的价格以及负荷的变化等因素。新机组（或电厂）的类型、位置、容量、投运时间，以及旧机组和旧电厂的退役或停运等情况基本上由发电企业自行确定。

因此，在电力市场环境下，电源规划问题更为复杂，面临如下更严峻的挑战：①如何建立有效而可靠的市场机制，来有效地引导发电企业投资，以确保系统发电容量充裕性？②各个发电企业应如何根据市场负荷预测确定自己的电源新建/退役计划和投资决策？如何选择新增机组容量、类型和地点等？③选择参与什么样的市场，并分析在不同市场下自己的收益情况。

4.6.2 电力市场环境下的电源规划考虑因素

在市场化的电力系统运营模式下，随着经济的持续发展和负荷的不断增加，市场化因素导致缺电的风险大大增加，此时的电源规划必须考虑以下因素的影响：

（1）由于电网企业将不再负责发电厂的建设，发电投资由利益驱动，缺电责任主体不明。

（2）市场机制具有一定的滞后性，建造新电厂至少需要 2～3 年的时间。

（3）电力市场的竞争性，使得投资风险加大，投资来源可能减少。

（4）电网企业不再投资电源，电源建设少了一个理智的投资来源。

（5）竞争性的发电市场不利于水电、核电等投资大、建设周期长、社会效益大的电源建设与发展，也不利于可再生能源（如风能、太阳能）的开发和利用。

（6）承担高峰负荷的发电机组发电机会少，财政风险大，可能过早退役，造成容量缺乏。

（7）电网的输电能力比较薄弱，容易出现网络拥塞现象，造成一些特定区域缺电。

在电力市场环境下，对电源项目的投资还面临以下风险：

（1）政策、法律风险。它是指国家在外汇管理、法律制度、税收制度、劳资关系、电价政策等与发电项目有关的敏感性问题方面的法规是否稳定、健全，管理是否完善。

（2）金融风险。项目的金融风险主要包括利率风险、汇率风险、货币兑换风险和通货膨胀等风险。

（3）或有风险。它主要包括各种自然灾害，如地震、台风、洪水等不可抗力给工程带来的风险。

（4）完工风险。它是指项目进行建设施工阶段，承包商由于种种原因不能在原定计划的工期内完成项目的建设所造成的风险。

（5）生产风险。它是指项目在试生产运营阶段或生产运营阶段存在的技术、资源储量、能源和原料供应、生产经营和劳动力状况等风险因素的总称。

4.6.3 市场环境下电源规划的主体和模式

市场环境下，电源规划是以市场为导向进行的，电网企业最了解市场，具有最直接、最准确的市场信息，因此市场环境下由电网企业承担前期的电源规划任务比较合适，也便于和电网规划相协调。尤其是在输配电还没有分开的情况下，保证供电的责任在电网企业，发电企业不需要承担这个风险。另外，电网企业来做电源规划可以做到比较公正，因为电网企业是天然的垄断行业，它的回报率是固定的，而且受到国家有关部门严格的监管；而发电企业却不同，受竞争的驱使，总是希望自己占有更多的市场份额。

电网企业在进行新建电厂的选址、勘探、能源运输、水利资源、移民费用等工作时必然要投入大量的人力、物力，而且还要进行多个方案的技术经济比较分析，这些前期规划工作费用都应由新电源建设的投资者支付给电网企业。具体操作中电源规划可以采用两种模式。

一、统一规划，招标决策

统一规划过程既可以从电网规划开始，也可以从电源规划开始，发电和输电反复迭代，筛选出几个可能的电源和电网的优选方案，然后对这些方案进行综合技术分析，提出预期的综合电价和输电电价评估，排列优选的电源和电网规划方案供决策考虑。电源方案按招标、竞标决策实施，电网方案按指令性计划实施。电源规划方案按实施竞标的过程为：

(1) 招标与投标；

(2) 中标电源投资者与电网企业签订长期合同，风险双方共担；

(3) 政府和监管机构授予电厂投资者特许建设权，即政府根据一次规划布局的合理性和环保要求，批准规划的建厂地址和容量，发给建厂和今后运营许可证；

(4) 政府和电监机构授予电网企业特许权。

这种规划模式，将电力市场条件下电力系统规划的不确定性转换为确定性，按确定性规划方法进行规划。规划方案的实施体现了市场作用与管制相结合的原则，易于实现电源在地域上和时域上的合理布局。这种模式适用于像我国这样电力发展快、市场机制正在建立过程中的电力市场，特别是电力市场初期的电力系统规划。

二、参考规划，自主决策

在电力市场条件下，电源投资者在决策之前必须进行电源项目的规划研究。通过评估未来各种电源投资组合的预期一次投资成本、运行成本和与电源项目接入系统相关的输电电价，以便在未来的竞争中提高竞争力，并获得最大利益。但电源投资者在电力系统中的地位决定了其不可能收集到未来电力负荷地域和时域增长的数据和可能的输电价格信息，而电网企业掌握着电力系统全局负荷数据和价格信息。因此，由电网企业按照发挥市场的激励作用，同时加强监管的原则，统一进行电源和电网规划，提出规划方案，作为各电源投资者的参考规划，自主决策。规划过程如下：

(1) 根据负荷变化预测可能的发电选择，先编制电网规划，在电网规划优先的基础上，进行电源和电网统一规划，形成电源和电网优化的几个参考规划方案；

(2) 发布参考规划方案信息，特别要包括发电接入系统的未来输电电价信息；

(3) 各电源投资者考虑参考规划方案进行各自的电源项目规划，并发送各自的电源规划信息；

(4) 电源规划可能与参考的电源规划不一致，此时则重新进行电源和电网优化规划研究。经过几次迭代，可以形成为电源投资者和电网企业所接受的整个电力系统电源和电网优化方案。

这种规划模式更加体现了市场自主决策原则，同时兼顾了发电和输电的合理要求，但电源合理布局的协调较复杂，与全局最优可能会有一定偏差。参考规划方案的实施过程基本上与前述的规划模式相同。

4.6.4 市场环境下电源建设的融资问题

传统的电力投资和融资方法主要有国家预算资金、银行贷款、国外资金、企业内部资金、抵押、商业和政府债券等。随着电力工业市场化改革的深入，厂网分开已成定局，电源建设的投资和融资呈现出新的面貌。

一、竞争格局下的多元化投资主体

以前单一的由中央管理的电源建设投资主体分解为独立的多个发电企业，各个发电企业将分别代表各自的利益在电源建设及运营上展开竞争。同时，我国还将继续推行利用外资办电政策，并鼓励其他国有企业和集体企业、私人企业参与发电项目的投资。

二、发电企业将采用多种市场化的融资方式

在电力市场环境下，发电企业将更多地采用市场化的方式，进行多样化的融资。

（1）银行贷款将适度引入竞争机制。电力工业属于国家的基础性产业，投资风险较小，因此银行间对电源建设贷款的竞争十分激烈。而各个发电企业也可以利用银行间的相互竞争，得到较低的贷款利率。

（2）股本融资将更多依赖资本市场。新的电源项目建设，由于存在良好的外部金融环境，取得银行贷款并不难，但资本金来源却严重不足。因此，在利用现有投资能力进行扩张建设的同时，应着眼于新型资本市场，通过采用市场化股本融资方式解决资本金严重短缺的问题：一是向国内外投资者出售或协议转让一部分已建成项目，将获得的资金投入新的电源项目建设，并且资产的出售或转让将更多采用市场化方式；二是通过证券上市获得资本金来源。

（3）电源建设将更多采用低成本融资方式。为降低企业融资成本，发电企业将更多寻求比银行贷款成本更低的其他融资来源，发电企业债券将成为首选。各发电企业将会发行数量更大、种类更多的企业债券。

（4）新型融资方式的引入。目前，产业投资基金和资产证券化等融资创新工具在我国产生的条件日趋成熟，它们将很快作为一种新的融资方式出现在经济生活中。发电项目作为国民经济的基础设施，收入安全、持续、稳定，适合资产证券化融资的基本要求。作为国家支持重点发展的产业，将有作为试点的可能。可以预见，随着我国证券市场的完善和发展，产业投资基金和资产证券化等其他新型融资方式将会出现在电源建设的融资领域。

同时，在利用外资办电时，也将采用更加灵活的合作方式，如 BOT（建设－运营－移交，Build－Operate－Transfer）方式、BOOT（建设－占有－运营－移交，Build－Occupy－Operate－Transfer）方式、BOOS（建设－占有－运营－售出，Build－Occupy－Operate－Sell）方式和 BOO（建设－占有－运营，Build－Occupy－Operate）方式等。

5　电力系统规划的可靠性评价方法

本章首先简要介绍电力系统可靠性的基本概念、主要评价指标、基础数据及基本评价方法，然后分别介绍电气设备的可靠性分析方法、发电系统规划和电网规划的可靠性评价方法，以及变电站电气主接线的可靠性评价方法。

5.1　概　　　述

5.1.1　电力系统可靠性的基本概念

可靠性的经典定义是指一个元件、一台设备或一个系统在预定时间内和规定条件下完成其规定功能的能力。当将概率论用于对可靠性定量评价时，则常用可靠度或可用率作为量度可靠性的特性指标，表示元件、设备或系统可靠工作的概率。

可靠性是一个涉及多种学科的复杂的系统工程，也是系统工程中进行技术经济比较的一项重要内容，通常称之为可靠性工程，涉及元件或设备故障数据的统计与处理、系统可靠性的定量评价、运行维护、可靠性与经济性协调等各个方面。作为一门学科，可靠性工程理论最早起源于第二次世界大战期间的航天工业，后来逐步发展并应用到各种工程技术领域。把可靠性工程的一般原理和方法与电力系统中的工程实际问题结合起来，便形成了电力系统可靠性这门应用学科，它形成于 20 世纪 60 年代，目前已渗透到电力系统的规划、设计、制造、运行和管理的各个方面，并得到广泛应用。

电力系统可靠性是指电力系统按可接受的质量标准和所需数量不间断地向电力用户提供电能的能力的量度。对电力系统可靠性评价，就是通过一套定量指标来量度电力供应部门向用户提供连续不断的、质量合格的电能的能力，包括对系统充裕性和安全性两方面的衡量。充裕性是指电力系统在同时考虑到设备计划检修停运及非计划停运情况下，能够保证连续供给用户总的电能需求量的能力，这时不应该出现主要设备违反容量定额与电压越限的情况，因此又称为静态可靠性。安全性是指电力系统经受住突然扰动并且不间断地向用户供电的能力，也称为动态可靠性。在电力系统规划阶段对规划方案通常进行的是静态可靠性评估。

电力系统规模庞大，结构复杂，若完全将其作为一个整体来研究是非常困难的。在工程实际中，按照电力生产过程及结构特性，一般将电力系统分为发电、输电系统和配电系统等主要环节。相应的，国内外对电力系统可靠性进行评价时，也分为若干个子系统，如发电系统可靠性、输电系统可靠性、发输电系统可靠性、配电系统可靠性、发电厂和变电站电气主接线系统等。

5.1.2　电力系统可靠性评价的主要指标

对电力系统可靠性评价主要是以负荷能否得到充分的电力供应为依据。对于电力系统不同的子系统，具体评价的指标可能有所不同，但归纳起来一般有四大类：

（1）概率指标。概率指标主要是指电力系统发生故障的概率，如系统的可用度、电力不足概率等。

（2）频率指标。频率指标主要是指电力系统在单位时间（如1年）内发生故障的平均次数。

（3）时间指标。时间指标主要是指电力系统发生故障的平均持续时间，如系统首次故障的平均持续时间、两次故障之间的平均持续时间、故障平均持续时间等。

（4）期望值指标。期望值指标主要是指电力系统在单位时间（如1年）内发生故障的天数期望值，以及电力系统由于故障而少供电量的期望值等。

在电力系统规划中，可靠性评价是对未来事件的预测，不可能用确切的量来表明，上述四类指标都是建立在统计分析基础上的概率量。

5.1.3 电力系统可靠性分析计算的基础数据及来源

对电力系统进行可靠性评价所需要的基础数据主要包括四大类：

（1）电力系统结构及设备电气参数，包括电力系统电气接线图、进行电力系统潮流计算所需要的电气设备所有参数以及各种电气设备的额定容量。这些数据可以向电力企业规划部门搜集。

（2）电气设备可靠性参数的统计数据，包括线路、变压器、母线、开关等设备的故障停运率｛次/［百台（km或条）·年］｝、故障停运时间｛h/［台（km或条）·年］｝、计划停运率｛次/［百台（km或条）·年］｝，以及计划检修时间｛h/［台（km或条）·年］｝等。这些数据可以向电力企业生产技术部门的可靠性专职人员搜集，或者通过对中国电力可靠性管理中心每年发布的设备可靠性数据统计值整理得到。

（3）电气设备倒闸操作时间，包括与故障隔离时间、负荷转移时间以及供电恢复时间等各种操作相关的开关设备倒闸操作时间。这些数据可以向电力企业的运行部门搜集。

（4）电力系统自动化配置情况，如有无配置馈线自动化FA，是人工FA模式或半自动FA模式，还是智能子站FA模式、分布智能式FA模式等。这些数据可以向电力企业的运行部门或配电自动化管理部门搜集。

5.1.4 电力系统可靠性分析计算的基本方法

电力系统可靠性分析计算方法主要有两大类——解析法与模拟法。

（1）解析法。解析法是将设备或系统的寿命过程在假定条件下进行合理的理想化，然后通过建立可靠性数学模型，经过数值计算获得系统各项可靠性指标，其计算结果可信度高，具体方法有网络法和状态空间法。但是当系统规模大、结构复杂，并且一些假定条件不成立时，采用解析法会比较困难。这时采用模拟法可能更为方便和灵活。

（2）模拟法。模拟法的主要代表是蒙特卡罗（Monte Carlo）模拟法，即称为随机模拟（Random Simulation）方法，其基本思想是：将系统中每台设备的概率参数在计算机上用随机数表示，建立一个概率模型或随机过程，使其参数为问题所要求的解，然后通过对模型或过程的观察或抽样试验来计算所求参数的统计特征，最后给出所求的可靠性指标近似值。与解析法相比，模拟法更加灵活和简单，它不受系统规模和复杂程度的限制。其不足之处在于计算时间与计算精度的紧密相关性，为了获取精度较高的可靠性指标，往往需要很长的计算时间。

目前趋势是将解析法与模拟法结合起来使用，发挥各自特长。本书暂只介绍解析法。

5.1.5 电力系统规划中进行可靠性评价的意义

长期以来，我国的电力系统规划工作者在对系统规划设计方案进行分析比较与决策时，对于供电可靠性的考虑，大多数是凭借经验，以定性分析为主，而没有从系统结构、可能的运行方式、随机发生的设备故障等诸多方面通过分析计算整体考虑电力系统的可靠性，缺乏定量的科学决策依据，这样会导致将来投运的系统难以在技术和经济上达到整体最优，系统供电可靠性也难以得到提高。而若通过对系统规划设计方案的供电可靠性进行定量评估分析，并作为方案之间比较的定量依据，则可以有效地指导电力系统规划工作。

另外，在电力系统规划或改造建设过程中，通过可靠性分析计算，不仅可以找出存在的薄弱环节，还可以获知对可能将要采取的提高供电可靠性的措施实施后的效果如何，对比措施实施前后的可靠性提高程度，这样才能为最后的决策提供更为科学的依据。例如，在当前的配电系统中对配电线路需要增设几台分段开关、设在何处、可靠性能提高多少，某地区实施配电网自动化后的技术经济效果如何等与电力系统建设和改造相关的项目都需要事先通过可靠性评价，在实施后才能达到技术经济上的最佳效果。

5.2　电气设备可靠性分析方法

5.2.1　设备故障特性及有关指标

电力系统中的绝大部分电气设备都是可修复设备，因此本节主要介绍可修复的电气设备可靠性分析方法。可修复设备是指设备投入使用后，如果损坏，能够通过修复恢复到原有功能而得以再投入使用的设备。

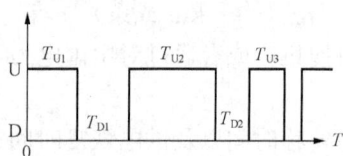

图 5-1　可修复设备的寿命流程图

其整个寿命流程是工作、修复（故障）、再工作、再修复的交替过程，如图 5-1 所示，其中的 T_U 和 T_D 分别表示实际工作时间和修复时间（假定设备一发生故障停运就立即进入修复状态），都是非负的随机变量。

设备的故障特性可以用其故障率、可靠度、不可靠度及它们之间的关系来表明。

一、设备故障率 λ（t）

假设设备已工作到 t 时刻，则把设备在 t 以后的 Δt 微小时间发生故障的条件概率密度定义为该设备的故障率，用公式表示则为

$$\lambda(t) = \lim_{\Delta t \to 0} \frac{1}{\Delta t} P[t < T_U < t + \Delta t \mid T_U > t] \tag{5-1}$$

故障率 λ（t）越小，表示设备在时间间隔 $[t, t+\Delta t]$ 内发生故障的概率就越小，反之越大。

统计数据表明，在设备的整个寿命期间，设备故障率与时间的典型关系如图 5-2 所示。因该曲线形似浴盆，故又称为浴盆曲线。

根据设备的寿命，故障率可以分为三个阶段：最初阶段称为早期故障期，对应时间 $0 \sim t_1$，是由于设计、制造和装配上的缺陷以及运行人员不熟练而造成设备故障发生较多的时期，因而故障率较高；第二个阶段是由于各种偶然原因（如鸟害、雷击、设备部件故障、误操作等）引起故障的偶发故障期，对应时间段 $t_1 \sim t_2$，此期间内故障率大致为常数，近似为一条平行于时间轴的直线，并且数值较小；第三阶段是由于设备部件老化、疲劳和

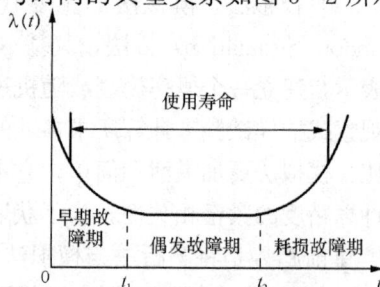

图 5-2　设备故障率的变化曲线（浴盆曲线）

磨损等原因进入耗损故障期，故障率随时间的增长而迅速上升，对应图中的时间段为 $t_2\sim\infty$。

在设备可靠性研究中，一般最关注的是设备偶发故障期的故障率，通常视为常数，用 λ 表示，可以按照下式统计得到

$$设备故障率\ \lambda = \frac{设备的故障次数}{设备运行的总时间} \qquad (5-2)$$

二、设备可靠度 $R(t)$

设备可靠度的定义式为

$$R(t) = P[T_U > t] \qquad (5-3)$$

即实际工作时间大于预定工作时间的概率。当设备故障率为常数 λ 时，可以推得设备可靠度为

$$R(t) = e^{-\lambda t} \qquad (5-4)$$

三、设备不可靠度 $F_U(t)$ 及其概率密度函数 $f_U(t)$

设备的不可靠度定义式为

$$F_U(t) = P[T_U \leqslant t] \qquad (5-5)$$

其概率密度函数为

$$f_U(t) = \lim_{\Delta t \to 0} \frac{1}{\Delta t} P[t < T_U \leqslant t + \Delta t] \qquad (5-6)$$

两者之间的关系为

$$f_U(t) = \frac{dF_U(t)}{dt} \qquad (5-7)$$

通过推导可以得到

$$F_U(t) = \int_0^t f_U(t)dt \qquad (5-8)$$

四、设备平均持续工作时间 $MTTF$

当设备的持续工作时间 T_U 呈指数分布时，定义该分布的平均值为设备的平均持续工作时间 $MTTF$（Mean Time to Failure），即

$$MTTF = \int_0^\infty t f_U(t)dt = \int_0^\infty t\lambda e^{-\lambda t}dt = \frac{1}{\lambda} \qquad (5-9)$$

5.2.2　设备的修复特性及有关指标

可以用设备的修复率、未修复度、修复度、平均修复时间等来说明设备的修复特性。

一、设备修复率 $\mu(t)$

表明可修复设备故障后修复的难易程度及效果的量称为设备修复率，通常用 $\mu(t)$ 来表示。其定义是：设备在 t 时刻以前未被修复，而在 t 以后的 Δt 微小时间内被修复的条件概率密度，用公式表示则为

$$\mu(t) = \lim_{\Delta t \to 0} \frac{1}{\Delta t} P[t < T_D < t + \Delta t \mid T_D > t] \qquad (5-10)$$

根据一些统计数据可知，架空线路的修复时间 T_D 可近似看成指数分布，但是地埋电缆线路的修复时间则更接近于正态分布。其他设备如供电变压器、开关类设备，也有类似的情况。但如果计及这些不同类型的分布，则将使设备可靠性研究工作大大复杂化。考虑到由统

计方法得到的设备可靠性参数本身的误差可能更大,因此在实际应用中仍将所有可修复设备的 T_D 均看成呈指数分布,设备修复率 $\mu(t)$ 近似为常数,常用 μ 表示。

当设备的修复率为常数时,可以按照式(5-11)统计得到

$$设备修复率\ \mu = \frac{设备的修复次数}{设备进行维修的总时间} \qquad (5-11)$$

二、设备未修复度 $M_D(t)$

设备未修复度的定义式为

$$M_D(t) = P(T_D > t) \qquad (5-12)$$

即实际修复时间大于预定修复时间的概率。当设备修复率为常数 μ 时,可以推得设备未修复度为

$$M_D(t) = e^{-\mu t} \qquad (5-13)$$

对应的设备修复度为

$$F_D(t) = P[T_D \leqslant t] = 1 - e^{-\mu t} \qquad (5-14)$$

三、设备平均修复时间 *MTTR*

当设备的修复时间 T_U 呈指数分布时,其平均修复时间 $MTTR$(Mean Time to Repair)为

$$MTTR = \frac{1}{\mu} \qquad (5-15)$$

5.2.3　设备状态概率

在可靠性评价中往往更关注的是设备或系统在稳态状态时的可靠性状况,本书所讨论的状态概率和可靠性指标都是指稳态状态下的。

根据分析设备状态的实际需要,建立的设备状态模型有二状态模型(如只考虑工作和故障两种状态)、三状态模型(如考虑工作、故障、计划检修三种状态)等。下面以二状态模型和三状态模型为例说明设备状态概率的求解。

【例 5-1】　假设一台变压器只有工作和故障停运两种状态,并且一旦故障立即进入检修。图 5-3 为该变压器二状态转移图,其中的 U 表示变压器处于工作状态,D 表示处于故障停运状态(故障停运检修状态)。已知变压器的故障率为 λ,修复率为 μ,求解变压器的稳态工作状态概率 p_U 和故障状态概率 p_D。

图 5-3　可修复设备
二状态模型

解　根据图 5-3,可以写出状态转移率矩阵 $[A]$

$$[A] = \begin{bmatrix} -\lambda & \lambda \\ \mu & -\mu \end{bmatrix}$$

根据马尔科夫过程理论,采用状态空间法可以得到该设备的稳态状态转移方程为

$$\begin{cases} [p_U,\ p_D]\begin{bmatrix} -\lambda & \lambda \\ \mu & -\mu \end{bmatrix} = 0 \\ p_U + p_D = 1 \end{cases} \qquad (5-16)$$

展开式(5-16),求得

$$\begin{cases} p_U = \dfrac{\mu}{\lambda + \mu} \\ p_D = \dfrac{\lambda}{\lambda + \mu} \end{cases} \qquad (5-17)$$

其中的稳态工作状态概率又称为设备的可用率 A （Availability）

$$A = \frac{MTTF}{MTTF + MTTR} = \frac{\dfrac{1}{\lambda}}{\dfrac{1}{\lambda} + \dfrac{1}{\mu}} = \frac{\mu}{\lambda + \mu} = p_{\mathrm{U}} \tag{5-18}$$

设备的稳态故障状态概率又称为设备的不可用率

$$\overline{A} = \frac{MTTR}{MTTF + MTTR} = \frac{\dfrac{1}{\mu}}{\dfrac{1}{\lambda} + \dfrac{1}{\mu}} = \frac{\lambda}{\lambda + \mu} = p_{\mathrm{D}} \tag{5-19}$$

可以看出，要增加设备的可用率，则必须增加设备的平均工作时间 $MTTF$，或者减少设备的平均修复时间 $MTTR$。

【例 5-2】　设一台变压器具有工作、故障检修停运和计划检修停运三种状态。图 5-4 为该变压器的三状态转移图。其中，λ_{D} 为变压器故障率，表示变压器由正常工作状态 U 转向故障状态 D 的转移率；λ_{M} 为变压器计划检修率，表示变压器由正常工作状态转向计划检修状态的转移率；μ_{D} 为变压器故障修复率，表示变压器由故障状态转向正常工作状态的转移率；μ_{M} 为变压器计划修复率，表示变压器由计划检修状态转向正常工作状态的转移率。待求的变压器稳态正常工作状态概率、故障状态概率、计划检修状态概率分别用 p_{U}、p_{D} 和 p_{M} 表示。

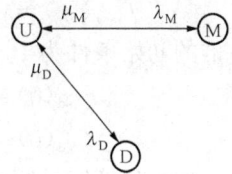

图 5-4　可修复设备三状态模型

解　根据马尔科夫过程理论，采用状态空间法可以得到该设备的稳态状态转移方程为

$$\begin{cases} \begin{bmatrix} p_{\mathrm{U}} & p_{\mathrm{D}} & p_{\mathrm{M}} \end{bmatrix} \begin{bmatrix} -(\lambda_{\mathrm{D}} + \lambda_{\mathrm{M}}) & \lambda_{\mathrm{D}} & \lambda_{\mathrm{M}} \\ \mu_{\mathrm{D}} & -\mu_{\mathrm{D}} & 0 \\ \mu_{\mathrm{M}} & 0 & -\mu_{\mathrm{M}} \end{bmatrix} = 0 \\ p_{\mathrm{U}} + p_{\mathrm{D}} + p_{\mathrm{M}} = 1 \end{cases} \tag{5-20}$$

解得

$$\begin{cases} p_{\mathrm{U}} = \dfrac{1}{(\lambda_{\mathrm{D}}/\mu_{\mathrm{D}} + \lambda_{\mathrm{M}}/\mu_{\mathrm{M}} + 1)} \\ p_{\mathrm{M}} = \dfrac{\lambda_{\mathrm{M}} \times p_{\mathrm{U}}}{\mu_{\mathrm{M}}} \\ p_{\mathrm{D}} = \dfrac{\lambda_{\mathrm{D}} \times p_{\mathrm{M}}}{\mu_{\mathrm{D}}} \end{cases} \tag{5-21}$$

5.3　发电系统规划的可靠性评价方法

5.3.1　发电系统的容量模型

发电系统容量模型是一种用来描述发电系统处于某种停运容量状态的概率和频率的模型。在对电源规划方案可靠性进行评价的过程中，常采用便于在计算机上实现的递推算法来建立发电系统的容量模型。

一、发电系统容量模型中概率的递推算法

设容量模型中任一停运容量状态为 X，把该状态出现的概率和频率称为确切概率和确切频率，而将所有大于或等于 X 的状态组合后的状态概率和频率称为累积概率和累积频率。

计算容量模型中确切概率和累积概率的递推公式为

$$P_{new}(X) = P_{old}(X)(1-q) + P_{old}(X-c)q \qquad (5-22)$$

式中　$P_{old}(X)$、$P_{new}(X)$——追加一台发电机前、后，容量模型中对应停运容量为 X（当求确切概率时）、大于或等于 X（当求累积概率时）的概率旧值与新值；

c、q——一台新追加到容量模型中的发电机容量和故障停运概率。

利用式（5-22）计算确切概率时，初始条件为

$$P_{old}(0) = 1-q, \; P_{old}(c) = q, \; P_{old}(X-c) = 0 (当 X < c 时)$$

利用式（5-22）计算累积概率时，初始条件为

$$P_{old}(0) = 1.0, \; P_{old}(c) = q, \; P_{old}(X-c) = 1.0 (当 X < c 时)$$

二、发电系统容量模型中频率的递推算法

（1）计算容量模型中确切频率的递推公式为

$$f_{new}(X) = (1-q)f_{old}(X) + qf_{old}(X-c) + \mu q P_{old}(X) + \mu q P_{old}(X-c) \qquad (5-23)$$

递推的初始条件为

$$P_{old}(0) = 1-q, \; P_{old}(c) = q, \; P_{old}(X-c) = 0 (当 X < c 时)$$

$$f_{old}(0) = (1-q)\lambda, \; f_{old}(c) = q\mu, \; f_{old}(X-c) = 0 (当 X < c 时)$$

（2）计算容量模型中累积频率的递推公式为

$$F_{new}(X) = (1-q)F_{old}(X) + qF_{old}(X-c) - \mu q P_{old}(X) + \mu q P_{old}(X-c) \qquad (5-24)$$

递推的初始条件为

$$P_{old}(0) = 1.0, \; P_{old}(c) = 0, \; P_{old}(X-c) = 1.0 (当 X < c 时)$$

$$F_{old}(0) = 0, \; F_{old}(c) = 0, \; F_{old}(X-c) = 0$$

【例 5-3】　已知某发电系统由三台发电机组成，有关的原始参数如表 5-1 所示。求该发电系统容量模型的累积概率与累积频率。

表 5-1　　　　　　　　　　三台发电机的原始参数

机 号	容量（MW）	故障概率	故障修复时间（天）
1	100	0.01	2.0
2	150	0.02	2.0
3	200	0.03	2.5

解　利用递推式（5-22）和式（5-24），求得的结果见表 5-2。

表 5-2　　　　　　　　发电机容量模型中的累积概率与累积频率

X	$P_{new}(X)$	$F_{new}(X)$	X	$P_{new}(X)$	$F_{new}(X)$
0	1.0	0.0	300	0.000894	0.0008016
50	0.058906	0.0259984	350	0.000600	0.005400
100	0.058906	0.0259984	400	0.000006	0.0000084
150	0.049400	0.0214600	450	0.000006	0.0000084
200	0.030194	0.0129160	500	0.0	0.0
250	0.001088	0.0009932			

5.3.2　发电系统的负荷模型

在对电源系统规划方案进行可靠性评价时，常采用三种负荷模型。

一、按时间序列形成的负荷模型

这种负荷模型属于确切状态负荷模型，其建立比较简单，以年最大负荷预测值以及典型的周负荷、日负荷资料为基础，通过简单运算即可得到每周、每日、每小时的最大负荷值。

二、两级日负荷模型

用高低两级负荷水平来近似表示日负荷的变化即形成两级日负荷模型，要比上述按时间序列形成日最大负荷模型来得准确。如果需要再加大精度，则还可以采用多级日负荷模型。

设：L_i 为第 i 日的最高负荷；L_0 为每日的最低负荷（假设每天相同）；e 为高负荷系数，用来表示一天中最高负荷持续的时间（天）；α_i 为高负荷出现的频率；α_0 为低负荷出现的频率；n_i 为相同大小的 L_i 出现的个数；N 为研究期间内的高负荷个数；λ_{L_i+} 为高负荷状态向高负荷状态转移的转移率；λ_{L_i-} 为高负荷状态向低负荷状态转移的转移率；λ_{L_0+} 为低负荷状态向高负荷状态转移的转移率；λ_{L_0-} 为低负荷状态向低负荷状态转移的转移率。

在形成两级日负荷模型过程中，常假设每天的低负荷相同而高负荷可以不同，形成的按天排列的两级日负荷序列可以用时间空间离散、状态空间离散的马尔科夫过程描述，并且只存在着低负荷向高负荷或高负荷向低负荷转移的情况，而不存在低负荷向低负荷或高负荷向高负荷转移的情况。

形成的两级日负荷模型如表 5-3 所示。

表 5-3　　　　　　　　　　　　　　**两级日负荷模型**

日负荷状态	出现的频率 α_i	状态概率	状态转移率			
			λ_{L_i+}	λ_{L_i-}	λ_{L_0+}	λ_{L_0-}
L_i	n_i/N	$\alpha_i e$	0	$1/e$		
L_0	1	$1-e$			$1/(1-e)$	0

三、累积状态负荷模型

在累积状态负荷模型中，将系统负荷大于和等于某一负荷水平 L 的所有负荷状态放在一起作为负荷的一种累积状态，而将小于负荷水平 L 的状态作为另外一种状态。如果可以获知在负荷期间 T 内，累积状态出现的持续时间为 t，则其概率为

$$P_L(L) = t/T \tag{5-25}$$

而小于负荷水平 L 的负荷出现的概率则为

$$P_L(L) = (T-t)/T \tag{5-26}$$

5.3.3　发电系统可靠性的评价指标

将发电系统的容量模型与负荷模型综合起来形成系统的综合模型，通过求解综合模型即可得到评价该系统的可靠性指标。虽然衡量一个系统可靠性水平的指标较多，但在评价发电系统规划方案的可靠性水平时，最常用的指标有概率指标、期望值指标、频率指标和时间指标。

一、概率指标

用于发电系统可靠性评价的最基本、最常用的概率指标是电力不足时间概率 $LOLP$

（Loss of Load Probability），用它来表示一天内由于发电设备故障造成系统发电量不能满足负荷需求量的时间概率。当取容量模型中的累积概率与按时间序列形成的负荷模型中的日最大负荷概率（其值为 1）结合起来求解时，可以得到 $LOLP$（单位：天/天）的计算式为

$$LOLP = P(X \geqslant c_s - L) \tag{5-27}$$

式中　$P(X \geqslant c_s - L)$——系统容量模型中停运容量 X 大于或等于（$c_s - L$）的累积概率；

　　　　c_s——系统装机容量；

　　　　L——日最大负荷。

当取容量模型中的累积概率与两级日负荷模型中的日最大负荷概率（其值为 e）结合起来求解时，可以得到 $LOLP$ 的计算式为

$$LOLP = P(X \geqslant c_s - L) \times e \tag{5-28}$$

二、期望值指标

1. 电力时间不足期望值 $LOLE$（Loss of Load Expectation）

在对发电系统规划方案进行可靠性评价时，常用 $LOLE$ 这个指标来表示某一时间（如 1 年）内，由于发电设备故障造成发电系统发电量小于负荷需求量的天数期望值。当取容量模型中的累积概率与按时间序列形成的负荷模型中的日最大负荷概率结合起来求解时，1 年的 $LOLE$（单位：天/年）计算可以通过对式（5-27）累加求数学期望值得到

$$LOLE = \sum_{j=1}^{365} P(X \geqslant c_s - L_j) \tag{5-29}$$

式中　L_j——第 j 日的日最大负荷。

当取容量模型中的累积概率与按时间序列形成的负荷模型中的小时最大负荷概率结合起来求解时，则可以进一步得到 1 年的电力不足小时期望值 $HLOLE$（单位：h/年）为

$$HLOLE(1\text{年}) = \sum_{j=1}^{365} \sum_{k=1}^{24} P(X \geqslant c_s - L_{j,k}) \tag{5-30}$$

2. 电量不足期望值

在对发电系统规划方案进行可靠性评价时，可以用电量不足期望值 $EENS$（Expected Energy Not Supplied）这个指标来表示某一时间（如 1 年）内，由于发电设备故障而造成负荷停电的停电量期望值，它是计算发电系统停电损失的一个重要指标。1 年的 $EENS$（单位：MW·h/年）计算式为

$$EENS = \Delta X \sum_{j=1}^{365} \sum_{k=1}^{24} P(X \geqslant c_s - L_{j,k}) \tag{5-31}$$

式中　ΔX——容量模型中的停运容量步长。

三、频率指标

停电频率指标表明，在一定时间内，由于发电设备故障造成系统发电量不能满足负荷需求量而造成负荷停电的平均次数。当把容量模型与累积状态负荷模型结合起来求解时，通过推导，可以得到停电频率 F（单位：次/天或次/年）的计算式为

$$F_Y(1\text{天}) = P(X \geqslant c_s - L) + \frac{1}{24} \times \sum_{k=1}^{24} F(X \geqslant c_s - L_k) \tag{5-32}$$

$$F_Y(1\text{年}) = \sum_{j=1}^{365} \left[P(X \geqslant c_s - L_j) + \frac{1}{24} \times \sum_{k=1}^{24} F(X \geqslant c_s - L_{j,k}) \right] \tag{5-33}$$

式中　　　　　Y——系统的状态；

　　　　L，L_j——分别为日、年最高负荷；

　L_k，L_j，k——分别为某日、某年第 k 小时的负荷；

$F(X \geqslant c_s - L)$——系统容量模型中停运容量 X 大于或等于（$c_s - L$）的累积频率。

四、时间指标

在对发电系统规划方案进行可靠性评价的过程中，可以用停电时间指标 D 来表示由于系统发电量不能满足负荷需求量而造成负荷每次停电的平均持续时间。实际应用中 D（单位：h/次）可按下式计算

$$D = HLOLE(1 年)/F_Y(1 年) \tag{5-34}$$

5.3.4　发电系统的风险特性系数

在对电源规划方案进行可靠性评价的过程中，有时需要用到系统风险特性系数 m 的概念。其定义为：当容量模型中的累积概率变化 e 倍时所对应的停运容量变化值（MW）。

当系统停运容量超过系统备用容量时，系统将会发生负荷停电事故，其出现的概率常称为系统风险度，数值大小即为容量模型中对应于停运容量超过系统备用容量的累积概率。因此还可以把系统风险度理解为，当系统风险度增大 e 倍时，对应的系统备用容量的减少量（也对应系统负荷的增大量）。因此，系统风险特性系数的大小反映了系统风险度对系统备用容量（或负荷）变化的灵敏度。

当发电系统的容量模型建立好后，系统风险特性系数 m 为

$$m = (X_a - X_b)/\ln(A_a - A_b) \tag{5-35}$$

式中　X_a 和 X_b——容量模型中对应于累积概率为 A_a 和 A_b 的停运容量。

A_a 与 A_b 的取值与所规定应满足的系统风险值有关，当规定系统风险值不能高于 0.1 天/年（即系统负荷每年停电的期望天数不能大于 0.1 天）时，一般可以取 $A_a = 0.1$ 及 $A_b = 0.0001$。

在对发电系统规划方案进行可靠性评价的过程中，近似地估算系统风险特性系数 m 为

$$m = \sum_{i=1}^{n} c_i q_i \tag{5-36}$$

式中　c_i——所增加的第 i 台机组的额定容量；

　　q_i——第 i 台机组的故障停运概率；

　　n——系统中的机组台数。

5.3.5　发电机组的有效载荷容量

有效载荷容量是衡量增加机组的效果的重要标尺。如果一台容量为 c 的新机组投运到系统中，在保持系统风险值不变的条件下，则将系统负荷可相应增加的兆瓦数（即这台机组所能带的负荷）称为这台机组的有效载荷容量 c_e。

在实际应用中，通常可采用式（5-37）计算机组的有效载荷容量 c_e

$$c_e = c - m \times \ln[(1-q) + q e^{c/m}] \tag{5-37}$$

式中　c——机组的额定容量；

　　q——机组的故障停运概率；

　　m——系统的风险特性系数。

5.3.6　发电机组检修计划的影响及处理

当有机组处于计划检修状态时，系统的备用容量将减少，进而会引起系统可靠性水平降

低。虽然按照等风险值等方法来安排机组检修计划可以减少系统可靠性水平的降低，但与没有机组检修时相比，可靠性毕竟是下降了（负荷水平不变的情况下）。当考虑到在发电系统规划年中有机组计划检修时，可以通过修正发电系统的容量模型或负荷模型来处理机组计划检修对系统可靠性的影响。一般来说，修正负荷模型要比修正容量模型简单得多，因此通常是通过修正负荷模型来计及机组检修计划的影响——将有机组检修期间内的系统负荷按待检修机组的有效载荷容量 c_e 相应的增大。其含义表示机组检修，则将少带数值为 c_e 的负荷，在系统总发电容量不变的情况下，即等价于系统负荷增大了 c_e。

5.3.7 发电系统规划方案可靠性的评价流程

当需要对发电系统的规划方案进行可靠性评价时，可以参照图 5-5 所示的流程进行。

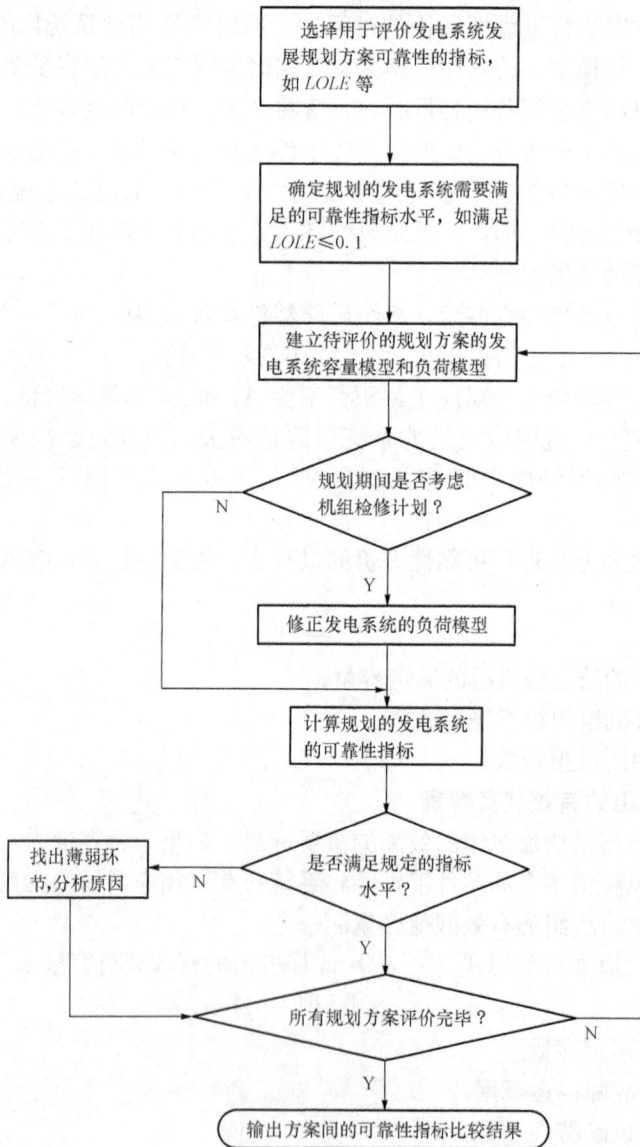

图 5-5 发电系统规划方案的可靠性评价流程

5.4 电网规划的可靠性评价方法

5.4.1 电网规划方案可靠性评价准则

上一节评价发电系统规划方案的可靠性时，实际上是以发电量能否满足负荷需求量作为发电系统是否可靠准则的，期间并没有考虑电网输送电能的可靠性情况。而在评价电网规划方案的可靠性时，则主要是以电网能否将发电系统发出的电能安全可靠地送到电力用户作为可靠性准则。根据《城市电网规划设计导则》，在对电网规划方案的静态可靠性进行评价时，通常可以采用如下的判别准则：

(1) 一条线路或者一台变压器故障停运时，电力系统中没有发生负荷停电情况；

(2) 两条线路或者两台变压器同时故障或相继停运时，电力系统中没有发生负荷停电情况；

(3) 一条线路或一台变压器处于计划检修状态的同时，另外一条线路或一台变压器发生故障停运时，电力系统中没有发生负荷停电情况；

(4) 一条母线故障停运时，电力系统中没有发生负荷停电情况；

(5) 一台发电机故障停运时，电力系统中没有发生负荷停电情况。

5.4.2 电网规划方案可靠性评价指标及计算方法

对电网规划方案可靠性的评价，同样也是从故障停电概率、频率、停电持续时间，以及电量不足期望值等多个方面来衡量。

1. 输电网规划方案可靠性评价指标

(1) 电力时间不足概率 $LOLP$。$LOLP$ 定义为电力系统某日在某一负荷水平下由于电网结构不合理或设备检修及故障停运而引起供电能力不足造成用户停电的概率。当设备状态相互独立时，$LOLP$（单位：天/天）可按下式计算

$$LOLP = P_L \sum_{q \in F} P_{sq} = P_L \sum_{q \in F} \prod_{j \in h} P_{qj} \prod_{k \in H} (1 - P_{qk}) \tag{5-38}$$

式中　F——导致电力系统供电不足的所有故障状态集合；

　　　H——电力系统中所有正常设备的集合；

　　　h——电力系统中所有故障设备或检修停运设备的集合；

　　　P_L——负荷水平 L 发生的概率；

　　　P_{sq}——电力系统处于 q 状态的概率；

P_{qj} 及 P_{qk}——电力系统在 q 状态下第 j 台和第 k 台设备的工作状态概率、故障停运概率或计划检修停运概率。

(2) 平均供电可靠率 $ASAI$。平均供电可靠率 $ASAI$（Average Service Availability Index）指的是研究期间内由电力系统供电的用户的可用小时数与总的要求的供电小时数之比。实际工程中 $ASAI$ 可按下式计算

$$ASAI = (1 - LOLP) \times 100\% \tag{5-39}$$

(3) 电力时间不足期望值 $LOLE$。电力系统的电力时间不足期望值 $LOLE$（或称缺电时间期望值）定义为：研究期间内，电力系统在不同负荷水平下由于电网结构不合理或设备检修及故障停运而引起供电不足造成用户停电时间的均值。设研究期间内的负荷水平集为

NL，其中第 r 个负荷水平出现概率为 P_{L_r}，则电力时间不足期望值 $LOLE$（单位：天/期间）为

$$LOLE = \sum_{r \in NL} P_{L_r} \sum_{q, r \in F} \prod_{j \in h} P_{q_j} \prod_{k \in H} (1 - P_{q_k}) \tag{5 - 40}$$

（4）电力不足频率 $LOLF$。电力系统的电力不足频率 $LOLF$（Loss of Load Frequency）定义为：研究期间内，电力系统在不同负荷水平下由于电网结构不合理或设备检修及故障停运而引起供电不足造成用户停电的平均次数。$LOLF$（单位：次/期间）不仅与负荷水平和设备状态有关，还与电网各状态之间的转移有关。其计算式为

$$LOLF = \sum_{r \in NL} P_{L_r} \sum_{q, r \in F} \prod_{j \in h} P_{q_j} \prod_{k \in H} (1 - P_{q_k}) \sum_{l \in S} \lambda_{q_l} \tag{5 - 41}$$

式中　S——电力系统正常状态集合；

　　　λ_{q_l}——电力系统从故障状态 q 转到正常状态 l 的转移率，当只考虑单重设备停运时，λ_{q_l} 就为设备的修复率，但如果考虑设备的多重故障，则须对所有的转移进行检验后，才能根据各停运设备修复率确定相应状态的转移率。

（5）电力不足持续时间 $LOLD$。电力系统的电力不足持续时间 $LOLD$（Loss of Load Duration）定义为：研究期间内，由于电力系统结构不合理或电力系统故障引起用户停电的平均持续时间，它等于电力不足期望值与电力不足频率的比值 $LOLD$（单位：天/次），即

$$LOLD = \frac{LOLE}{LOLF} \tag{5 - 42}$$

（6）电力系统的电量不足期望值 $EENS$。电力系统的电量不足期望值 $EENS$（Expected Energy Not Supplied）定义为：研究期间内，由于电力系统结构不合理或部分电气设备停运造成电力系统供电不足，而使用户得不到供电的缺电量均值。一研究期间内的 $EENS$（单位：kW·h/期间）可通过下式求得

$$EENS = \sum_{r \in NL} P_{L_r} \sum_{q, r \in F} APNS_{q, r} \prod_{j \in h} P_{q_j} \prod_{k \in H} (1 - P_{q_k}) \tag{5 - 43}$$

式中　$APNS_{q,r}$——电力系统在负荷水平为 r、故障状态为 q 时向用户少供的有功功率总值，也即所削减的总负荷量。

2. 配电网规划方案可靠性评价指标

（1）系统平均停电频率指标 $SAIFI$。配电系统的平均停电频率指标 $SAIFI$（System Average Interruption Frequency Index）是指每个由系统供电的用户在单位时间内所遭受到的平均停电次数。$SAIFI$［单位：次/（用户·年）］可以用一年中用户停电的累积次数除以系统供电的总用户数来预测，即

$$SAIFI = \frac{\sum_i \lambda_i N_i}{\sum_i N_i} \tag{5 - 44}$$

式中　N_i——负荷点 i 的用户数；

　　　λ_i——负荷点 i 的故障率。

（2）系统平均停电持续时间指标 $SAIDI$。系统平均停电持续时间指标 $SAIDI$（System Average Interruption Duration Index）是指每个由系统供电的用户在一年中所遭受的平均停电持续时间。$SAIDI$［单位：h/（用户·年）］可以用一年中用户遭受的停电持续时间总

和除以该年中由系统供电的用户总数来预测，即

$$SAIDI = \frac{\sum_i N_i U_i}{\sum_i N_i} \tag{5-45}$$

式中　U_i——负荷点 i 的等值年平均停电时间。

（3）系统平均供电可用率指标 $ASAI$。系统平均供电可用率指标 $ASAI$（Average Service Availability Index）是指一年中用户获得的不停电时间总数与用户要求的总供电时间之比。如果一年中用户要求的供电时间按全年 8760h 计，则系统平均供电可用率指标 $ASAI$ 可按下式计算

$$ASAI = \frac{8760\sum_i N_i - \sum_i U_i N_i}{8760\sum_i N_i} \tag{5-46}$$

（4）系统电量不足指标 $ENSI$。系统电量不足指标 $ENSI$（Energy Not Service Index）是指系统中停电负荷的总停电量。$ENSI$（单位：kW·h/年）计算式为

$$ENSI = \sum L_{a(i)} U_i \tag{5-47}$$

式中　$L_{a(i)}$ ——连接在停电负荷点 i 的平均负荷，kW。

（5）用户平均停电频率指标 $CAIFI$。用户平均停电频率指标 $CAIFI$（Customer Average Interruption Frequency Index）是指一年中每个受停电影响的用户所遭受的平均停电次数。$CAIFI$〔单位：次/（停电用户·年）〕可按下式计算

$$CAIFI = \frac{\sum_i \lambda_i N_i}{\sum_{j \in EFF} N_j} \tag{5-48}$$

式中　EFF——受停电影响的负荷点的集合。

（6）用户平均停电持续时间指标 $CAIDI$。用户平均停电持续时间指标 $CAIDI$（Customer Average Interruption Duration Index）是指一年中被停电的用户所遭受的平均停电持续时间。$CAIDI$〔单位：h/（停电用户·年）〕可以用一年中用户停电持续时间的总和除以该年停电用户总次数来估计，即

$$CAIDI = \frac{\sum_i N_i U_i}{\sum_i \lambda_i N_i} \tag{5-49}$$

5.4.3　电网规划方案可靠性的评价流程

当需要对电网规划方案进行可靠性评价时，可以参照图 5-6 所示的流程进行。

5.4.4　电网规划的可靠性成本—效益分析方法

一、电网规划中进行可靠性成本—效益分析的意义

根据电源发展规划以及负荷增长需要制定出技术上安全可靠、经济上费用最省的网架方案是电网规划的目标。其中，电网供电可靠性与电网建设的经济性是相互矛盾的两个方面。提高供电可靠性，则需增加电网建设的投资，导致经济性下降；反之，若要提高电网建设的经济水平，则需减少投资，但可能会因此使网架电气联系减弱，导致供电可靠性降低，给用户造成经济损失。如何处理好电网供电可靠性与电网建设经济性二者之间的关系是电力市场

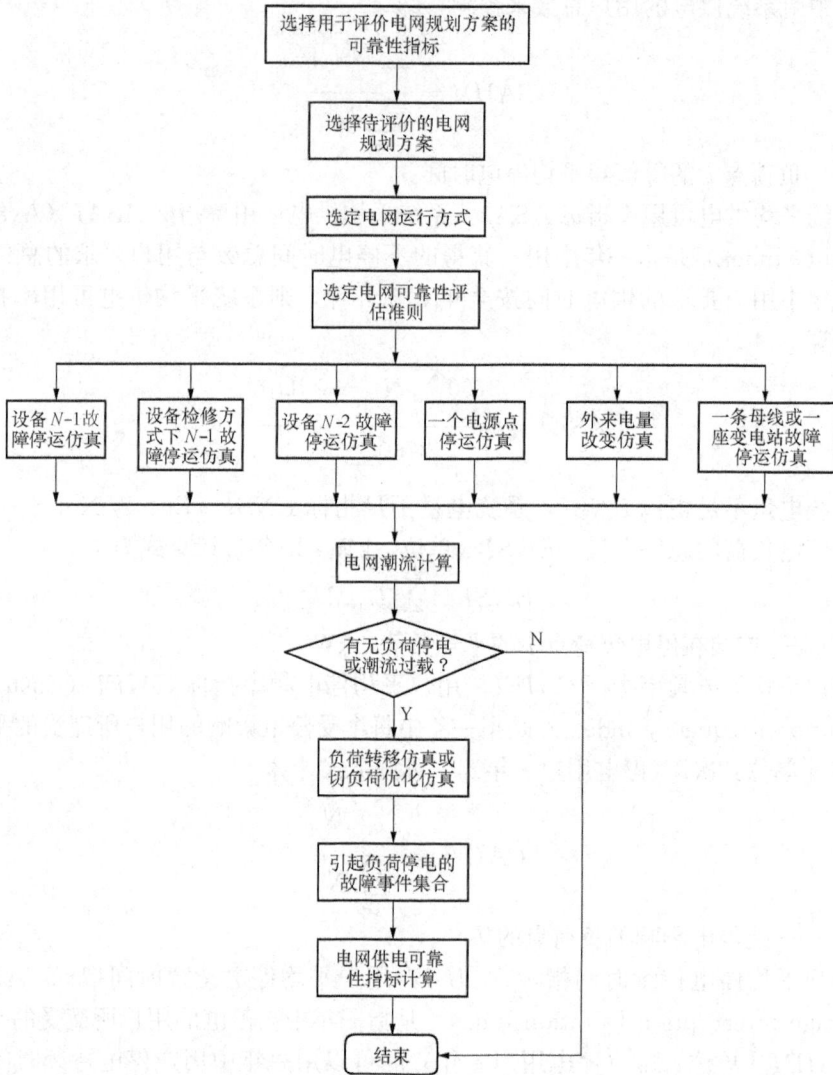

图 5-6　电网规划方案的可靠性评价流程

机制下电网规划工作者所面临的一个重要问题。

在电力市场机制下，电网规划中所考虑的供电总成本不仅包括用于电网扩展建设的投资成本、运行成本，还应包括由于电网电力供给不足或中断所造成的用户缺电损失，亦即需求侧的缺电成本。后一部分是供电可靠性水平高低的直接经济体现。显然，高可靠性与低投资成本是一对矛盾目标。如何作出公正、合理的规划决策，以合理的投资成本获得最佳的可靠性水平，这就需要通过可靠性成本—效益分析来进行电网的可靠性优化。电网规划过程中进行可靠性成本—效益分析的意义，就在于通过分析研究电网建设的投资成本与由此带来的可靠性效益，确定在什么样的投资下才能获得供电总成本最低的最佳可靠性水平，使规划出的电网将来投运后整体社会效益最好。

二、可靠性成本—效益分析的理论基础

成本—效益分析是经济学里的一个全称名词，包含着对一项工程的投资成本和由此产生的效益进行评价的全过程。成本—效益分析以杜普依特有关消费者盈利的观念为基础，使用潜在的帕雷托优越性作为决策标准，为工程问题的分析研究提供一个数量方面的基础。这一标准揭示了一个优越的决策方案必须由获利者给亏损者以潜在的补偿而使双方不存在很大的差别，使得各方面的净效益达到平衡。

在图 5 - 7（a）中，总成本 TC 和总效益 TB 都是一个决策方案收益 B 的函数。图 5 - 7（b）中绘出了边际成本（Marginal Cost，MC）、边际效益（Marginal Benefit，MB）和平均成本（AC）与收益的关系。

所谓边际成本 MC 是指每增加一个单位收益而需增加的投资成本，即收益为 $B+1$ 时的总成本减去收益为 B 时的总成本：$MC = \dfrac{\partial TC}{\partial B}$；边际效益 MB 是指因增加了一个单位收益而获得的效益或因此而减少的总成本：$MB = \dfrac{\partial TB}{\partial B}$；平均成本 AC 是指分摊到每个单位收益的总成本：$AC = \dfrac{TC}{B}$；净效益 TTB 为总效益减去总成本：$TTB = TB - TC$。

当净效益 TTB 最大时，则

$$\frac{\partial TTB}{\partial B} = \frac{\partial TB}{\partial B} - \frac{\partial TC}{\partial B} = 0 \tag{5-50}$$

即

$$\frac{\partial TB}{\partial B} = \frac{\partial TC}{\partial B} \tag{5-51}$$

式（5-51）表明，当边际成本与边际效益相等时，净效益达到最大，此时每增加单位成本，就会增加单位效益。

由图 5 - 7 可以看出，当 MC 小于 MB 和 AC 时，MB 和 AC 均下降；当 MC 大于 MB 和 AC 时，MB 和 AC 均上升。

曲线上任何一点的平均值是从原点到这一点的射线的斜率。在图 5 - 7 中，OA 显然是一条斜率最小的射线，所以 S 是最小平均成本时的收益。当净效益（总效益减去总成本）最大值在点 S^* 处时，曲线 MB 和 MC 相交，边际成本等于边际效益。

效益与成本的比值越高，表示较低的投资能带来较大的效益；效益与成本比值越低，表示较大的投资只能带来较低的效益。如图 5 - 8 所示，在投资初期，投资的增加能够带来较大的投资效益；以后随着投资增加与投资效益的增加逐步达到平衡，再增加投资只能带来较小的投资效益。

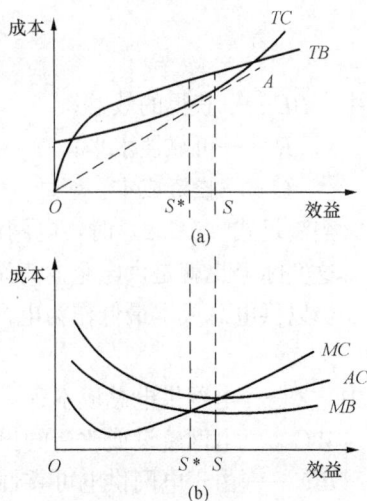

图 5 - 7　成本—效益关系图

在电网规划中，可以利用可靠性边际成本与边际效益概念对电网规划方案进行可靠性成本效益分析。

定义供电系统可靠性成本为：供电企业为使电网达到一定供电可靠性水平而需增加的投资成本（也包括运行成本）；定义可靠性效益为：因电网达到一定供电可靠性水平而使增加

的效益或因此而减少的停电成本。定义可靠性边际成本为：为增加一个单位可靠性水平而需增加的投资成本；定义可靠性边际效益为：因增加了一个单位可靠性水平而获得的效益或因此而减少的停电成本，故也可称为边际停电成本。

在图 5-9 所示的可靠性成本—效益分析曲线中，UC 代表可靠性边际成本曲线，CC 代表可靠性边际效益曲线或边际停电成本曲线，TC 为边际供电总成本曲线。

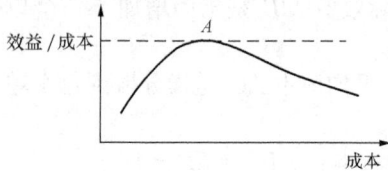

图 5-8 效益—成本比例变化曲线

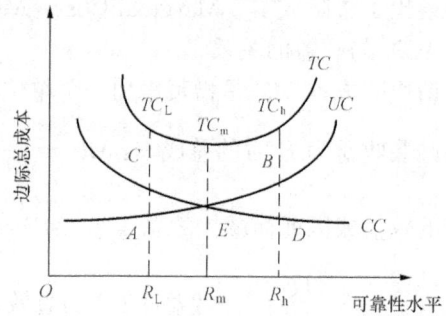

图 5-9 可靠性成本—效益分析曲线

通过分析可知，当可靠性边际成本等于可靠性边际效益，即曲线 UC 与 CC 相交时，边际供电总成本 TC 最低，为 TC_m，这时所对应的可靠性水平 R_m 为最佳可靠性水平。如果供电系统投资不足，设可靠性成本对应于曲线 UC 上的 A 点，则相应的供电可靠性水平（R_L）低于 R_m，结果导致边际供电总成本（TC_L）高于 TC_m；若供电系统投资过高，设可靠性成本对应 UC 上的 B 点，虽然相应的供电可靠性水平（R_h）高于 R_m，但边际供电总成本（TC_h）仍然高于 TC_m。因此，只有当每增加一个单位供电可靠性水平所需的投资成本等于因该可靠性提高而获得的效益（或由此减少的停电成本）时，也即

$$\frac{\partial BE}{\partial R}\frac{\partial R}{\partial C}=1 \tag{5-52}$$

式中 BE——获得的效益；

R——可靠性水平；

C——投资成本。

当满足式（5-52）时，电网的边际供电总成本最低，这时的电网可靠性水平是最合理的。这实际上也就是供电企业为采取措施提高可靠性而进行电网建设投资决策的优化准则。

当以供电总成本最低作为电网建设投资决策的目标时，目标函数可简记为

$$\min\ Z=WC+UEC \tag{5-53}$$

式中 Z——电网供电总成本；

WC——电网建设或改造的投资成本；

UEC——由于电网供电可靠性问题而产生的停电成本。

为使得供电总成本最少，净收益最大，式（5-53）对 WC 求导得

$$\frac{\partial Z}{\partial WC}=\frac{\partial UEC}{\partial WC}+1=0 \tag{5-54}$$

即

$$-\frac{\partial UEC}{\partial WC}=1 \tag{5-55}$$

式（5-55）用增量形式表示为

$$-\Delta UEC = \Delta WC \qquad\qquad (5-56)$$

通过分析可知：

当$-\Delta UEC > \Delta WC$时，$\dfrac{\partial Z}{\partial WC} < 0$，则电网建设或改造投资成本的增加小于停电成本的减少，此时，电网可靠性水平的提高只需较少的投资费用，投资增加能够获得收益。

当$-\Delta UEC = \Delta WC$时，$\dfrac{\partial Z}{\partial WC} = 0$，投资成本的边际增加将完全为停电损失成本的边际减少所抵消，供电总成本TC达到最小。

当$-\Delta UEC < \Delta WC$时，$\dfrac{\partial Z}{\partial WC} > 0$，则电网建设或改造投资成本的增加大于停电成本的减少，此时，电网可靠性水平的提高需要大量增加投资费用，投资增加已不能获得收益。式（5-56）是电网建设或改造最佳投资和达到最佳可靠性水平的边界条件。

三、可靠性成本计算方法

电网可靠性成本就是供电企业为使电网可靠性达到一定水平而所花费的成本，包括电网建设与改造的一次投资费用、设备运行费用和维护费用、管理费用，以及人工费用等，其中的一次投资费用包括设备费、安装费、土建费，以及税收、银行贷款利息等。这些费用的总和就是电网的可靠性成本。但需要注意的是，并不能简单地将这些费用直接相加作为可靠性成本。因为在这些费用中，有些是属于一次性支付的，如购买设备的投资费用；有些是按年度支付的，如运行维护费、设备折旧费、贷款利息，等等。而资金的价值与时间关系密切。当前一笔资金投资用于电网建设与改造，即使考虑通货膨胀而造成货币贬值的因素，也比将来数量相同的资金更有价值，因为当前的资金可以在使用过程中产生利润。因此，在不同时间投入的资金及获得的效益，其价值也是不同的。为了取得经济上的正确评价，应该把不同时间支付的费用折算到同一时间，然后在相同的时间基础上再进行计算。这就需要用到货币时间价值的划分与折算方法，可参照本书第3章的内容。当把为使电网可靠性达到一定水平而所花费的投资费用、运行费用和维护费用等进行时间价值的换算后，可靠性成本也就很容易计算出来了。

四、可靠性效益计算方法

相对来说，电网可靠性成本计算比较容易，但其可靠性效益计算却比较难。这是因为电网在某一可靠性水平下的经济和社会效益很难准确计算。根据前述的基于边际成本与边际效益概念进行可靠性成本—效益分析的思想，为便于计算，可以把为提高电网可靠性水平而采取的决策方案实施后所产生的可靠性效益计算转化为对停电成本减少的计算。显然，在单位停电成本不变的情况下，停电成本越低，可靠性效益就越高，停电成本是电网可靠性水平高低的直接经济体现。这样，就可以把电网的可靠性成本与可靠性效益统一在经济性上衡量，为供电企业通过可靠性成本—效益分析来进行电网规划、建设或改造的方案决策带来方便。

对供电企业来讲，停电成本应该包括因为供电系统可靠性问题造成停电而由此产生的三类费用损失：①少售电而无法获得的电费收入；②因为设备故障而增加的检修费用或更换设备的费用；③对电力用户停电损失的赔偿费。前两类计算比较容易，下面主要介绍第三类停电成本的计算方法。由于第三类停电成本是因为供电企业要对电力用户停电损失予以赔偿而产生的，所以也称之为用户停电成本。

（一）影响用户停电成本计算的因素

量化用户停电成本是一项复杂的工作。这是因为用户停电成本与多种因素有关，其中包括停电发生的时间、停电提前通知时间、停电量、停电持续时间、停电频率及用户类型等。

（1）停电发生的时间。用户的活动具有时间性，在不同的季节、不同的时间，具有不同的停电成本。如日常班的工业用户，其工作日的停电成本明显高于夜间或节假日的停电成本。

（2）停电提前通知时间。一般说来，限电、停电通知时间越早，用户停电成本越低。对一些用户来说，如果限电、停电没有预警或提前通知时间不足，则有可能造成很大甚至无法估量的损失。如有些用户的计算机遭遇一次突然停电所摧毁的数据，其引起的损失之大是难以估计的。

当只考虑由于电力设备突然故障造成用户供电中断而引起的停电成本时，则不考虑停电提前通知时间的影响，由于设备突然故障引起供电中断是无法预知的。

（3）停电量。供电系统可靠性水平越高，供电系统故障而造成用户所停电量就越少，停电成本也就越低。

（4）停电的持续时间。一般在停电开始阶段，停电持续时间越长，用户单位停电成本越高；到达一定时间后，随着停电持续时间增加，有些用户单位停电成本将下降。有资料表明，有些用户持续 4h 停电的单位停电成本仅为持续 1h 停电时的 60%。这是因为由停电造成的直接损失基本上是一定的，而且有即时性。但当计入由于停电造成的间接损失时，有些用户的单位停电成本将随着停电持续时间的增加而不成比例地增加。

（5）停电频率。单位时间停电次数越多，用户活动所受的干扰就越频繁，停电成本也越高。

（二）停电成本的计算

停电成本是上述这些因素的函数。理论上讲，需要对每种停电故障进行供电可靠性计算并对每种影响因素进行分析，然后由停电成本函数得出该故障下的停电成本，最后利用停电故障概率求出所有停电故障下的停电成本期望值。但在实际中，停电成本函数很难精确构造，有些因素的影响程度也难准确表达、计算，这些都使得停电成本的计算变得十分困难。目前有些国家对停电成本采用下述几种简单的估算方法：

（1）按 GDP 计算。这种计算方法是按每缺 1kW·h 电量而减少的国内生产总值 GDP 计算平均停电成本，即 GDP/总用电量。它反映了停电对整体经济的平均影响，但无法描述各类用户受到的实际影响。

（2）按电价倍数计算。根据对各类用户进行停电损失的调查和分析，用平均电价的倍数来估算停电成本。如英国曾经对工业、商业、居民负荷的停电成本分别按平均电价的 60、70、70 倍计算，对综合负荷的停电成本按平均电价的 50 倍计算。这种估算方法虽然反映了停电损失影响，但没有考虑停电持续时间等因素的影响。

（3）按停电功率、停电量、停电持续时间及停电频率计算。美国等一些国家认为，工业用户停电损失与停电功率、停电量大小、停电持续时间长短及停电次数多少有关，常采用的计算年停电成本的公式为

$$UEC = \sum_{i=1}^{k} (K_W P_i + K_E E_i) \qquad (5 - 57)$$

式中　K_W，K_E——单位停电功率损失系数与单位停电量损失系数，与工业用户大小有关；

　　　　P_i、E_i——第 i 次停电功率及停电量；

　　　　k——每年停电次数（即停电频率）。

美国对工业用户停电损失的调查数据如表 5-4 所示。美国对商业及市政用户，分别取平均停电成本为 7.21 \$/（kW·h）及 8.86 \$/（kW·h）；对居民短期停电成本取 1.87 \$/（kW·h）。该方法计入了停电功率、停电量、停电时间及停电频率对停电成本计算的影响，但没有反映系统中各负荷点用户的单位停电成本，不利于系统在安全运行受到威胁情况下按单位停电成本大小削减节点负荷的方案实施。

表 5-4　　　　　　　　　　　美国工业用户停电损失调查数据

停电持续时间	大工厂		小工厂	
	\$/kW	\$/（kW·h）	\$/kW	\$/（kW·h）
1min	0.60	36.00	0.85	51.00
20min	1.80	5.40	2.77	8.31
1h	2.67	2.17	4.39	4.39
2h	4.60	2.30	—	—
4h	6.02	1.51	19.92	4.98
8h	8.83	1.10	31.5	3.94

表 5-5 及表 5-6 是 2011 年根据对中国某些地区工业用户停电损失调查整理得到的数据[206]。

表 5-5　　　　　　　基于中国某些地区工业用户调查的停电损失数据

工业用户	停电损失（元/kW）					
	1min	20min	1h	2h	4h	8h
1 类（钢铁）	52.6	69.5	89.3	109.2	120.5	143.0
2 类（化工）	685.3	703.6	728.6	740.5	748.5	764.5
3 类（矿山）	9.5	2619.4	2715.7	2860.1	3149.0	3726.8
4 类（制造）	1340.9	2202.1	3925.2	5655.2	5739.0	5821.2
5 类（电子）	598.3	621.89	669.1	725.6	838.7	1065.3

表 5-6　　　　　　基于中国某些地区工业用户调查的大工业类用户停电损失数据

停电持续时间	1min	20min	1h	2h	4h	8h
停电损失（元/kW）	537.3	1243.3	1625.6	2018.1	2119.1	2304.2

停电成本计算问题不仅与各国经济发展状况、国情及电力和电力需求侧管理水平有关，还与法制、法规的健全与实施有关，是一个涉及面较广的复杂问题。目前在电力市场研究中，对停电成本的探讨较少，停电成本计算所需的有关基础资料也缺乏，因而计算上有相当的困难。

为方便而又不失一般性地反映停电影响，可以通过构造停电损失评价率 IEAR（Interrupted Energy Assessment Rate），把用户单位停电功率或停电量下的平均停电成本作为停电时间函数，而其他一些影响因素在 $IEAR$ 的构造中得以反映。定义 $IEAR$ 为由于供电系统供电中断造成用户因得不到单位电量而引起的经济损失。研究期间内的停电成本 UEC（Unserved Energy Cost）（单位：元/期间）可按下式计算

$$UEC = \sum_{i=1}^{n} IEAR_i \times EENS_i \tag{5-58}$$

式中　　n——供电系统的负荷节点数；

　　$IEAR_i$——节点 i 的停电损失评价率，元/（kW·h）；

　　$EENS_i$——研究期间内节点 i 的电量不足值，可以通过可靠性计算得到，（kW·h/期间）。

可以通过向用户调查所得到的基础资料及系统可靠性计算结果来构造 $IEAR$，其主要步骤为：

（1）对供电区内用户进行调查，获取不同停电时间段内各类用户的停电损失情况，这是比较艰难而又繁琐的一步。根据可靠性成本—效益分析及电力市场经济观点，售电电价应由供电方与需求方共同决定。因此，这一步需要双方相互配合、共同努力，以期能对停电损失做出符合事实的客观评价。具体操作时，可借助问卷形式向用户调查在各种停电时间下所需要的补偿量，以此来衡量停电成本大小。至于用户提供的信息可能不真实这一问题，可通过电价及补偿量设定的协调来解决。对用户来讲，选择最高电价总是不如选择最小电费补偿更容易接受。

（2）将所得资料进行汇编整理并以此建立供电区内各类用户停电损失函数 $SCDF$（Sector Customer Damage Function），以表征各类用户停电损失与停电时间的关系。

（3）根据建立的 $SCDF$ 及各类用户年峰荷或年电能消耗量，求出以节点为单位的用户综合停电损失函数 $CCDF$（Composite Customer Damage Function）［单位：元/kW 或元/（kW·h）］，以说明用户综合停电损失与停电时间的关系，即

$$CCDF_i(t) = \sum_{j=1}^{N} SCDF_j(t) \times \left(\frac{P_j}{\sum_{j=1}^{N} P_j} \right) \tag{5-59}$$

或

$$CCDF_i(t) = \sum_{j=1}^{N} SCDF_j(t) \times \left(\frac{E_j}{\sum_{j=1}^{N} E_j} \right) \tag{5-60}$$

式中　　$SCDF_j(t)$——第 j 类用户停电 t 时的损失；

　　P_j、E_j——第 j 类用户的年峰荷值及电能消耗量；

　　N——节点 i 上的用户分类数。

（4）求出各节点停电损失评价率 $IEAR_i$。在综合考虑停电量、停电持续时间、停电频率及用户综合停电损失影响下，$IEAR_i$［单位：元/（kW·h）］可用下式计算

$$IEAR_i = \frac{\sum_{k=1}^{m} L_{ik} f_k C_{ik}(d_k)}{\sum_{k=1}^{m} L_{ik} f_k d_k} \tag{5-61}$$

式中　　m——造成节点 i 用户停电的故障总次数；

L_{ik}——第 k 种故障下节点 i 的负荷停电量；

f_k 及 d_k——第 k 种故障出现的频率及持续时间；

$C_{ik}(d_k)$——相应的单位停电损失，可由用户综合停电损失函数求得。

式（5-61）的分母表示研究期间内 m 次故障下节点 i 的停电量，分子表示相应的停电成本。整个式子表示综合考虑系统故障情况下的单位停电成本。

实用中，$IEAR_i$ 还可近似计算为

$$IEAR_i \approx \frac{C_i(\overline{d_i})}{\overline{d_i}} \tag{5-62}$$

式中 $\overline{d_i}$——造成节点 i 停电的故障持续时间平均值，可通过可靠性计算得出；

$C_t(\overline{d_i})$——相应的单位停电损失。

若每次故障停电时间相同，则式（5-62）可取等号。

（三）我国目前对用户停电损失的赔偿计算方法

按照我国 1996 年颁布实施的《中华人民共和国电力法》第六十条规定，因电力运行事故给用户或第三人造成损害的，电力企业应当依法承担赔偿责任。按照同年颁布施行的《供电营业规则》第九十五条规定，供用双方在供用电合同中订有电力运行事故责任条款的，按下列规定办理：

由于供电企业电力运行事故造成用户停电的，供电企业应按用户在停电时间内可能用电量的电度电费的五倍（单一制电价为四倍）给予赔偿。用户在停电时间内可能用电量，按照停电前用户正常用电月份或正常用电一定天数内的每小时平均用电量乘以停电小时求得。电度电费按国家规定的目录电价计算。

按照《供电营业规则》第九十九条规定，因电力运行事故引起城乡居民用户家用电器损坏的，供电企业应按《居民用户家用电器损坏处理办法》进行处理。

目前，考虑到技术成本和可操作性的限制，供电企业做的停电损失评估往往是直接经济损失。然而，在今后完善的电力市场环境下，就停电损失而言，供电中断所造成的经济损失理赔的法律责任将促使供电企业加大对未确定性的经济损失量化评估的研究，以期减少潜在的经济损失。随着电力市场机制的健全，供电企业应当更加注意提高供电系统用户供电可靠性，减少停电给用户造成的损失，因为它与企业自身的经济效益密切相关。

五、可靠性成本—效益分析的实用化计算方法

前面已经介绍了电网供电可靠性成本—效益分析的基本理论以及可靠性成本与可靠性效益的概念与计算方法。虽然从理论上讲，可以按照前述的可靠性边际成本与边际效益的概念，通过建立可靠性成本函数与可靠性效益函数，然后求偏微分并按照式（5-52）或式（5-55）所表示的优化准则，来确定为提高供电系统用户供电可靠性而采取的最佳措施或方案，但这种方法相对来说比较复杂。如果在实际工程中，可比较的方案数并不多时，通常可采用如下的简单比较方法。

设 $f(R)$ 表示供电企业已按照时间价值折算后的、用于提高供电企业供电可靠性而增加的设备投资费及工程建设费和设备运行管理费等，即可靠性成本；$g(R)$ 表示由于供电企业可靠性问题引起停电所造成供电企业因少售电而无法获得的电费以及停电损失赔偿费和故障设备检修费，即停电成本。假设现在供电企业为提高供电企业供电可靠性而准备采取的措施

是通过增架线路进行供电企业改造。设供电企业目前的可靠性水平为R_1，供电企业有两种改造方案，实施后对应的可靠性分别为R_2^1、R_2^2。

方案1：改造费用为$f(R_2^1)$，改造后产生的效益为

$$b(R_2^1) = g(R_1) - g(R_2^1) \tag{5-63}$$

如果$b(R_2^1) > f(R_2^1)$，则该方案可取，否则不可取。

方案2：改造费用为$f(R_2^2)$，改造后产生的效益为

$$b(R_2^2) = g(R_1) - g(R_2^2) \tag{5-64}$$

同理，如果$b(R_2^2) > f(R_2^2)$，则该方案可取，否则不可取。

如果需要从两个及以上的可行方案中选取一个最优方案，则可以通过成本/效益比的概念来进行比较，即

$$\frac{成本}{效益} = \frac{f(R)}{b(R)} \tag{5-65}$$

在可行的几种方案中，成本/效益比最小的方案即为最优方案。

综上可得方案的可行判据为

$$\frac{成本}{效益} \leqslant 1 \tag{5-66}$$

最优方案的判据为

$$\min\left(\frac{成本}{效益}\right) \tag{5-67}$$

5.5　变电站电气主接线的可靠性评价方法

5.5.1　变电站电气主接线可靠性评价准则

变电站电气主接线的可靠性在很大程度上决定着整个电力系统的供电可靠性。在评价变电站电气主接线供电可靠性时，可根据具体情况分别采用以下三种判别准则：

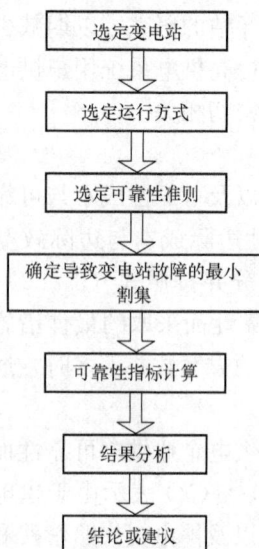

图 5-10　变电站可靠性评价流程

（1）不出现全站停电事故，即变电站至少有一条出线能得到连续供电；

（2）变电站中指定的若干条出线能得到连续正常（没有负荷停电）供电；

（3）变电站的所有出线都必须能得到连续正常（没有负荷停电）供电。

5.5.2　变电站电气主接线供电可靠性指标计算方法

评价变电站电气主接线可靠性的基本问题就是要根据判别准则，鉴别变电站设备故障和设备故障的组合是否会导致变电站出线停电。如果是，则这些故障事件归为导致出线停电的故障事件集合，然后计算出相应的评价指标。具体可按图 5-10 的流程进行。

在图 5-10 所示的流程图中，确定导致变电站故障的事件集合以及相应的可靠性指标计算是最为关键的两步。

一、导致变电站故障的设备最小割集的确定

1. 最小割集的概念

网络是由弧构成的集合。若一些弧失效后，导致网络由起点到终点的有向路径全部失效，则称这一组弧的集合为网络 S 的一个割集。变电站可看成是由设备构成的集合，若这些设备故障导致变电站进线到指定出线的回路全部断开，则称这一组设备的集合构成变电站故障事件的一个割集。若在变电站的一个割集中任意除去一台设备后，就不再是割集，则称这个割集为最小割集。

2. 深度优先搜索法简介

深度优先搜索法的基本思想是：设初始状态是图中所有顶点未曾被访问，从图中某个顶点 v 出发，访问此顶点，然后依次从 v 的未被访问的邻接点出发深度优先遍历图，直至图中所有与 v 有相同路径的顶点都被访问到。若此时图中尚有顶点未被访问，则另选图中一个未曾被访问的顶点作为起始点，重复上述过程，直至图中的所有顶点都被访问到为止。

以图 5-11 为例说明深度优先搜索遍历图的过程：设从顶点 1 出发进行搜索，在访问了顶点 1 之后，选择邻接点 2。因 2 未曾被访问，所以从 2 出发进行搜索。依次类推，接着从 4、8、5 节点出发进行搜索。在访问了 5 之后，由于 5 的邻接顶点都已被访问过，则搜索回到 8。同样的理由，搜索继续回到 4、2，直到 1 为止。此时，由

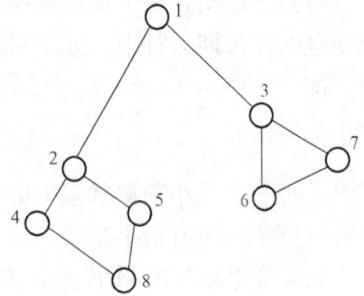

图 5-11　说明深度优先搜索法的简化图

于 1 的另一个邻接点 3 未曾被访问，因此从 1 搜索到 3，重复所述过程，最后可得顶点的访问序列为：1—2—4—8—5—3—6—7。该过程是个递归过程，可通过设置一个标志位来判断顶点是否被访问，从而访问图所包含的各个节点。

3. 利用深度优先搜索法求取最小割集

可以通过两次深度优先搜索确定导致变电站故障的设备最小割集状态。第一次是确定设备故障范围，第二次是判断设备状态是否构成最小割集。

（1）确定设备故障范围。通过深度优先搜索法确定设备故障范围，寻找与设备相连的断路器和隔离开关。这里，深度优先搜索（DFS）结束的条件不是搜索完所有节点，而是在搜索故障设备周围断路器时，当搜索到断路器后，就不再以这台设备为起点往下搜了。如在图 5-11 中，从顶点 1 开始搜索，搜索到节点 2 为断路器时，就不再搜索 4、5、8 点了。另外，当搜索到末节点或起始节点时，也停止以这两个点为起始点往下搜索。同理，搜索与故障设备相连的隔离开关也是如此。

（2）确定最小割集状态。在使用深度优先搜索法直接求取最小割集的过程中，最重要的是设置各种要模拟的设备状态，如故障状态、检修状态等。

故障状态包括开路故障、短路故障、开路故障＋开路故障、开路故障＋短路故障和短路故障＋短路故障、设备短路故障＋相应断路器拒动等状态。这些状态的模拟过程比较简单，只要根据在（1）中所确定的故障范围，把故障设备和应打开的断路器状态设为不可用状态即可。

在模拟检修状态、检修状态＋短路故障状态、检修状态＋开路故障状态和检修状态＋检

修状态时，最主要是确定备用设备的投切方式。可以采用两层备用设备投切来模拟检修状态。第一层为备用隔离开关投切。备用隔离开关指的是隔离开关的备用，如在双母接线中，线路在母线侧有两个隔离开关，一个闭合，一个打开，认为这两个隔离开关相互备用。同理出线隔离开关和旁路侧隔离开关也相互备用。当进入故障检修状态时，首先打开故障设备周围的隔离开关，然后判断打开的隔离开关的备用隔离开关能否合上。第二层是模拟投入备用设备（非隔离开关，如线路、母线和断路器等设备）。

设备各种状态设定后，只要用深度优先搜索就可以确定最小割集了。

二、变电站可靠性指标的计算

要计算变电站供电可靠性指标，需要通过确定最小割集把导致变电站不满足可靠性准则的所有故障事件列举出来，然后按照计算式计算相应的可靠性指标。

（1）变电站正常工作状态概率 P_s。变电站正常工作状态概率是指满足一定可靠性准则的变电站在长期运行中，处于可靠工作状态的时间占总运行时间的比例，也是一种时间概率量，即

$$P_s = \prod_{i \in F} p^i \tag{5-68}$$

式中 p^i——最小割集状态 i 中故障设备的等值可用率；

F——所有最小割集。

（2）变电站故障频率 f_s。变电站故障频率是指单位时间（一般为 1 年）内，变电站由于故障而不满足可靠性准则，结果造成用户停电或缺电的平均次数（单位：次/年），即

$$f_s = \sum_{i \in F} (1 - p^i) \mu^i \tag{5-69}$$

式中 μ^i——最小割集状态 i 中故障设备的等值检修率。

（3）变电站故障平均持续时间 T_s。变电站故障平均持续时间是指单位时间（1 年）内，变电站由于故障而不满足可靠性准则，结果造成用户停电或缺电的平均持续时间（单位：h/年），即

$$T_s = \sum_{i \in F} T \lambda^i / \mu^i \tag{5-70}$$

式中 T——故障设备的全年有效检修时间；

λ^i——最小割集状态 i 中故障设备的等值故障率。

（4）变电站电量不足期望值 E_s。变电站电量不足期望值是指单位时间（1 年）内，变电站由于故障而不满足可靠性准则，结果造成用户停电电量的概率平均值（单位：kW·h/年），即

$$E_s = \sum_{i \in F} Z^i T \lambda^i / \mu^i \tag{5-71}$$

式中 Z^i——变电站在最小割集状态 i 下的停电负荷大小，kW。

6 电网规划方法

本章简要阐述电网规划的内容、应具备的条件、电压等级选择及选择的原则，介绍电网规划中的方案形成、方案校验及架空送电线路导线截面及输电能力，和电网规划数学方法的启发式方法，包括计算过程、逐步扩展法、逐步倒推法、满足确定性安全准则的启发式网络规划及满足概率性安全准则的启发式网络规划，最后介绍电网规划的数学优化方法和最为典型的线性规划方法。

6.1 概　　述

6.1.1 电网规划的内容

电网规划含输电网规划和配电网规划，以负荷预测和电源规划为基础。电网规划是确定在何时、何地投建何种类型的线路及其回路数，以达到规划周期内所需要的输电能力，在满足各项技术指标的前提下使系统的费用最小。其主要内容有：

（1）确定输电方式。

（2）选择电网电压。

（3）确定变电站布局和规模。

（4）确定网络结构。

在输电方式上，我国现阶段仍以交流输电为主，只有在500kV及以上电压时才考虑直流输电的必要性；当然，最近几年也有开展直流微电网和轻型（柔性）直流输电的试点。

电网规划的重点是对主网网架进行规划。如何加强主网网架结构，是电网规划最重要的内容之一，也是规划成功与否的关键。

电网规划往往是针对具体电网发展中需要解决的问题确定具体内容的。目前，我国电网规划要解决的主要问题为：

（1）大型水、火电厂（群）及核电厂接入系统规划。这类电厂出线较多，距离较长，如何与电网连接的问题比较复杂，一般需要做专题研究。

（2）各大区电网或省级电网的受端主干电网规划。

（3）大区之间或省级电网之间联网规划。

（4）城市电网规划。

（5）大型工矿企业的供电网规划。

6.1.2 电网规划应具备的条件

电网规划最终结果的优劣主要取决于原始资料及规划方法。没有足够的和可靠的原始资料，任何优秀的规划方法也不可能取得切合实际的规划方案。一个优秀的电网规划必须以坚实的前期工作为基础，包括搜集整理系统的电力负荷资料、当地的社会经济发展状况、电源点和输电线路方面的原始资料等，具体如下：

（1）规划年度用电负荷的电力、电量资料，包括总水平，分省、分区及分变电站的电力、电量值以及必要的负荷特性参数。

（2）规划年度电源（现有和新增）的情况，包括电厂位置（厂址）、装机容量、单机容量和机型等；对水电厂，除上述参数以外，还应有不同水文年发电量、保证输出功率、受阻容量、重复容量、调节特性等参数。

（3）现有电网（包括在建和已列入基建计划的线路和变电站）的基础资料，包括电压等级，网络接线，线路长度，导线型号，变电站主变压器容量、型式、台数等主要规范资料，一般应有系统现况图（地理接线及单线接线图）。对未来网络规划的发展情况，包括可能架设新线路的路径、长度以及扩建和待建变电站站址资料，以便能够形成足够数量的网络方案。

进行城网规划时，应掌握城市发展规划、地区用电负荷的增长及城市道路、隧道、桥梁的发展规划、变电站可能布点位置、架空线和电缆线路走廊等。

6.1.3 电网规划方法

目前的电网规划方法处于传统的规划方法和数学方法并用的状态。传统的电网规划方法以方案比较为基础。这种方法是从几种给定的可行方案中，通过技术经济比较选择出推荐的方案。一般情况下，参与比较的方案是由规划人员根据经验提出的，并不一定包括客观上的最优方案，因此最终推荐方案包含相当主观的因素。

近年来，计算机的普及应用和系统工程、运筹学领域的成果促使电网规划的数学方法取得了很大的进展。优化理论的应用不仅使规划方案的技术经济评价更加精确全面，而且也大大减轻了规划人员的繁琐工作，加快了规划工作的进程。规划和决策人员有对各种潜在问题进行比较深入分析研究的能力，这为其制定各种应变规划、滚动规划创造了条件。

电网规划根据采用的数学方法分类，可分为启发式方法和数学优化方法。

一、启发式方法

启发式方法以直观分析为依据，通常基于系统某一性能指标对可行路径上一些线路参数的灵敏度，根据一定的原则，逐步迭代直到满足要求为止。这种方法直观、灵活、计算时间短，便于人工参与决策且能给出符合工程实际的较优解；缺点是难以选择既容易计算又能真正反映规划问题实质的性能指标，并且当网络规模大时，指标对于一组方案差别都不大，难以优化选择。常用的启发式方法可分为基于线路性能指标（如线路过负荷）的启发式方法和基于系统性能指标（如系统年缺电量）的启发式方法。

电网规划启发式方法的计算过程可归纳为过负荷校验、灵敏度分析和方案形成三部分：

（1）过负荷校验。在电网规划方案形成阶段，最关键的问题是输送容量是否足够，即线路是否出现过负荷的问题，因此要进行过负荷校验。根据网络规划的正常运行要求和安全运行要求，不仅要保证系统在正常情况下各线路不发生过负荷，有时还要保证在任意一条线路故障断开的情况下各线路也不出现过负荷，这就是"$N-1$检验原则"。因此，为检验线路是否过负荷，网络中的潮流分布和断线计算就成为重要的分析依据。"$N-1$原则"也是最常用的确定性安全要求，即电网中任一元件故障时仍能保持正常持续供电。为便于实现，一般将网架规划过程分成两步来实现：第一步，在现有网络基础上，以费用最小为原则，在合适支路上增建新线，使之满足正常状态的供电要求，该网络称为最小费用网络；第二步，在最小费用网络基础上，恰当增加一些线路使之满足安全性要求。

由于交流潮流方程计算量过大，因此目前许多220kV及以上电网规划都采用直流潮流方程进行过负荷校验。直流潮流方程是交流潮流方程的简化形式，具有计算速度快和便于进行断线分析等特点，并且能够获得较高的计算精度，比较适合于规划研究。有关直流潮流方程及其计算可参见其他文献。但对于 110kV 及以下电网规划仍以交流潮流方程计算为宜。

（2）灵敏度分析。当系统中有过负荷线路时，就要通过灵敏度分析选择最有效的线路来扩展网络，以消除系统存在的过负荷。所谓线路"有效"是指该线路单位投资所起的作用最大。但不同的规划人员可能对线路"有效"有不同的理解，因而出现了不同的衡量标准，并且也产生了计算线路有效性指标的不同方法。

（3）方案形成。根据灵敏度分析对待选线路按照有效性指标进行排序后，就可以按一定方式确定具体的网络扩展方案。比较简单的方式是将最有效的一条或一组线路加入电网，逐步扩展网络；也可以采用将有效线路的组合加入电网进行试探，最后根据对电网运行情况的实际改善效果确定最佳接线方案的方法。在形成方案时，规划人员可以通过人机联系参与决策过程。

电网规划启发式方法总的特点是逐步扩展网络，但不能考虑各扩建线路的相互影响，因此启发式方法不能保证给出数学上的最优解，这是它的主要缺点。

二、数学优化方法

数学优化方法就是将电网规划的要求归纳为运筹学中的数学规划模型，然后通过一定的优化算法求解，从而获得满足约束条件的最优规划方案。电网规划数学优化模型主要包含变量、约束条件和目标函数三个要素：

（1）变量。变量有决策变量和状态变量两类。决策变量表示线路是否被选中加入网络，因而是整数型变量，它确定了规划网络的拓扑结构。状态变量表示系统的运行状态，如线路潮流、节点电压等，一般是实数型变量。

（2）目标函数。目标函数是决策变量、状态变量的函数，主要包括电网的输变电建设投资费用和运行费用。

（3）约束条件。约束条件包括决策变量的建设条件约束、各状态变量的上下界以及各变量应满足的制约关系等。目前大多数电网数学优化模型只考虑线路过负荷约束和潮流方程约束，没有考虑电压、稳定、可靠性指标、资金投资限制等约束。

数学优化方法考虑了各变量之间的相互影响，因而在理论上比启发式方法更严格些。但由于电网规划的变量数很多、约束条件复杂，现有的优化理论对于求解这样大规模的规划问题存在很大困难，因此数学优化方法在建立模型时不得不对具体问题作大量简化。此外，有些规划决策因素难以用数学模型表达，因此数学上的最优解未必是符合工程实际的最优方案。对于电网优化规划的模型几乎可以运用运筹学中的各种优化理论求解，目前已有线性规划、整数规划、动态规划、混合整数规划、非线性规划及图论等方法。为了提高电网规划技术的实用性，现在的发展趋势是将启发式方法和数学优化方法结合起来，充分发挥各自的优势。

6.1.4 电网规划流程

电网规划流程根据对象的不同，分为输电网规划流程和配电网规划流程。配电网规划流程将在第 10 章中介绍，这里先介绍输电网规划流程如下：

（1）原始资料的收集和论证。其主要工作内容为预测地区用电需求，分析线路路径可能的选择以及变电站站址选择，了解电源开发规划等。

（2）制定连接系统规划。根据电源和地区负荷分布及线路路径、站址条件，制定连接系统规划。

（3）环境条件分析：

1）确定送电薄弱环节。送电薄弱环节主要是指原有线路的送电能力或原有输电网的设备容量不能满足送电地区的用电需要，或由于用户用电的增加及电源发电能力的增加，原有输电网难以适应这种变化，必须对原有输电网进行更新改造。

2）确定不经济的设备。原有输电网中的某些设备尽管还可以满足供电的需要，但由于设备已经老化，或者由于效率太低、损失过大、运行维护费用太高，应该及时更换新设备。

3）确定因社会环境条件变化而必须改建或迁建的送变电项目。由于城市的建设规划、道路建设、其他公共设施的建设以及美化环境的要求，需要改变原有输电网中某些元件的配置（包括线路走向和变电站布置），及对已经规划但未建设的输电网设施重新作出安排。

（4）制定规划方案。提出的各种输变电规划方案既要能满足系统供电要求，又应力求技术上先进。

（5）技术经济评价：

1）社会环境的适应性。分析各方案是否满足社会环境方面提出的要求，并确定其满足的程度。

2）供电可靠性。分析各可行方案是否能满足规划地区的供电可靠性要求，并确定其满足的程度。

3）运行维护条件。各方案是否运行方便、灵活，便于调度。

4）供电质量。分析各方案的供电质量（主要是电压质量）是否能满足要求。

5）经济性。分析各方案的投资和经营费用情况，并对各方案的经济效果指标进行计算、分析和比较。在综合分析和比较的基础上选出最佳的输电网规划方案。

输电网规划的基本流程可以用图 6-1 表示。

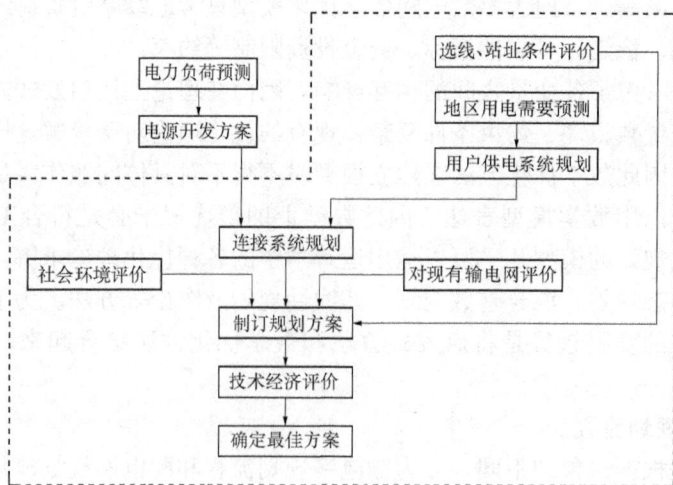

图 6-1　输电网规划基本流程

6.2 电网的电压等级选择

6.2.1 电网电压等级选择的原则

选定的电压等级应符合国家电压标准 3、6、10、35、63、110、220、330、500、750、1000kV。同一地区、同一电网内，应尽可能简化电压等级。电压等级不宜过多，以减少变电重复容量。各级电压级差不宜太小。根据国内外经验，110kV 及以下（或称配电电压等级），电压级差一般在 3 倍以上；110kV 以上（或称输电电压等级），电压级差一般在 2 倍左右。

我国现有电网的电压等级的配置大致分为两类，即非西北地区 110/220/500/1000kV 及西北地区 110/330/750kV。220kV 以下电压等级的配置则为 10/63/220kV 及 10/35/110/220kV 两种系列。

电网规划中不应选用非标准电压，选定的电压等级要能满足近期过渡的可能性，同时也要能适应远景系统规划发展的需要，故在确定电压等级时应了解动力资源的分布与工业布局，考虑电力负荷增长、新建电厂容量等情况。

在确定电压系列时应考虑到与主系统及地区系统联络的可能性，故电压等级应服从于主系统及地区系统。如果顾及地区特点不可能采用同一种电压系列，应研究不同系统互联的可能措施。

如果是跨省电网之间的联络线，则应考虑适应大工业区与经济体系的要求，进一步建成一个统一的联合系统，最好采用单一的合理的电压系列。

大容量发电厂向系统送电，考虑采用高一级电压一回线还是低一级电压多回线向系统送电，与该厂在系统中的重要性有关。

对于单回线输电线路，在输电电压确定后的一回线送电容量与电力系统总容量应保持合适的比例，以保证在事故情况下电力系统的安全。

6.2.2 电网电压等级选择

应根据线路送电容量和送电距离选择电压等级。我国各级电压输送能力统计见表 6-1。

表 6-1 我国各级电压输送能力统计

输电电压（kV）	输送容量（MW）	传输距离（km）	适用
0.38	0.1 及以下	0.6 及以下	低压配电网
3	0.1~1.0	3~1	中压配电网
6	0.1~1.2	15~4	
10	0.2~2.0	20~6	
35	2~10	50~20	高压配电网
63	3.5~30	100~30	
110	10~50	150~50	
220	100~500	300~100	省内电网送电

续表

输电电压（kV）	输送容量（MW）	传输距离（km）	适用
330	200～1000	600～200	省、网际输电
500	600～1500	1000～400	省、网际输电
1000	5000～10000	2000～1000	网际输电

注 由于负荷密度的增加，提升配电电压在技术上是合理的，国内已出现 20kV 配电电压。

从控制电力损失角度选择电压等级。电压等级与电网电力损失有密切的关系。在一般情况下，即送电线路采用铝导线、电流密度 $0.9A/mm^2$、受端功率因数为 0.95 的条件下，各级电压线路每公里电力损失的相对值近似为

$$\Delta P\% = \frac{5L}{U_N} \tag{6-1}$$

式中　$\Delta P\%$——每公里电力损失的相对值；

　　　U_N——线路的额定电压，kV；

　　　L——线路长度，km。

送电线路的电力损失相对值正常不宜超过 5%，则由式（6-1）可求得各级电压合适的送电距离。

6.3　电力电量平衡

6.3.1　电力电量平衡的目的与要求

电力电量平衡是电力电量供应与需求之间的平衡。在电源规划和电网规划中的变电站布点应进行电力电量平衡计算，主要分析、研究以下问题（目前可用计算机程序进行电力电量平衡，这里所介绍的是手算中考虑的原则和方法）：

（1）确定电力系统需要的发电设备、各级变电设备容量，包括确定水电厂、火电厂或核电厂的新建、续建和扩建项目等，并确定规划年度内逐年新增的装机容量和退役机组容量及其变电容量。

（2）确定系统需要的备用容量，研究其在水电厂、火电厂及核电厂之间的分配。

（3）确定系统需要的调峰容量，使之能满足规划年不同季节的系统调峰需要。

（4）在满足电力系统负荷及电量需求的前提下，合理安排水电厂、火电厂的运行方式，充分利用水电，使燃料消耗最经济，并计算系统需要的燃料消耗量。

（5）确定各代表水文年各类型电厂的发电设备利用小时数，检验电量平衡。

（6）确定水电厂电量的利用程度，以论证水电装机容量的合理性。

（7）分析系统与系统之间、地区与地区之间的电力电量交换，为论证扩大联网及拟定网络方案提供依据。

6.3.2　电力平衡中的容量组成

（1）装机容量。装机容量是指系统中各类电厂发电机组额定容量的总和。

（2）工作容量。工作容量是指发电机担任电力系统正常负荷的容量。在电力平衡表中的工作容量是指电力系统最大负荷时的工作容量。其中担任基荷的发电厂功率就是工作容量，担任峰荷和腰荷的发电厂以日负荷最大时刻的功率作为工作容量。水电厂的工作容量是指按

保证功率运行时所能提供的发电容量，其大小与其保证功率及其在电力系统日负荷曲线上的工作位置有关。

（3）备用容量。备用容量是指为了保证系统不间断供电并保持在额定频率下运行而设置的装机容量，包括负荷备用容量、事故备用容量和检修备用容量三部分。负荷备用容量是为担负电力系统一天内瞬时的负荷波动和计划外的负荷增长所需要的发电容量。事故备用容量是电力系统中发电设备发生事故时为保证正常供电所需要的发电容量。检修备用容量是在电力系统一年内的低负荷季节，不能满足全部机组按年计划检修而必须增设的发电容量。

（4）必需容量。必需容量是指维持电力系统正常供电所必须有的装机总容量，即工作容量和备用容量之和。

（5）重复容量。重复容量是指水电厂为了多发季节性电能，节省火电燃料而增设的发电容量。重复容量是在一定的供电范围、负荷水平和保证率条件下选定的，当任一条件变化时，就有可能部分或全部转化为必需容量。

（6）受阻容量。受阻容量是指由于各种原因，发电设备不能按额定容量发电时的容量。

（7）水电空闲容量。水电空闲容量是指电力平衡中未能得到利用的那部分水电装机容量。其大小随着各水电厂工作容量的大小而变化。

6.3.3 电力电量平衡计算

电力系统按发电机组动力来源的不同可分为水电、火电、核电和水火电联合运行系统，其中以水火电联合运行系统较为常见。对于这种系统作电力电量平衡计算时，一般考虑采用枯水年、平水年、丰水年、特枯水年四种具有代表性水文年的电力电量平衡来概括系统全部运行情况。某电力系统规划枯水年日运行方式如图6-2所示。

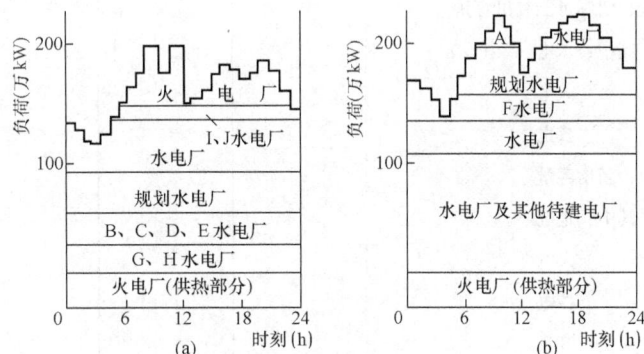

图 6-2　某电力系统规划枯水年日运行方式图
(a) 夏季；(b) 冬季

（1）电力平衡代表年、月的选择。电力平衡需要逐年进行，应按逐年控制月份的最大负荷和水电厂设计枯水年的月平均功率编制。一般以每年的12月为代表，但还应根据水电厂逐月发电功率的变化及系统负荷的变化情况，具体分析确定。一年中也可能有2个月份起控制作用，应分别平衡。必要时可选择代表年进行逐月电力平衡，以便找出其中起控制作用的月份，然后按该代表月进行逐年平衡。

（2）电力平衡表的编制。在系统规划中用表格法进行电力电量平衡。电力平衡表的格式见表6-2。第一项最大发电负荷等于全系统计及同时率后的用电负荷加上线损和厂用电的总和。第二项为水火电工作容量，其中火电工作容量等于最大发电负荷减去水电工作容量。第三项备用容量按照规程规定不得低于最大发电负荷的20%；备用容量在水火电厂之间分配的原则是：负荷备用一般由水电承担，事故备用一般按水火电厂担负系统工作容量的比例分配，检修备用由具体情况而定。第四项需要装机容量是工作容量与备用容量的总和。第五项实际可能装机容量是根据施工情况、投资分配以及设备供应等情况在系统中实际可能的装机安排容量。第八项为每年退出运行的机组容量。第十一项为火电需求容量与火电实际可能装机容量之差值。

表 6 - 2 系统电力平衡表 单位：MW

年份 项目	年	年	年	年	年	备注
一、最大发电负荷						
二、水电工作容量（功率）						
火电工作容量						
核电工作容量						
三、备用容量						
其中：水电						
火电						
核电						
四、需要装机容量						
其中：水电						
火电						
核电						
五、实际可能装机容量						
其中：水电						
火电						
核电						
六、新增容量						
其中：水电						
火电						
核电						
七、受阻容量						
其中：水电						
火电						
核电						
八、退役容量						
其中：水电						
火电						
核电						
九、水电重复容量						
十、核电重复容量						
十一、火电电力盈亏						

在某些情况下，系统中控制电力平衡的月份不止 1 个，或者为了研究扩大电网、系统互联等问题时，需要编制某些年份的逐月电力平衡，其编制方法与逐年电力平衡是一致的，但

是在计算检修容量、受阻容量等项目时，需要落实到电厂。

当电力平衡表中新增电厂比较多时，需要另行编制逐年新增装机容量表，见表6-3。

表6-3   各电厂逐年新增装机容量表   单位：MW

项目＼年份	年	年	年	年	年
一、水电厂					
1.×××					
2.×××					
⋮					
水电厂新增容量总计					
二、火电厂					
1.×××					
2.×××					
⋮					
火电厂新增容量总计					
三、核电厂					
1.×××					
2.×××					
⋮					
核电厂新增容量总计					
四、系统新增容量总计					

（3）电量平衡表的编制。表6-4为电力系统电量平衡表。

表中第一项系统月平均负荷的计算式为

$$P_{mon, ar} = P_{mon \cdot max} \sigma_{mon} \gamma_{mon} \tag{6-2}$$

式中 $P_{mon,ar}$——某月平均负荷；

      $P_{mon \cdot max}$——某月最大负荷；

      σ_{mon}——某月月不均衡系数；

      γ_{mon}——日负荷率。

月平均负荷乘以相应的月小时数，然后12个月相加即得全年的需电量。

表中第二项的系统月平均功率按以下顺序计算：

1）列出水电厂可被利用的月平均功率。

2）列出热电厂的供热强制功率。

3）计算凝汽式火电厂的月平均功率，为系统月平均负荷减去水电厂月平均功率及供热强制功率。

4）将各月平均功率乘以相应的月小时数后相加即可得到各类电厂的年发电量，并据此校验各类电厂的利用小时数，检验电量是否平衡。一般在电量平衡中火电机组利用小时数按不大于5000h考虑。

表 6 - 4　　　　　　　　　　系 统 电 量 平 衡 表

项　　目	月　　份		合计	年发电量 (亿 kW)	装机容量 (万 kW)	年发电设备 利用小时数 (h)
	1 2 3 4 5 6 7 8 9 10 11 12					
一、系统月平均负荷（万 kW)						
二、系统月平均功率（万 kW)						
1. 水电厂功率（万 kW)						
其中：××电厂						
××电厂						
2. 热电厂功率（万 kW)						
其中：××电厂						
××电厂						
3. 凝汽式火电厂功率（万 kW)						
其中：××电厂						
××电厂						
4. 核电厂功率（万 kW)						
其中：××电厂						
××电厂						
三、弃水功率（万 kW)						

（4）分区间的电力电量交换。系统规划中，当通过电源方案的技术经济论证和电力平衡确定了逐年的发电容量后，为进行电网的潮流分布及调相调压计算，制定网络方案，选择送电线路导线截面和各种电气设备及无功补偿设备等，必须确定有关年份各种水文年不同运行方式时各发电厂的功率。

通过日运行方式的安排，可以求出联络线上的潮流。在规划阶段为了节省工作量，往往只求日最大和最小运行方式的电力潮流。

在整个电网规划中，电源和负荷是相对变化的。220kV 电网规划中，发电厂和上级500kV 的变电站作为电源，220kV 的降压变电站则承担负荷；35kV 电网规划中，220kV 降压变电站则作为 35kV 电网的电源，35kV 的降压变电站则承担负荷；其他电压等级电网依此类推。

6.4　变电站的站址及容量选择

变电站站址选择工作可分为规划选址和工程选址两个阶段。

规划选址在编制电网规划时进行，对规划电网内可能布置变电站的地点进行预先选择，以便在编制电网规划的过程中有充分的技术资料进行综合经济比较，从中规划出新建变电站的地点或范围。但由于是规划性的工作，故随着电网负荷的变化会相应发生变化。

工程选址根据电力系统规划中所确定的地点或范围进行，工程选址工作都是一次完成的（个别特殊情况也会反复几次）。

选址时需要明确变电站在系统中的作用，也即明确该变电站是否是系统枢纽变电站、地区重要变电站或一般变电站中的中间变电站、终端变电站、开关站、企业变电站、二次变电站。

6.4.1 变电站的电气主接线及主变压器容量的选择

一、变电站的电气主接线

35～500kV 变电站的电气主接线有变压器—线路单元接线、桥形接线、3～5 角形接线、单母线、单母线分段、双母线、双母线分段、增设旁路母线或旁路隔离开关以及 1 个半断路器接线。

变电站采用哪种电气主接线，应根据变电站在电力系统中的地位、变电站的电压等级、出线回路数、设备特点、负荷性质等条件，以及满足运行可靠、简单灵活、操作方便和节约投资等要求来决定。

二、变电站主变压器容量的选择

主变压器容量既可按电力系统 5～10 年发展规划的需要来确定，也可由上一级电压电网与下一级电压电网间的潮流交换容量来确定；同时也需考虑 $N-1$ 情况下的负荷安全送进送出，满足负荷率规定。

500/220kV 变压器的 500kV 及 220kV 侧均为星形接线，故从结构上要求 500/220kV 变压器具有 35～63kV 的第三绕组，第三绕组的容量应不小于变压器容量（对自耦变压器为串联绕组容量）的 15%，最大不超过变压器容量的 $\left(1-\dfrac{1}{K_{12}}\right)$ 倍（K_{12} 为高压侧与中压侧的变比）。具体主变压器容量也可根据变电站装设的无功补偿容量来确定。

三、主变压器台（组）数及型式的选择

（1）对大城市郊区的一次变电站，在中、低压侧已构成环网的情况下，变电站以装设 2 台主变压器为宜。但随着站址征地的困难程度提高，系统变电容量的增加，现在已大量采用 3 台主变压器；现在也在研究采用 4 台主变压器的可行性。

（2）对于地区性孤立的一次变电站或大型工业企业专用变电站，在设计时应考虑装设 3 台主变压器的可能性。

（3）对 220kV 及以下电压等级的变电站，一般采用三相变压器，不采用单相变压器。

（4）变压器按绕组型式可分为双绕组变压器、三绕组变压器和自耦变压器。一般变电站选用双绕组变压器；当变电站具有三种电压，且通过主变压器各侧绕组的功率均达到该变压器容量的 15% 以上时，主变压器一般采用三绕组变压器。自耦变压器与同容量的普通变压器相比具有很多优点，在 220/110、330/110、330/220kV 及 500/220kV 变电站中，宜优先选用自耦变压器。

6.4.2 变电站的站址选择

变电站站址应符合下列要求：

（1）接近负荷中心。在选择站址方案时，事先需搞清本变电站的供电负荷对象、负荷分布、供电要求、变电站本期和将来在系统中的地位和作用。选择比较接近负荷中心的位置作为变电站的站址，以便减少电网的投资和网损。

（2）使地区电源布局合理。应考虑地区原有电源、新建电源以及计划建设电源情况，使地区电源和变电站不集中在一侧，以便电源布局分散，从而既减少二次电网的投资和网损，又达到安全供电的目的。

（3）高低压各侧进出线方便。应考虑各级电压出线的走廊，不仅要使送电线路能进来走出，而且要使送电线路交叉跨越少、转角少。

（4）站址地形、地貌及土地面积应满足近期建设和发展要求。在站址选择时，应贯彻以农业为基础的建设方针，不仅要贯彻节约用地、不占或少占农田的精神，而且要结合具体工程条件，采取多种布置方案（如阶梯布局、高型布置等），因地制宜地适应地形、地势，充分利用坡地、丘陵地。站址不能被洪水淹没或受山洪冲刷，而且地质条件应适宜。对建设发展用地，最好哪年用哪年征，但需留有发展空间。

（5）确定站址时，应考虑其与邻近设施的相互影响。飞机场、导航台、收发信台、地震台、铁路信号等设施，对无线电干扰有一定要求，站址距上述设施距离要满足有关规定的要求，以便保证变电站对附近原有设施无影响。站址附近不应有火药库、弹药库、打靶场等设施。当站址附近工厂排出腐蚀性气体时，布置时应根据风向避开有害气体。

（6）交通运输方便。选择站址时不仅要考虑施工时设备材料及变压器等大型设备的运输，还要考虑运行、检修时的交通运输方便。一般情况下站址要靠近公路或铁路，引接公路要短，以便减少投资。

（7）其他。所选站址应具有可靠水源，排水方便，并且应满足施工条件方便等。

6.5　网络结构规划的常规方法

网络结构规划的常规方法一般分为方案形成和方案检验两个阶段。

6.5.1　方案形成

方案形成阶段的任务是根据输电容量和输电距离，拟订几个可比的网络方案。目前，方案拟订还是由技术人员来完成的，很大程度上依赖于规划者的经验。

（1）输电距离的确定。一般是在有关的地形图上量得长度，再乘以曲折系数 1.1～1.15（这是个经验数字，各个地区可以根据地形复杂情况选用，或应用实际积累的数值，但一般最多不超过 1.4）。作业时可参考同路径已运行的线路实际长度，或取送电线路可行性研究后的设计长度。

（2）输电容量的确定。将一个待规划的电网分成若干区域（行政区或供电区），在每个区域内根据其负荷与装机容量进行电力（或电量）平衡，观察各区内电力余缺，以便明确哪些地区盈余、哪些地区不足、哪些电厂属区域性电厂、哪些电厂属地区性电厂、电力是从哪里送给哪个地区的，从而确定各地区间的送电量。

待规划电网的输电距离和输电容量确定后，应用本章 6.6 节中关于送电线路输电能力的数据、以往类似工程实例以及规划者的经验，即可拟出几个待选的网络连接方式。

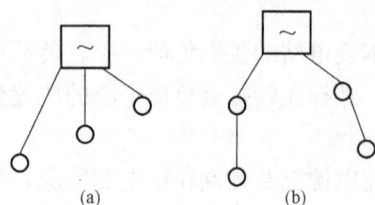

由于现代电网的结构愈来愈复杂，所以规划时没有标准模式可套用，一般应根据其规划年份内的负荷分布、数量大小、用电特性及其供电距离等进行考虑。现代电网的结构只能非常近似地加以描述和分类。从可靠性角度分，电网接线基本上可分为无备用网络和有备用网络两大类。无备用网络又可分为单回路放射式和单回路链式，如图 6-3 所示；有备用网络又可分为双回路放射

图 6-3　无备用网络

（a）单回路放射式；（b）单回路链式

式、双回路链式、环网和双回路与环网混合型等，如图6-4所示。

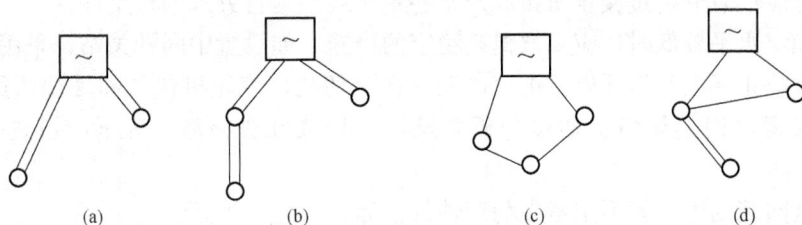

图6-4 有备用网络

（a）双回路放射式；（b）双回路链式；（c）环网；（d）双回路与环网混合型

在规划电网方案时，可分为静态电网规划法和动态电网规划法。静态电网规划法只对未来一个水平年的电网接线方案进行研究，因而又称水平年规划法。动态电网规划法将规划期分为几个年度并考虑其过渡问题。

6.5.2 方案检验

方案检验阶段的任务是对已形成的方案进行技术经济比较，其中包括电力系统潮流、调相、调压计算，稳定计算，短路电流计算及技术经济比较等。

在进行网络方案检验的同时，还可以根据检验得到的信息增加或修改原有的网络方案。

（1）潮流计算分析。潮流计算分析主要是观察各方案是否满足正常与事故运行方式下送电能力的需要。在正常运行方式下，各线路潮流一般应接近线路的经济输送容量，各主变压器（联络变压器）的潮流应小于额定容量。在$N-1$的事故（包括计划检修的情况）运行方式下，线路潮流不应超过持续允许的发热容量，变压器应没有长时期过负荷现象。

（2）暂态稳定计算。暂态稳定计算是检验各方案是否满足在DL/T 5429—2009《电力系统设计技术规程》中所规定的关于电网结构设计的稳定标准下，电力系统是否能保持稳定。

检验以下故障时网络结构是否满足系统稳定运行和正常供电：

1）单回线输电网络中发生单相瞬时接地故障重合成功。

2）同级电压多回线和环网发生单相永久接地故障重合不成功及无故障断开不重合（对于水电厂的直接送出线，必要时采用切机措施）。

3）主干线路各侧变电站同级电压的相邻线路发生单相永久接地故障重合不成功及无故障断开不重合。

4）核电厂送出线出口及已形成回路网络结构的受端主干网络发生三相短路不重合。

5）任一台发电机（除占系统容量比例过大者外）跳闸或失磁。

6）系统中任一大负荷突然变化，如冲击负荷或大负荷突然退出。

另外，还应检验以下型式故障：

1）单回线输电网络发生单相永久接地故障重合不成功。

2）同级电压多回线，环网及网络低一级电压的线路发生三相短路不重合。

以上故障时可采取措施保持系统稳定运行，但允许损失部分负荷。

电力系统规划一般可仅对推荐方案和少数主干网络比较方案进行静态和暂态稳定计算，但若根据系统特点能判断哪类稳定起控制作用时，则可只进行这类稳定计算（必要时进行动态计算）。

稳定计算应注意分析过渡年份接线及某些系统最小运行方式的稳定性。

当系统稳定水平较低时，应采取提高稳定的措施，如设置中间开关站，采用串联电容补偿、调相机、静止无功补偿器以及电气制动、送端切机、汽轮机快关和受端切负荷等措施。系统规划可根据电网具体情况初步分析并推荐一种或几种措施，为下阶段进行设计提供依据。

但在配电网规划中一般不用考虑稳定性的指标。

（3）短路电流计算。短路电流计算的主要目的是确定各水平年的网络短路容量能否被网络中所有断路器所承受，提出今后发展新型断路器的额定断流容量，以及研究限制系统短路电流水平的措施，包括提高变压器中性点绝缘水平。

电网规划应按远景水平年计算短路电流，选择新增断路器时应按投运后 10 年左右的系统发展容量进行计算，对现有断路器进行更换时还应按过渡年计算。

电网规划中应计算三相和单相短路电流，如单相短路电流大于三相短路电流时，更应研究电网的接地方式以及接地点的多少等。

当短路电流水平过大而需要大量更换现有断路器时，首先应研究限制短路电流的措施。

（4）调相、调压计算。无功补偿应满足系统各种正常及事故运行方式下电压水平的需要，达到经济运行的效果，原则上应使无功就地、分层、分区基本平衡。

无功补偿一般选用分组投切的电容器和电抗器，当对系统稳定有特殊要求时，应研究装设调相机或静止无功补偿器。

经调相、调压计算，在系统各种运行方式下变电站母线的运行电压不符合电压质量标准时，应增加无功补偿设备满足电压质量标准，在增加无功补偿设备后电压波动幅度仍不能满足要求时，可选用有载调压变压器。除上述情况外，有载调压变压器一般应装设在供、配电网中。

（5）经济比较。用第 3 章所述的方法进行经济比较。经济比较是选择电网方案的重要因素，但不是唯一的决定因素。选择方案时，还应综合考虑下列因素：

1）主干电网结构。

2）厂内或者变电站内接线。

3）运行灵活性。

4）是否便于过渡。

5）电源、负荷变化的适应性。

6）对国民经济其他部门的影响。

7）国家资源（如土地、劳力、矿藏等）利用政策。

8）国家物资、设备的平衡。

9）环境保护和生态平衡。

10）工程规模和措施是否与现有技术水平相适应。

11）缩短建设工期和改善技术经济指标的可能性和必要性。

12）建设条件和运行条件。

13）对人民生活条件的影响。

14）对远景发展的适应情况等。

6.5.3 网络规划的步骤

综上可得网络结构规划的步骤如下：

1）确定负荷水平及电源安排。
2）进行电力、电量平衡以明确输电线的送电容量及送电方向。
3）核定送电距离。
4）拟订电网方案。
5）进行必要的电气计算。
6）进行技术经济比较。
7）综合分析，提出推荐方案。

6.6 架空送电线路导线截面及输电能力

6.6.1 架空送电线路导线截面选择和检验

架空送电线路导线截面一般按经济电流密度来选择，并根据电晕、机械强度以及事故情况下的发热条件进行校验，必要时通过技术经济比较确定。但对超高压线路，电晕往往成为选择导线截面的决定因素。

一、按经济电流密度选择导线截面

按经济电流密度选择导线截面用的输送容量，应考虑线路投入运行后 5～10 年的发展。在计算中必须采用正常运行方式下经常重复出现的最高负荷，但在系统发展还不明确的情况下，应注意勿将导线截面选择得过小。导线截面的计算公式为

$$S = \frac{P}{\sqrt{3} J U_N \cos\varphi} \tag{6-3}$$

式中　S——导线截面，mm^2；

　　　P——送电容量，kW；

　　　U_N——线路额定电压，kV；

　　　J——经济电流密度，可见表 6-5 取值。

表 6-5　　　　　　　　　经济电流密度　　　　　　　　单位：A/mm^2

导线材料	最大负荷利用小时数 T_{max}		
	3000h 以下	3000～5000h	5000h 以上
铝线	1.65	1.15	0.9
铜线	3.0	2.25	1.75

注　经济电流密度的确定，涉及电力和有色金属等的供应、分配和发展等国民经济情况，目前有待统一修订标准。

二、按电晕条件校验导线截面

在高海拔地区，110～220kV 线路及 330kV 以上线路的导线截面，电晕条件往往起主要作用。导线产生电晕会带来两个不良后果：①增加送电线路的电能损失；②对无线电通信和载波通信产生干扰。关于电晕损失，现在趋向于用导线最大工作电场强度 E_{max}（单位：kV/cm）与全面电晕临界电场强度 E_0 的比值来衡量。110～500kV 架空送电线路设计技术规程中有不必验算电晕的导线最小截面表，可查阅 [82]。

许多国家（如瑞典、前苏联等）认为，三相平均的导线表面最大工作电场强度与全面电晕临界电场强度之比若小于 0.9，即 $\dfrac{E_{max}}{E_0} < 0.9$，则认为是经济的。

三、按导线长期容许电流校验导线截面

选定的架空输电线路的导线截面，必须根据各种不同运行方式以及事故情况下的传输容量进行发热校验，即在设计中不应使预期的输送容量超过导线发热所能容许的数值。

按容许发热条件的持续极限输送容量的计算公式为

$$S_{max} = \sqrt{3}\,U_N I_{max} \qquad\qquad (6-4)$$

式中　S_{max}——极限输送容量，MV·A；

　　　U_N——线路额定电压，kV；

　　　I_{max}——导线持续容许电流，kA。

四、按电压损失校验导线截面

只有当电压为 6、10kV 以下，且导线截面在 70~95mm² 以下的线路，才进行电压损失校验。若导线截面大于 95mm²，采用加大截面的办法来降低电压损失的效果并不十分显著，而且会引起投资及有色金属的增加，而采用经典电容器补偿或带负荷调压的变压器以及其他措施更为合适，但应进行技术经济比较确定。

线路允许电压损失的量，应视线路首端的实际电压水平确定。对于线路末端受电器电压，一般允许低于其额定电压的 5%；个别情况下（如故障），允许低于其额定电压的 7.5%~10%。

五、按机械强度校验导线截面

为保证架空线路必要的安全机械强度，对于跨越铁路、通航河流和运河、公路、通信线路、居民区的线路，其导线截面不得小于 35mm²。通过其他地区的导线截面，按线路的类型分，容许的最小截面见表 6-6。

表 6-6　　　　　　　　按机械强度要求的导线最小容许截面　　　　　　　　单位：mm²

导线构造	架空线路等级		
	35kV 以上线路	1~35kV 线路	1kV 以下线路
单股线	不许使用	不许使用	不许使用
多股线	25	16	16

6.6.2　架空送电线路输电能力

架空送电线路的输电能力是指输送功率大小与输送距离远近，它与电力系统运行的经济性、稳定性有很大关系。

一、线路的自然输送容量

线路的自然输送容量 P_λ（也称自然功率）可查表 6-7 或按式（6-5）计算

$$P_\lambda = \frac{U_N^2}{Z_\lambda} \approx 2.5 U_N^2 \times 10^{-3} \text{(MW)} \qquad\qquad (6-5)$$

式中　U_N——线路额定电压，kV；

　　　Z_λ——线路波阻抗，约 260~380，Ω。

表 6 - 7 　　　　　　　　　　　　　　　　线路的自然输送容量

电压（kV）	导线分裂数	Z_λ（Ω）	P_λ（MW）	电压（kV）	导线分裂数	Z_λ（Ω）	P_λ（MW）
220	1	380	127	500	3	270	925
330	2	309	353	750	4	260	2160

当线路传输自然功率 P_λ 时，电力传输具有如下特征：

（1）全线各点电压及电流大小一致；

（2）线路任一点功率因数都一样；

（3）没有无功功率传输，即每单位长度所消耗的无功功率等于其单位长度所产生的无功功率。

当输送功率小于自然功率时，线路电压从始端往末端提高；当传输功率大于自然功率时，线路电压从始端往末端降低。如果维持送受两端电压相等，且传输功率不等于自然功率时，线路中点电压偏移最严重。

220kV 及以上电压等级输电线路每回线的输送容量大致接近自然功率。对于短线路可能大于自然功率；而对于长线路，由于稳定原因往往达不到自然功率，必须采取措施。

二、超高压远距离输电线路的传输能力

远距离输电线路的传输能力主要取决于发电机并列运行的稳定性，以及为提高稳定性所采取的措施。远距离输电一般不输送无功（或仅输送极少无功），可在受端装设适当的调相调压设备。若要提高线路输送能力，必须保证一定的技术经济指标，包括输电成本、电能质量及正常和事故运行情况下系统的稳定性。

精确确定输电线路传输能力要通过稳定性计算，但在电网规划中可按照输电线路的极限传输角作为稳定性判据。根据功角特性公式并计及 $Z_c = Z_\lambda \sin\lambda$（$Z_c$ 为输电线路的阻抗），可求出传输功率的近似估算式为

$$P = P_\lambda \frac{\sin\delta_y}{\sin\lambda} \tag{6 - 6}$$

式中　λ——近似取 6°/100km；

　　　δ_y——输电线路的允许传输角；

　　　P_λ——线路的自然功率。

当 δ_y 取 25°～30°时

$$P \approx (400 \sim 480) \frac{P_\lambda}{L} \tag{6 - 7}$$

考虑补偿后，应为

$$P \approx \frac{(400 \sim 480)}{1 - K} \times \frac{P_\lambda}{L} \tag{6 - 8}$$

式中　K——补偿度；

　　　L——线路长度。

三、按静稳定条件决定的输送能力

按静稳定条件决定 100km 送电线路的输送能力，列于表 6 - 8 中。

四、线路的经济输送容量

线路的经济输送容量按经济电流密度 J 计算求得。

表 6-8   按静稳定条件决定的输送能力

电压 （kV）	输送能力 （100km·MW）	电压 （kV）	输送能力 （100km·MW）
220	400～600	500	3800～4000
330	1400～1600	750	7200～7400

五、架空线路在电压损失为 10% 时的负荷距

对于中、短距离输电线路，其传输能力不取决于系统的稳定，而取决于允许的电压损失（一般限制在 10% 以内）与功率及能量损耗，而这些又与调相设备、导线材料及电流密度有关。

六、线路的极限输送容量

很短线路的极限输送容量取决于导线容许的发热条件。线路持续极限输送容量在设计手册中有计算公式或表格可查[184]。

6.7 逐 步 扩 展 法

逐步扩展法根据各待选线路对过负荷支路过负荷量消除的有效度，即以减轻其他支路过负荷的多少来衡量待选线路的作用，选择恰当待选线路加到网络上直到网络无过负荷为止。

为计算各待选线路的有效度，需要计算各待选线路电纳增加后对过负荷支路潮流的影响，即需要进行变结构时的潮流计算。

6.7.1 变结构直流潮流计算

当网络结构相对于基本情形发生变化时，可以直接根据基本情形潮流求出变结构时的支路潮流，而不必重新求解潮流方程，从而大大节省计算时间。

要想计算结构变化后的支路潮流变化量 ΔP，需先求出节点电压相角变化量 $\Delta\theta$。

设网络中只有支路 k 电纳发生变化，其变化量为 ΔB_k，则有

$$\theta = (B)^{-1}(P_G - P_D)$$
$$\theta' = (B + \Delta B)^{-1}(P_G - P_D) \qquad (6-9)$$
$$\Delta\theta = \theta' - \theta = [(B + \Delta B)^{-1} - B^{-1}](P_G - P_D)$$

式中 ΔB——电纳矩阵变化量，$\Delta B = e_k \delta B e_k^T$，$\delta B = \Delta B_k$；

　　　　e_k——一列向量，其第 i 行元素为 1，第 j 行元素为 -1，其他元素均为 0，i、j 为支路 k 的起始和终止节点。

令 $D_1 = B$，$D_2 = e_k$，$D_3 = e_k^T$，$D_4^{-1} = -\delta B$，根据 Household 公式有

$$(D_1 - D_2 D_4^{-1} D_3)^{-1} = D_1^{-1} + D_1^{-1} D_2 (D_4 - D_3 D_1^{-1} D_2)^{-1} D_3 D_1^{-1}$$

则有

$$\Delta\theta = -B^{-1} e_k (\delta B^{-1} + e_k^T B^{-1} e_k)^{-1} e_k B^{-1} (P_G - P_D) \qquad (6-10)$$

令 $X = B^{-1}$，$X_k = B^{-1} e_k$，则有

$$\Delta\theta = -C X_k X_k^T (P_G - P_D) \qquad (6-11)$$

对于任一支路 l，支路两端相角差增量 $\Delta\theta_l$ 为

$$\Delta\theta_l = -e_l^T C X_k X_k^T (P_G - P_D) = -C e_l^T X_k e_k^T \theta = -C\chi_{lk}\theta_k \qquad (6-12)$$
$$\chi_{lk} = e_l^T X_k^T$$

同样 e_l 为一列向量，对应起始节点的相应元素为 1，对应终止节点的相应元素为 -1，其他元素均为 0。

支路 l 潮流增量为

$$\Delta P_l = B_l \Delta \theta_l = \frac{-B_l \chi_{lk}}{1 + \Delta B_k \chi_{kk}} \frac{\Delta B_k}{B_k} P_k \qquad (6-13)$$

支路 k 潮流增量为

$$\Delta P_k = (B_k + \Delta B_k) \Delta \theta_k + \Delta B_k \theta_k = \frac{1 - B_k \chi_{kk}}{1 + \Delta B_k \chi_{kk}} \frac{\Delta B_k}{B_k} P_k \qquad (6-14)$$

将式（6-13）和式（6-14）合写成

$$\Delta P_{lk} = \beta_{lk} \frac{\Delta B_k}{B_k} P_k \qquad (6-15)$$

$$\beta_{lk} = \frac{\delta_{lk} - B_l \chi_{lk}}{1 + \Delta B_k \chi_{kk}}, \quad \delta_{lk} = \begin{cases} 0 & (l \neq k) \\ 1 & (l = k) \end{cases}$$

6.7.2 规划方案的形成

设网络中线路 l 出现了过负荷，设法寻找待选线路 k，使得该线路加入系统后能够最有效地降低线路 l 的过负荷量。由式（6-15）可知，线路 k 加入系统后，线路 l 潮流变化量 ΔP_{lk} 为

$$\Delta P_{lk} = \beta_{lk} \frac{\Delta B_k}{B_k} P_k \qquad (6-16)$$

该式直接反映了线路 k 对降低线路 l 过负荷的作用。设线路 k 的建设投资为 C_k，考虑投资因素后，待选线路有效性指标可定义为

$$E_{lk} = \frac{\Delta P_{lk}}{C_k} \qquad (6-17)$$

这样，对所有待选线路而言，E_{lk} 最大的线路就是最有效线路。

当系统中存在多条过负荷线路时，应当考虑增加一条新线路对所有过负荷线路的综合效益，为此定义综合有效性指标为

$$E_k = \sum_{l \in M_{ol}} E_{lk} \qquad (6-18)$$

式中 M_{ol}——过负荷线路集。

需要指出的是，在规划中经常遇到有新建电厂及新负荷中心的问题。当新建一个发电厂或新出现一个负荷中心时，网络通常是不连通的，因此对该网络无法进行潮流计算。对于初始不连通网络，可以通过在所有可扩展支路上增加一个虚拟线路来消除，虚拟线路电抗一般要远大于正常电抗值（比如为 10^4 倍）。由此，不连通区域间的虚拟线路将严重过负荷。这样，分离区域的连接问题同样可作为减少过负荷问题来实现。

整个网架规划可以通过两个阶段来实现：第一阶段实现在正常状态下无过负荷线路，第二阶段对网络进一步增强以考虑单一故障影响。

第一阶段的迭代过程可描述为：

（1）计算直流潮流。

（2）检查线路是否过负荷。若有，形成过负荷线路集，计算待选线路的综合有效性指标，转步骤（3）；否则，转步骤（4）。

（3）选综合有效性指标最大者加入电网中，转步骤（1）。

（4）输出结果。

第二阶段的迭代过程可描述为：

（1）分析所有预想事故集，若无过负荷，转步骤（3）；否则，根据总过负荷量大小的不同，找出最严重故障。

（2）断开最严重故障所对应的线路，执行第一阶段迭代过程，在最有效线路上增加一条线路，转步骤（1）。

（3）输出结果。

6.7.3 逐步扩展法网络规划模型的计算流程

逐步扩展法网络规划模型的计算流程如图 6-5 所示。

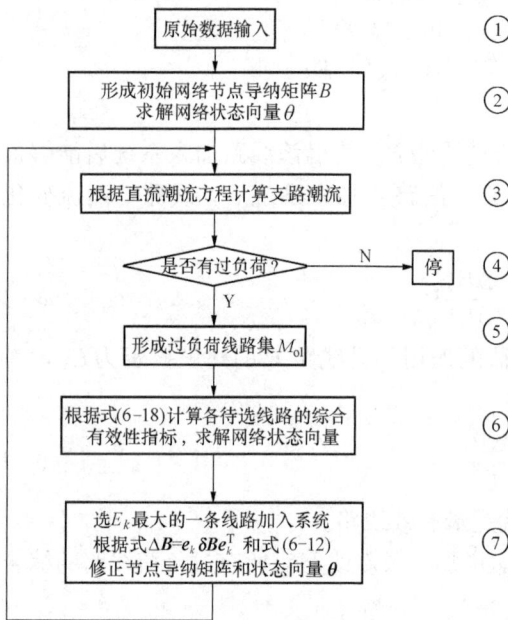

图 6-5 逐步扩展法网络规划模型的计算流程图

现将图 6-5 各框的意义简述如下：

（1）第①框水平年规划的原始数据主要包括该水平年各节点的负荷分布、发电机功率、待选线路的各项参数、现有电网结构及参数、线路传输容量等。

（2）第②框初始网络的节点阻抗矩阵可以通过导纳矩阵求逆或支路追加等方法求得。然后根据式（6-9）可直接求出网络状态向量 θ。

（3）第③框根据 θ，进而由 $P = B\theta$ 计算各支路潮流。

（4）第④框检验线路过负荷的关系式为

$$| P_k | < \overline{P}_k \qquad (6-19)$$

式中　P_k——线路 k 的潮流计算值；

　　　$\overline{P}_k$——线路 k 的传输容量。

$\overline{P}_k$ 值取决于线路发热约束、稳定约束和电压损耗约束。在方案形成阶段，线路传输容量的稳定约束和电压损耗约束很难给出。因此在实际应用中，人们往往根据线路的型号、长度由经验曲线给出传输容量，也有一些文献根据线路两端允许的最大相角差来确定传输容量。

（5）第⑤框将不满足式（6-19）的线路记录于过负荷线路集 M_{ol} 中。

（6）第⑥框根据式（6-18）计算各待选线路的综合有效性指标。在式（6-18）中，设线路 k 两端节点为 i、j，线路 l 两端节点为 m、n，则

$$e_k^T X e_l = x_{im} + x_{jn} - x_{jm} - x_{in}$$

式中　x_{im}、x_{jn}、x_{jm}、x_{in}——X 中的相应元素。

（7）第⑦框在所有待选线路中选 E_k 最大的线路加入系统。该线加入系统后，网络节点导纳矩阵和状态向量都要发生相应变化，这时使用式 $\Delta B = e_k \delta B e_k^T$ 和式（6-12）的直接修正公式修正节点导纳矩阵 B 和状态向量 θ 非常方便，且可以减少计算工作量、提高计算速度。

从整个规划流程可以看出，这是一个循环迭代、逐步扩展网络的过程，直到系统没有过负荷为止。应该指出，这种方法以系统节点导纳矩阵为基础进行灵敏度分析，当网络中有孤立节点或不连通现象时，阻抗矩阵不存在，因而使其应用受到一定限制。为了解决这个问题，可以先用阻抗值很高的虚拟线路将系统连通，然后再进行分析计算。

6.8 逐步倒推法

逐步倒推法的方案形成策略为：首先根据水平年的原始数据构成一个虚拟网络，该网络包含系统现有网络、所有孤立节点和所有待选线路，这样的虚拟网络一般是连通的，冗余度很高但不经济；然后对虚拟网络进行潮流分析，比较各待选线路在系统中的作用和有效性，逐步去除有效性低的线路，直到网络没有冗余线路为止，也即去掉此时任何新增线路都会引起系统过负荷或系统解列。

6.8.1 最小费用网络的形成

满足 N 安全性的最小费用网络可由下面的迭代过程完成：

（1）将所有待选线路全部加入现有网络，形成虚拟网络。

（2）采用直流潮流模型（也可采用其他潮流模型），计算支路潮流。

（3）逐步倒推法以线路在系统中载流量的大小衡量其作用。考虑线路投资影响后，认为投资小并且载流量大的线路为有效线路，因此定义线路有效性指标为

$$E_l = \frac{|P_l|}{C_l} \tag{6-20}$$

式中　P_l——待选线路 l 上潮流；

　　　C_l——待选线路 l 建设投资。

按 E_l 从小到大顺序排列，设具有最小有效性指标的待选线路为线路 k。

（4）去掉线路 k 后，重新计算潮流。网络是否有过负荷，若有，保留线路 k，转步骤（5）；否则，转步骤（3），继续迭代。

（5）输出最小费用网络方案。

6.8.2 满足 $N-1$ 安全性要求的网络形成

在找到最小费用网络后，再通过下面的迭代步骤形成满足安全性要求的网络方案。

（1）对现有网络进行 $N-1$ 分析，得到所有 $N-1$ 故障下的线路总过负荷值为

$$\Phi = \sum_{i \in M} \sum_{l \in M_{ol,oi}} \max\{|\overline{P}_l - P_l|, 0\} \tag{6-21}$$

式中　M——所有支路集；

　　　$M_{ol,oi}$——支路 i 单线开断时过负荷线路集。

若 Φ 为 0，转步骤（5）。

（2）对候选线路集任取一线路加入网络后，再进行 $N-1$ 分析，得到新线加上后的 $N-1$ 故障总过负荷值 Φ'。

（3）计算各待选线路的有效性指标，计算式为

$$E_l' = \frac{\Phi - \Phi'}{C_l} \tag{6-22}$$

（4）将 E_l' 最大的待选线路加入网络，转步骤（1）。

（5）输出最终规划网络方案：在逐步去除有效性低的线路时，有些线路的有效性指标虽然较低，但它们对系统或其他线路的影响较大，因此应当保留。这些线路主要有以下两类：

1）该线去除后会引起系统解列。

2）该线去除后会引起其他线路过负荷。

以上选择有效线路只是针对待选线路而言，系统中的原有线路一律保留。

6.8.3　逐步倒推法网络规划模型的计算流程

逐步倒推法网络规划模型的计算流程如图 6-6 所示。

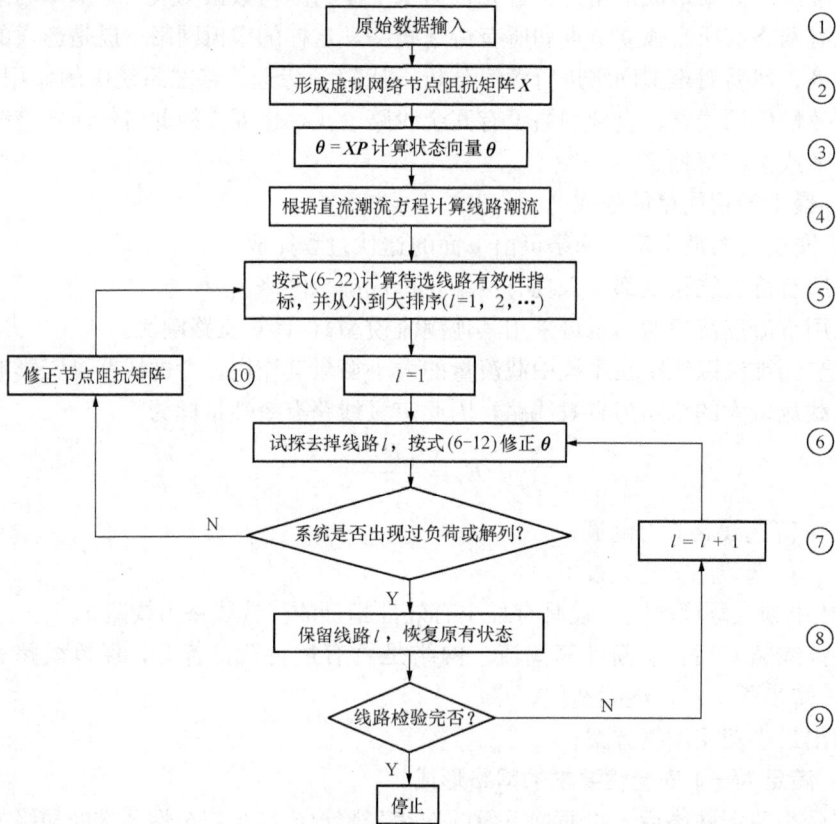

图 6-6　逐步倒推法网络规划模型的计算流程图

图中，第⑤框对待选线路按其有效性指标从小到大排序是为了首先分析和去除有效性最低的线路。第⑥框去掉线路 l 是试探性的，因而可不必修改节点阻抗矩阵而直接修改状态向量 θ，这一框的计算为第⑦框提供了基础。在修改过程中，如果去掉该线会引起系统解列，则不宜去掉该线，否则可在修正 θ 后计算各线路潮流并用式（6-19）检验是否有过负荷。当第⑦框确定线路 l 应该去除时，因为新的状态向量和线路潮流已经求出，所以此时只需要修正节点阻抗矩阵 X，见第⑩框。如果线路 l 应该保留，则无需修正节点阻抗矩阵 X，只要将状态向量恢复为开断线路 l 前的值即可，见第⑧框，并进而分析其他待选线路的情况。图中其他各框的意义比较明确，不再赘述。

6.9　满足确定性安全准则的启发式网络规划

启发式网络规划的思路为系统每一运行状态下的运行行为，在满足安全性的前提下采用一个基于直流潮流的最小切负荷模型来模拟。最小切负荷模型和所需满足的安全性约束条件为

$$\min Z = \sum_{i \in N} R_i \tag{6-23a}$$

s.t.　　约束条件　　对偶变量

$$P_G + R - B\theta = P_D \quad \pi_D \tag{6-23b}$$

$$|P| \leqslant \overline{P} \quad \pi_{\overline{P}} \tag{6-23c}$$

$$\underline{P_G} \leqslant P_G \leqslant \overline{P_G} \quad \pi_G \tag{6-23d}$$

$$0 \leqslant R \leqslant P_D \quad \pi_R \tag{6-23e}$$

式中　π_D、$\pi_{\overline{P}}$、π_G、π_R——对应于约束式（6-23b）～式（6-23e）的对偶变量，又称 Lagrange 乘子；

　　　N——系统节点集；

　　　R——节点切负荷量；

　　　$\overline{P}$——支路传输功率的极限值。

对偶变量 $\pi_{Di} = \dfrac{\partial Z^*}{\partial P_{Di}}$ 表示最优解时节点 i 负荷增加所引起的切负荷增量，对偶变量 $\pi_{Gi} = \dfrac{\partial Z^*}{\partial P_{Gi}}$ 表示节点 i 发电机容量增加引起的切负荷增量，$\pi_{\overline{P}i} = \dfrac{\partial Z^*}{\partial \overline{P}_i}$ 表示支路 i 容量增加引起的切负荷增量。当 $P_{Gi} \leqslant \overline{P}_{Gi}$ 时，$\pi_{Di} \leqslant 0$；当 $R_i > 0$ 时，$\pi_{Di} = 1$；当 $P_{Gi} = \overline{P}_{Gi}$ 时，$\pi_{Di} \geqslant 0$。

由于支路 i 线路扩展时，同时有两个参数即支路容量 $\overline{P}_i$ 及电纳 B_i 发生变化，因此，有两类有关支路参数的灵敏度系数，可以用于选择对消除切负荷最有效的支路，即

（1）支路容量 $\overline{P}_i$ 的灵敏度系数 $\pi_{\overline{P}_i}$。

（2）支路电纳 B_i 的灵敏度系数 π_{B_i}。

灵敏度系数 $\pi_{\overline{P}_i}$ 可直接由模型中求出。但使用该灵敏度有两个不便之处：一，对于初始节点间无线路连接的支路，不可能求出此值；二，一般线性规划最优解只有一部分线路在其极限上，只有这部分线路才有非零乘子，无法反映出许多实际规划问题中可增加支路对系统指标的影响。为此，本节利用 π_{B_i} 进行规划。

由于支路潮流可表示为

$$P_k = B_k(\theta_i - \theta_j) \tag{6-24}$$

所以

$$\pi_{B_k} = \frac{\partial Z^*}{\partial B_k} = \frac{\partial Z^*}{\partial P_k}(\theta_i - \theta_j) \tag{6-25}$$

而 $\dfrac{\partial Z^*}{\partial P_k}$ 表示 P_k 单位增量对 Z^* 的影响，可用节点 i 负荷增加一个单位，而 j 负荷减少一个

单位来表达，即

$$\frac{\partial Z^*}{\partial P_k}=\frac{\partial Z^*}{\partial P_{Di}}-\frac{\partial Z^*}{\partial P_{Dj}}=\pi_{Di}-\pi_{Dj} \tag{6-26}$$

式（6-26）代入式（6-25），得

$$\pi_{B_k}=(\pi_{Di}-\pi_{Dj})(\theta_i-\theta_j) \tag{6-27}$$

再考虑投资影响，定义支路 k 有效性指标为

$$E_k=\frac{-\pi_{B_k}b_k}{C_k} \tag{6-28}$$

式中　b_k、C_k——分别为支路 k 增加一回线的电纳及投资增量。

由此，满足 N 安全性的规划方案可通过下面的迭代过程来实现：

（1）求解最小切负荷模型。

（2）若无切负荷，转（4）；否则，计算各支路有效性指标。

（3）选择有效性指标最大支路加一回线，转（1）。

（4）输出网络方案。

满足 $N-1$ 安全性的规划方案迭代过程为：

（1）模拟每一次 $N-1$ 线路故障。每次故障后计算一次最小切负荷量及其相应灵敏度；若无切负荷，转（4）。

（2）计算任一支路 k 有效性指标的平均值。

$$\overline{E}_k=\frac{1}{M_C}\sum_{i=1}^{M_C}E_{ki} \tag{6-29}$$

式中　M_C——$N-1$ 故障数；

　　　E_{ki}——第 i 个 $N-1$ 线路故障时支路 k 的有效性指标；

　　　$\overline{E}_k$——k 有效性指标的平均值。

（3）将有效性指标平均值最大的支路加一回线，转（1）。

（4）输出结果。

同样，对于式（6-23）所示模型，为同电网实际运行更接近，可将目标函数的切负荷用切负荷费用代替，以体现负荷重要性不同的影响；也可将目标函数改为切负荷费用与发电费用之和，规划时可采用基于运行及缺电总费用的支路有效性指标进行线路选择。

6.10　满足概率性安全准则的启发式网络规划

网架规划中，最常用的衡量网络概率性安全性的指标是系统年缺电量期望值（EENS）、年缺电概率（LOLP）等。

以 EENS 为例，应用启发式方法来解决满足概率性安全准则规划问题的方法如下：

首先对现有系统进行大量随机状态模拟，得到系统的 EENS 值；然后判断 EENS 是否已达到要求；若是，现有系统即为最终规划方案；否则，根据各可行路径参数对 EENS 的灵敏度不断重复选择增加线路，直到 EENS 超过或达到要求值为止。

在计算 EENS 指标时，为了同实际运行条件更接近和模拟更精确，除考虑网络元件可用度的不确定性以外，还需考虑负荷的不确定性及发电机组可用度的不确定性。

6.10.1 不考虑负荷随机性情形下的规划问题

系统年缺电量期望值 $EENS$ 是一个随机变量，取决于系统状态，而系统状态本身又是用一定数目参数如负荷、来水量、发输电设备可用度等定义的。可采用 Monte-Carlo 模拟法进行 $EENS$ 的计算。

Monte-Carlo 法计算过程为：首先随机抽取发输电设备（线路、变压器、火电机组）有效度，得到大量电力系统状态；然后，对于每一个随机抽取的状态，给定负荷水平，采用线性规划技术确定负荷分配方案（严重时可切负荷），以使运行及缺负荷总费用最小，并满足直流潮流方程及元件最大传输容量限制；最后，可得到系统年缺电量期望值指标 $EENS$ 及其相对线路参数的灵敏度指标。

由于采用模拟法，若需要缺电量计算有足够精度的话，需要随机抽样大量系统状态。因此，有必要采用高效求解线性规划的算法，以对随机抽样选取的每一个状态进行最小切负荷计算。对于最小切负荷这个线性规划问题，这里未采用标准的单纯形方法进行求解，而是采取一个松弛算法。该算法将整个问题的求解，用一系列更小规模的简化线性规划求解完成后，将未越限的潮流约束去掉，而加入新的过负荷输电设备的潮流约束，又得到一个新的简化线性规划问题。对于每个简化线性规划问题的最优解，一般只有很小部分的线路或变压器潮流受到限制。每一个简化线性规划求解后，计算一次潮流以确定网络中正常状态及抽取 $N-1$ 故障状态的潮流值。若无过负荷，整个问题最优解便可得到。否则，有必要求解另一个简化线性规划。

一、系统状态的描述

系统状态取决于负荷、变压器、发电机组及网络状态。

对于每个节点负荷，采用峰值负荷和一组表达年负荷持续曲线形状的系数来定义，并假定所有节点负荷曲线相同。令 $\overline{P}_{Di}$ 表达节点 i 峰值，λ_k 为相对于时间段 k 的年负荷曲线系数，则节点 i 在年负荷持续曲线段 k 的负荷为

$$P_{Dik} = \overline{P}_{Di}\lambda_k \tag{6-30}$$

若省略下标 k，任一时间段节点 i 负荷用 $\overline{P}_{Di}$ 表示，节点 i 实际满足负荷用 P_{Di} 表示，则有

$$0 \leqslant P_{Di} \leqslant \overline{P}_{Di} \tag{6-31}$$

对于发电机组，将其分成火电机组和水电机组考虑，并假定所有发电机组特性及位置是已知的。每个火电机组用其最大输出功率、不可用率及平均运行费用表达。设 $\overline{P}_{Gij}$ 为节点 i 火电机组 j 的最大输出功率（当机组可用时，其值为机组容量；否则，为 0），P_{Gij} 为其输出功率，则有

$$0 \leqslant P_{Gij} \leqslant \overline{P}_{Gij} \tag{6-32}$$

水电厂又分成输出功率无法调节电厂和输出功率可调节电厂两类。对于输出功率无法调节电厂，这些电厂输出功率只取决于来水量。电厂用水电机组特性及输出功率表达。对于输出功率可调节电厂，这些电厂输出功率取决于所采取的年水库调度策略。该类电厂输出功率包括基本输出功率和附加输出功率两部分。基本输出功率是根据年水库调度策略确定的输出功率，不取决于负荷水平。附加输出功率则是相对于基本输出功率，根据负荷水平所增加的输出功率，它随时间段的变化而变化。对于每一个系统不可用状态，附加输出功率需通过求解线性规划来确定。输出功率可调节电厂用最大输出功率、年水库调度策略确定的基本输出功率及水电机组特性描述。设 P_{Hi}、$\overline{P}_{Hi}$ 为节点 i 可调节水电机组输出功率及最大允许输出

功率，P_{Hi1}、$\overline{P}_{Hi1}$ 为年度水库调度策略规划的基本输出功率及最大允许基本输出功率，则有

$$P_{Hi} = P_{Hi1} + P_{Hi2} \tag{6-33}$$

$$0 \leqslant P_{Hi} \leqslant \overline{P}_{Hi1} \tag{6-34}$$

$$0 \leqslant P_{Hi2} \leqslant \overline{P}_{Hi} - \overline{P}_{Hi1} \tag{6-35}$$

式中　P_{Hi2}——节点 i 水电机组附加输出功率值。

设 P_{Fi} 表达节点 i 固定输出功率（包括不可调节水电输出功率），则节点 i 发电输出功率为

$$P_{Gi} = \sum_{j \in N_{Gi}} P_{Gij} + P_{Hi1} + P_{Hi2} + P_{Fi} \tag{6-36}$$

式中　N_{Gi}——节点 i 所连接的火电机组集。

网络用其拓扑结构定义，由节点集合及连接这些节点的输电元件集合表达。每个元件用阻抗、不可用率及正常与紧急条件下的最大传输容量定义。

对于给定的负荷水平及水文条件，通过对发电机组及输电元件不可用度的随机抽样，确定出大量系统状态。对于每个元件，给定一个（0，1）随机数，根据这个数是大于还是小于可用率，确定该元件是可用还是不可用的。所有元件状态组合在一起，形成系统状态。

二、单状态负荷分配的计算过程

对于给定系统状态，在满足潮流约束前提下，寻找一个负荷分配方案，使运行及可靠性费用最小。

确定负荷分配方案的过程为：

（1）初步平衡电源与负荷。按照发电费用由小到大的次序，依次投入不可调节水电厂、可调节水电厂、经济性好的火电厂及经济性较差的火电厂。如果电源同整个负荷不匹配，再利用可以调节水力发电作为最后手段，可以切负荷。

（2）计算潮流。电源与负荷平衡后，按如下方式计算直流潮流，以确定相应正常或紧急条件下网络的潮流。

对于无支路故障情形，直接应用直流潮流模型进行计算，而对于有支路故障状态，采用先假定所有支路均正常，计算一次网络潮流。然后，应用 Household 公式，直接根据正常条件下的潮流求出紧急条件下的潮流。

（3）判断是否需要进行负荷分配调整。潮流计算后，可能出现两种情况：一种是网络无过负荷，那么上述负荷分配方案为最优方案。在这种发输电设备可用度状态下，由于网络限制而增加的运行及可靠性费用为 0。另一种是一些回路过负荷，此时，为满足整个网络潮流约束，需要对可以调节的发电功率重新分配，若必要也可附加切负荷。

（4）执行负荷分配调整。采用以运行及可靠性费用最小为目标的线性优化模型，计算新的负荷分配方案。

对于这个优化模型，为减少程序计算时间，采用一个松弛算法以替代标准线性规划算法。该算法处理过程描述如下：

1）若已验证有线路过负荷，确定发电功率再分配和额外切负荷方案，以消除这些过负荷。这一步采用对偶单纯形算法实现，并只考虑潮流等于或大于其传输容量的线路或变压器的潮流约束。

2）对于新的负荷分配方案，重新计算一次潮流，以验证是否有新的潮流约束不满足。

若没有，最优解已得到。否则，转 1）。

相比总回路数，过负荷输电回路总数通常要小得多。每次迭代线性规划规模大大缩小，执行求解所需时间也非常小，达到最优解所需迭代次数也很少。

假定正常及故障时网络均是连通的，则负荷分配模型可表达为

$$\min W = \sum_{i \in N} \sum_{j \in N_{Gi}} C_{Gij} P_{Gij} + \sum_{i \in N} C_{Hi} P_{Hi2} + \sum_{i \in N} C_{Ri}(\overline{P}_{Di} - P_{Di}) \quad (6-37\text{a})$$

$$\text{s. t.} \quad -B\theta + P_G = P_D \quad (6-37\text{b})$$

$$|P_l| \leqslant \overline{P} \quad (l \in M_0) \quad (6-37\text{c})$$

$$P_{Gi} = \sum_{j \in N_{Gi}} P_{Gij} + P_{Hi1} + P_{Hi2} + P_{Fi} \quad (i \in N) \quad (6-37\text{d})$$

$$0 \leqslant P_{Hi1} \leqslant \overline{P}_{Hi1} \quad (i \in N) \quad (6-37\text{e})$$

$$0 \leqslant P_{Hi2} \leqslant \overline{P}_{Hi} - \overline{P}_{Hi1} \quad (i \in N) \quad (6-37\text{f})$$

$$0 \leqslant P_{Gij} \leqslant \overline{P}_{Gij} \quad (j \in N_{Gi}, \quad i \in N) \quad (6-37\text{g})$$

$$0 \leqslant P_{Di} \leqslant \overline{P}_{Di} \quad (i \in N) \quad (6-37\text{h})$$

式中 $\sum_i \sum_j C_{Gij} P_{Gij}$ ——运行费用；

$\sum_i (\overline{P}_{Di} - P_{Di})$ ——切负荷量；

N ——系统节点集；

M_0 ——过负荷元件集合；

B ——网络电纳矩阵；

C_{Gij} ——节点 i 火电机组 j 运行费用；

C_{Ri} ——节点 i 单位缺电量费用；

$\sum_i P_{Hi2}$ ——额外水电功率；

C_{Hi} ——额外水电功率费用，一般有 $\max\limits_j \{C_{Gij}\} < C_{Hi} \ll C_{Ri}$ 关系存在。

三、扩建线路的选择

对于每一个系统状态，求解模型式（6-37），在得到最优运行决策的同时，还得到对于投资决策有重要意义的网络元件电纳对运行及可靠性费用的灵敏度系数

$$\pi_{Bl} = (\pi_{Di} - \pi_{Dj})(\theta_i - \theta_j) \quad (6-38)$$

式中 π_{Di} ——根据相对于式（6-37b）的对偶变量（Lagrange 乘子）求出的节点注入功率对切负荷最优值的灵敏度系数；

$i，j$ ——元件 l 的两个端节点。

再考虑投资影响，该系统状态下支路 l 的有效性指标可定义为

$$E_l = \frac{-\pi_{Bl} b_l}{C_i} \quad (6-39)$$

式中 b_l、C_l ——支路 l 增加一回线的电纳及投资增量。

对于 Monte-Carlo 法随机抽取的系统状态，可计算出系统的 *EENS* 指标，而且依据式（6-39）也可以求出支路 l 有效性指标的期望值。若 *EENS* 指标已满足要求，此时系统结构即为最终的网架结构。否则，选择有效性指标期望值最大的支路，增加一回线，重新应用

Monte-Carlo 法进行运行模拟。

6.10.2 考虑负荷随机性情形下的规划问题

负荷也存在显著的不确定性。假定所有节点负荷曲线形状相同，每个节点负荷可用最大负荷和一组表达年负荷持续曲线现状的系数表达，而且假定负荷不确定性不改变曲线形状。设 $\overline{P}_{Di}$ 表达节点 i 最大负荷的平均值，λ_k 表达相对于时间段 k 的年负荷曲线系数，那么，节点 i 年负荷曲线段 k 的负荷将是一个随机变量，即

$$P_{Dik} = \overline{P}_{Di}\lambda_k(1+\varepsilon_1)(1+\varepsilon_2) \tag{6-40}$$

式中　ε_1——均值为 0、标准差为 σ_1 的正态变量，表示长期预测时与经济风险有关的不确定性；

ε_2——均值为 0、标准差为 σ_2 的正态变量，表示与气候风险有关的不确定性。

考虑到通常 σ_1、σ_2 数值很小，故 $\varepsilon_1 \cdot \varepsilon_2$ 可以忽略，有

$$P_{Dik} = \overline{P}_{Di}\lambda_k(1+\varepsilon_1+\varepsilon_2) = \overline{P}_{Di}\lambda_k(1+\varepsilon) \tag{6-41}$$

式中　ε——均值为 0、标准差为 $\sqrt{\sigma_1^2+\sigma_2^2}$ 的正态变量。

对于 Monte-carlo 法抽取的每一个系统状态，首先根据负荷的平均值求解式（6-37）。随之，通过改变该线性规划模型约束式（6-37h）的右端项，得到切负荷随总负荷水平变化曲线。得到该曲线后，假定负荷不确定性用正态分布表达，计算出负荷不确定性时的切负荷期望值。接着对所有负荷曲线时段进行累积，得到该状态年缺电量期望值。最后，对随机抽样得到的所有情形都进行计算后，得到最终平均结果。

对于发电机组及输电元件不可用度随机抽样确定的每一个电力系统状态，采用下面三阶段过程来计算年缺电量指标：

（1）计算给定负荷水平时切负荷。

（2）描绘切负荷随负荷水平变化曲线。

（3）计算不同时间段考虑负荷不确定性后的期望缺电量。

一、描绘切负荷随负荷水平变化曲线

对于随机抽样选择的每一个系统状态，假定已根据一个给定的负荷水平，求出一个使运行和缺电费用总和最小并满足潮流约束的负荷分配方案。设 P_{Di}（$i=1,\cdots,N$）为计算时节点 i 给定的负荷值。

假定负荷向量可以表达为

$$\begin{pmatrix} \overline{P}_{D1} \\ \vdots \\ \overline{P}_{DN} \end{pmatrix} = \lambda \begin{pmatrix} P_{D1} \\ \vdots \\ P_{DN} \end{pmatrix} \tag{6-42}$$

式中　λ——为非负参数。

这样，式（6-37b）表达的线性规划模型约束右端项变成一个 λ 的线性函数，进一步说是总负荷的函数，即

$$\overline{P}_D = \sum_{i=1}^{N}\overline{P}_{Di} = \lambda\sum_{i=1}^{N}P_{Di} \tag{6-43}$$

由线性规划性质可知，线性规划目标函数的最优值是一个 $\overline{P}_D$ 的凸分段线性函数。由于在目标函数中，同单位运行费用相比，单位缺电费用要高得多，这个结论对切负荷最优值也

是成立的。

在 3 个切负荷变化曲线中，网架规划所用到的是因电网容量不足导致的切负荷曲线 $R_N = f_N(\overline{P}_D)$。该曲线是一个分段线性函数，曲线斜率始终小于 1，即 $0 \leqslant \left| \dfrac{\mathrm{d}f_N}{\mathrm{d}\overline{P}_D} \right| \leqslant 1$。当负荷水平等于最大发电功率 $\overline{P}_G$ 时，曲线达到一个单一极大值。在区间 $[0, \overline{P}_G]$ 和 $[\overline{P}_G, +\infty]$，曲线均是凸的。当 $\overline{P}_D$ 趋向于无穷大时，该曲线变成 0 或保持一个常数。

曲线 $R_N = f_N(\overline{P}_D)$ 是通过改变线性规划模型式（6-37）的右端项得到的。在曲线两个转折点之间，线性规划最优基保持不变，切负荷随负荷线性增长，负荷变化时不需要重新求解线性规划；在转折点，最优基改变，需要重新求解线性规划。所以，形成该曲线时，求解线性规划的次数只同转折点数目相等。

二、计算不同时间段考虑负荷不确定性后的期望缺电量

设系统年负荷曲线第 k 时间段的平均负荷及标准差用 $\overline{S}_{Dk}$、σ_k 表达

$$\overline{S}_{Dk} = \lambda_k \sum_{i=1}^{N} \overline{P}_{Di} \tag{6-44}$$

$$\sigma_k = \overline{S}_{Dk} \sqrt{\sigma_1^2 + \sigma_2^2} \tag{6-45}$$

则该时段因电网容量不足导致的切负荷期望值 R_{Nk} 为

$$R_{Nk} = \int_0^\infty f_N(\overline{P}_D) g_k(\overline{P}_D) \mathrm{d}\overline{P}_D \tag{6-46}$$

式中　$g_k(\overline{P}_D)$——平均值及标准差为 $\overline{S}_{Dk}$、σ_k 的正态分布概率密度函数。

$$g_k(\overline{P}_D) = \frac{1}{\sqrt{2\pi}\sigma_k} \exp\left[-\frac{(\overline{P}_D - \overline{S}_{Dk})^2}{2\sigma_k^2} \right] \tag{6-47}$$

令 $\alpha_1, \cdots, \alpha_M$ 为相对于曲线 $R_N = f_N(\overline{P}_D)$ 转折点 $A_1, \cdots, A_M$ 的负荷水平，有

$$R_{Nk} = \sum_{i=1}^{M} \int_{\alpha_i}^{\alpha_{i+1}} (a_i \overline{P}_{Di} + b_i) g_k(\overline{P}_D) \mathrm{d}\overline{P}_D \tag{6-48}$$

式中　a_i、b_i——$[A_i, A_{i+1}]$ 段直线参数。

由此，在给定的系统状态（令其为状态 s）下，因电网容量不足导致的年缺电量期望值 $EENS_N^{(s)}$ 可以表达为

$$EENS_N^{(s)} = \sum_k T_k R_{Nk} \tag{6-49}$$

式中　T_k——时间段 k 持续时间。

同样，因电源容量不足而导致年缺电量期望值 $EENS_G^{(s)}$ 为

$$EENS_G^{(s)} = \sum_k T_k \int_{\overline{P}_G}^\infty (\overline{P}_D - \overline{P}_G) g_k(\overline{P}_D) \mathrm{d}\overline{P}_D \tag{6-50}$$

在给定的系统状态 s 下，时间段 k 因电网容量不足导致负荷不满足的概率 $LOLP_{Nk}$ 为

$$LOLP_{Nk} = \int_{a_1}^{a_M} g_k(\overline{P}_D) \mathrm{d}\overline{P}_D \qquad 当 f_N(a_M) = 0 \tag{6-51}$$

或

$$LOLP_{Nk} = \int_{a_1}^\infty g_k(\overline{P}_D) \mathrm{d}\overline{P}_D \qquad 当 f_N(a_M) > 0 \tag{6-52}$$

全年电网容量不足导致的负荷不满足概率 $LOLP_N^{(s)}$ 为

$$LOLP_N^{(s)} = \sum_k (T_k \times LOLP_{Nk}) / \sum_k T_k \qquad (6-53)$$

对于任一个线路和变压器支路 l，容量增加对应电网容量不足引起缺电量 $EENS_N^{(s)}$ 的灵敏度期望值为

$$\frac{\partial EENS_N^{(s)}}{\partial B_l} = \sum_k T_k \left[\sum_{i=1}^M \pi_{Bli} \int_{\alpha_i}^{\alpha_{i+1}} g_k(\overline{P}_D) \mathrm{d}\overline{P}_D \right] / \sum_l T_l \qquad (6-54)$$

式中　π_{Bli}——当 $\alpha_i \leqslant \overline{P}_D \leqslant \alpha_{i+1}$ 时线路或变压器支路 l 单位容量增加引起的切负荷增量。

由于当 $\alpha_i \leqslant \overline{P}_D \leqslant \alpha_{i+1}$ 时，线性规划最优基保持不变，因此 π_{Bli} 不取决于 $\overline{P}_D$。

考虑投资影响，可定义给定系统状态下的支路 l 的有效性指标为

$$E_l = \frac{-(\partial EENS_N^{(s)} / \partial B_l) b_l}{C_l} \qquad (6-55)$$

6.11　电网规划的线性规划方法

电网规划的线性规划方法将网络扩展中选择有效线路的问题归结为对一个"综合网络模型"求解线性规划的问题。综合网络由现有网络和待选线路网络两部分构成。

一、现有网络

(1) 对现有网络采用直流潮流方程进行模拟，因此应满足 KCL 和 KVL，由直流潮流方程可知，现有网络应满足约束条件

$$B\theta = P' \qquad (6-56)$$

式中　P'——现有网络在不过负荷的情况下能够输送的节点注入功率。

(2) 现有网络中的线路受到传输容量的限制，即对所有现有线路 k 应有

$$|P_k| \leqslant \overline{P}_k$$

若表示成相角的函数，则为

$$|B_l A\theta| \leqslant \overline{P}_l \qquad (6-57)$$

式中　$\overline{P}_l$——由现有线路输送容量构成的向量。

二、待选线路网络

(1) 模型对待选线路网络采用网流方程模拟，即只要求网络满足 KCL。设该网络的关联矩阵为 K，由该网络输送的节点注入功率向量为 P''，则该网络满足的约束条件应为

$$K^\mathrm{T} P_D = P'' \qquad (6-58)$$

式中　P_D——待选线路潮流向量。

(2) 待选线路不受传输容量的约束。

(3) 假定待选线路的功率传输费用与流过的潮流成正比，且费用系数为该线路的建设投资。整个待选线路网络的功率传输费用为

$$Z = C_D^\mathrm{T} |P_D| \qquad (6-59)$$

式中　C_D——各待选线路的建设投资费用。

对于综合网络而言，其节点注入功率向量为

$$P = P' + P'' \qquad (6-60)$$

P 中各元素为水平年各节点的净注入功率。网络规划的目标是在网络满足约束条件的情况下使总的投资费用最小。因此，综合网络选择有效线路的问题可归结为如下线性规划问题

$$
\left.
\begin{aligned}
&\min Z = C_{\mathrm{D}}^{\mathrm{T}}|P_{\mathrm{D}}| \\
&\text{s. t. } B\theta + K^{\mathrm{T}}P_{\mathrm{D}} = P \\
&|B_l A\theta| \leqslant \overline{P_l}
\end{aligned}
\right\}
\tag{6-61}
$$

另外，在确定注入功率 P 时应满足系统总的功率平衡要求，即总的发电功率应与总负荷相等。

在式（6-61）的线性规划中，由于目标函数的作用，其最终解的功率潮流必将尽可能利用现有线路，待选线路网络只是承担现有网络无力承担的过负荷部分。对式（6-61）求解，可能出现以下两种情况：

1）目标函数等于零时，说明网络中没有过负荷存在，这时现有网络已满足正常情况的运行要求，因而不必增加新线路。

2）目标函数大于零时，说明网络中有过负荷存在，并且由求解后的向量 P_{D} 中可知各待选线路上的潮流大小。由于目标函数已计及各线路功率传输费用的影响，所以此时潮流最大的待选线路就是扩展网络最有效的线路。将该线路加入系统可以最大程度地减轻网络过负荷并且投资最小。

在具体形成扩展方案时，可按以下步骤进行：

1）求解式（6-61）所示的线性规划问题。

2）若目标函数为零，则结束扩展过程；若目标函数大于零，则选 P_{D} 中潮流最大的线路为加入系统的有效线路。

3）将第2）步选出的有效线路加入系统，修改式（6-61）中矩阵 B、B_l、$\overline{P_l}$ 等中的相应参数，形成追加线路后新的线性规划问题。返回第1）步。

这种方法能够同时校验网络是否可行和选择最有效的扩展线路，可以很方便地处理孤立节点问题，对现有网络的模拟比较精确。对式（6-61）可利用通用的线性规划程序求解，因而计算程序比较简单。

值得指出的是，用灵敏度分析方法确定有效线路时并没有真实地反映线路的投资关系，因为规划决策是整数型决策，线路的投资费用与传输功率并不是简单的线性函数关系。因此，这类方法也只能给出各待选线路的相对有效性，而不能准确地给出整个线路扩展方案。为了避免灵敏度分析方法的这种不足，可以根据不同的运行方式，采用给某些待选线路一定权重等方法确定出几个较优方案，最后在方案校验阶段再作全面的技术经济比较，从中确定最优方案。

6.12　水平年电网规划的数学模型

水平年电网规划也就是单阶段电网规划，要求各变量满足直流潮流方程，并计及线路功率损耗的影响。其目标函数包括线路建设投资和系统发电费用两部分。为了考虑发电功率调整对架线方案的影响，该模型将发电机功率也作为变量处理，因而在确定最佳接线方案的同时还给出了相应最优发电机功率的调度计划。

一、目标函数

$$\min \sum_{i \in N_G} C_{Ri} P_{Gi} + \sum_{j \in M_n} C_{Kj} Z_j \qquad (6-62)$$

式中 C_{Ri}——节点 i 在整个规划期发出单位功率电力的贴现费用；

$\quad\quad P_{Gi}$——节点 i 发电机向网络注入的有功功率；

$\quad\quad C_{Kj}$——线路 j 的建设投资费用；

$\quad\quad Z_j$——线路 j 的 0-1 决策变量，且

$$Z_j = \begin{cases} 1 & \text{如果线路 } j \text{ 被选中加入系统,} \\ 0 & \text{其他情况;} \end{cases}$$

$\quad\quad N_G$——发电机节点集；

$\quad\quad M_n$——待选线路集。

目标函数式（6-62）包括线路投资和发电费用两部分。如果水平年规划代表一个阶段，则认为线路建设投资发生在规划期的开始，而发电费用则发生在整个规划期间，为此费用系数 C_{Ri} 应考虑发电费用的贴现问题。

二、约束条件

（1）功率平衡方程为

$$\sum_{\substack{j \in M \\ s(j)=i}} \left[P_j' - L_j(P_j') - P_j \right] + \sum_{\substack{j \in M \\ e(j)=i}} \left[P_j - L_j(P_j) - P_j' \right] = \begin{cases} P_{Di} - P_{Gi} & i \in N_G \\ P_{Di} & i \in N - N_G \end{cases}$$

$$(6-63)$$

式中 P_j——线路 j 的正向潮流，方向为从"起点"到"终点"；

$\quad\quad P_j'$——线路 j 的反向潮流，方向为从"终点"到"起点"；

$\quad L_j(P_j)$——线路 j 的功率损耗函数；

$\quad\quad P_{Di}$——节点 i 的有功负荷；

$\quad\quad M$——全部线路集；

$\quad\quad N$——全部节点集；

$s(j)=i$——以节点 i 为线路起点的所有线路；

$e(j)=i$——以节点 i 为线路终点的所有线路。

（2）潮流方程为

$$\theta_{s(j)} - \theta_{e(j)} = x_j(P_j - P_j') \quad j \in M_e \qquad (6-64)$$

$$\theta_{s(j)} - \theta_{e(j)} = x_j(P_j - P_j') \quad (\text{当 } Z_j=1 \text{ 时}) \quad j \in M_n \qquad (6-65)$$

式中 θ_i——节点 i 的电压相角；

$\quad\quad x_j$——线路 j 的电抗；

$\quad\quad M_e$——现有线路集；

$\quad\quad M_n$——待选线路集。

式（6-64）和式（6-65）分别表示现有线路和待选线路的潮流与其两端相角差的关系，由于式（6-63）中包含了非线性的线路功率损耗函数，且式（6-65）只有在 $Z_j=1$ 的条件下才能成立，因此很难将式（6-63）～式（6-65）归纳为如一般直流潮流方程那样的紧凑形式。

在功率平衡方程式（6-63）中，左边第一个求和式表示所有以 i 为起点的线路流入节

点 i 的潮流，第二个求和式表示所有以 i 为终点的线路流入节点 i 的潮流，线路的功率损耗也直接计入功率平衡方程式中。为了保证各变量的非负性，线路功率用双向潮流 P 和 P' 表示。P 和 P' 至少有一个为零。

三、各变量的上下限约束条件

$$P_j + P'_j \leqslant \overline{P}_j \quad j \in M_e \tag{6-66}$$

$$P_j + P'_j \leqslant \overline{P}_j \cdot Z_j \quad j \in M_n \tag{6-67}$$

$$P_{Gi} \leqslant \overline{P}_{Gi} \quad i \in N_G \tag{6-68}$$

$$P_{Gi}, \ P_j, \ P'_j, \ \theta_k \geqslant 0 \quad i \in N_G, \ j \in M, \ k \in N \tag{6-69}$$

式中　$\overline{P}_j$——线路 j 的传输容量；

　　　$\overline{P}_{Gi}$——发电机 i 的最大允许功率。

式（6-66）和式（6-67）表示了现有线路和待选线路的传输容量限制，式（6-68）表示各发电机的容量限制。由于潮流计算中相角的参考值可以任意给定，式（6-69）中的 θ_k 大于等于零的要求也不难满足。在式（6-62）～式（6-69）中除了式（6-63）和式（6-65）以外，其他各式均为线性方程。

四、模型线性化

把模型线性化就是将式（6-63）转化为线性关系并去掉式（6-65）的条件限制，从而导出标准的电网混合整数规划模型。

式（6-63）的非线性是由于线路功率损耗函数 $L_j(P_j)$ 的非线性引起的。线路损耗与其传输的功率成平方关系，即

$$L_j(P_j) \approx \alpha_j P_j^2 \tag{6-70}$$

式中　α_j——常数。

为了使式（6-63）转化为线性方程，可以对式（6-70）采用分段线性模拟，其逼近关系如图 6-7 所示，这时式（6-70）可表示为

$$P_j = \sum_{q=1}^{m} P_j^{(q)} \tag{6-71}$$

$$P_j^{(q)} \leqslant \overline{P}_j^{(q)} \tag{6-72}$$

$$L_j(P_j) = \sum_{q=1}^{m} \alpha_j^{(q)} P_j^{(q)} \tag{6-73}$$

式中　$\overline{P}_j^{(q)}$——P_j 轴上第 q 段的长度（见图 6-7）；

　　　m——总的分段数；

　　　$\alpha_j^{(q)}$——第 q 段线性函数的斜率。

这样在附加约束条件式（6-71）～式（6-73）后，式（6-63）就变成了线性函数。

约束方程式（6-65）虽然具有线性函数的形式，但它只有在 $Z_j=1$ 时才成立。为此，可以借助虚拟变量将该式转化为等价的无条件方程，即

$$\theta_{s(j)} - \theta_{e(j)} = x_j(P_j - P'_j) + (Z_j - 1) \cdot E + U_j \tag{6-74}$$

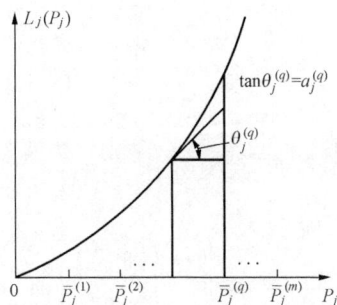

图 6-7　线路功率损耗函数的线性化

$$U_j \leqslant 2(1-Z_j)E \tag{6-75}$$

$$U_j \geqslant 0 \tag{6-76}$$

式中 E——一个很大的常数；

U_j——虚拟变量。

分析式（6-74）～式（6-76）可以看出，当 $Z_j=1$ 时，由式（6-75）和式（6-76）可断定 $U_j=0$，式（6-74）简化为该线路的潮流方程。当 $Z_j=0$ 时，由约束方程式（6-67）和 P_j 及 P'_j 的非负性可知，此时 $P_j=P'_j=0$，因此式（6-74）～式（6-76）变为

$$\left.\begin{array}{l} \theta_{s(j)} - \theta_{e(j)} = -E + U_j \\ U_j \leqslant 2E \\ U_j \geqslant 0 \end{array}\right\} \tag{6-77}$$

式（6-77）表示当相角差 $\theta_{s(j)} - \theta_{e(j)}$ 落于区间 $[-E, E]$ 时，总有变量 U_j 存在，使其成立，这说明只要 E 值取得足够大，式（6-77）实质上对变量 $\theta_{s(j)}$ 和 $\theta_{e(j)}$ 没有约束作用。

经过以上讨论，可以给出水平年电网混合整数规划模型。模型的目标函数仍为式（6-54），约束条件依次为式（6-63），式（6-71）～式（6-73），式（6-64），式（6-74）～式（6-76），式（6-66）～式（6-69）。对此模型可调用标准的数学优化程序求解。

7 不确定性电网规划方法

本章介绍了电网规划中随机性不确定性因素的特点及处理方法、模糊性不确定性因素的特点及处理方法，同时介绍了考虑模糊性不确定性影响因素的电网规划模型方法。

7.1 电网规划中的不确定性影响因素及处理方法

7.1.1 电网规划中考虑不确定性影响因素的意义

规划与不确定性问题是分不开的，电网规划中不可避免地要涉及大量规划人员控制之外或预料之外的不确定性因素。不确定性因素对规划方案的合理制定有着显著影响，若不加恰当考虑，则会因规划时的条件、参数与运行年实际条件、参数间的较大差异而造成制定出的所谓最优网架方案在将来投运后并不是最优，可能或因过度冗余而极不经济，或因规划的电网结构不符合运行年实际要求而造成缺电、窝电，最终不仅导致改建或扩建的巨大经济损失，而且还会给国民经济各部门带来难以估量的损失。一种合理的规划方法应该是处理不确定性问题方法与最优化方法的有机结合。回避不确定性问题而单独运用最优化方法所得出的规划结果将失去"最优"意义。对此，国内外规划界已有认识。

7.1.2 随机性不确定性因素的特点及处理方法

随机性是由于事物因果律破缺而造成的一种不确定性。随机性所反映的事件本身有着明确含义，只是由于事件发生的条件不充分而使得条件与事件之间不能出现确定的因果关系，从而事件的发生与否表现出不确定性。如，设备故障这一事件本身有着明确含义，但该设备在运行过程中什么时候发生故障、一年发生故障几次，却因受各种因素影响而具有随机性。不确定事件在电力系统中是比较多的，如发电机、变压器、线路、开关等电气设备的故障，系统停电事件的发生以及规划的目标年某负荷水平出现的时间等都具有随机性。对这类不确定性因素，可根据历史资料或模拟试验得到统计数据，然后用概率方法加以描述和处理。

例如，电气设备的工作寿命 T_U 及设备故障后的修复时间 T_D 是典型的随机变量。根据设备的运行日志、继电保护动作记录以及设备检修记录等资料或模拟试验记录，可得到关于 T_U、T_D 的统计数据，然后利用直方图等方法确定 T_U、T_D 的概率分布并加以检验。大量资料表明，电气设备的 T_U 一般呈指数分布，T_D 呈非指数分布。但若只研究稳态运行情况，可认为不受分布影响，即认为 T_U、T_D 均呈指数分布。这样，设备的故障率 λ 及修复率 μ 就都为常数，它们与设备平均无故障工作时间 $MTTF$ 及平均修复时间 $MTTR$ 的关系为

$$MTTF = E(T_U) = \int_0^\infty t f_U(t)\mathrm{d}t = \int_0^\infty t\lambda\mathrm{e}^{-\lambda t}\mathrm{d}t = \frac{1}{\lambda} \tag{7-1}$$

$$MTTR = E(T_D) = \int_0^\infty t f_D(t)\mathrm{d}t = \int_0^\infty t\mu\mathrm{e}^{-\mu t}\mathrm{d}t = \frac{1}{\mu} \tag{7-2}$$

式中　$E(T_U)$、$E(T_D)$——分别为随机变量 T_U、T_D 的数学期望值；

　　　$f_U(t)$、$f_D(t)$——分别为 T_U、T_D 的概率密度函数。

当 $MTTF$ 及 $MTTR$ 或 λ 及 μ 通过设备可靠性统计参数的点估计和区间估计得到后，设备的工作概率（又称可用率）及故障停运概率（又称不可用率）分别为

$$\begin{cases} P_U = \dfrac{\mu}{\lambda + \mu} \\ P_D = \dfrac{\lambda}{\lambda + \mu} \end{cases} \tag{7-3}$$

再如，系统某运行状态是由系统负荷状态与各设备运行状态所确定的，其发生的概率为

$$P_S = P_L \prod_{i \in F} P_{Di} \prod_{j \in Z-F} P_{Uj} \tag{7-4}$$

式中　P_S——系统状态概率；

　　　Z——所有支路集；

　　　F——故障支路集；

　　P_{Di}——第 i 条支路的等值故障停运概率；

　　P_{Uj}——第 j 条支路的等值工作概率；

　　P_L——系统负荷状态概率。

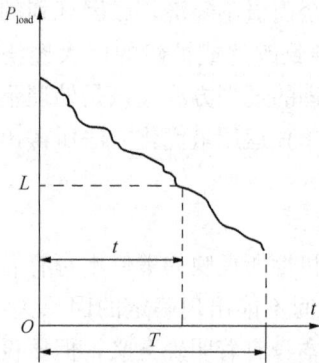

图 7-1　负荷累积概率分布曲线

系统负荷状态变化的随机性，可用负荷的累积概率分布曲线予以描述。根据典型负荷曲线，按负荷大小及持续时间排列得到持续负荷曲线。若认为负荷随时间的变化是个平稳的随机过程，则该曲线即为负荷的累积概率分布曲线，如图 7-1 所示。曲线上某一点 (t, L) 表示负荷 P_{load} 大于或等于负荷水平 L 的概率

$$P_L = P(P_{load} \geqslant L) = \frac{t}{T} \tag{7-5}$$

式中　t——$P_{load} \geqslant L$ 的持续时间；

　　　T——研究的负荷周期。

式（7-5）实际上也就是第 5 章中发电系统累积负荷模型的计算公式。

7.1.3　模糊性不确定性因素的特点及处理方法

模糊性是与随机性不同的另一类不确定性。它是由于事物排中律破缺而引起的。模糊性所反映的事件本身的含义并不明确，事件类属间具有不清晰性，从属于某一类到不属于某一类并不存在截然的划分界线，"亦此亦彼"。模糊性一般存在于对事件的某些现象、参数以及它们相互关系的定义当中。由于主观因素较重或数据资料不完整难以进行准确预测等所引起的不确定性事件就属于模糊性事件。那些因规划当年信息资料不足、无法精确预测而造成数值上模糊的不确定性事件，如负荷水平预测值的模糊性、电源功率变化的模糊性、设备单价、电能价格以及贴现率的模糊性等，都属于模糊性不确定事件。因它们并不具有随机性，不存在一定的概率分布，所以很难用经典的概率方法加以描述。而模糊集合论却是描述和处理这类不确定性问题的有力工具。

模糊集可用 [0, 1] 中的一个数来表示事件 x 属于这个集合的程度，其定义为：论域 X 上的模糊集合 $\tilde{A}$ 是

$$\tilde{A} = \{(\mu_{\tilde{A}}(x) \in [0, 1], x) | x \in X\} \tag{7-6}$$

式（7-6）中的 $\mu_{\tilde{A}}(x)$ 称为 x 对 $\tilde{A}$ 的隶属度，也称为 $\tilde{A}$ 的隶属函数。$\mu_{\tilde{A}}(x)=1$，表示 x 完全属于 $\tilde{A}$；$\mu_{\tilde{A}}(x)=0$，则表示 x 完全不属于 $\tilde{A}$。$\mu_{\tilde{A}}(x)$ 在 0~1 中的取值越大，说明 x 属于 $\tilde{A}$ 的程度越大。模糊集 $\tilde{A}$ 完全由其隶属函数所刻画。比如，对"i 号母线上的负荷近似为 50MV"这样的模糊性描述，就可以通过隶属函数将其转换为模糊集，负荷的每一个可能值都有一隶属函数值与之对应，最有可能出现的负荷值其隶属函数值为 1，随着可能性下降，隶属函数值相应降低，不可能出现的负荷值其隶属函数值为 0。

用模糊集合论研究和解决模糊性问题时，常要用到以下几个基本概念。

（1）模糊集的 α—截集（α—cut）。模糊集是通过隶属函数来定义的。如果要知道 $\tilde{A}$ 究竟由哪些事件组成，就必须对隶属度取一定的阈值。这就引导到截集的概念。

设 $\tilde{A}$ 为论域 X 上的模糊集，对任意 $\alpha \in [0,1]$，记

$$(\tilde{A})_a \triangleq \{x \mid \mu_{\tilde{A}}(x) \geqslant \alpha, x \in X\} \qquad (7-7)$$

为 $\tilde{A}$ 的 α—截集，简记为 A_α，其中的 α 称为置信水平。A_α 的含义如图 7-2 所示。其直观意义是，若 x 对 $\tilde{A}$ 的隶属程度达到或超过 α 者，就认为是 A_α 的成员，否则不是 A_α 的成员。属于 A_α 成员的全体构成 X 的一个普通子集。α—截集是把模糊集合论中的问题通过普通集合来解决的重要工具。

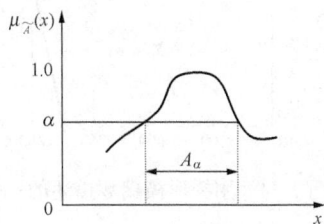

图 7-2 α—截集

（2）模糊数（Fuzzy Numbers）。模糊数是满足下列条件的模糊子集 $\tilde{I}$：

1）$\tilde{I}$ 是以实数域 X 作为论域上的正规模糊子集，即 $\exists x \in [a_1, a_2]$，$\mu_I(x)=1$，且 $\Phi \notin I_a=1$；

2）对 $\forall \alpha \in [0,1]$，I_a 均为一闭区间。

数量上的模糊性可以用模糊数描述和处理。

模糊数形式多种多样，计算也较繁复，选择合适的模糊数对以后的分析至关重要。一般，规划中采用三角模糊数（Triangular Fuzzy Number，TiFN）和梯形模糊数（Trapezoidal Fuzzy Number，TrFN）较为合适。它们既能刻画数量上的模糊性，又给计算带来许多方便之处。本书具体应用时采用具有较宽适应性的梯形模糊数 TrFN 来描述长期电网规划中那些模糊性不确定因素。三角模糊数以及某些工程中常用的区间数均可视为是梯形模糊数在满足一定条件下的特例。

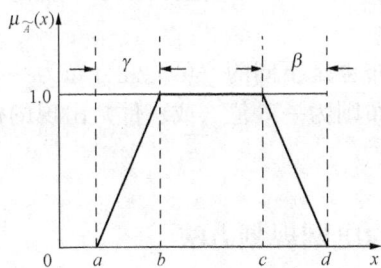

梯形模糊数是一种以左、右拓展函数 $L(x)$ 及 $R(x)$ 为基准函数，以一组实参数 (b, c, γ, β) 表征的 L—R 型模糊数，其隶属函数曲线呈梯形，如图 7-3 所示。隶属函数表达形式为

$$\mu_{\tilde{A}}(x) = \begin{cases} L(x) & a \leqslant x < b \\ 1 & b \leqslant x < c \\ R(x) & c \leqslant x < d \\ 0 & \text{其他} \end{cases} \qquad (7-8)$$

图 7-3 梯形模糊数

其中

$$L(x) = \frac{x - (b - \gamma)}{\gamma} \quad (\gamma > 0)$$

$$R(x) = \frac{(c + \beta) - x}{\beta} \quad (\beta > 0)$$

式中　$L(x)$——$[a, b]$ 内的单增函数;

$\quad\quad R(x)$——$[c, d]$ 内的单减函数。

梯形模糊数中心值 m 为 $(b + c)/2$;模糊范围由 γ、β 及 $(c + b)/2$ 决定;a,d 分别为模糊数的左、右边界。

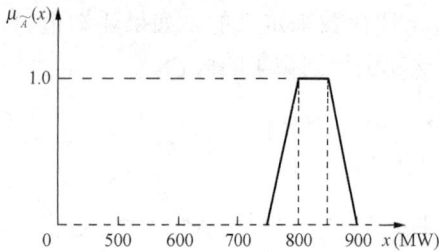

图 7 - 4　用梯形模糊数描述的一个模糊负荷

用梯形模糊数刻画数值上的模糊性具有较宽的适应性。如预测一系统某年最高负荷,由模糊预测法可能会得出这样的结论:"最高负荷 L 不会大于 900MW 或小于 750MW,很有可能在 800～850MW",这就可用如图 7 - 4 所示的梯形模糊数表示。其他,如发电机输出功率、设备单价、电能价格及贴现率等参数的模糊性都可用类似的梯形模糊数表示。

(3) 可能性分布 (Possibility Distribution)。

定义 7.1:设 $\tilde{F}$ 是论域 U 上的一个模糊子集,其隶属函数为 $\mu_{\tilde{F}}(u)$,X 是在 U 上取值的变量,如果 $\tilde{F}$ 对 X 的取值起到可伸缩性限制作用时,则称 $\tilde{F}$ 是 X 的模糊约束。记为

$$X = u : \mu_{\tilde{F}}(u) \tag{7-9}$$

这里的 $u_{\tilde{F}}(u)$ 表示当 X 取 u 时,满足约束 $\tilde{F}$ 的程度。

定义 7.2:设 $\tilde{F}$ 是论域 U 上的一个模糊子集,且 X 是在 U 上取值的变量,则

$$\prod_X \triangleq \tilde{F} \tag{7-10}$$

称为变量 X 在 $\tilde{F}$ 限制下的可能性分布。

显然,可能性分布与模糊集具有共同的数学表示式,但模糊集是普通集概念的推广,而可能性分布则反映了变量 X 取不同值时,命题"X 是 F"是否可能。

定义 7.3:称

$$\pi_X(u) \triangleq \mu_{\tilde{F}}(u) = \text{Poss}\{X = u\} \tag{7-11}$$

为 X 的可能性分布函数。可能性分布函数在数值上等于模糊集 $\tilde{F}$ 的隶属函数。本书就是以模糊集隶属函数来描述各变量取值的可能性分布。

如同隶属度与概率有区别一样,可能性分布与概率分布也是不同的。可能性分布为一些值(或事件)属于某模糊集的可能性程度分布,而概率分布则为一些值(或事件)出现的概率大小分布。

7.2　考虑模糊性不确定性影响因素的电网规划方法

7.2.1　电网规划模型

根据可靠性成本—效益分析及可靠性优化准则,规划目标应是在满足一定约束条件下使

电网供电总成本最小，也即电网的可靠性成本与可靠性效益（以缺电成本表示）之和最小。当计及模糊性不确定性因素影响时，电网规划的可靠性优化模型为

$$
\begin{cases}
\min \quad \widetilde{Z} = \{\widetilde{IC}[U(k)] + \widetilde{LC}[x(k), \widetilde{Y}(k)] + U\widetilde{EC}[x(k), \widetilde{Y}(k)]\} & (7\text{-}12\text{a})\\
\text{s. t} \quad U(k) \in u(k) & (7\text{-}12\text{b})\\
\qquad F[x(k)] \leqslant 0 & (7\text{-}12\text{c})\\
\qquad \widetilde{G}[x(k), \widetilde{Y}(k)] \leqslant 0 & (7\text{-}12\text{d})
\end{cases}
$$

式中　$LC[x(k), \widetilde{Y}(k)]$——在 $x(k)$ 下对应 $\widetilde{Y}(k)$ 的模糊运行成本，当运行成本中只计及网损成本时，$LC()$ 就为相应的模糊网损成本；

$UEC[x(k), \widetilde{Y}(k)]$——在 $x(k)$ 下对应 $\widetilde{Y}(k)$ 的模糊缺电成本，它等于模糊缺电量与单位模糊缺电成本之积；

$\widetilde{Z}$——模糊供电总成本；

k——规划的目标年；

$U(k)$——目标年扩建计划；

$u(k)$——目标年可行扩建方案集；

$x(k)$——目标年电网结构优化变量；

$\widetilde{Y}(k)$——目标年电网运行优化模糊变量；

$IC[U(k)]$——目标年可靠性模糊成本即新架线的模糊投资成本。

式（7-12b）及式（7-12c）为电网结构优化约束，其中包括架线路径约束、每条路径架线回数约束、线型约束等。式（7-12d）为电网运行优化约束，包括模糊潮流约束、发电机模糊输出功率约束及模糊削减负荷量约束等。

式（7-12a）～式（7-12d）组成了计及不确定性因素影响的电网规划可靠性模糊优化模型，该模型有以下几个特点：

（1）在可靠性成本—效益分析及可靠性优化准则指导下，以满足一定约束条件的供电总成本最小为选择规划方案的经济准则将能同时体现合理的投资水平与可靠性水平；

（2）模型考虑了负荷预测值及发电机输出功率的模糊性、电气设备及电网故障的随机性、设备单价、电价及用户停电损失的模糊性等，使规划出的电网将来投运后能更好地适应实际运行情况；

（3）该模型基于各类用户停电损失基础资料的缺电成本计算能比较准确地反映电网的实际可靠性水平；

（4）应用该模型可以考虑事故后发电机有功功率优化调整问题，以便尽可能少地削减负荷从而减少缺电成本；

（5）该模型既考虑了规划中的不确定性，又考虑了投资决策变量的整数性、运行决策变量的连续性以及网损的非线性，因此是一个多变量、多约束、不确定性的非线性混合整数规划模型。

7.2.2　规划模型的求解

对于式（7-12a）～式（7-12d）组成的优化模型可以采取这样的求解思路：用概率论及模糊集合论处理模型中的不确定性因素及有关计算问题；用模糊潮流法进行电网安全运行

校验并计算模糊网损；用模糊线性规划法求解可靠性模糊效益也即模糊缺电成本问题，并将其解放入式（7-12a）中与可靠性模糊成本一起优化；用遗传算法 GA（Genetic Algorithm）对模糊供电总成本产生优化解。具体实现框架见图7-5。其中第④、⑨、⑫及⑬框的实现可以参见文献［40］。下面主要介绍第⑥、⑦、⑧及⑪框的实现方法。

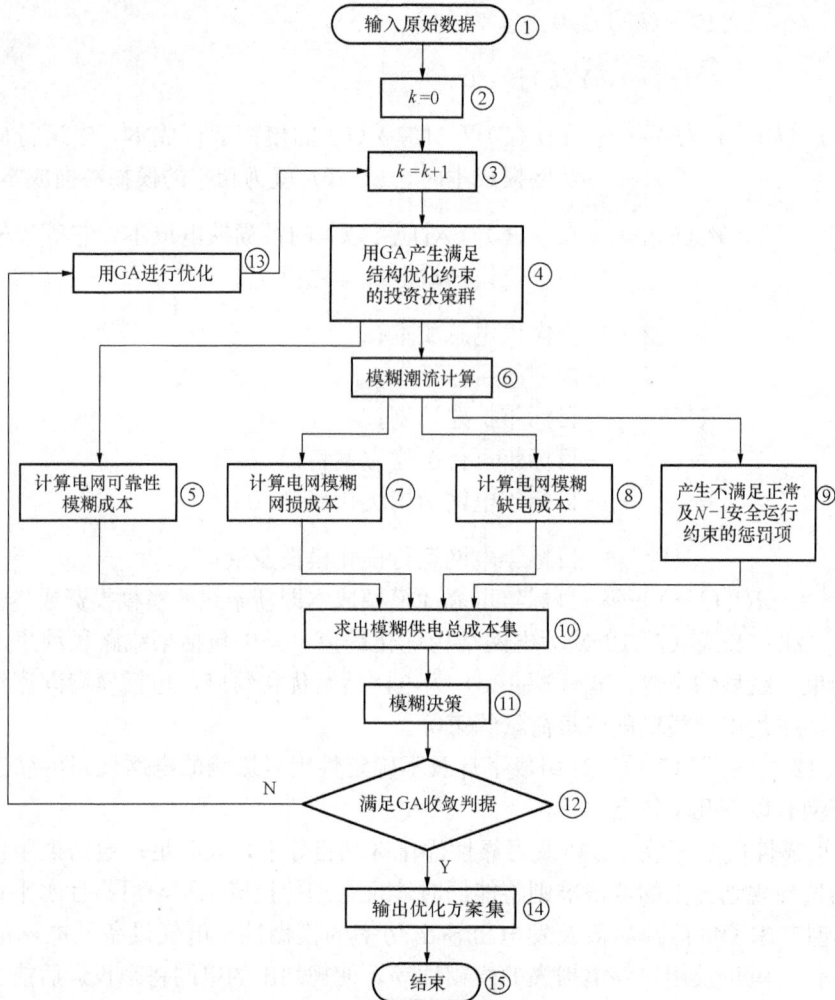

图7-5　电网规划模型的实现框架

一、模糊潮流的计算

用如前所述的梯形模糊数模拟发电机输出功率的不确定性、机组可用率的不确定性以及负荷水平预测值的不确定性。设发电机有功模糊功率为 $\tilde{P}_G$、模糊可用率为 $\tilde{A}_G$，则发电机有功模糊功率期望值为

$$\tilde{E}_G = \tilde{P}_G \cdot \tilde{A}_G \tag{7-13}$$

当用梯形模糊数 $\tilde{P}_{Gik}$、$\tilde{Q}_{Gik}$ 及 $\tilde{A}_{Gik}$ 表示第 i 个节点上第 k 台发电机有功模糊功率、无功模糊功率及模糊可用率、用梯形模糊数 $\tilde{P}_{Li}$ 和 $\tilde{Q}_{Li}$ 表示节点 i 上有功模糊负荷和无功模糊负荷时，节点 i 的有功、无功模糊注入功率为

$$\begin{cases} \widetilde{P}_i = \sum_{k=1}^{n} \widetilde{P}_{Gik} \cdot \widetilde{A}_{Gik} - \widetilde{P}_{Li} \\ \widetilde{Q}_i = \sum_{k=1}^{n} \widetilde{Q}_{Gik} \cdot \widetilde{A}_{Gik} - \widetilde{Q}_{Li} \end{cases} \tag{7-14}$$

其中的 n 为节点 i 上的发电机台数。$\widetilde{P}_i$、$\widetilde{Q}_i$ 是梯形模糊数。

模糊潮流的计算就是在求得模糊注入功率可能性分布的情况下，求取各节点电压模糊模值、模糊相角及各支路有功、无功模糊潮流和模糊电流的可能性分布。当采用增量法时，交流模糊潮流模型为

$$\begin{cases} [\Delta \widetilde{Y}] = g\{[\Delta \widetilde{X}]\} \\ [\Delta \widetilde{Z}] = f\{[\Delta \widetilde{X}]\} \\ [\widetilde{X}] = [X_d] + [\Delta \widetilde{X}] \\ [\widetilde{Z}] = [Z_d] + [\Delta \widetilde{Z}] \end{cases} \tag{7-15}$$

式中　　$[\widetilde{X}]$、$[\Delta \widetilde{X}]$、$[X_d]$——模糊状态变量（电压模糊模值及模糊相角）列向量及其增量以及对应于模糊注入功率中心值 $[Y_d]$ 的状态变量列向量；

$[\widetilde{Z}]$、$[\Delta \widetilde{Z}]$、$[Z_d]$——输出的模糊变量（模糊潮流）列向量及其增量以及对应于模糊注入功率中心值的输出变量；

$[\Delta \widetilde{Y}]$——输入的模糊变量（模糊注入功率）列向量增量。

模糊潮流模型的求解过程如下：

（1）求解潮流的确定值。由式（7-14）可求得模糊注入功率的可能性分布。利用模糊注入功率 $[\widetilde{P}]$、$[\widetilde{Q}]$ 的中心值 $[P_d]$、$[Q_d]$ 求解确定性交流潮流方程，得到节点电压的模值、相角以及支路有功、无功潮流和电流的确定值 $[U_d]$、$[Q_d]$、$[P_d^l]$、$[Q_d^l]$ 和 $[I_d^l]$。下标 d 表示对应于模糊注入功率中心值的确定值。

（2）求模糊注入功率相对其中心值的模糊增量。模糊注入功率相对其中心值的模糊增量为

$$\begin{cases} [\Delta \widetilde{P}] = [\widetilde{P}] - [P_d] \\ [\Delta \widetilde{Q}] = [\widetilde{Q}] - [Q_d] \end{cases} \tag{7-16}$$

其中的确定值 $[P_d]$、$[Q_d]$ 可视作左右扩展取为与中心值相同的特殊梯形模糊数。

（3）求解节点电压模糊模值及模糊相角。节点注入功率增量的模糊性必然导致节点电压变化的模糊性。当采用 Newton-Raphson 潮流算法时，节点电压的模糊增量为

$$\begin{bmatrix} \dfrac{\Delta \widetilde{\boldsymbol{\theta}}}{\Delta \widetilde{U}} \end{bmatrix} = [\boldsymbol{J}]^{-1} \begin{bmatrix} \dfrac{\Delta \widetilde{\boldsymbol{P}}}{\Delta \widetilde{Q}} \end{bmatrix} \tag{7-17}$$

式中　　$[\boldsymbol{J}]$——确定性潮流解最后一次迭代下的 Jacobian 矩阵。

若所研究的电网满足 P—Q 解耦物理特性时，可利用快速解耦潮流算法求解电压模糊增量

$$\begin{cases} [\Delta \tilde{\theta}] = [B']^{-1} \left[\dfrac{\Delta \tilde{P}}{U_{\mathrm{d}}}\right] \approx [B']^{-1}[\Delta \tilde{P}] \\[4mm] [\Delta \tilde{U}] = [B'']^{-1} \left[\dfrac{\Delta \tilde{Q}}{U_{\mathrm{d}}}\right] \approx [B'']^{-1}[\Delta \tilde{Q}] \end{cases} \tag{7-18}$$

式中　"$\approx$"——表示取 $U_{\mathrm{d}i} \approx 1 \mathrm{p. u.}$，$(i=1,\ 2,\ 3 \cdots,\ n)$；

[B']、[B'']——分别为 $(n-1)$ 阶与 $(n-1-p)$ 阶常系数对称方阵，n 为节点数，p 为 PV 节点数。

因为 $[J]^{-1}$、$[B']^{-1}$ 以及 $[B'']^{-1}$ 均为确定的稀疏矩阵，所以由式（7-17）或式（7-18）得出的电压模值模糊增量和相角模糊增量仍为梯形模糊数。

对满足 $P-Q$ 解耦物理特性的高压电网，由于式（7-18）中的 $[B']^{-1}$ 和 $[B'']^{-1}$ 里的元素全为正，因此用因子表求逆法解式（7-18）非常有效，所以能快速求出 $[\Delta \tilde{\theta}]$、$[\Delta \tilde{U}]$。

若电网不满足 $P-Q$ 解耦物理特性，则可先用因子表求逆法对一个 $(2n-p-1)$ 阶单位矩阵 $[E]$ 的每一列向量顺次进行前代、回代求出 $[J]^{-1}$，然后再求 $[\Delta \tilde{U}]$、$[\Delta \tilde{\theta}]$

$$\left[\dfrac{\Delta \tilde{\theta}}{\Delta \tilde{U}}\right] = [J]^{-1}[E] \left[\dfrac{\Delta \tilde{\theta}}{\Delta \tilde{U}}\right] = [S] \left[\dfrac{\Delta \tilde{P}}{\Delta \tilde{U}}\right] \tag{7-19}$$

将在（3）中求出的电压模值模糊增量和相角模糊增量分别叠加到对应模糊注入功率中心值的模值确定值和相角确定值上，则就得到电压模糊模值及模糊相角

$$\begin{cases} [\tilde{\theta}] = [\theta_{\mathrm{d}}] + [\Delta \tilde{\theta}] \\[2mm] [\tilde{U}] = [U_{\mathrm{d}}] + [\Delta \tilde{U}] \end{cases} \tag{7-20}$$

（4）求解支路有功潮流及无功潮流模糊增量。支路 $i-j$ 的确定性潮流方程为

$$\begin{cases} P_{ij} = U_i U_j (G_{ij} \cos\theta_{ij} + B_{ij} \sin\theta_{ij}) - U_i^2 G_{ij} + U_i^2 G_{i0} \\ \qquad = f_1(\theta_i,\ \theta_j,\ U_i,\ U_j) \\ Q_{ij} = U_i U_j (G_{ij} \sin\theta_{ij} - B_{ij} \cos\theta_{ij}) + U_i^2 B_{ij} - U_i^2 B_{i0} \\ \qquad = f_2(\theta_i,\ \theta_j,\ U_i,\ U_j) \end{cases} \tag{7-21}$$

$$G_{ij} = -\dfrac{r_{ij}^2}{r_{ij}^2 + x_{ij}^2}$$

$$B_{ij} = -B'_{ij}$$

$$G_{i0} = g_{i0}$$

$$B_{i0} = b_{i0}$$

式中　g_{i0}——节点 i 的对地电导。

在对应模糊注入功率中心值的运行点 d 附近线性化式（7-21）时，利用忽略高阶项的 Taylor 级数展开式并考虑 $\Delta\theta_i$、$\Delta\theta_j$、ΔU_i 及 ΔU_j 的模糊性，则有

$$\begin{cases} \Delta \tilde{P}_{ij} = \tilde{P}_{ij} - P_{ij\mathrm{d}} \approx \left.\dfrac{\partial f_1}{\partial \theta_i}\right|_{\mathrm{d}} \Delta\tilde{\theta}_i + \left.\dfrac{\partial f_1}{\partial \theta_j}\right|_{\mathrm{d}} \Delta\tilde{\theta}_j + \left.\dfrac{\partial f_1}{\partial U_i}\right|_{\mathrm{d}} \Delta\tilde{U}_i + \left.\dfrac{\partial f_1}{\partial U_j}\right|_{\mathrm{d}} \Delta\tilde{U}_j \\[4mm] \Delta \tilde{Q}_{ij} = \tilde{Q}_{ij} - Q_{ij\mathrm{d}} \approx \left.\dfrac{\partial f_2}{\partial \theta_i}\right|_{\mathrm{d}} \Delta\tilde{\theta}_i + \left.\dfrac{\partial f_2}{\partial \theta_j}\right|_{\mathrm{d}} \Delta\tilde{\theta}_j + \left.\dfrac{\partial f_2}{\partial U_i}\right|_{\mathrm{d}} \Delta\tilde{U}_i + \left.\dfrac{\partial f_2}{\partial U_j}\right|_{\mathrm{d}} \Delta\tilde{U}_j \end{cases} \tag{7-22}$$

$$\begin{cases} \dfrac{\partial f_1}{\partial \theta_i} = U_i U_j (-G_{ij}\sin\theta_{ij} + B_{ij}\cos\theta_{ij}) \\[2mm] \dfrac{\partial f_1}{\partial \theta_j} = -\dfrac{\partial f_1}{\partial \theta_i} \\[2mm] \dfrac{\partial f_1}{\partial U_i} = U_j (G_{ij}\cos\theta_{ij} + B_{ij}\sin\theta_{ij}) - 2U_i G_{ij} + 2U_i G_{i0} \\[2mm] \dfrac{\partial f_1}{\partial U_j} = U_i (G_{ij}\cos\theta_{ij} + B_{ij}\sin\theta_{ij}) \\[2mm] \dfrac{\partial f_2}{\partial \theta_i} = U_i U_j (G_{ij}\cos\theta_{ij} + B_{ij}\sin\theta_{ij}) \\[2mm] \dfrac{\partial f_2}{\partial \theta_j} = -\dfrac{2f_2}{2\theta_i} \\[2mm] \dfrac{\partial f_2}{\partial U_i} = U_j (G_{ij}\sin\theta_{ij} - B_{ij}\cos\theta_{ij}) + 2U_i B_{ij} - 2U_i B_{i0} \\[2mm] \dfrac{\partial f_2}{\partial U_j} = U_i (G_{ij}\sin\theta_{ij} - B_{ij}\cos\theta_{ij}) \end{cases} \tag{7-23}$$

当可采用快速解耦潮流算法时，由式（7-22）化简可得到支路有功潮流和无功潮流的模糊增量简洁表达式

$$\begin{cases} [\Delta \widetilde{P}^L] \approx [H^P][\Delta \widetilde{\theta}] \\[2mm] \qquad \approx [H^P][B']^{-1}[\Delta \widetilde{P}] = [D^P][\Delta \widetilde{P}] \\[2mm] [\Delta \widetilde{Q}^L] \approx [H^Q][\Delta \widetilde{U}] \\[2mm] \qquad \approx [H^Q][B'']^{-1}[\Delta \widetilde{Q}] = [D^Q][\Delta \widetilde{Q}] \\[2mm] \qquad [D^P] = [H^P][B']^{-1} \\[2mm] \qquad [D^Q] = [H^Q][B'']^{-1} \end{cases} \tag{7-24}$$

式中　$[H^P]$，$[H^Q]$——分别是 $m\times(n-1)$ 阶及 $m\times(n-p-1)$ 阶（m 为支路数）的常数稀疏矩阵，每行至多有两个非零元素；

　　　$[D^P]$、$[D^Q]$——网络灵敏度系数矩阵。

式（7-24）就是支路潮流模糊增量列向量与节点注入功率模糊增量列向量之间的关系式。

应用式（7-24）求解 $[\Delta \widetilde{P}^L]$、$[\Delta \widetilde{Q}^L]$ 时，不宜先做 $[B']^{-1}[\Delta \widetilde{P}]$ 及 $[B'']^{-1}[\Delta \widetilde{Q}]$ 运算，而应先做 $[H^P][B']^{-1}$ 及 $[H^Q][B'']^{-1}$ 运算，这点与求解确定性支路潮流时是不同的。

（5）求解支路的有功模糊潮流和无功模糊潮流。将求出的支路有功潮流模糊增量、无功潮流模糊增量分别与对应模糊注入功率中心值的确定值相叠加，则可求出支路的有功模糊潮流及无功模糊潮流

$$\begin{cases} [\widetilde{P}^L] = [P_d^L] + [\Delta \widetilde{P}^L] \\[2mm] [\widetilde{Q}^L] = [Q_d^L] + [\Delta \widetilde{Q}^L] \end{cases} \tag{7-25}$$

根据 $[\widetilde{P}^L]$、$[\widetilde{Q}^L]$ 隶属函数就可得到有功和无功模糊潮流的可能性分布。

二、模糊网损的计算

潮流的模糊性必然导致网络中功率损耗的模糊性。同理，采用增量法可以求解出电网的模糊功率损耗。

设已由确定性潮流计算求出对应于节点模糊注入功率中心值的网络总有功功率损耗确定值、无功功率损耗确定值 P_{loss} 和 Q_{loss}。下面求解功率损耗模糊增量 $\Delta \widetilde{P}_{loss}$、$\Delta \widetilde{Q}_{loss}$。以 $\Delta \widetilde{P}_{loss}$ 的求解为例。

对由 n 个节点组成的电网，在网络输入量为确定值的情况下，其总的有功功率损耗为

$$P_{loss} = \sum_{i=1}^{n} U_i \sum_{j \in i} U_j G_{ij} \cos\theta_{ij} = f_4([U], [\theta]) \tag{7-26}$$

式中的 $j \in i$ 包括 $j = i$ 的情况。

利用 Taylor 级数将式（7-26）在对应模糊注入功率中心值的运行点 d 附近进行展开，略去高于二阶的项并考虑 $[\Delta\theta]$ 和 $[\Delta U]$ 的模糊性，则有

$$\Delta \widetilde{P}_{loss} = \widetilde{P}_{loss} - P_{loss} = \left[\frac{\partial f_4}{\partial \theta}\right]_d [\Delta\widetilde{\theta}] + \left[\frac{\partial f_4}{\partial U}\right]_d [\Delta\widetilde{U}] \tag{7-27}$$

$$\frac{\partial f_4}{\partial \theta_i} = -2U_i \sum_{j \in i,\ j \neq i} U_j G_{ij} \sin\theta_{ij} \quad (i = 1, 2, \cdots, n; \ i \neq s, \ p)$$

$$\frac{\partial f_4}{\partial U_i} = 2 \sum_{j \in i} U_j G_{ij} \cos\theta_{ij} \quad (i = 1, 2, \cdots, n; \ i \neq s, \ p) \tag{7-28}$$

式中 s，p——分别为平衡节点及 PV 节点。

当不计节点电压幅值变化对有功损耗影响时，有

$$\Delta \widetilde{P}_{loss} = \left[\frac{\partial f_4}{\partial \theta}\right]_d [\Delta\widetilde{\theta}] = \left[\frac{\partial f_4}{\partial \theta}\right]_d [B']^{-1} [\Delta\widetilde{P}] \tag{7-29}$$

则有功模糊损耗

$$\widetilde{P}_{loss} = P_{loss} + \Delta \widetilde{P}_{loss} \tag{7-30}$$

同理，可求得无功模糊损耗

$$\widetilde{Q}_{loss} = Q_{loss} + \Delta \widetilde{Q}_{loss} \tag{7-31}$$

三、模糊缺电成本的计算

缺电成本计算方法已在第 5 章中介绍。当计及不确定性因素影响时，式（5-58）中的各量均为模糊量，模糊缺电成本（单位：元/期间）计算式为

$$UEC = \sum_{i=1}^{n} IEAR_i \times EENS_i \tag{7-32}$$

式中 $IEAR_i$——节点 i 的模糊缺电损失评价率，其计算式可参照式（5-61）或式（5-62），只是其中各量均为模糊量；

$EENS_i$——研究期间内节点 i 的模糊电量不足期望值（kW·h/期间），可参照式（5-43）进行计算，其中的各量也均为模糊量。计算模糊电量不足期望值的关键是模糊缺负荷量的计算。

在考虑有功校正并计及发电机输出功率、发电机可用率及负荷模糊性的基础上，电网在某一负荷水平及某种故障状态下的最小模糊缺负荷量计算模型为

$$
\begin{cases}
\min \widetilde{Y} = \displaystyle\sum_{i \in N_1} \beta_i \widetilde{P}_{X_i} & (7\text{-}33\text{a}) \\[2mm]
\text{s. t.} \displaystyle\sum_{i \in N_1} \widetilde{P}_{X_i} + \sum_{j \in N_2} \widetilde{P}_{G_j} = \sum_{i \in N_1} \widetilde{P}_{L_i} & (7\text{-}33\text{b}) \\[2mm]
\widetilde{P}_{X_i} \leqslant \widetilde{P}_{L_i} \qquad (i \in N_1) & (7\text{-}33\text{c}) \\[2mm]
P_{Gj\min} \cdot \widetilde{A}_{G_j} \leqslant \widetilde{P}_{G_j} \leqslant P_{Gj\max} \cdot \widetilde{A}_{G_j} \qquad (j \in N_2) & (7\text{-}33\text{d}) \\[2mm]
P_{l\min} \leqslant \displaystyle\sum_{k=1}^{n-1} S_{lk} (\widetilde{p}_{G_k} + \widetilde{P}_{X_k} - \widetilde{P}_{L_k}) \leqslant P_{l\max} \qquad (l \in N_3) & (7\text{-}33\text{e})
\end{cases}
$$

式中　$\widetilde{P}_{G_j\max}$、$\widetilde{P}_{G_j\min}$——分别为 j 节点的发电机模糊功率上下限;

$\quad\quad P_{l\max}$、$P_{l\min}$——分别为第 l 条支路传输功率上下限;

$\quad\quad \widetilde{P}_{G_j}$、$\widetilde{A}_{G_j}$——分别为 j 节点的发电机模糊功率、模糊可用率;

$\quad\quad \beta_i$ 及 $\widetilde{P}_{X_i}$——分别为节点 i 的切负荷策略因子及模糊切负荷量（$\widetilde{P}_{X_i}$ 即代表模糊缺负荷量 $APNS$）;

$\quad\quad N_1$——负荷节点集,

$\quad\quad N_2$——电源节点集;

$\quad\quad N_3$——过载支路集;

$\quad\quad n$——节点总数;

$\quad\quad \widetilde{P}_{L_i}$——节点 i 的模糊负荷量;

$\quad\quad S_{lk}$——第 l 条支路有功潮流对第 k 个节点上有功注入功率的灵敏度系数。

式 (7-33a) 中切负荷策略因子 β_i 的意义在于当需要考虑切负荷策略时对各节点切负荷量起加权作用。在有功校正基础上,切负荷策略可采用如下几种:

(1) 按离故障点距离远近决定切负荷量权重。为使停电范围缩小在故障点附近,可考虑各负荷点的切负荷量按离故障点距离加权,使离故障点距离近的负荷点切负荷量大,离故障点距离远的负荷点切负荷量小。这时的 β_i 可取为一常数与节点 i 至故障点最短电气距离的乘积。

(2) 按用户的重要程度决定切负荷量权重。对Ⅰ类用户少切或不切负荷,β_i 可取得大些,而由那些Ⅱ类和Ⅲ类用户多承担切负荷量,相应的 β_i 取得小些。

(3) 按用户负荷大小决定切负荷量权重。对负荷大的用户切负荷多,而对负荷小的用户切负荷少。此时,β_i 可取为 $k\left(P_i / \sum P_i\right)^{-1}$,$i \in N_1$,$k$ 为一常数。

(4) 按用户单位缺电成本大小决定切负荷量权重。此时,β_i 可取为缺电损失评价率。

在上述的最小模糊缺负荷量计算模型中,式 (7-33b) 为有功模糊功率平衡约束;式 (7-33c) 及式 (7-33d) 分别为发电机有功模糊功率约束及节点的模糊切负荷量约束;式 (7-33e) 为支路有功模糊潮流约束,其中的 $P_{l\max}$ 及 $P_{l\min}$ 可由下式确定

$$
\begin{cases}
P_{l\max} = \left[(U_{id}^{(0)} I_{l\max})^2 - (Q_{ld}^{(0)})^2\right]^{\frac{1}{2}} \\[2mm]
P_{l\min} = -P_{l\max}
\end{cases}
\tag{7-34}
$$

式中　$U_{id}^{(0)}$、$Q_{id}^{(0)}$——分别为有功校正及切负荷之前,支路 l 首端模糊电压模值的中心值及无功模糊潮流的中心值;

$\quad\quad I_{l\max}$——支路 l 的热稳定电流极限。

由式（7-33a）~式（7-33e）所构成的最小模糊缺负荷量计算模型在数学上可归结成一个模糊线性规划模型，其求解思路是：首先应用模糊集合论把式（7-33a）~式（7-33e）所示的模糊线性规划模型转化成带参数的双目标线性规划模型，继而再化为单目标线性参数规划模型，然后用推广的 Bland 反转对偶单纯形算法求解。具体求解过程可以参见文献[86]。

四、模糊决策

在规划制定过程中需要对各种方案的供电总成本进行比较。当用模糊数表示模糊性不确定因素时，模糊供电总成本也为模糊数。这时的方案间比较实际上就是代表模糊供电总成本的各模糊数之间的比较，这属于模糊决策问题。

本书结合电网规划具体问题，介绍用于模糊决策的两种模糊数比较方法。一种称为模糊数移位法，另一种称为模糊数均值法。

（一）模糊数移位法（the Removal of Fuzzy Number）

设有一模糊数 $\tilde{A}$，其隶属函数如图 7-6 所示，其中 k 为一清晰实数。

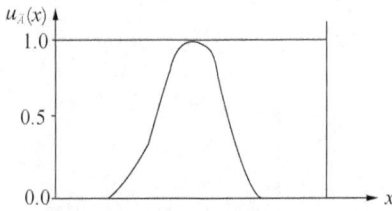

图 7-6　模糊数相对 k 的移位

定义 $\tilde{A}$ 关于 k 的左移位为由 $x=k$ 与 $\tilde{A}$ 左边界所包围的面积，并用 $R_l(\tilde{A}, k)$ 表示；类似，$\tilde{A}$ 关于 k 的右移位为由 $x=k$ 与 $\tilde{A}$ 右边界包围的面积，并用 $R_r(\tilde{A}, k)$ 表示。定义 $\tilde{A}$ 关于 k 的移位 $R(\tilde{A}, k)$ 为 $R_l(\tilde{A}, k)$ 与 $R_r(\tilde{A}, k)$ 的均值

$$R(\tilde{A}, k) = \frac{1}{2} [R_l(\tilde{A}, k) + R_r(\tilde{A}, k)]$$

(7-35)

成本 $\tilde{Z}$ 并以 $R(\tilde{A}, k)$ 作为 $\tilde{A}$ 与 k 之间的距离测度。

计及不确定性影响因素的电网规划目标函数为模糊供电总成本 $\tilde{Z}$ 在满足一定约束条件下其值越小，对应的方案越优。因此，针对电网规划问题，选取 $k=0$，用 $R(\tilde{z}, 0)$ 表示模糊供电总关于 $k=0$ 的移位。$R(\tilde{z}, 0)$ 越小，则表示 $\tilde{Z}$ 越小。设有两个规划方案，它们的模糊供电总成本 $\tilde{Z}_1$ 及 $\tilde{Z}_2$ 关于 $k=0$ 的移位分别为 $R_1(\tilde{z}_1, 0)$ 与 $R_2(\tilde{z}_2, 0)$。则在对这两个方案进行比较时，有

$$\begin{cases} R_1(\tilde{z}_1, 0) > R_2(\tilde{z}_2, 0) \Rightarrow \tilde{Z}_1 > \tilde{Z}_2 \\ R_1(\tilde{z}_1, 0) < R_2(\tilde{z}_2, 0) \Rightarrow \tilde{Z}_1 < \tilde{Z}_2 \end{cases}$$

(7-36)

其中符号"⇒"表示蕴含。

当模糊供电总成本 $\tilde{Z}$ 为梯形模糊数时，$R(\tilde{z}, 0)$ 的计算很简单。因此，以模糊数移位大小作为电网规划方案比较时的模糊决策判据是很方便的。

（二）模糊数均值法（the Mean of Fuzzy Number）

模糊数均值法是一种基于模糊事件概率测度、以模糊数归一化均值进行模糊数之间比较的方法。

仿照普通概率场，设三元序组 (Ω, V, P) 构成模糊概率场。其中，Ω 是表示基本事

件集合的样本空间，V 是 Ω 下诱导出的一切模糊事件集合，P 是 V 上的概率测度。若模糊集 $\tilde{A} \in V$ 的隶属函数 $\mu_{\tilde{A}}(x)$ 为 Borel 可测，也即 $\tilde{A}$ 为模糊事件，则依照普通概率定义，定义 $\tilde{A}$ 的概率为

$$P(\tilde{A}) = \int_{\Omega} \mu_{\tilde{A}}(x)\mathrm{d}p \qquad (7\text{-}37)$$

式中的积为 Lebesque-Stielfjes 积分。

现设模糊事件是论域 X 上的模糊集 $\tilde{Z}$，它代表电网的模糊供电总成本，其隶属函数为 $\mu_{\tilde{Z}}(x)$。按式（7-37）的定义，$\tilde{Z}$ 的概率为

$$P(\tilde{Z}) = \int_{\Omega} \mu_{\tilde{Z}}(x)\mathrm{d}p \qquad (7\text{-}38)$$

由式（7-38）可看出，$\tilde{Z}$ 的概率是其隶属函数的数学期望值，它表示 Ω 中事件属于 $\tilde{Z}$ 的期望程度。

模糊供电总成本 $\tilde{Z}$ 相对其概率测度 P 的均值可定义为

$$M(\tilde{z}) = \frac{\int_{\Omega} x\mu_{\tilde{z}}(x)\mathrm{d}p}{\int_{\Omega} \mu_{\tilde{z}}(x)\mathrm{d}p} = \frac{1}{P(\tilde{z})} \int_{\Omega} x\mu_{\tilde{z}}(x)\mathrm{d}p \qquad (7\text{-}39)$$

在仅知道 x 可能性分布情况下，可以取与 x 隶属度成比例的分布作为 x 的概率分布，即可取概率密度函数为

$$f(x) = \frac{\mathrm{d}p}{\mathrm{d}x} = C\mu_{\tilde{z}}(x) \qquad (7\text{-}40)$$

式中　C——比例系数。

从而

$$M(\tilde{z}) = \frac{\int_{\tilde{z}} x\mu_{\tilde{z}}(x) \cdot c\mu_{\tilde{z}}(x)\mathrm{d}x}{\int_{\tilde{z}} \mu_{\tilde{z}}(x) \cdot c\mu_{\tilde{z}}(x)\mathrm{d}x} = \frac{\int_{\tilde{z}} x\mu_{\tilde{z}}^2(x)\mathrm{d}x}{\int_{\tilde{z}} \mu_{\tilde{z}}^2(x)\mathrm{d}x} \qquad (7\text{-}41)$$

$M(\tilde{z})$ 表示了模糊供电总成本变量 x 以其隶属度为权的加权平均相对权和的归一化均值。

当 $\tilde{Z}$ 为梯形模糊数时，$M(\tilde{z})$ 的计算很容易。在计及不确定性的电网规划中，可以模糊供电总成本归一化的均值 $M(\tilde{z})$ 进行模糊决策，即

$$\begin{cases} M(\tilde{z}_1) > M(\tilde{z}_2) \Rightarrow \tilde{Z}_1 > \tilde{Z}_2 \\ M(\tilde{z}_1) < M(\tilde{z}_2) \Rightarrow \tilde{Z}_1 < \tilde{Z}_2 \end{cases} \qquad (7\text{-}42)$$

式中　$\tilde{Z}_1$ 与 $\tilde{Z}_2$——分别为方案 1 与 2 的模糊供电总成本。

当对规划方案进行优化时，$R(\tilde{z}, 0)$ 与 $M(\tilde{z})$ 都可作为方案性能评价函数来对规划方案进行比较。但由于模糊数移位法更简单明了，因此在电网规划中可首先以其进行模糊决策。若在某些情况下，以此不能作出唯一决策（即有可能两个模糊数的 Removal 相同），则可再应用模糊数均值法。

当要融进决策者对模糊事件的评判观点时，也可采用 α——均值法进行方案之间的比较：

$\forall \alpha \in [0, 1]$，模糊供电成本 $\widetilde{Z}$ 的 α—均值 $I_\alpha(\widetilde{z})$ 可定义为

$$I_\alpha(\widetilde{z}) = \alpha I_R(\widetilde{z}) + (1 - \alpha) I_L(\widetilde{z}) \tag{7-43}$$

$$I_L(\widetilde{z}) = \int_0^1 g_{\widetilde{z}}^L(y) \mathrm{d}y$$

$$I_R(\widetilde{z}) = \int_0^1 g_{\widetilde{z}}^K(y) \mathrm{d}y$$

式中　$I_L(\widetilde{z})$ 与 $I_R(\widetilde{z})$ ——分别为 $\widetilde{Z}$ 的左积分和右积分；

$\quad\quad g_{\widetilde{z}}^L(y)$ 和 $g_{\widetilde{z}}^K(y)$ ——分别为 $\mu_{\widetilde{z}}(x)$ 左右展函数的反函数。

式（7-43）中的 α 取值代表决策者对不确定性问题的态度，α 取得越大表示越乐观，α 取得越小表示越悲观。根据决策者对 α 的取值，可进行不同方案的模糊供电总成本比较

$$\begin{cases} I_\alpha(\widetilde{z}_1) > I_\alpha(\widetilde{z}_2) \Rightarrow \widetilde{Z}_1 > \widetilde{Z}_2 \\ I_\alpha(\widetilde{z}_1) < I_\alpha(\widetilde{z}_2) \Rightarrow \widetilde{Z}_1 < \widetilde{Z}_2 \end{cases} \tag{7-44}$$

8 电网柔性规划

本章主要介绍电网规划中各种不确定性信息的盲数建模方法、盲数模型的电网规划盲数潮流方法、基于盲数模型的电网柔性规划模型，引入等微增率准则的求解方法，建立各条待选线路被选概率的概念，介绍电网柔性约束规划的方法及其两种可能的解决方法，即异步规划方法和同步规划方法。

8.1 电网柔性规划、不确定性信息、柔性约束规划

8.1.1 概述

电网柔性规划，又称电网灵活规划，是指在进行电网规划时，计及各种不确定性因素对规划结果的影响，以最佳的柔性规划方案来适应未来环境的变化，从而使规划方案在总体上达到最优。其灵活性体现在能够以现在的规划方案适应未来环境的可能变化，使电力系统在未来的发展中以最小的代价弥补因可能出现的环境变化而造成的损失。

为说明电网柔性规划的概念，在此假设有两个电网规划方案 x_1 和 x_2，方案 x_1 是由传统电网规划方法得到的，在原预想未来环境（即被认为实现概率最大的未来环境）下的最优方案；用可能环境来表示由于不确定性因素影响可能变化的环境，为了简单起见在此仅考虑一种不确定性因素的影响，如图 8-1 所示。

图中，y_1，y_2 分别表示当未来环境在不确定性因素影响下与原预想环境发生变化后，方案 x_1 和 x_2 为了适应这种变化所需增加的投资费用，称为波动费用。从图 8-1 可以看出，尽管方案 x_1 在原预想未来环境下的投资费用比方案 x_2 要少，但是当未来环境发生变化时该方案却要比方案 x_2 追加更多的费用（$y_1 - y_2$）以适应这种变化，所以方案 x_2 比方案 x_1 具有更高的灵活性和适应性。

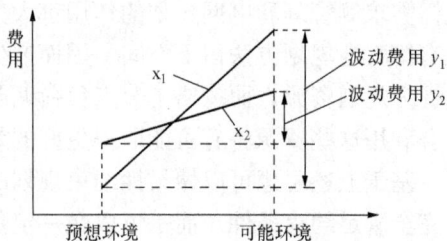

图 8-1 电网柔性规划概念示意图

因此，电网柔性规划的意义就在于通过在规划前期增加少量的资金投入，从而使网架结构能够更加适应未来环境可能的变化，也就是说无论未来环境如何变化，所得到的电网柔性规划方案都能够以较少的追加投资来适应这种变化；从另一个角度讲，最佳的电网柔性规划方案往往不是在某个特定环境下的最优规划方案，而是对于各种未来可能出现的环境而言，该方案都是"次优"的方案。因此，采用电网柔性规划方法在总体上可以节省大量的资金投入和物资消耗。

8.1.2 不确定性信息

电网规划正面临着大量不确定性因素的影响，这些不确定性信息往往具有多种不同的性质和特点。而合理、准确地描述和处理各种不确定性信息是进行电网规划的前提和基础[97]。描述和处理不确定性信息通常有两种途径和方法：一种是直接建模的方法，另一种是预估的

方法。采用直接建模的方法，需要对不确定性信息有比较系统和深入的了解和认识。由于概率统计的发展已相当成熟，加之当时人们对不确定性信息的区别不清，较长时间以来对于不确定性信息的描述和处理都着重于随机信息的研究。随着人们对不确定性信息认识的逐步深入，采用概率统计的方法处理不确定性信息已经不能满足工程实际的要求了。以模糊集合为基础的模糊数学在表达和处理客观存在的模糊信息方面取得了很大的进步和很好的效果，在电网规划中也得到了应用。随后灰色系统理论和灰色数学的出现进一步认识了不确定性信息中包含的灰信息，灰色数学已经被应用于描述和处理电网规划中的不确定性信息，并取得了比较满意的成果。

在电网规划中所面临的各种不确定性信息往往不是单一的不确定性，而是具有多种不确定性，如第 7 章所述的盲信息，采用盲数来描述和处理电网规划中的这些不确定性信息比较合理。

8.1.3 柔性约束规划

一系列新方法、新技术被引入到电网灵活规划这一领域，使电网的灵活规划方法取得了长足的进步。但是，目前的规划方法通常在规划问题的某一方面有着显著的优势，而在问题的其他方面却不一定最好。而且不同的规划方法由于考虑的侧重点不同，一种规划方法所得到的最优解与其他方法所得到的最优解往往无法兼容。所以分别运用不同规划方法所得的规划方案事实上并没有达到全局最优。例如，需求侧管理技术通过综合考虑需求侧和供应侧双方的资源进行规划，在理论上兼顾了电力企业、用户和社会多方的利益，实现了规划效益的全局最优。但是，在电网规划时无法预见需求侧管理对电力负荷的影响，所以在电网规划时只能将需求侧管理作为一个不确定性因素来处理，通过对规划方案的补偿来满足未来负荷的变动，即使在应用需求侧管理获得综合效益的同时，电力企业支付了补偿方案费用的代价。这样需求侧管理和电网规划的作用都大大地打了折扣。现行的规划方法在进行电网规划时并没有给其他规划方法留下空间，因而产生了上述问题。此外，传统意义上的规划只将电网架线视为规划资源，而忽略了节点负荷调节能力、节点功率调节能力这些电网资源，而事实上综合利用这些资源将有可能取得更好的效益。

基于上述思想可以做柔性约束规划的尝试，即在进行电网拓扑结构规划的时候，并不要求完全满足约束条件，而是可以在一定范围内允许某些线路有一定过负荷，之后再通过其他手段消除过负荷。柔性约束规划基于这样一个事实，即在电网规划中可能存在一些线路，这些线路上的过负荷如果仅仅通过改变电网拓扑结构来消除的话，其代价有可能是非常高昂的。这样，如果可以通过其他手段消除这些过负荷，那么单纯运用电网规划来消除这些过负荷可能就不如运用其他方法更经济有效。也就是说，电网规划只完成了运用电网拓扑结构能最有效地满足未来电力要求的部分，而将用电网拓扑结构比较难以满足的那部分电力要求留给其他方法来实现。

运用柔性约束规划方法是可行的，因为通常的电网规划不但要求在正常情况下满足安全运行的要求，并且同时要求在任意一条线路故障断开时也不出现过负荷，即所谓的"$N-1$检验原则"。事实上，随着电网运行和系统实时控制水平的提高、计算机和先进通信手段的引入，调度人员在多数情况下能够通过调整系统运行方式消除故障的影响。因此，根据线路可靠性和负荷特点等电网实际情况，在规划过程中允许某些线路在 $N-1$ 情况下出现一定的过负荷，在故障运行过程中通过调整发电功率来消除线路过负荷将更为可行、经济。

8.2 电网规划中不确定性信息盲数模型的建立方法

在盲数模型中主要包含的不确定性信息以未确知信息为主，而且这些不确定性信息是由其区间灰数及可信度值来反映的。比较准确地得到区间灰数及可信度值对于建立盲数模型有着十分重要的作用。因此，如何根据盲数的定义，将电网规划中这些用语言、经验等来描述的不确定性信息包含在盲数模型中，是采用盲数进行电网柔性规划所面临的首要问题。

对不确定性信息进行描述和处理时必须对多个相关因素作出综合考虑，这就是一个综合评判问题。由于模糊综合评判方法数学模型简单、容易掌握，对多因素、多层次的复杂问题评判效果比较好，因此，可以借鉴该方法来建立电网规划中各种不确定性信息的盲数模型。设电网中某节点 L 的负荷变化因素集为 $U= \{u_1, u_2, \cdots, u_m\}$，其中，$u_i(i=1, 2, \cdots, m)$ 表示该节点未来负荷的可能区间，即 $u_i \in g(i)$，它通过对已有信息的分析和整理可以由数学计算直接得到。同时 U 也为节点 L 建立盲数模型提供了区间灰数值，即该节点 L 为 m 阶盲数模型。而要得到该节点的盲数模型还需要求得 u_i 的可信度值 α_i，由于 α_i 是表示各个因素（区间）可能出现的可信程度，是一个模糊择优问题，即相当于要求得因素集 U 上的模糊子集 $A= \{\alpha_1, \alpha_2, \cdots, \alpha_m\}$，其中，$\alpha_i$ 是因素 u_i 对 A 的隶属度，是所求盲数模型的可信度值。A 值的确定方法有多种，在实际的应用中常用的方法有德尔斐（Delphi）法、专家调查法和判断矩阵分析法等。

从机理上讲，对于因素重要程度系数的判断与求解盲数模型中区间灰数的可信度值是一致的，因为可信度本身就是专家对各个负荷区间可能发生的把握程度和概率值，即专家对节点负荷发生在各个负荷区间中可能性大小的判断，因此完全可以采用该方法来求解盲数模型中可信度值。下面先介绍这几种方法的求解过程，然后举例说明如何采用这些方法求取电网规划中某节点 L 在盲数模型中的可信度值 α_i。

8.2.1 德尔斐法

德尔斐法，也称专家评议法，是利用专家集体智慧来确定各因素在评判问题或者决策问题中的重要程度系数的有效方法之一。它的计算方法和步骤如下：

（1）确定各个因素 $u_i \in g(i)$ 的重要性序列值 F_i。参加评价的专家们凭本人的经验和见解，划定各因素 u_i 的重要性序列值 F_i。F_i 值是 1，2，$\cdots$，m 中间的某个数，即 $F_i \in \{1, 2 \cdots, m\}$。对于最重要的因素，$F_i$ 值为 m；而最次要的因素，F_i 值为 1。将第 k 个专家就因素 u_i 所给定的因素重要性序列值记为 F_{ik}。每一位专家提供一份各因素的 F_i 值评定表，见表 8-1。

表 8-1　　　　　　　　　　　　　第 k 个专家的 F_i 值评定表

因素序号	u_1	u_2	$\cdots$	u_m
重要性序列值 F_i	F_{1k}	F_{2k}	$\cdots$	F_{mk}

（2）编制优先得分表。按专家们所提供的因素重要性序列值 F_i 进行如下统计。

当 $\dfrac{F_{jk}}{F_{ik}} > 1$ 时，记 $A_{ijk}=1$；

当 $\dfrac{F_{jk}}{F_{ik}}<1$ 时，记 $A_{ijk}=0$；

设参加评议的专家共有 n 位，将所有参加评议的专家的 A_{ijk} 值累加起来，即

$$A_{ij}=\sum_{k=1}^{n}A_{ijk}\quad(i=1,\ 2,\ \cdots,\ m)\tag{8-1}$$

这样 $m\times m$ 个统计值 A_{ij} 组成下列优先得分表，见表 8-2。

表 8-2　　　　　　　　　　　　优先得分统计表

因素序号	u_1	u_2	$\cdots$	u_m
u_1	A_{11}	A_{12}	$\cdots$	A_{1m}
u_2	A_{21}	A_{22}	$\cdots$	A_{2m}
$\cdots$	$\cdots$	$\cdots$	$\cdots$	$\cdots$
u_m	A_{m1}	A_{m2}	$\cdots$	A_{mm}

(3) 求 $\sum A_i$ 值。将表 8-2 中各行的 A_{ij} 值累加起来，得到

$$\sum A_i=\sum_{j=1}^{m}A_{ij}\quad(i=1,\ 2,\ \cdots,\ m)\tag{8-2}$$

$\sum A_i$ 表示第 i 行的 A_{ij} 的累加值，令

$$\sum A_{\max}=\max\{\sum A_1,\ \sum A_2,\ \cdots,\ \sum A_m\}\tag{8-3}$$

$$\sum A_{\min}=\min\{\sum A_1,\ \sum A_2,\ \cdots,\ \sum A_m\}\tag{8-4}$$

显然，与 $\sum A_{\max}$ 相对应的因素重要程度最高，而与 $\sum A_{\min}$ 相对应的因素重要程度同其他诸因素相比是最低的。

(4) 计算级差 d。令 $\alpha_{\max}=1$，$\alpha_{\min}=0.1$（$\alpha_{\max}$，$\alpha_{\min}$ 可在 [0，1] 中任意取定），则

$$d=\frac{\sum A_{\max}-\sum A_{\min}}{\alpha_{\max}-\alpha_{\min}}\tag{8-5}$$

(5) 计算盲数模型区间灰数的可信度值 α_i。盲数模型区间灰数的可信度值 α_i 的计算公式为

$$\alpha_i=\frac{\sum A_i-\sum A_{\min}}{d}+0.1\quad(i=1,\ 2,\ \cdots,\ m)\tag{8-6}$$

或　　　　　　　$$\alpha_i=1-\frac{\sum A_{\max}-\sum A_i}{d}\quad(i=1,\ 2,\ \cdots,\ m)\tag{8-7}$$

于是，可以求得因素重要程度模糊子集 $\underset{\sim}{A}=\{\alpha_1,\ \alpha_2,\ \cdots,\ \alpha_m\}$，即得到所求盲数模型中各区间灰数的可信度值 α_i。

8.2.2　专家调查法

专家调查法是把在评判问题中或决策问题中所要考虑的各因素，由调查人事先制定出表格，然后根据研究问题的具体内容，在本专业内聘请阅历高、专业知识丰富并且有实际工作经验的专家就各因素的重要程度发表意见，填入调查表。最后由调查人汇总，计算出因素重要程度系数，即所求盲数模型中区间灰数的可信度值 α_i。具体步骤如下：

(1) 制定调查表格。盲数模型区间灰数可信度值 α_i 的调查表见表 8-3。

表 8 - 3 盲数模型可信度值调查表

因素 u_i	u_1	u_2	...	u_m
因素可信度值 α_{ij}				

表中 α_{ij} 表示第 j 位专家对因素（即负荷区间）u_i 给定的可信度值，且要求 α_{ij} 满足 $\sum\limits_{i=1}^{m}\alpha_{ij}=1$。

（2）编制调查的汇总表。由调查人把所有专家的调查表进行汇总，设 n 位专家填写了调查表，盲数模型的可信度值调查汇总表的格式如表 8 - 4 所示。

表 8 - 4 盲数模型可信度值 α_i 调查汇总表

	u_1	u_2	...	u_m	合计
专家 1	α_{11}	α_{21}	...	α_{m1}	$\sum\limits_{i=1}^{m}\alpha_{1i}$
专家 2	α_{12}	α_{22}	...	α_{m2}	$\sum\limits_{i=1}^{m}\alpha_{2i}$
...	...	...	...	...	...
专家 n	α_{1n}	α_{2n}	...	α_{mn}	$\sum\limits_{i=1}^{m}\alpha_{ni}$

如果第一次调查来的数据出入较大，还可以反复进行，直到满意为止。

（3）计算盲数模型区间灰数的可信度值 α_i。盲数模型可信度值 α_i 的计算公式为

$$\alpha_i = \frac{\sum\limits_{j=1}^{n}\alpha_{ij}}{\sum\limits_{j=1}^{n}(\sum\limits_{i=1}^{m}\alpha_{ij})} \quad (i=1,\ 2,\ \cdots,\ m) \tag{8-8}$$

由此可以得到因素的模糊子集 $\underset{\sim}{A}=\{\alpha_1,\ \alpha_2,\ \cdots,\ \alpha_m\}$。

8.2.3 判断矩阵分析法

判断矩阵分析法是把 m 个评价因素排成一个 m 阶判断矩阵，专家通过对因素两两比较，根据各因素（负荷所在区间）可信度值大小来确定矩阵的元素值，然后计算矩阵的最大特征根及其对应的特征向量。这个特征向量就是所要求的盲数模型可信度值 α_i。该方法的步骤如下：

（1）确定两两因素相比的判断值 $f_{u_j}(u_i)$。设在因素集 $U=\{u_1,\ u_2,\ \cdots,\ u_m\}$ 中任意取出一对因素（即区间）u_i，u_j，对 u_i，u_j 的重要程度进行比较，设 $f_{u_j}(u_i)$ 表示因素 u_i 相对因素 u_j 而言的"可能程度"的判断值，$f_{u_i}(u_j)$ 表示因素 u_j 相对于因素 u_i 而言的"可能程度"的判断值，判断值 $f_{u_j}(u_i)$ 和 $f_{u_i}(u_j)$ 的确定方法见表 8 - 5。

表 8 - 5 盲数模型可信度的判断值表

区间 u_i，u_j 相比较的可能性等级	$f_{u_j}(u_i)$	$f_{u_i}(u_j)$	备注
u_i 与 u_j "同样可能"	1	1	
u_i 与 u_j "稍微可能"	3	1	

区间 u_i，u_j 相比较的可能性等级	$f_{u_j}(u_i)$	$f_{u_i}(u_j)$	备注
u_i 与 u_j "明显可能"	5	1	
u_i 与 u_j "非常可能"	7	1	
u_i 与 u_j "绝对可能"	9	1	
u_i 与 u_j 的可能性介于各个等级之间	2，4，6，8 之一	1	两个等级判断值的中值

（2）构造判断矩阵。通过两两因素（区间）的比较，得到 $f_{u_j}(u_i)$ 和 $f_{u_i}(u_j)$，令

$$b_{ij} = \frac{f_{u_j}(u_i)}{f_{u_i}(u_j)} \quad (i, j = 1, 2, \cdots, m) \tag{8-9}$$

由 $m \times m$ 个 b_{ij}，可以构造判断矩阵为

$$B = \begin{bmatrix} b_{11} & b_{12} & \cdots & b_{1m} \\ b_{21} & b_{22} & \cdots & b_{2m} \\ \vdots & \vdots & \vdots & \vdots \\ b_{m1} & b_{m2} & \cdots & b_{mn} \end{bmatrix} \tag{8-10}$$

显然，$b_{ii} = 1$，$b_{ij} = 1/b_{ji}$。

（3）确定各负荷区间可信度值 α_i。根据判断矩阵 B，计算它的最大特征根 $\lambda_{\max}$。得到最大特征根 $\lambda_{\max}$ 的特征向量 $\xi = (x_1, x_2, \cdots, x_m)$，取 x_i 作为因素（区间）u_i 的可信度值 α_i，必要时可以对特征向量 ξ 进行归一化处理，即

$$\left[\frac{x_1}{\sum\limits_{i=1}^{m} x_i}, \quad \frac{x_2}{\sum\limits_{i=1}^{m} x_i}, \quad \cdots, \quad \frac{x_m}{\sum\limits_{i=1}^{m} x_i} \right]$$

从而最终得到所求的盲数模型可信度值 α_i。

由于计算判断矩阵 B 的最大特征根 $\lambda_{\max}$ 及特征向量 ξ 比较麻烦，为了简化计算，可以求解可信度值 α_i 的近似值 α_i'，计算式为

$$\alpha_i' = \sqrt[m]{\prod_{j=1}^{m} b_{ij}} \quad (i = 1, 2, \cdots, m) \tag{8-11}$$

也可以对其进行归一化处理，即

$$\widetilde{A} = \left(\frac{\alpha_1'}{\sum\limits_{i=1}^{m} \alpha_i'}, \quad \frac{\alpha_2'}{\sum\limits_{i=1}^{m} \alpha_i'}, \quad \cdots, \quad \frac{\alpha_m'}{\sum\limits_{i=1}^{m} \alpha_i'} \right) \tag{8-12}$$

8.3　电网规划中的盲数潮流计算方法

8.3.1　盲数直流潮流的数学模型

在常规的电网规划直流潮流方程中由于没有考虑未来环境中的各种不确定性信息，所采用的输入数据，如节点注入功率 P、电压相角 θ 等均为实数，所以得到的支路潮流 P_l 也是实数。当采用盲数来描述各个网络节点数据信息的不确定性时，由于所得到的电网各节点的注入功率向量 P 中的元素 P_i 均为盲数，所以注入功率向量 P 是一个由盲数组成的相量，称

为盲数相量，记作 $\tilde{P}$。因此，常规直流潮流方程变为

$$\tilde{P} = B\tilde{\theta} \tag{8-13}$$

其中，系统中各个节点注入功率的盲数模型 $\tilde{P}_i$ 可以根据 8.2 中介绍的方法由已有的各种信息及其特性通过分析和计算得到，其阶数 m 可由实际情况取不同的值。

在式（8-13）中，由于节点注入功率向量 $\tilde{P}$ 是盲数向量，所以求得的各节点电压相角向量 θ 也是盲数向量，即

$$\tilde{\theta} = X\tilde{P} \tag{8-14}$$

式中　$\tilde{\theta}$——节点电压相角向量，为盲数向量。

求得节点电压相角向量 $\tilde{\theta}$ 后，可以求得系统各支路的有功潮流（潮流的方向为由节点 i 到节点 j），同理所得支路潮流也是盲数形式，为区别于其他潮流结果，称之为盲数潮流，即

$$\tilde{p}_{ij} = \frac{(\tilde{\theta}_i - \tilde{\theta}_j)}{x_{ij}} \tag{8-15}$$

写成矩阵形式为 $\qquad\qquad \tilde{P}_l = B_l\tilde{\varphi} \tag{8-16}$

式中　$\tilde{P}_l$——各支路有功盲数潮流组成的向量；

$\tilde{\varphi}$——各支路两端相角差的盲数向量。

8.3.2 盲数潮流求解的处理方法

通过对未来规划环境的分析和计算，以及对各种用专家的语言、经验等来描述的不确定性信息的处理，可以得到系统中各个节点不确定性信息的盲数模型 $\tilde{P}_i$。由式（8-14）采用求逆可以求解各节点电压相角的盲数值。但是由于盲数在计算过程中，阶数的增长较快，将严重影响计算速度，特别是在采用高斯消去法时，节点注入功率的盲数矩阵 $\tilde{P}$ 需要进行两次加法运算：一次是在前代过程中；另一次是在回代过程中。这样会导致节点盲数模型的阶数增长过快，使计算速度和计算效率大为降低，所以不采用高斯消去法，而采用矩阵求逆，或直接求取阻抗阵的方法来计算节点电压相角的盲数值 $\tilde{\theta}_i$。

尽管采用矩阵求逆或直接求取阻抗阵的方法在计算开始时会比直接求取导纳阵 B 增加一些求解的时间，但由于在其后的计算过程中节点注入功率 $\tilde{P}_i$ 只需进行一次相加运算，所以能够大大降低求解节点电压相角的盲数值 $\tilde{\theta}_i$ 的阶数，同时也使得计算难度和计算时间大为降低，所以在盲数潮流计算过程中采用直接求解系统阻抗矩阵来求解 $\tilde{\theta}$，在此基础上进一步计算线路的盲数潮流 $\tilde{P}_{ij}$ 的方法。

8.3.3 电网规划的盲数潮流计算过程

采用盲数描述节点不确定性信息来进行电网规划的潮流计算，其计算量比较大，尤其是当多个盲数进行运算或一个盲数进行多次运算时，所得盲数的阶数会成倍增长。如果在计算过程中不采用一定的方法和技巧进行简化处理将会严重影响计算速度和效率，甚至无法求得盲数潮流解，因此，在实际的盲数潮流计算过程中，必须进行简化处理。

一、简化技巧和方法

（1）利用式（8-14）求各个节点电压相角的盲数值，在两个盲数进行加法运算，即

$x_{ki}\tilde{P}_i + x_{kj}\tilde{P}_j$ 时，引入一个阈值进行判断，将小于该阈值的那部分区间信息予以忽略不计，从而减少下一次运算的阶数，该阈值选取的原则是对所求得的盲数值损失的有效信息量应较少。

（2）在式（8-15）中也采用同样的简化方式，但考虑到随着运算次数的增加，新得到的盲数模型阶数将增加，从而导致其区间随之增加，也使得可信度值逐步降低。如果所选阈值总是保持不变，会导致损失大量信息，失去盲数处理不确定性信息的意义，因此，可采用变动阈值的方法予以简化。在每次运算过程中阈值将随着计算次数的增加而逐步降低。

（3）由式（8-16）可以求得系统中各条支路的有功盲数潮流值，但该盲数潮流值得到的是大量的潮流区间值及其可信度值，如果对各个区间之间的重叠部分进行合并处理，其工作量是惊人的，因此，可先求得该支路有功盲数潮流中区间的最大和最小值。类似于采样的方法，在该潮流区间上通过等距取点，可以得到各个点上盲数潮流的可信度值之和，从而可以较容易地得到该支路的盲数潮流分布情况。

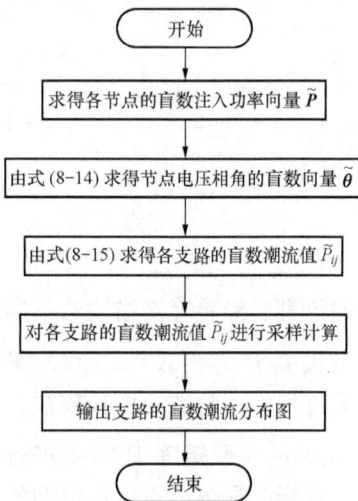

图8-2　盲数潮流解算流程图

二、解算步骤

通过以上的分析和描述，可以得到电网规划的盲数直流潮流计算步骤：

（1）首先通过对原始数据的分析和处理，得到节点的盲数形式的注入功率向量 $\tilde{P}$。

（2）形成网络的阻抗阵 X。

（3）由式（8-14），求得节点电压相角的盲数向量 $\tilde{\theta}$。

（4）由式（8-15）式求取各条支路的有功潮流盲数值 $\tilde{P}_{ij}$。

（5）采用简化方法进行采样分析，得到各条支路的有功盲数潮流的近似解。

（6）最后输出各条支路的盲数潮流解及分布概率图。

具体的解算流程图如图8-2所示。

8.4　基于盲数模型的电网柔性规划

采用盲数来处理电网规划中的各种不确定性信息可以获得更为准确、合理和详细的原始数据信息，为获得更加准确和合理的电网柔性规划方案提供较好的数据基础。盲数有着与其他不确定性信息描述方法不同的性质和特点，常规的电网规划数学模型无法完全适用，但可以利用盲数模型（Blind Model）进行电网规划计算。

8.4.1　盲数模型

在进行盲数运算时往往需要进行盲数与盲数之间、盲数与未确知有理数之间和盲数与实数之间的大小比较。由于实数是有序的，可以方便地进行大小比较，而盲数是由区间灰数和可信度值构成的，因此，在进行盲数比较之前需要给出盲数大小顺序的定义。

一、未确知有理数的 UM（Unascertained Model）模型

实数的顺序概念可以推广到未确知有理数。设任意未确知有理数 $A = [[a, b],$

$f(x)$], 如果有

$$b < 0, \ a = b = 0 \ \text{或} \ a > 0$$

显然，可以规定

$$A < 0, \ A = 0, \ \text{或} \ A > 0$$

这是因为当 $b < 0$ 时，A 的所有可信度非零的取值都是负数，此时 $A < 0$ 是自然的。当 $a = b = 0$ 时，此时 A 的可信度不为零的值仅有一个，就是实数零，即 $A = 0$。当 $a > 0$ 时，A 的可信度非零的取值全是正数，故 $A > 0$。

对任意两个未确知有理数 B、C，令 $A = B - C = [[a, \ b], \ f(x)]$，则当 $A < 0$，$A = 0$ 或 $A > 0$ 时，分别定义为

$$B < C, \ B = C \ \text{或} \ B > C$$

但是当 $a < 0 < b$ 时，A 的可信度非零的取值既有负数，也有正数，甚至还有实数零。从应用角度考虑，当 $a < 0 < b$ 时，不严格规定 A 的正与负，即认为此时 A 是无序的。而这种情况往往在实际应用中会遇到，因此需要在某种意义下规定其大小顺序。从理论上讲，此时给出的定义方法与通常意义下的"大小"关系是不同的，而是一种综合结果。

定义 8-1：设 A、B 是未确知有理数，令

$$P(A - B \geqslant r) = \sum_{x_i - y_j \geqslant r} f(x_i) g(y_j) \tag{8-17}$$

则称式（8-17）所示模型为 A 关于 B 的 UM 模型，其中，r 是实际问题要求确定的某个已知实数。

在实际应用中，由未确知有理数的 UM 模型可以进行未确知有理数的大小判断。

二、盲数模型概念

由未确知有理数进行大小比较的 UM 模型以及盲数可信度的概念出发，可得盲数模型的概念。

定义 8-2：设 A，B 为盲数，即

$$A = f(x) = \begin{cases} \alpha_i, & x = x_i (i = 1, 2, \cdots, m) \\ 0, & \text{其他} \end{cases} \tag{8-18a}$$

$$B = g(y) = \begin{cases} \beta_i, & y = y_i (i = 1, 2, \cdots, n) \\ 0, & \text{其他} \end{cases} \tag{8-18b}$$

则称 $P(A - B \geqslant \beta)$ 为盲数 A 关于 B 的 BM 模型。其中 β 是按实际问题要求确定的已知实数。

该盲数模型表示盲数 A 与 B 的差值大于 β 的可信度，当 $\beta = 0$ 时则表示 $A > B$ 的可信度值。从本质上来讲，盲数模型就是一个供需模型，其中，A 表示可供量，B 表示需求量。

在进行电网规划过程中，如果采用盲数表述和处理各种不确定性信息，得到的潮流值也将是盲数值。当需要对线路潮流进行过负荷判断时，由于线路容量 P 是实数，因此，实际上就是进行盲数与实数的大小比较。在此采用盲数模型来处理线路过负荷判断，其中，A 表示线路的盲数潮流，为真盲数；B 表示线路的容量限制 $\overline{P}$，为一个实数；取 $\beta = 0$，则其 BM 模型为 $P(A - B \geqslant 0)$，即给出了线路过负荷的可信度值。

8.4.2 电网柔性规划盲数模型

在采用盲数进行电网规划时，通过式（8-14）~式（8-16）所示盲数直流潮流模型可

以求得各支路上的盲数潮流 $\hat{P}_{ij}$，但是在判断线路是否过负荷时，需要进行盲数与实数之间的大小判断。

一、利用盲数模型的电网柔性规划模型

由于采用盲数模型进行过负荷判断时，只能得到该线路过负荷的可信度值，而很难得到线路是否过负荷，因此，可以通过定义一个阈值 r 来判断线路是否过负荷，当 $P(A-B \geqslant 0) > r$ 时，则表明线路过负荷，反之则没有。如，选取 $r=0.1$，表示当线路的盲数潮流超过线路容量的可信度10％时，判为线路过负荷。

采用盲数模型进行电网规划数学模型的目标函数和约束条件如下

目标函数
$$\min \quad f = \sum_{j \in M_n} c_j L_j Z_j \tag{8-19}$$

约束条件

功率平衡约束
$$\sum (\hat{P}_{ij}^n + \hat{P}_{ij}^0) = \hat{P}_{Di} - \hat{P}_{Gi} \qquad j \in M(i) \tag{8-20a}$$

线路潮流约束
$$P((|\hat{p}_{ij}| - |\overline{P}_{ij}|) > 0) \geqslant r \qquad i, j \in M \tag{8-20b}$$

变量上下限约束
$$\underline{P}_i \leqslant \tilde{P}_i \leqslant \overline{P}_i \qquad i \in N_G, N_D \tag{8-20c}$$

式中　$\hat{P}_{Gi}$ 和 $\hat{P}_{Di}$——盲数，分别表示节点 i 的发电机输出功率和负荷；

　　　$\hat{P}_{ij}^n$ 和 $\hat{P}_{ij}^0$——盲数，分别表示线路新增潮流和已有潮流；

　　　$\tilde{P}_{ij}$ 和 $\overline{P}_{ij}$——线路盲数潮流和功率上限；

　　　N_G、N_D——发电机集合和负荷集合；

　　　$M(i)$——包含节点 i 的线路集；

　　　c_j——输电线路单位建设费用；

　　　L_j——新建线路的长度；

　　　Z_j——0—1决策变量；

　　　r——过负荷判断的阈值；

　　　M——所有线路集。

二、采用成本—效益分析求解最佳电网柔性规划方案

为了得到合理的 r 值，在此采用 $r'=(1-r)$ 来表示该规划方案对不确定性因素影响的负荷适应性指标，即表示 r 值越低，其方案的负荷适应性指标 r' 越高。通过选取一系列不同的 $r_i(i=1, 2, \cdots, k)$，可以得到满足不同网架的负荷适应性指标 r_i' 的规划方案及其投资 C_i。要得到具有最佳经济性、灵活性和可靠性的电网柔性规划方案，可以采用成本效益分析的方法。

定义8-3：方案 i 的成本效益指标 $\eta_i(i=1, 2, \cdots, k)$ 为

$$\eta_i = \frac{r_i' \times 100}{C_i} \times 100\% \tag{8-21}$$

式中　C_i——方案 i 的投资费用；

　　　r_i'——方案 i 对不确定性影响的负荷适应性指标。

该成本效益指标表明当电网规划方案 i 通过投入单位资金可以满足多大的负荷变化值。因此，具有最大成本效益指标的方案可以通过较少的投入得到对未来环境变化较高的适应性和灵活性，该方案就是最佳的电力网络柔性规划方案。

8.4.3 求解方法及步骤

一、简化方法

由盲数的定义和运算法则可以看到，其计算量是比较大的，尤其是当多个盲数进行运算时，阶数会成指数增长，如果不采用一定的方法和技巧进行简化会严重影响计算速度，甚至无法进行求解。因此，在计算时可采用以下几种简化技巧和方法：

（1）在两个盲数进行运算时，引入一个阈值 r 进行判断，将小于该阈值的那部分区间予以忽略不计，从而减少下一次运算的阶数，由于忽略的那部分盲数可信度值很小，因此损失的信息量对计算结果的影响也很小。

（2）考虑到随着运算次数的增加，如果阈值 r 总是保持不变，会导致损失大量信息，失去盲数处理不确定性信息的意义，因此，采用了变动阈值的方法予以简化。在每次运算过程中阈值将随着计算次数的增加而逐步降低。

二、解算步骤

利用盲数模型进行电网柔性规划的解算步骤如下：首先对电网规划中不确定性信息进行分析和处理，得到各个节点的盲数信息 $\tilde{P}$，同时给定 k 个线路盲数潮流过负荷概率值 r_i；在每个 r_i 值下，采用分支定界方法求解盲数模型的电网优化规划方案，得到一个规划方案及其投资 C_i；最后进行规划方案的成本—效益分析，求得最佳电网柔性规划方案。整个求解过程如图8-3所示。

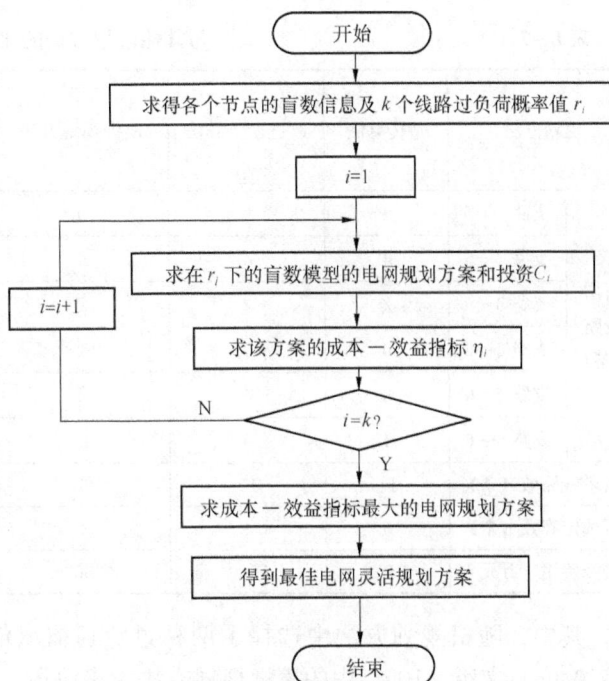

图8-3 采用盲数模型的电网柔性规划方法解算流程图

8.4.4 算例结果比较

一、与常规电网优化规划方法比较

为了对采用盲数模型的电网柔性规划方法进行验证和比较，表8-6中列出了与附录 A 所述18节点系统采用常规电网优化规划方法得到的电网规划方案的比较。

表8-6 采用常规方法和本节方法所得规划方案比较

	方案的投资费用 C_i （万元）	线路选择条数	方案的负荷适应性指标 r_i' （%）	方案的成本效益指标 η_i' （%）
常规方法	6060	7	45	0.743
灵活方法	7660	10	90	1.175

在表8-6中对常规方法得到的规划方案成本—效益指标的求解是考虑该方案是负荷为 $1.0P_0$ 时最优，当负荷小于 $1.0P_0$ 时也将满足负荷变化要求，因此，可以认为该方案

满足当节点数据信息为盲数表示时，区间 $[0.85P_0，0.95P_0]$ 和 $[0.95P_0，1.0P_0]$ 的负荷变化，即满足 $r'_i=(0.2+0.5/2)=0.45$，所以其成本—效益指标 $\eta_i=[(0.45\times100)/303]\times100\%=14.9\%$，由此可得出本节方法比常规方法所得方案的成本—效益指标要高出近 $158\%[(1.175/0.743)\times100\%]$，即其电网投资效益要远高于常规方法得到的网架结构。

二、与其他不确定性规划方法的比较

采用盲数模型的电网规划方法与采用遗传算法、改进遗传算法、模糊规划方法和随机方法对 Garver—6 节点系统所得方案的比较结果见表 8 - 7。

表 8 - 7　　　　　　　　　　　　　　　与其他规划方法的比较

规划方法		遗传算法	改进遗传算法	模糊规划方法	随机方法		盲数模型
					过负荷概率<0.15	过负荷概率<0.05	
新增线路(条)	支路1—5	1	0	0	0	0	0
	支路2—6	4	4	4	4	4	2
	支路3—5	2	2	2	1	2	1
	支路3—6	0	1	1	0	0	0
	支路4—6	3	3	2	3	3	4
	支路5—6	1	0	0	0	0	3
新增线路数(条)		11	10	9	8	9	10
所选走廊数(个)		5	4	4	3	3	4
投资费用(万元)		6620	5960	5360	4600	5000	7660

其中，随机规划方法中选择了两种过负荷概率值，即过负荷概率<0.15 和过负荷概率<0.05。文献 [105] 中的模糊规划方法为多阶段、多目标的电网模糊规划方法，该方法以线路的投资费用和系统电量不足期望值（EENS）作为目标函数，通过采用模糊集理论，将各目标实现程度用模糊隶属度来描述，从而将两个相互冲突的多目标优化问题转化为模糊规划求解。表 8 - 6 中的规划结果是采用加权后的模糊规划网架结构，该网架对上述两个目标分别取加权系数 0.25 和 0.75，方案的总体满意度为 0.7870。

在表 8 - 8 中给出了各种方法与采用盲数模型的电网柔性规划方法在投资和负荷适应性方面的比较情况。为了便于分析，在表 8 - 8 中，投资比较是将盲数模型方法的投资费用与其他各种方法进行比较，以盲数模型电网柔性规划方法的投资为基值，即该方法的投资比较值为 100%。在表中成本—效益比值一行是表明采用盲数模型的电网柔性规划方法在成本—效益指标上比其他各种方法高出的比值，利用各规划方法成本—效益指标除以盲数模型方法的成本—效益指标就是其成本—效益比值，同样也取盲数模型方法的成本—效益指标为基值。从表中可以看到，各种规划方法在新增线路数、架线走廊数等方面是十分相近的，但投资费用有所区别，其中随机规划方法得到的规划方案投资较小，这是由于该方法中允许线路部分过负荷，网架的负荷适应性方面要相对低一些。同时，有表 8—8 也可以看到改进遗传算法和模糊规划方法比通常的遗传算法所得结果要好。

表 8-8   一些规划方法结果比较

规划方法	盲数模型	遗传算法	改进遗传算法	模糊方法	随机方法	
					<0.15	<0.05
投资费用比值	100%	86.42%	77.81%	69.97%	60.05%	65.27%
负荷适应性指标 r_i'	90%	45%	45%	45%	38.25%	42.75%
成本效益指标 η_i	1.175%	0.68%	0.755%	0.84%	0.832%	0.855%
成本效益比值	100%	57.87%	64.26%	71.49%	70.81%	72.77%

在分析各种规划方法对不确定性影响的负荷适应性指标 r_i' 时，采用与常规规划方法相同的分析方法。由于遗传算法与改进遗传算法在进行规划计算时所考虑的负荷是 $1.0P_0$，因此它对负荷变化的适应性与常规方法是相同的，即 $r_i'=(0.2+0.5/2)\times100\%=45\%$。而文献 [105] 是对目标函数进行模糊处理而不是直接描述和处理节点负荷的不确定性，因此该方法对负荷的适应性与常规方法也是相同的。而随机规划方法是在考虑允许线路一定过负荷概率值的基础上求解规划方案的，因此该方法对负荷变化的适应值要考虑过负荷的情况，如允许过负荷为 0.15，则其负荷适应性指标 $r_i'=(1.0-0.15)\times45\%=38.25\%$。

从表 8-8 中可以看出采用盲数模型的电网柔性规划方法能够计及较大的负荷可能变动范围，尽管该方法的网架投资比其他方法要大一些，但其网架的适应度要比其他方法高，其成本—效益指标比较高，从而也说明了该方法能够给出较为合理、具有较高灵活性的规划方案。

8.4.5　结果分析

尽管采用盲数模型的电网柔性规划方法所得到的规划方案在初期投资上要比常规方法多，但是由于该方案考虑了节点信息的不确定性影响，对未来环境变化的适应性强，其成本—效益指标也明显比常规方法高，因此，采用盲数模型的电网柔性规划方法得到的电网规划方案具有更好的灵活性和适应性。采用盲数对电网规划中各种不确定性信息进行表述比较详细，所以其包含的信息量较多，对未来环境的近似也越接近，因此可以较好地适应未来可能的变化，具有较高的应用价值和前景。

8.5　基于等微增率准则的电网柔性规划

预估方法是一种与采用盲数直接建模方法完全不同的不确定性信息处理方法，该类方法绕过了对不确定性信息的直接分析和处理，直接对未来规划年环境进行预测和分析，从而将电网规划中的不确定性问题转化为多个确定性问题，降低了求解难度，提高了计算速度。

8.5.1　初始投资与补偿投资

一、多场景方法

在实际工程中，对于未来环境中的各种不确定性因素通过分析和预测往往可以得到一系列可能出现的值，例如经济增长率为 5%、7% 或 10%，利率为 4% 或 5%，负荷增长率为 3% 或 5% 等。对于这些信息的处理，可以采用组合的方法将各种不确定性信息可能的取值分别组合为一个未来可能环境，称之为一个场景，例如经济增长率为 5%，利率为 5%，负荷增长率为 3% 等就组成了一个场景。在此场景中的各种不确定性信息是已知的，为确定的数值，但该场景仅仅是未来环境中一种可能环境，并不是真实的未来环境。

　　未来环境是指电网规划中的所有不确定性因素皆已变成现实时的环境，这时各种不确定性信息的取值也都是确定的和真实的。但这些值的获得必须是未来环境变为现实环境的那个时刻，而在规划起始年是不可能确知的。由于每个场景代表了某个可能的未来环境，因此未来可以通过合理选择一系列的场景来近似表示。

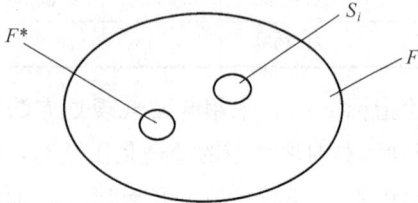

图 8-4　多场景方法示意图

　　从直观的角度来看，每个场景相当于一个小的集合 S_i，在该集合中的各种不确定性信息均为已知的数值。所有的场景集合就组成了一个大的未来环境集合 F，如图 8-4 所示。由于多场景方法是利用各种不确定性信息所有可能的取值进行组合而形成的，因此，在未来环境集合 F 中势必包含了未来环境 F^*，但是 F^* 究竟会出现在哪个场景集合 S_i，在现在是无法确定的。

　　多场景方法的出发点就是在此未来环境集合中寻找一个规划方案使之能够适应该集合中绝大多数场景子集 S_i，同时也最大可能地适应其中包含的那个真实未来环境 F^*。也就是说，该最优电网柔性规划方案对于某一个场景而言只是"次优"或"较好"的方案，但对于未来环境集合 F 中绝大多数场景子集，该方案都是"次优"或"较好"的，其适应性和灵活性显然是较好的。

　　因此，多场景方法就是根据现在已有的信息资料，通过采用组合的方法合理地设想多种可能的未来场景环境，其中每一个场景表示一个已知的未来环境，在此场景中的各种不确定性因素都是确定的，因此可以在每个场景中采用常规电网规划方法求得该场景下的最优规划方案。

　　多场景方法通过将难以用数学模型表示的不确定性因素转变为较易求解的多个确定性场景问题来处理。初看起来场景方法需要进行多次规划计算，计算量较大，但是由于在场景方法中每个场景中的所有不确定性因素已成为确定性参数，从而可以在每个场景下进行常规的电网优化规划，这使得规划求解的难度大为降低，减少了每次求解的计算量，使最终的计算速度大为加快。

　　由于场景方法不是直接对不确定性因素进行数学建模，从而可以避免建立十分复杂的电网规划模型，降低建模和求解的难度。从机理上讲，多场景方法对于影响电网规划的不确定性因素的处理是采用类似枚举的方法，因此，该方法可以比较全面和准确地考虑各种不确定性因素的影响，同时也具有较高的计算效率，这是与其他电网柔性规划方法相比所具有的优势。

　　未来负荷增长的不确定性是影响电网规划的主要不确定性因素。在采用多场景方法处理电网规划中的不确定性信息时，通过合理的分析、调查研究和预测得到若干场景，即负荷高速、中高速、中速、中低速、低速增长等场景，在每种场景下进行常规电网优化规划。

二、初始投资与补偿投资

　　假设对未来规划年负荷变化共取 k 种场景，在第 i 种场景下，由于各种不确定性信息已变为确定值，采用常规的电网规划方法可以求得在该场景下的电网最优投资方案及最优投资

C_i，称之为初始投资；当未来场景发生变化时，为了提高所得规划方案的鲁棒性，在此选取负荷变化为最大可能的场景，这时为了使系统中不出现过负荷现象就需在原最优规划方案基础上追加投资 ΔC_i，称之为补偿投资。显然在负荷较小场景下所需的初始投资比较少，但当未来环境变为最大可能负荷情况时该方案所需的补偿投资也较大，即初始最优投资 C_i 与补偿投资 ΔC_i 是成反比例关系的（见图 8-5）。

图 8-5 中，当未来负荷场景为 P_i 时，在此场景下得到的最优初始投资是 C_i，当其初始最优规划方案已经得到时，对于未来负荷场景比 P_i 小的场景，为了分析方便假设投资为一次性投入，所以该投资将不能减少，在图中表示为一条直线；而当负荷场景变化为最大负荷 P_{max} 时，为了避免线路过负荷就必须在原有最优规划方案上追加补偿投资 ΔC_i。从图中可以看到在各个场景中，初始投资 C_i 与补偿投资 ΔC_i 之间是相互冲突的两个变量，即当初始投资较小时，其在最大可能负荷情况下的补偿投资势必要大一些，但初始投资与补偿投资之和并不是单调上升的，这与实际情况也是相符的。

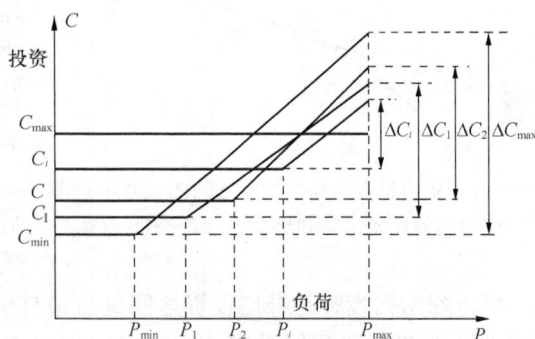

图 8-5 最优投资与最大可能负荷条件下的补偿投资关系示意图
P—负荷值；C—投资

8.5.2 电网柔性规划

一、投资模型及等微增率准则

由于初始投资 C 与补偿投资 ΔC 之间是相冲突的关系，要求取一个总体上令人满意的规划方案，就必须寻求初始投资与补偿投资之和最小的规划方案，即

$$\min F = C + \Delta C \tag{8-22}$$
$$C = f(P, Z)$$
$$\Delta C = f'(P, Z)$$

式中　P——负荷水平；

　　　Z——0—1 决策变量，表示线路是否被选中（具体的函数表达式见下节）。

通过计算分析可以得到一组初始投资与补偿投资值，通过采用数据拟合的方法可以得到初始投资 C 与负荷场景 P 之间的关系曲线 $C = f(P, Z)$，同时求得补偿投资 ΔC 与负荷场景 P 之间的关系曲线 $\Delta C = f'(P, Z)$，则式（8-22）变为

$$\min F = f(P, Z) + f'(P, Z) \tag{8-23}$$

对于式（8-23）可以采用等微增率准则的方法来进行求解。

二、等微增率准则

如图 8-6 所示，横轴 OP 表示未来场景下的负荷水平 P，纵轴 OC 表示初始投资 C，纵轴 $O\Delta C$ 表示补偿投资 ΔC。在横轴上任取一点 A，过 A 点作垂线分别和初始投资曲线 $C = f(P, Z)$ 与补偿投资曲线 $\Delta C = f'(P, Z)$ 相交于 A_1，A_2 点，则 AA_1 表示该负荷水平下的初始投资，AA_2 表示其补偿投资，$A_1A_2 = AA_1 + AA_2 = f(A, Z) + f'(A, Z)$ 就表示该负荷水平下总的投资费用。

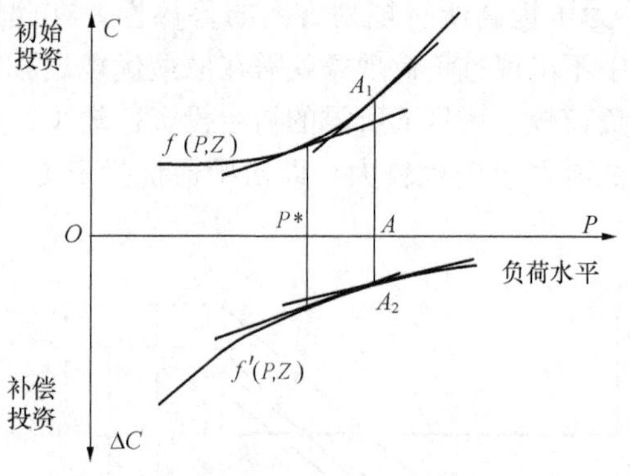

图 8-6　初始投资与补偿投资之间的关系示意图
P—负荷场景值；C—初始投资；ΔC—补偿投资

由此可见，只要在横轴 OP 上找到一点，通过它作垂线与初始投资曲线和补偿投资曲线的交点间距离最短，则该点所对应的负荷水平 P^* 就是总投资费用最少的最优电网柔性规划方案所在负荷环境。根据等微增率准则的原理，只有当通过 A_1 点和 A_2 点分别作各自相交曲线的切线相互平行时，线段 A_1A_2 的距离才是最短的，曲线在该点的斜率就是该点的等微增率，即满足

$$\mathrm{d}f/\mathrm{d}P = -\mathrm{d}f'/\mathrm{d}P \qquad (8-24)$$

则总的投资费用将是最小的，这就是著名的等微增率准则。

要得到初始投资与补偿投资之间具有最佳经济性的电网柔性规划方案，可以由等微增率准则进行求解，即分别求得 $C = f(P，Z)$ 和 $\Delta C = f(P，Z)$ 的微增率 $\lambda_C = \partial C/\partial P$ 和 $\lambda_{\Delta C} = \partial \Delta C/\partial P$。由式（8-24）可知，要求得总的投资费用最小的最佳电网柔性规划方案，只有当 $\lambda_C = -\lambda_{\Delta C}$ 时才能得到。由此可以得到最佳的未来负荷场景 P^*，进一步即可得到最优的电网柔性规划方案。

8.5.3　数学模型

一、目标函数

该数学模型的目标函数为

$$\min C = \sum_{j \in M_n} K_j Z_j \qquad (8-25)$$

$$\min \Delta C = \sum_{j \in M'_n} K_j Z_j \qquad (8-26)$$

式中　C——初始最优投资；

$\quad \Delta C$——补偿投资；

$\quad K_j$——线路 j 的建设投资费用；

$\quad Z_j$——线路 j 的 0—1 决策变量（1 表示被选中，0 表示未被选中）；

$\quad M'_n$——在该场景下尚未被选中的待选线路集。

二、约束条件

节点功率平衡方程为式（6-63）；线路潮流方程为式（6-64）和式（6-65）；变量上下限约束为式（6-66）～式（6-69）。

该规划模型是一个多目标、非线性的混合整数规划模型，为了减少求解难度，在计算过程中将线路损耗予以忽略。

三、解算过程

该方法的解算步骤如下：

（1）选取 k 中可能的负荷场景。

（2）采用分支定界方法求解式（8-25），即在第 i 种负荷场景下的网络最优规划方案和电网投资 C_i。

（3）在已求得的网架结构基础上求取式（8-26），即在最大可能负荷场景下所需的补偿

投资费用 ΔC_i。

（4）将得到的数据采用数据拟合方法可求得它们之间的函数关系式 $C = f(P, Z)$ 和 $\Delta C = f'(P, Z)$。

（5）由等微增率准则求得最佳经济的电网柔性规划方案。

整个求解过程的解算流程图如图 8-7 所示。

8.5.4 算例分析

用附录 A 中 18 节点系统算例对该方法从理论和实践两方面进行了算例分析。共选取了七种可能的典型未来负荷场景，得到了一系列的最优投资 C 和补偿投资 ΔC 数据，其中负荷场景的选取利用确定性规划方法中负荷情况 P_0 的偏差表示，见表 8-9。

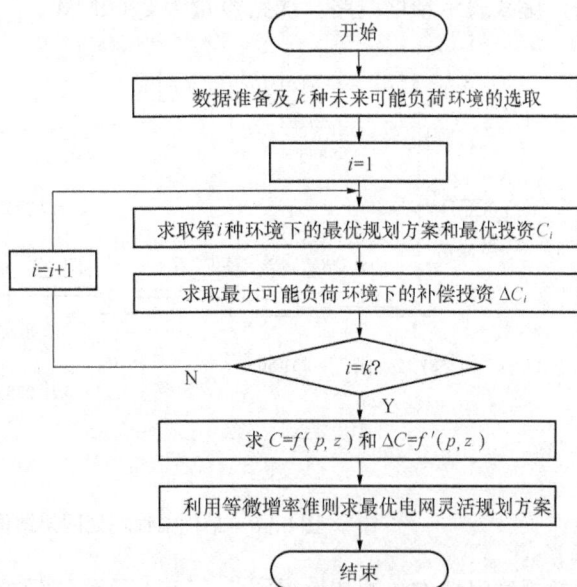

图 8-7 基于等微增率准则的电网柔性规划方法解算流程图

表 8-9 计 算 结 果

第 i 种负荷环境	负荷的取值	最优投资 C（万元）	补偿投资 ΔC（万元）	总的投资 ΣC（万元）
1	$0.85P_0$	33420	21820	55240
2	$0.875P_0$	34520	20200	54720
3	$0.9P_0$	35420	19820	55240
4	$1.0P_0$	38780	13500	52280
5	$1.075P_0$	39500	13100	52600
6	$1.1375P_0$	40120	11400	51520
7	$1.2P_0$	50120	0	50120

根据负荷值 P 与最优投资 C 两组数据，利用最小二乘法进行数据拟合计算，可以求得 P 与 C 之间的函数关系式为 $C = -0.0012 + 2.627P - 0.7375P^2$；然后由负荷值 P 与补偿投资 ΔC 两组数据，利用数据拟合可以求得 P 与 ΔC 之间的函数关系式为 $\Delta C = 0.0028 + 3.485P - 2.6745P^2$。可以看到两条拟合曲线的二次项系数 $-0.7375 \neq -2.6745$，因此存在唯一的最小值。

分别求得两条拟合曲线后，根据等微增率准则求解总投资费用最小的电网柔性规划方案。首先求每条拟合曲线的微增率，即求曲线的导数

$$dC/dP = 2.627 - 1.475P$$

$$d\Delta C/dP = 3.485 - 5.349P$$

由式 $dC/dP = -d\Delta C/dP$，可以求得最优电网柔性规划方案的负荷水平为 $P^* = 0.895P_0$。

选取该负荷场景下的环境参数，采用常规电网规划方法可以求得该最优电网柔性规划方案。其初始投资为 33420 万元，在最大可能负荷场景下的补偿投资为 17020 万元，总投资为

50440 万元，其网架结构如图 8-8 所示（图中所标数值单位为 MW），其中，实线表示已有线路，虚线表示新增线路，线路容量为 2300MW。

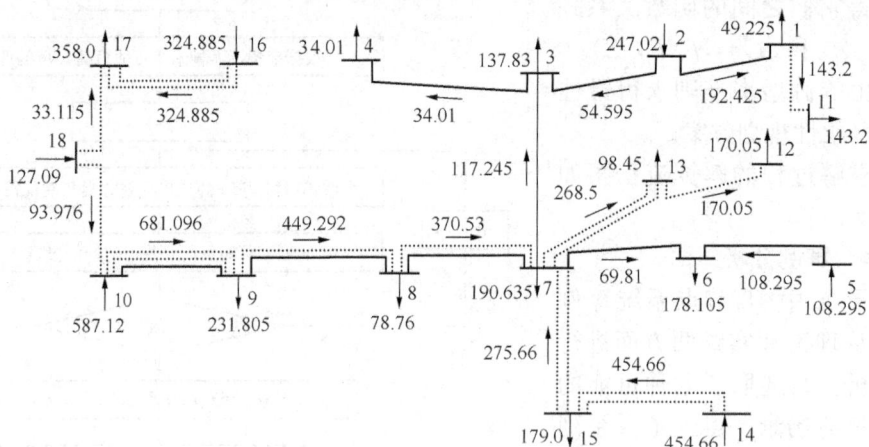

图 8-8 最优柔性规划网架结构（单位：MW）

常规确定性方法的初始投资为 38780 万元，而文献［7］中采用线性规划方法进行灵敏度分析得到的初始网络投资为 33700 万元。但是当负荷场景变化为最大可能负荷情况时，为保证线路不出现过负荷，前一方案所需的补偿投资为 13500 万元，其总投资为 52280 万元；文献［7］中方案所需的补偿投资为 19500 万元，总投资为 53200 万元。这几种方案的比较情况见表 8-10。

表 8-10   几 种 方 案 的 比 较   单位：万元

方案	初始投资	补偿投资	总的投资
本节方案	33420	17020	50440
确定性方案	38780	13500	52280
文献［7］中方案	33700	19500	53200

注 线路的原有网架费用为 12960 万元。

从表 8-10 的比较中可以看出，采用基于等微增率准则的电网柔性规划方法所需的总投资费用比其他两种方法要少，通过与原有网架投资的比值，可以求得本节方法在总投资方面比文献［7］中的方法节约费用约 14.56%［14.56% =（53200−50440)/12960］，比本章中的确定性方法节约费用约 9.705%［9.705% =（52280−50440)/12960］。通过以上分析可以看出，基于等微增率准则的最优电网柔性规划方案对于未来可能出现的环境变化适应性较强，比常规确定性方法所需的总投资费用要少，具有更好的适应性和灵活性。

8.6 考虑线路被选概率的电网柔性规划

在进行网架规划时，通过对未来规划年环境的预测和分析，可以得到各种不确定性信息的可能取值，同时也能够得到各种不确定性信息在未来规划年可能实现的可信度值（或概率值）。因此，在未来环境集合中的各种场景子集就有着各自不同的实现概率。

由于各个未来场景的实现概率不同，在采用多场景方法进行电网规划时所求得的电网柔性规划方案就应该更适应于实现概率较大的场景；而对实现概率较小的场景而言，则适应性要低一些，从而使所得规划方案更有可能适应真实的未来环境，提高该方案的适应性和鲁棒性。而任何网架结构都是由一条条线路构成的，各条线路对于未来环境适应程度的高低也能够反映该线路在网架结构中的重要程度。

8.6.1 方法描述

一、场景实现概率

通过对社会经济发展情况和政策等因素的调查、分析和预测，可以得到各种不确定性因素的取值范围，如负荷增长为 3%～8% 等。在得到各不确定性因素的取值范围后，选择其中一些可能值组成一个场景，则在该场景下的各个不确定性因素的取值是确定的。

用盲数模型来描述和处理不确定性信息时不仅可以得到各种不确定性信息取值的可能范围，同时也可以得到其取值的可信度大小，即各种不确定性信息取某值的概率情况。因此，所选取的各个场景实现的机会不可能完全相同，有些场景具有较大的实现可能，而有些则较小。因此，可定义场景实现概率的概念，来表示各个场景可能实现的概率大小。通过分析，筛选一些对电网规划有着较大影响的不确定性因素，在确定各种不确定性因素的取值范围时，可以根据有关的信息得到每种不确定性因素各种取值的概率值，例如负荷增长为 3% 的可能性是 15%，为 5% 的可能性是 30% 等。

假设对第 i 种不确定性因素共选取了 m_i 种可能值，得到每种可能值发生概率为 λ_{ik}（其中：$\sum_{k=1}^{m_i}\lambda_{ik}=1$）。设对未来规划年进行多场景分析时共考虑 n 种不确定性因素。如果场景 j 是由第 1 种不确定性因素中 m_1 种可能值中的第 k_1 种可能值，该可能值发生的概率为 λ_{1k_1}；第 2 种不确定性因素中 m_2 种可能值中的第 k_2 种可能值，该可能值发生的概率为 $\lambda_{2k_2}\cdots$；第 n 种不确定性因素中 m_n 种可能值中的第 k_n 种可能值，该可能值发生的概率为 λ_{nk_n} 等不确定性信息组成的，则 n 种不确定性因素的可能值经过组合总共可以组成 $M(M=m_1\times m_2\times\cdots\times m_n)$ 种可能的未来场景。

定义 8-4：场景 j 的场景实现概率 β_j 为

$$\beta_j=\prod_{i=1}^n\lambda_{ik_l}\qquad (l=1,2,\cdots,m_i) \tag{8-27}$$

其中，λ_{ik_l} 表示场景 j 下第 i 种不确定性因素中 m_i 种可能值中的第 k_l 种可能值发生的概率值。

容易证明

$$\sum_{j=1}^M\beta_j=1 \tag{8-28}$$

证明：将式（8-27）和 $\sum_{l=1}^{m_i}\lambda_{ik_l}=1$ 代入式（8-28），得

$$\begin{aligned}\sum_{j=1}^M\beta_j&=\sum_{j=1}^M\prod_{i=1}^n\lambda_{ik_l}=(\lambda_{1k_1}+\lambda_{2k_2}+\cdots+\lambda_{1k_{m1}})\times(\lambda_{2k_1}+\lambda_{2k_2}+\cdots+\lambda_{2k_{m_2}})\\&\times\cdots\times(\lambda_{nk_1}+\lambda_{nk_2}+\cdots+\lambda_{nk_{m_n}})\\&=1\times1\times\cdots\times1=1\end{aligned}$$

从上面的分析可以发现，场景实现概率与盲数中的可信度具有十分相似的性质，它们都反映了场景与区间灰数可能实现的概率大小。因此，实现概率大的场景在未来成为现实的概率要高于实现概率小的场景。

例如，某场景是由表 8-11 所列的几种不确定性因素组成的。

表 8-11   场 景 的 组 成 因 素 表

不确定性因素	取值	实现概率（%）
负荷增长率	1%	20
银行贷款利率	5%	30
煤价（元/t）	230	50
输入电能价格［元/（kW·h）］	0.8	60

则由式（8-27）和表 8-11 可以求得该场景的实现概率为

$$\beta = \prod_{i=1}^{4} \lambda_{m_i k_i} = 20\% \times 30\% \times 50\% \times 60\% = 1.8\%$$

由于影响电网规划的众多不确定性因素中最为重要的因素是未来负荷增长不确定性及其相应的电源建设方案和进度的调整，同时为了降低求解的难度，在处理不确定性因素时本章将主要考虑负荷的不确定性，即取 $n=1$。

二、线路被选概率

在得到了未来可能场景集后，由于每个场景中不确定性信息的取值已被确定，所以原不确定性电网规划问题就转变为常规的确定性电网规划问题，采用常规的电网规划方法即可以解算，求得各个场景下的最优电网规划方案。其中所有网架结构均是由线路构成的，而进行电网规划实质上就是从待选线路集合中确定哪些线路被选中来构成未来的网架，可以说，线路是电网规划中最基本的元素和单元，因此直接分析各条待选线路在未来环境集合中的重要程度和适应性，对于得到一个好的电网规划方案有着很大帮助。

首先选取进行电网规划时所计及的不确定性因素，采用多场景方法得到所有可能的未来场景。在每个场景中由于各种不确定性信息已经被确定，例如：表 8-11 说明了该场景是由四种不确定性因素组成的，它们的取值分别为 1%，5%，230 元/t 和 0.8 元/（kW·h），因此，在此场景下采用常规方法就可以求得最优电网规划方案，同时该规划方案中选中的待选线路也是已知的。

设系统待选线路集为 M，该集合包含了所有待选线路。在第 i 种未来场景下，由已确定的未来环境，采用常规电网优化规划方法求得该场景下最优电网规划方案，则该方案中必然要新增一些线路加入新的网架结构中，因此，原待选线路集合 M 变为由被选线路集 V_i 和未选线路集 W_i 组成。其中：V_i 包含了所有网架新架的线路，$W_i = M - V_i$ 表示未被选中的线路集合。

而各个场景中根据各种不确定性因素所取的数值及其可能实现的概率值不同，由式（8-27）可以得到 M 种未来可能场景及该场景的场景实现概率 β_i。根据各个场景的场景实现概率 β_i，以及各场景下的被选线路集 V_i 和未选线路集 W_i 得到的各待选线路的被选情况，采用加权分析的方法可求得每条线路的被选概率。

定义 8-5：线路的被选概率 P_{ij}（i 表示场景号，j 表示线路号）为

$$P_{ij} = \beta_i Z_{ij} \tag{8-29}$$

由式（8-29）可以求得线路 j 在所有场景下最终的被选概率 p_j 为

$$p_j = \sum_{i=1}^{M} P_{ij} = \sum_{i=1}^{M} \beta_i Z_{ij} \quad (j=1,\ 2,\ \cdots,\ l)$$

式中　Z_{ij}——0—1决策变量，如果在场景 i 下线路 j 被选上则为 1，否则为 0；

　　　　M——可能的场景数；

　　　　l——待选线路数。

显然 $p_j \leqslant 1$。

例如，假设线路 j 在 5 个未来场景中被选上的情况为表 8-12 所列。

表 8-12　　　　　　　　　　　**线 路 j 被 选 情 况**

场景号	场景实现概率（%）	线路 j 被选情况	场景号	场景实现概率（%）	线路 j 被选情况
1	10	0	4	20	1
2	20	0	5	10	0
3	40	1			

由表 8-12 可以计算出线路 j 的被选概率为

$$p_j = \sum_{i=1}^{M} \beta_i Z_{ij} = 10\% \times 0 + 20\% \times 0 + 40\% \times 1 + 20\% \times 1 + 10\% \times 0$$

$$= 0.4 + 0.2 = 0.6$$

待选线路 j 被选概率 p_j 的大小反映了该条线路在未来环境发生变化时被选中的概率；同时也表明了该条线路对于网架结构的重要程度和对未来环境变化的适应性。因此，采用线路被选概率的概念可以较好地反映每条待选线路在所有场景中被选中的情况，通过该被选概率的大小可以比较直观地了解线路在未来环境集合中的重要程度。

8.6.2　选线过程

一、网架适应度

从各条线路的被选概率值可以了解每条线路在未来环境集合中的重要程度和对未来环境变化的适应性高低。但是在进行电网规划时，需要得到的是最终的网架结构，而不能是一堆线路的数值，如何利用线路被选概率来确定最终的网架结构是需要解决的问题。为此定义了网架适应度的概念。

定义 8-6：在得到线路被选概率后，要形成最终的电网规划方案，需要根据规划实际选择相应的阈值 P_S，当待选线路的被选概率大于该阈值时，则满足网架需要被选中，否则就不选，该阈值就被定义为网架的适应度值。由于线路被选概率 $p_j \leqslant 1$，所以网架的适应度 $P_S \leqslant 1$。

由定义 8-6 可知，网架适应度值 P_S 是一个由规划人员根据实际需要定义的阈值。当 P_S 较大时，满足要求的待选线路就较少，网架的经济性也较高，但其对未来环境变化的适应性就较差；反之，当 P_S 较小时，满足要求的待选线路就较多，网架的成本也就越高，该网架结构对未来环境变化的适应性也越好。

二、选线过程

将各条待选线路的被选概率按照从大到小进行排序，得到一个有序的待选线路集 M。在 M 中势必存在着一些被选概率值为 1 的待选线路，表明这些线路在所有的场景下均被选中，它们在网架结构中的重要程度最高，则这些待选线路首先被选到新的电网规划网架结构中。

如果此时由被选概率为 1 的待选线路组成的网架结构是连通的网络，则停止选线，进行过负荷校验，如果该网架结构不出现过负荷，说明该网架已经满足需要，则规划工作结束；否则继续从 M 中根据被选概率值由大到小地选取线路，直到所选线路满足网架结构连通的要求时停止选线，进行过负荷校验，如果该网架结构不出现过负荷，说明该网架已经满足需要，则规划工作结束，否则进行下一步的选线过程。

在得到初始连通网架结构的基础上，可根据规划人员和方案实际需要给出的网架适应度值 P_S 来进一步选择待选线路。选择较大的网架适应度值 P_S 得到的网架经济性较高，但其可靠性和适应性却较低；而选择较小的网架适应度值 P_S 得到的网架经济性较差，但其可靠性和适应性却较高。因此，最终得到的网架结构是在经济性与可靠性和适应性之间的一种折中方案。

选取适应度值 P_S 的不同对于规划的结果会产生较大的影响，同时在实际工程中规划人员有时也无法一次性准确地给出适应度值 P_S。针对存在的这些实际问题，可以通过选择多个 P_S 值进行分析和比较，形成一个不同适应度值的选线集合，为规划人员提供辅助决策，使得在规划过程中及时进行线路的增架或停建。

当给定网架适应度值 P_S 后，在进行选线的过程中，如果线路的被选概率大于或等于适应度值 P_S 则被选中，否则继续从 M 中按顺序进行加线选择，直到所有满足要求的待选线路均被选中为止。然后对所得到的网架进行过负荷校验，如果该网架结构不出现过负荷，说明该网架已经满足要求，则规划工作结束，从而得到最终满足规划适应度要求的电网柔性规划方案。

通过选取具有较大被选概率值的线路进行网架结构的逐步扩展，使得所选线路对各种未来可能场景具有较强适应性。同时由于建立了被选概率集 M，可以比较直观和方便地了解各待选线路对网架扩展的重要性，当未来环境发生变化时可以为规划人员提供更加有效的帮助，使规划人员能够尽快决定对哪些线路进行架线选择或暂停架设，使规划方案具有较好的环境适应性和灵活性。

8.6.3　求解过程

在每种场景下的电网优化规划模型采用前一节中的电网优化规划模型，求解方法可采用分支定界方法。由上节的描述可以得到图 8-9 所示的该方法的求解步骤（设线路数为 L）：

(1) 选取 n 种不确定性因素及每种不确定性因素的 m 种典型值及实现概率 λ_{ik}（$i=1$, 2, $\cdots$, n; $k=1$, 2, $\cdots$, m）。

(2) 组合形成 n 种可能的未来场景，求得每种场景的场景实现概率 β_i（$i=1$, 2, $\cdots$, n）。

(3) 给出需满足的适应度值 P_S。

(4) 在第 i 种下求取电网最优规划方案，得到被选线路集 V_i 和未选线路集 W_i。

(5) 求取线路 j 的被选概率值 P_j（$j=1$, 2, $\cdots$, L）。

(6) 将 P_j 为 l 的线路首先选到新的网架结构中。

(7) 判断网架是否连通，是则进行步骤 (10)，否则继续。

(8) 按线路选择概率从大到小的顺序选择线路加到网架结构中。

(9) 回到步骤 (7)。

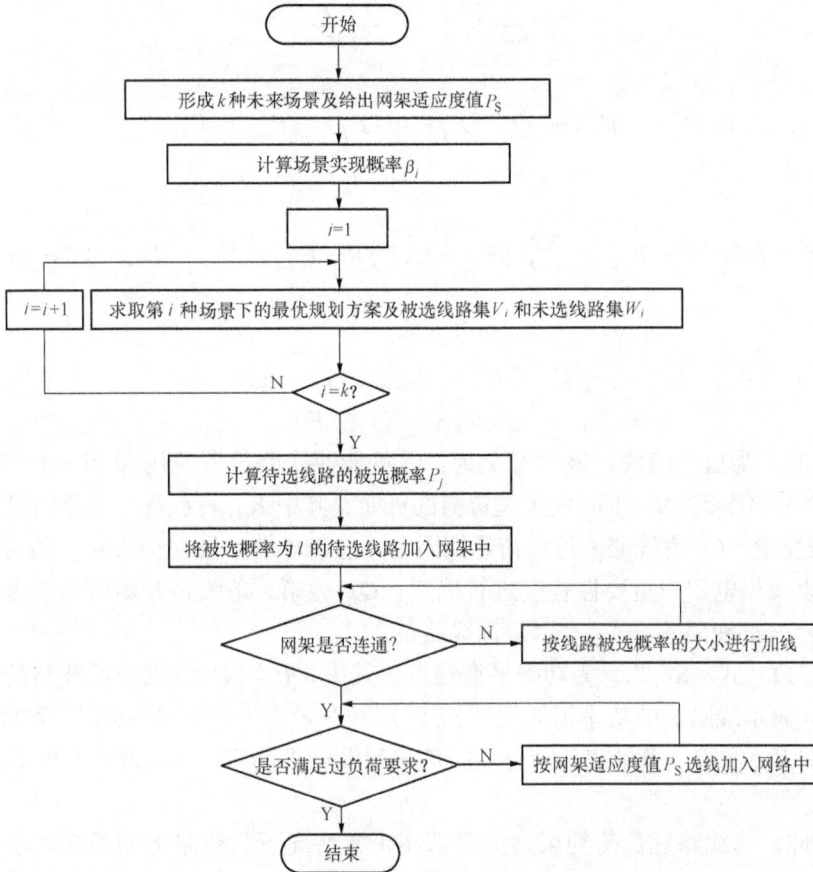

图 8-9　考虑线路被选概率的电网柔性规划方法解算流程图

（10）判断是否满足要求的适应度值 P_S，是则进行过负荷判断，如满足要求，计算结束；否则到步骤（8）。

8.7　电网柔性约束规划

8.7.1　柔性约束规划的模型

电网柔性约束规划是指在电网规划中，允许电网中部分线路出现一定的过负荷，以此来寻求一种经济性和可靠性之间的平衡。它的目的不在于寻求一种严格满足约束的最优解，而是考虑如何能够在尽可能小地违反约束条件的情况下，使目标函数的目标值得到大幅度提高。也就是说，传统的电网规划方法是被动地适应约束条件，而柔性约束规划则是主动地从约束条件和规划决策两方面去求解问题的结果，并将节点功率调整能力、节点负荷调整能力等都看成为规划中可利用的资源，使多种方法和手段可以相互配合，从而取得更全面的经济效益。因此，柔性约束规划最终目的并不是以牺牲安全性来换取经济性，而是运用多种方法，使电网达到整体上的最优。柔性约束规划克服了传统规划方案的单一性和片面性，以及较难与其他方法合作的缺点。其具体模型为

$$\min \sum_{j \in A_n} K_j Z_j + \sum_{i \in A} \sum_{j \in A} C_j^2 Q_{ij} \qquad (8-30)$$

s. t.

$$\sum_{\substack{j \in A \\ S(j)=i}} [P'_j - L(P'_j) - P_j] + \sum_{\substack{j \in A \\ e(j)=i}} [P_j - L(P_j) - P'_j] = P_{Di} - P_{Gi} \quad (i \in N_G)$$

$$(8-31)$$

$$\sum_{\substack{j \in A \\ S(j)=i}} [P'_j - L(P'_j) - P_j] + \sum_{\substack{j \in A \\ e(j)=i}} [P_j - L(P_j) - P'_j] = P_{Di} - P_{Gi} \quad (i \in N - N_G)$$

$$(8-32)$$

$$P_j + P'_j \leqslant P_{j\max} \quad (j \in A) \qquad (8-33)$$

$$Q_{ij} \leqslant \alpha_j \quad (j \in F) \qquad (8-34)$$

式（8-30）为目标函数，该式意义为：尽可能使线路投资费用和 $N-1$ 校验时产生的过负荷最小，但不排除 $N-1$ 时发生过负荷的可能。其中 K_j 表示新建线路的投资系数；Z_j 为 0—1 决策变量；C_j 为线路 j 过负荷惩罚因子，应由规划人员根据线路 j 的可靠性，电网安全性要求以及供电用户重要性程度进行确定；Q_{ij} 为第 i 条线路开断时第 j 条线路的过负荷率；A 表示全部线路集；A_n 表示待选线路集。

式（8-31）、式（8-32）为功率平衡约束，其中，P_j，P'_j 分别表示线路的正反方向的潮流；$L(P_j)$ 表示线路 j 的功率损耗函数；$S(j)=i$ 和 $e(j)=i$ 分别表示以 i 为起点和终点的所有线路集；P_{Di} 和 P_{Gi} 分别表示节点 i 的负荷和发电机功率；N_G 为发电机节点集；N 为所有节点集。

式（8-33）为线路过负荷约束，即要求在正常情况下，线路上的潮流大小应小于传输容量；其中 $P_{j\max}$ 表示线路 j 的传输容量。

式（8-34）为过负荷率约束，表示在线路 i 开断时线路 j 出现的过负荷率不能超过最大允许值；其中，Q_{ij} 为第 i 条线路开断时第 j 条线路的过负荷率；α_j 表示线路 j 允许的最大过负荷率，应由规划人员根据线路可靠性、电网安全性要求具体确定；F 表示允许有过负荷的线路集。

（一）计算方法

因为遗传算法只需利用目标的取值信息，而无需梯度等高价值信息，运用遗传算法解算上述模型，可以有效地降低解算过程的复杂程度；并且遗传算法可以提供多组待选方案，能够从中选出与其他方法配合最好的规划方案。

（1）染色体编码。染色体编码须遵循完备性、健全性、非冗余性的原则，可以以各走廊线路型号和回数作控制变量，采用二进制编码的方法。例如，对于某一走廊，可能有 a、b 两种可选线型，可架设两回线，则对其编码如下：1 回 a、0001，1 回 b、0100，2 回 a、0011，2 回 b、1100。依此类推，即可完成对所有待选线路的编码。

上述染色体编码法能够完整代表问题空间的所有可能解，并且不会因为交叉和变异操作产生无效解，满足染色体编码的完备性、健全性、非冗余性原则。

（2）适应度函数。利用模型的目标函数构造遗传算法的适应度函数为

$$A_{Fi} = (1/O_{Fi}) / \left[\sum_{k=1}^{N} (1/O_{Fk}) \right] \qquad (8-35)$$

式中　A_{Fi}——方案 i 的适应度；

　　　O_{Fi}——方案 i 的目标函数值；

　　　N——种群规模。

（二）计算过程

基于遗传算法的电网柔性约束规划步骤如下：

（1）读入电网数据，包括节点数据、现有网架数据、待选线路数据、线路惩罚因子、可出现过负荷的线路及过负荷的范围等。

（2）根据电网数据产生一组随机数代表一种决策方案，解码还原为网络架线，判断是否连通。若连通则保留，否则重新生成。重复若干次形成初始种群。

（3）进行潮流计算和 $N-1$ 校验，计算各个体的适应度函数值。

（4）进行稳态复制操作。

（5）进行杂交、变异等遗传操作和模拟退火运算，将产生子代还原为网络架线，若连通则保留个体。

（6）进行潮流计算和 $N-1$ 校验，计算各个体的适应度函数值。

（7）进行稳态复制操作。

（8）计算种群的在线性能和方差，根据在线性能和方差调节单点杂交、双点杂交的比例和变异率，判断是否要引入比例之窗。

（9）如果多次增大变异率后，所保留的最优方案没有发生变化，则认为算法收敛，输出最优方案；否则返回第（5）步，继续迭代。

8.7.2　考虑功率调整和柔性约束的电网规划方法

柔性约束规划并不是以牺牲安全性来换取经济性的，只不过它并不强求通过电网架线消除过负荷，而是为其他方法提供运用的方向和空间。其规划结果所产生的过负荷最终还是要通过各种方法来消除的。在柔性约束电网规划中加入功率调整可以有两种方法：一种方法是先进行柔性约束规划，然后对规划方案进行运行模拟，判断规划方案是否可行及故障时的节点功率，称之为异步规划方法；另一种方法是在规划中直接加入运行模拟部分，称之为同步规划方法。

一、异步规划方法

（一）异步规划方法的数学模型

异步规划方法的数学模型分为电网柔性约束规划和运行模拟两部分。运行模拟在柔性约束规划之后进行，运行模拟不参与规划过程，只对规划方案进行评价。电网柔性约束规划部分模型如式（8-30）～式（8-34）所示，运行模拟部分数学模型为

$$\min \sum_{i \in N_k} B_i |R_i| \tag{8-36}$$

s. t.

$$\sum_{\substack{j \in A \\ S(j)=i}} [P'_j - L(P'_j) - P_j] + \sum_{\substack{j \in A \\ e(j)=i}} [P_j - L(P_j) - P'_j] = PD_i - (PG_i + R_i) \quad (i \in N_G)$$

$$\tag{8-37}$$

$$\sum_{\substack{j \in A \\ S(j)=i}} [P'_j - L(P'_j) - P_j] + \sum_{\substack{j \in A \\ e(j)=i}} [P_j - L(P_j) - P'_j] = PD_i - (PG_i + R_i) \quad (i \in N - N_G)$$

$$\tag{8-38}$$

$$P_j - P_j' \leqslant P_{j\max} \quad (j \in A) \tag{8-39}$$

$$P_j^{(N-1)} - P_j'^{(N-1)} \leqslant P_{j\max} \quad (j \in A) \tag{8-40}$$

$$P_{i\min} \leqslant (PG_i + R_i) \leqslant P_{i\max} \quad (i \in N_k) \tag{8-41}$$

式 (8-36) 中 B_i 是节点 i 的功率调整费用，R_i 为节点 i 的功率调整大小，N_k 为功率可调整的节点集。式 (8-36) 的含义是在满足 $N-1$ 校验的情况下，使节点功率调节费用最小。

式 (8-40) 中 $P^{(N-1)j}$ 和 $P_j'^{(N-1)}$ 为 $N-1$ 情况下的线路正反向功率，式 (8-40) 要求满足 $N-1$ 校验。

式 (8-41) 中 $P_{i\min}$，$P_{i\max}$ 分别表示发电机节点 i 功率的上限和下限。

其他约束条件的含义同其余各字符所代表的含义与柔性约束规划数学模型中的含义相同。

(二) 异步规划的算法

异步规划的运行模拟部分仍可采用遗传算法，遗传算法的编码针对节点额定功率的百分比 K_j。节点功率调整的大小为 $R_j = E_j K_j$，其中 E_j 为节点 j 额定功率。虽然 K_j 是浮点数，但是如果采用浮点数编码，由于浮点数精度太高，降低了搜索速度。举例来说，假设在计算过程中，两个个体中某节点功率分别为 0.94001 和 0.94002。运用浮点数编码法，这两个子样是完全不同的，但是实际中，功率相差十万分之一是完全可以忽略的，也就是说这两个子样完全可以视为相同。所以，可采用整数编码法。例如，设规划中要求精确度为小数点后两位，如某一节点功率为额定功率的 98%，则编码为 980。若精确度要求为小数点后三位，则编码为 9800，依此类推。采用这种编码方法，不但可以有效地减小子样空间，提高收敛速度，而且可以避免在繁殖过程中因产生大量接近的子样而造成局部收敛。

(三) 异步规划的计算过程

异步规划虽然编码方法和柔性约束电网规划部分不同，杂交和变异操作也不一样，但是其计算过程与 8.7.1 柔性约束规划的模型的"(二) 计算过程"相似，不同点主要为：

第 (1) 步中读入的数据主要是架线方案，现有线路数据、节点数据、可调整功率的节点及调整范围。

第 (2) 步中随机生成一组整数形成个体的编码，将编码解码还原，判断调整后的功率差额是否超出平衡节点的调节范围，若是则重新生成编码，否则接受个体。重复若干次，产生初始种群。

第 (5) 步中所采用的杂交和变异方法分别为杂交和均匀变异法。

二、同步规划方法

(一) 同步规划方法的数学模型

同步规划方法中运行模拟与柔性约束规划同时进行，由于规划过程中同时考虑了节点功率调整，所以在理论上同步规划方法的结果比异步规划方法的结果更合理，但同步规划方法的计算量也较异步规划方法大。同步规划方法的数学模型为

$$\min \sum_{i \in A_n} K_i Z_i + \sum_{i \in A} \sum_{j \in A} C_j^2 Q_{ij} + \sum_{j \in N_k} B_j \mid R_j \mid \tag{8-42}$$

s. t.

$$\sum_{\substack{j \in A \\ S(j)=i}} [P'_j - L(P'_j) - P_j] + \sum_{\substack{j \in A \\ S(j)=i}} [P_j - L(P_j) - P'_j] = P_{Di} - (P_{Gi} + R_i) \quad (i \in N_G)$$

$$(8-43)$$

$$\sum_{\substack{j \in A \\ S(j)=i}} [P'_j - L(P'_j) - P_j] + \sum_{\substack{j \in A \\ S(j)=i}} [P_j - L(P_j) - P'_j] = P_{Di} - (P_{Gi} + R_i) \quad (i \in N - N_G)$$

$$(8-44)$$

$$P_j + P'_j \leqslant P_{j\max} \quad (j \in A) \tag{8-45}$$

$$Q_{ij} \leqslant \alpha_j \quad (j \in F) \tag{8-46}$$

$$P_j^{(N-1)} + P'^{(N-1)}_j \leqslant P_{j\max} \quad (j \in A) \tag{8-47}$$

$$P_{i\min} \leqslant (P_{Gi} + R_i) \leqslant P_{i\max} \quad (i \in N) \tag{8-48}$$

（二）同步规划的算法

同步规划方法的算法整合了柔性约束规划和异步规划方法的算法，对电网架线采用二进制编码法，对功率调整部分采用整数编码法。整个问题属于混合编码的遗传算法问题，通过概率选择的方法可以对两个部分分别进行遗传操作。其同步规划的计算过程如下：

（1）读入电网数据，包括节点数据、现有网架数据、待选线路数据、线路惩罚因子、可出现过负荷的线路、过负荷的范围、可调整功率的节点及调整范围等。

（2）根据电网数据随机产生一组二进制数代表一种电网架线方案，解码还原为网络架线，判断是否连通。若连通则保留，否则重新生成。

（3）随机生成一组整数形成个体的编码，将编码解码还原，判断调整后的功率差额是否超出平衡节点的调节范围，若是则重新生成编码，否则接受个体。

（4）分别进行正常输出功率下的潮流计算、$N-1$ 校验和功率调整后的 $N-1$ 校验，计算个体的适应度。重复（2）～（4），产生初始种群。

（5）进行稳态复制操作。

（6）应用概率选择的方法决定对架线部分还是功率调整部分进行遗传操作，进行相应的杂交、变异操作和模拟退火运算，判断产生的子代是否合理并进行取舍。

（7）分别进行正常功率下的潮流计算、$N-1$ 校验和功率调整后的 $N-1$ 校验，计算个体的适应度。

（8）进行稳态复制操作。

（9）计算种群的在线性能和方差，根据在线性能和方差调节单点杂交、双点杂交的比例和变异率，判断是否要引入比例之窗。

（10）如果多次增大变异率后，所保留的最优方案没有发生变化，则认为算法收敛，输出最优方案；否则返回第（6）步，继续迭代。

三、算例和分析

用附录 A 的系统，作如下假定：

（1）线路的建设投资与长度成正比，故在计算中可用长度代替费用。

（2）线路 3-7，6-7，8-7，7-15 为不可过负荷的线路，其他线路允许的最大过负荷 α 取 5%。

（3）节点 5、10、14 发电功率可调，功率范围均为 80%～105%。

（4）发电功率结果精确到百分位。

（一）柔性约束规划结果

α 取 5% 所得柔性约束方案的过负荷情况见表 8-13，架线方案见表 8-14。

表 8-13　　　　　　　　α 取 5% 所得柔性约束方案的过负荷情况

方案	开断线路	过负荷线路	过负荷率（%）	开断线路	过负荷线路	过负荷率（%）	开断线路	过负荷线路	过负荷率	费用（万元）
1	9—10	9—10	1.8	14—15	14—15	2.5	其他线路开断时没有过负荷			249000
2	9—10	9—10	2.0	14—15	14—15	4.7	其他线路开断时没有过负荷			243000
3	9—10	9—10	0.6	14—15	14—15	3.0	其他线路开断时没有过负荷			255000
4	9—10	9—10	5.7	14—15	14—15	2.6	16—17	16—17	0.2%	243000

注　单位线路投资费用按 100 万元/km 计算。

表 8-14　　　　　　　　　　柔性约束规划的架线方案

支路号	起止节点	方案 1	方案 2	方案 3	方案 4	支路号	起止节点	方案 1	方案 2	方案 3	方案 4
1	1—2	1	1	1	1	14	7—8	1	0	0	0
2	1—11	1	1	1	1	16	7—13	1	1	1	1
6	4—7	0	1	1	0	19	9—10	1	1	1	1
7	4—16	2	1	1	2	21	10—18	1	1	2	1
9	5—11	0	0	1	0	22	11—12	2	2	2	2
10	5—12	1	1	0	1	25	14—15	3	3	3	3
12	6—13	1	1	1	1	26	16—17	2	2	2	2
13	6—14	2	2	2	2	27	17—18	2	2	2	2

以上方案在正常情况下均不出现过负荷。

（二）异步规划结果

对上述方案分别进行运行模拟，可以得到表 8-15 给出的结果。

表 8-15　　　　　　　　　　运 行 模 拟 结 果

方案	节点 5 功率（%）	节点 10 功率（%）	节点 14 功率（%）	开断线路	过负荷线路	过负荷率（%）
1	104	98	97	N-1 校验时没有过负荷		
2	104	98	96	9—10	9—10	1.5
3	104	101	96	N-1 校验时没有过负荷		
4	104	98	99	9—10	9—10	13.0

由表 8-15 可见，异步规划方法在柔性约束规划部分所得的规划方法并不一定能在运行模拟部分通过调整发电功率来消除过负荷。采用遗传算法可以给出多个待选方案。

（三）同步规划结果

同步规划结果见表 8-16。

表 8-16　　　　　　　　　同步规划结果（单位线路投资费用按 100 万元/km 计算）

方案	选择线路条数 （条）	投资费用 （万元）	节点 5 功率 （%）	节点 10 功率 （%）	节点 14 功率 （%）
1	19	233000	96	96	96
2	21	249000	104	98	97
3	21	255000	104	101	96

注　单位线路投资费用按 100 万元/km 计算。

上表中的规划方案均满足 $N-1$ 校验，可见同步规划方法可以通过调整发电功率消除电网的过负荷，使投资大大减小。

（四）方案比较

以方案一为例得到网络扩展方案见表 8-17。

表 8-17　　　　　　　　　　　　　网架架线结果

支路号	起止节点	扩建线路数 （同步规划）	扩建线路数 （异步规划）	扩建线路数 （传统规划）	支路号	起止节点	扩建线路数 （同步规划）	扩建线路数 （异步规划）	扩建线路数 （传统规划）
1	1—2	1	1	2	19	9—10	1	1	2
2	1—11	1	1	1	20	9—16	1	0	1
7	4—16	1	2	1	21	10—18	0	1	1
10	5—12	1	1	1	22	11—12	2	2	2
12	6—14	1	1	1	25	14—15	3	3	4
13	6—14	2	2	2	26	16—17	2	2	2
14	7—8	0	1	1	27	17—18	2	2	2
16	7—13	1	1	1					

为了分析柔性约束规划与传统方法的差别，将两种方法所得结果比较见表 8-18。

表 8-18　　　　　同步规划方法、异步规划方法与传统规划方法所得方案比较

规划方法	选择线路条数 （条）	投资费用 （万元）	投资比 （%）	时间
同步规划	19	233000	79.4	22′17″
异步规划	21	249000	84.9	17′41″
柔性约束规划	21	249000	84.9	14′2″
传统规划	24	293000	100	14′20″

注　单位线路投资费用按 100 万元/km 计算。

通过算例比较可以看出，同步规划和异步规划分别比传统规划方法节省了 20.1% 和 15.1% 的投资，具有明显的经济性。而且，两种方法在 $N-1$ 情况下可能出现的过负荷都可以通过调整发电功率消除掉，因此只要将过负荷限制在允许范围之内，加入发电功率的电网柔性约束规划具有良好的实用性。但是，同步规划方法由于样本空间较大，计算量将随网络节点数呈几何级数增加，适于较小的电网系统。而异步规划只是在传统规划的基础上加了运

行模拟，样本空间较小，所以适用于较大的电网系统规划。此外，在此规划问题中只考虑柔性约束规划与异步规划结果相同，但应该注意到柔性约束规划结果出现的过负荷并不是总能被消除的，因而通常情况下，只考虑柔性约束规划的方案投资将小于异步规划。

综上所述，柔性约束规划方法通过功率调整来消除过负荷，并对两种加入功率调整的方案分别建模，通过优化遗传算法对它们进行求解。主要特点有：

（1）柔性约束规划方法以很小的过负荷代价，换取了较大的经济效益，在通过未来管理技术对潮流进行一定干预的前提下具有良好的应用前景。

（2）柔性约束规划方法并不是以牺牲系统的安全性来换取经济性，它只是强调不只通过电网结构来满足于未来的供电要求。其最终目标是能够通过多种方法来达到整个系统的最优化。因此，其在 $N-1$ 情况下所出现的可能过负荷应该可以通过其他方法消除。

（3）柔性约束规划方法为其他方法的运用提供了方向和空间。

（4）同步规划方法在规划过程中同时考虑了运行过程，因此其结果比异步规划方法更理想，但同时由于其样本空间较大，收敛速度较慢，所以适用于较小的电网系统。

（5）异步规划方法较同步规划方法计算量小，但其柔性规划部分所得的规划结果可能不可行，应用遗传算法可以提供多种规划方法，分别进行运行模拟，可以选择投资小而潮流较易控制的方案。因此，对于较大的电网系统，异步规划方法更为适用。

（6）在柔性约束规划中，还可以加入负荷调整等其他电网资源，使电网规划结果达到整体上的最优。

（7）在通过功率调整来消除过负荷的同时，也降低了系统的安全裕度。

通过对一些系统的算例计算和分析，可以看出采用盲数模型的电网柔性规划方法获得的最优规划方案比其他方法得到的规划方案投入要大，这是由于盲数模型考虑的不确定性信息较为详细，规划方案总体上的成本—效益指标最高；而基于等微增率准则的电网柔性规划方法得到的规划方案是相对于最大可能负荷情况下的最优方案，具有一定的局限性，但该方法计算速度较快；由线路被选概率得到的规划方案并不是最优的规划方案，但该方案选择了那些具有较高被选概率的线路，保证了规划方案的灵活性。对于不确定性信息下的电网柔性规划方法的研究工作虽然已取得了一定的成果，但与电网规划工程的实践要求相比仍然存在着较大距离。

9　多目标多阶段电网规划

本章以电网规划的经济性和可靠性分析为指导，应用多目标多阶段最优化理论，对多目标多阶段电网规划问题进行介绍。内容涉及多目标电网规划的数学模型及求解方法、适用算法的优化及其算例；多阶段电网规划的数学模型以及用遗传算法进行求解的过程。

9.1　多目标电网规划的数学描述

多目标电网规划就是在某些限制条件下，同时考虑两个及两个以上目标（指标）的电网规划问题，其目的是寻找一个在整个规划期间内综合效益最佳的优化方案。下面从决策变量、目标函数和约束条件三方面对多目标电网规划问题进行数学描述。

9.1.1　决策变量

多目标电网规划的决策变量为网络状态和网络扩展方案。

用 $x(k)$ 表示第 k 阶段的网络状态，它表示该方案的拓扑结构及网络参数；若从第 k 阶段到第 $k+1$ 阶段的网络扩展方案为 $u(k)$，则第 k 阶段的网络状态为

$$x(k+1)=x(k)+u(k) \tag{9-1}$$

$x(0)$ 为现有网络状态。

设规划阶段数为 N_P，网络扩展过程就是通过寻找一系列可行扩展方案 $u(k)(k=0,\cdots,N_P-1)$，从而获得各水平年接线方案 $x(k+1)$ 的过程。

9.1.2　目标函数

以供应方开发成本（包括投资成本和运行成本）最小和需求方缺电成本最小为多目标电网规划问题的优化目标。其数学描述如下

$$\text{obj.} \qquad f_1=\min\sum_{k=1}^{N_P}\frac{C[u(k-1)]+O_C[x(k)]}{(1+r)^{m(k-1)}} \tag{9-2a}$$

$$f_2=\min\sum_{k=1}^{N_P}\frac{C_{OC}[x(k)]}{(1+r)^{m(k-1)}} \tag{9-2b}$$

式中　$m(k)=\sum\limits_{i=1}^{k}y(i)$ ——规划初期到第 k 阶段末的总年数；

$\quad\ C[u(k-1)]$ ——第 k 阶段新增线路的投资费用，应在第 $k-1$ 阶段年末完成支付；

$\quad\ O_C[x(k)]$ ——按方案 $u(k-1)$ 扩展网络到状态 $x(k)$ 后网络的运行费用（包括网损费用和维护费用）；

$\quad\ C_{OC}[x(k)]$ ——第 k 阶段的缺电成本；

$\quad\ y(i)$ ——第 i 阶段包含的年数；

$\quad\ f_1$ ——以供应方开发成本的贴现值最小为目标；

$\quad\ f_2$ ——以需求方缺电成本的贴现值最小为目标；

r——贴现率。

9.1.3　约束条件

多目标电网规划的约束条件可概括为

$$x(k) \in X(k) \tag{9-3a}$$

$$u(k) \in U(k) \tag{9-3b}$$

$$P_{ij}(k) \leqslant \overline{P}_{ij} \tag{9-3c}$$

$$P'_{ij}(k) \leqslant \overline{P}_{ij} \tag{9-3d}$$

式中　　$P_{ij}(k)$、$P'_{ij}(k)$——正常运行和 N—1 校验时支路潮流向量；

$\qquad\qquad X(k)$——第 k 阶段的可行网络状态集；

$\qquad\qquad U(k)$——第 k 阶段的可行扩展方案集；

$\qquad\qquad \overline{P}_{ij}$——支路潮流容量限值向量。

式（9-3a）和式（9-3b）是各阶段网络规划的约束条件，包括支路连接方式约束、支路扩展的线型和回数约束以及各阶段之间的网络过渡约束等。

式（9-3c）和式（9-3d）是各阶段网络运行的约束条件，包括正常运行时不过负荷以及 N—1 校验时不过负荷。

式（9-1）~式（9-3）为多目标电网规划模型的基本要素，具有以下几个特点：

(1) 考虑了电网规划的经济性和可靠性因素。

(2) 将优化目标取为供应方开发成本最小和需求方缺电成本最小，兼顾了供需双方的利益，从而提高了规划方案的综合社会效益。

(3) 考虑了事故后的有功校正策略，有效地减少了切负荷量，从而降低了缺电成本。

(4) 在缺电成本计算中运用了改进的最优切负荷计算模型，减少了线性规划问题的约束和变量的数目，降低了计算规模。

(5) 具有动态规划的特点，适用于多阶段电网规划。

9.2　多目标电网规划的一般最优化模型

9.2.1　数学模型

一般多目标最优化模型是最基本也是最常用的数学模型，其向量形式为

$$V - \min_{x \in X} f(x) \tag{9-4a}$$

$$X = \left\{ x \in R^n \,\middle|\, \begin{array}{ll} g_j(x) \geqslant 0, & j = 1, \cdots, p \\ h_k(x) = 0, & k = 1, \cdots, q \end{array} \right\} \tag{9-4b}$$

式中　　$f(x) = [f_1(x), \cdots, f_m(x)]^T$——模型的向量目标函数；

$\qquad\qquad x = (x_1, \cdots, x_n)^T$——模型的决策变量向量；

$\qquad\qquad g_j(x)$、$h_k(x)$——约束条件；

$\qquad\qquad X$——模型的可行域或约束集。

引入向量表示方法后，该模型又可称为向量数学规划（Vector Mathematical Programming，VMP）模型。$V - \min$ 表示向量极小化，即向量目标函数 $f(x) = (f_1(x), \cdots, f_m(x))^T$ 中的各个目标被同等地极小化的意思。

将式（9-1）～式（9-3）替换式（9-4）中的对应项后，就得到了多目标电网规划的一般最优化模型。

9.2.2　求解方法

对于多目标电网规划的模型（VMP），应设法求得这样一个解，它既是问题的有效解或弱有效解，同时又是在某种意义下决策者所满意的解。这是多目标电网规划与单目标电网规划的一个重要的不同点。

求解（VMP）的一个重要和基本的途径，是根据问题的特点和决策者的意图，构造一个把 m 个目标转化为一个数值目标的评价函数 $u(f)=u(f_1,\cdots,f_m)$。通过它对 m 个目标 $\boldsymbol{f}(\boldsymbol{x})=(f_1(\boldsymbol{x}),\cdots,f_m(\boldsymbol{x}))^{\mathrm{T}}$ 的"评价"，把求解多目标极小化问题（VMP）归结为求解与之相关的单目标（数值）极小化问题，即

$$\min_{x\in X}u(\boldsymbol{f}(\boldsymbol{x})) \tag{9-5}$$

这种借助于构造评价函数把求解（VMP）的问题归为求单目标问题的最优解的方法，统称为评价函数法。

典型的评价函数法有线性加权和法、极大极小法和理想点法，其中最基本也是最实用的方法是线性加权和法。

9.2.3　线性加权和法

一、线性加权和法的定义

线性加权和法的指导思想是：根据各个目标在问题中的重要程度，分别赋予它们一个数并把这个数对应地作为各目标的系数，然后把这些带系数的目标相加来构造评价函数。极小化该评价函数所构成的数值函数，其最优解即为原多目标极小化问题的解。

具体而言，对于（VMP）问题，构造如下的评价函数

$$u(f)=\sum_{i=1}^{m}w_if_i \tag{9-6}$$

式中　　$w_i(i=1,\cdots,m)$——对应目标函数的权系数，满足 $w_i\geqslant0$ 且 $\sum_{i=1}^{m}w_i=1$。

通过这个评价函数，便可以把原多目标最优化模型转化为

$$\min_{x\in X}u(\boldsymbol{f}(\boldsymbol{x}))=\min_{x\in X}\sum_{i=1}^{m}w_if_i(\boldsymbol{x}) \tag{9-7}$$

其最优解就是在各目标重要程度的意义下使各目标都尽可能小的解。

二、权系数的确定

在多目标最优化问题中，如何根据问题的特性，合理和恰当地确定出与各有关项对应的权系数，有着重要的意义。

在采用线性加权和法求解模型（VMP）时，为了使权系数充分反映其所对应目标函数在优化问题中的重要程度，而不会受各目标函数值相对大小的影响，需要对问题作统一量纲的处理：首先，对各目标函数在可行域上作正值化处理，使 $f_i(\boldsymbol{x})>0(i=1,\cdots,m)$；再求出各目标的极小值 $f_i^*=\min_{x\in X}f_i(\boldsymbol{x})(i=1,\cdots,m)$；然后以 $f_i(\boldsymbol{x})/f_i^*$ 作为新的目标函数赋以对应的权系数。

确定权系数的方法主要有 α-法、均差排序法和老手法，这里使用 α-法计算权系数，过程如下：

设模型有 m 个目标函数 $f_i(\boldsymbol{x})(i=1, \cdots, m)$，在可行域 X 上极小化各目标函数，设得到的极小点为 x^j

$$f_j^* = f_j(x^j) = \min_{x \in X} f_j(\boldsymbol{x}) \qquad (j=1, \cdots, m) \qquad (9\text{-}8)$$

根据得到的极小点可计算出 m^2 个目标值

$$f_{ij} = f_i(x^j) \qquad (i, j = 1, \cdots, m) \qquad (9\text{-}9)$$

通过求解方程组

$$\begin{cases} \sum_{i=1}^m f_{ij} w_i = \alpha & (j=1, \cdots, m) \\ \sum_{i=1}^m w_i = 1 \end{cases} \qquad (9\text{-}10)$$

得到

$$(w_1, \cdots, w_m)^{\mathrm{T}} = \frac{\boldsymbol{e}^{\mathrm{T}}(\boldsymbol{F})^{-1}}{\boldsymbol{e}^{\mathrm{T}}(\boldsymbol{F})^{-1}\boldsymbol{e}} \qquad (9\text{-}11)$$

式中　$\boldsymbol{e}$——m 维向量，$\boldsymbol{e} = (1, \cdots, 1)^{\mathrm{T}}$；

$(\boldsymbol{F})^{-1}$——$\boldsymbol{F} = \langle f_{ij} \rangle$ 的逆矩阵。

式（9-11）中的各 $w_i(i=1, \cdots, m)$ 即为所求的一组权系数。由于这一确定权系数的办法在形式上是通过引进一个辅助参数 α 进行的，故称为 α-法。

在目标的维数 m 不大的情况下，用此法确定权系数较为方便；但当 m 很大时，式（9-11）中的逆矩阵的求解就会比较复杂。此外，在 $m > 2$ 时，还无法保证用此法求出的权系数为非负，这是 α-法的主要缺点。

当 m 很大时，一般可用均差排序法和老手法替代 α-法，但只能获得较粗略的权系数。

三、求解步骤

线性加权和法的求解步骤为：

(1) 给出权系数。按各目标 $f_i(x)(i=1, \cdots, m)$ 在模型（VMP）中的重要程度，给出一组对应的权系数 $w_i(i=1, \cdots, m)$，要求

$$\begin{cases} w_i \geqslant 0 & (i=1, \cdots, m) & (9\text{-}12a) \\ \sum_{i=1}^m w_i = 1 & & (9\text{-}12b) \end{cases}$$

(2) 极小化线性加权和函数。通过线性加权和评价函数［式（9-6）］把（VMP）归结为求解数值极小化问题［式（9-7）］。设得到最优解 $\tilde{x}$，输出 $\tilde{x}$。

9.2.4　适用算法

多目标电网规划的一般最优化模型是一个非线性、动态的混合整数规划问题。可用混合遗传—模拟退火算法求解该模型。

(1) 编码。采用整数编码，这样既简化了译码工作，又使算法具有直观性。这里只对决策变量（架线支路的线型和回数）进行编码，相应的基因和染色体具有如下形式。

基因：　　（对应某一架线支路）：　　（线型｜回数）

染色体：　（对应某一规划方案）：　　（基因 1｜…｜基因 i｜…｜基因 n）

(2) 评价函数。将混合遗传—模拟退火算法的评价函数取为原目标函数和正常运行、

N—1 校验时不过负荷约束的惩罚项所构成的增广目标函数，其数学描述为

$$F_E = F + \alpha_1 C_1 + \alpha_2 C_2 \tag{9-13}$$

式中　　F_E——评价函数；

F——对应的目标函数（即线性加权和法的目标函数）；

C_1，C_2——正常运行、N—1 校验时的过负荷值；

α_1，α_2——对应的惩罚因子。

9.3　多目标电网规划的分层最优化模型

分层多目标最优化的特点是：在约束条件下，各个目标函数不是同等地被最优化，而是按不同的优先层次先后地进行最优化。

分层最优化的基本思想，是在模型的可行域上对第一优先层次的目标函数进行极小化，然后在第一优先层次的最优解集上对第二优先层次的目标函数进行极小化，如此继续直到最后一层。若在某一中间优先层次得到唯一的最优解，其以后的各优先层次的目标函数就无法起作用。为了避免出现这种情况，可以将每一优先层次的解适当放宽，从而使下一优先层次的可行域得到适度的放宽。

在利用混合遗传—模拟退火算法进行寻优的初期阶段，缺电损失费用占总费用（投资费用、运行费用、N—1 过负荷罚值与缺电损失费用之和）的比例非常小，同时 N—2 故障的概率也较单线故障的概率小。因此，在寻优的过程中可以将投资费用、运行费用、N—1 过负荷罚值作为第一优先层次的目标函数，当这部分寻优进行到一定的阶段，可以得到一批基本满足 N—1 可靠性校验的优化方案；然后进行第二优先层次的目标函数（缺电损失费用）的优化，此时网络在一定程度上满足 N—1 可靠性校验的要求，双重故障过负荷的概率要比优化初期小很多，可以很大限度地减少计算量，并符合工程实际情况。

9.3.1　数学模型

分层多目标最优化模型的向量形式为

$$L-\min_{x \in X} [P_s f_s(x)]\,_{s=1}^{L} \tag{9-14a}$$

$$X = \left\{ x \in R^n \middle| \begin{array}{ll} g_j(x) \geqslant 0, & j=1, \cdots, p \\ h_k(x) = 0, & k=1, \cdots, q \end{array} \right\} \tag{9-14b}$$

式中　　P_s（$s=1, \cdots, L$）——优先层次的记号，表示对应目标函数 $f_s(x)$（$s=1, \cdots, L$）属于第 s 优先层次。各 P_s 之间有关系

$$P_s \gg P_{s+1} \quad (s=1, \cdots, L) \tag{9-15}$$

表示第 s 优先层次"优先于"第 $s+1$ 优先层次。

引入向量表示方法后，该模型又可称为字典分层规划（Lexicographically Stratified Programming，LSP）模型。LSP 中的 L—min 则表示按字典序（Lexicographical Order）极小化，即按记号 P_s 的顺序逐层地进行极小化的意思。

将式（9-1）～式（9-3）替换式（9-14）中的对应项，并将第一优先层次的目标函数取为供应方开发成本最小，而将第二优先层次的目标函数取为需求方缺电成本最小，就得到了多目标电网规划的分层最优化模型。

该模型将电网规划的经济性和可靠性因素进行分层处理，是求解大规模、多阶段电网规划问题的有效途径。

9.3.2　求解方法

求解分层多目标最优化模型（LSP），原则上只要按模型所要求的优先层次逐层地进行求解，最后便可获得一定意义上的解。但对于某些特殊的模型（LSP），需要选择适当的方法，如完全分层法（对应于每一优先层次只考虑一个目标函数的 LSP 问题）、分层评价法（对应于每一优先层次的目标函数均为向量函数的 LSP 问题）和分层单纯形法。每种方法又按计算过程的不同分为简单分层法和宽容分层法两类。

根据多目标电网规划分层最优化模型的特点，选用宽容完全分层法作为求解方法，其计算步骤为：

（1）确定初始可行域 X^1。取 $X^1 = X$，令 $k = 1$。

（2）极小化分层问题。求解第 k 优先层次目标函数的数值极小化问题 $\min\limits_{x \in X^k} f_k(x)$，设得到最优解 x^k 和最优值 $f_k(x^k)$。

（3）检验迭代次数。若 $k = m$，输出 $\tilde{x} = x^m$，完成计算工作；否则，转步骤（4）。

（4）建立下一层次的可行域。给出第 k 优先层次的宽容量 $\delta_k > 0$，取第 $k+1$ 优先层次的宽容可行域为

$$X^{k+1} = \{x \in X^k \mid f_k(x) \leqslant f_k(x^k) + \delta_k\} \tag{9-16}$$

令 $k = k + 1$，转（2）。

9.3.3　适用算法

采用混合遗传－模拟退火算法求解多目标电网规划的分层最优化模型（LSP），并将其每个优先层次的评价函数取为该层对应的目标函数和正常运行、N—1 校验时不过负荷约束的惩罚项所构成的增广目标函数，其数学描述为

$$H_{P_i} = F_{P_i} + \alpha_1 C_1 + \alpha_2 C_2 \tag{9-17}$$

式中　　H_{P_i}——P_i 优先层次对应的评价函数；

　　　　F_{P_i}——P_i 优先层次对应的目标函数。

9.4　多阶段电网规划的数学模型

需要制定电网 10～30 年的长期乃至远景电网发展规划方案时，由于规划期长，一般需分为几个阶段进行，通常可以和国民经济发展计划相配合，如 5 年为一个规划阶段。因此长期和远景电网规划实际上为多阶段电网规划。因为规划期间既要考虑各阶段电网方案的可行性，又要考虑各阶段方案之间的相互影响，前阶段电网作为后继电网的基础将直接影响后续网的结构和投资情况，每一阶段方案除要考虑本阶段要求外，还要考虑整个规划期的要求，各阶段电网规划之间存在着动态性。规划的动态性是长期电网规划最为突出的特点之一。协调好整个规划期内各阶段的规划问题相当重要。

建立求解多阶段电网规划问题数学模型的原则，如同第 8 章所述，仍然是基于规划的可靠性成本—效益分析。规划的目标应是在满足一定约束条件下的各阶段供电总成本之和最小，即电网建设在各阶段的可靠性成本与可靠性效益总和最小。其数学模型为

$$\begin{cases} \min Z = \sum_{k=1}^{N} \frac{1}{(1+r)^{m(k-1)}} \{ I_{\text{C}}[U(k-1)] + L_{\text{C}}[X(k), Y(k)] + U_{\text{EC}}[X(k), Y(k)] \} \\ \qquad\qquad\qquad\qquad\qquad\qquad\qquad\qquad\qquad\qquad\qquad\qquad\qquad (9-18\text{a}) \\ \text{s. t.} \\ u(k) \in U(k) \qquad\qquad\qquad\qquad\qquad\qquad\qquad\qquad\qquad\qquad (9-18\text{b}) \\ F(x(k)) \leqslant 0 \qquad\qquad\qquad\qquad\qquad\qquad\qquad\qquad\qquad\qquad (9-18\text{c}) \\ G[x(k), Y(k)] \leqslant 0 \qquad\qquad\qquad\qquad\qquad\qquad\qquad\qquad\quad (9-18\text{d}) \\ k = 1, 2, 3, \cdots, N \end{cases}$$

$$m(k) = \sum_{i=1}^{k} g(i)$$

式中　　$g(i)$——第 i 阶段包含的年数；

$I_{\text{C}}[U(k-1)]$——k 阶段可靠性成本即新架线的投资成本，应在 $k-1$ 阶段年末完成支付；

　　　　$u(k)$——k 阶段扩建计划；

　　　　$U(k)$——k 阶段可行扩建方案集；

　　　　$X(k)$——k 阶段电网结构优化变量；

　　　　$Y(k)$——k 阶段电网运行优化变量；

　　　　Z——供电总成本现值；

　　　　N——规划阶段数；

　　　　r——贴现率。

在 $X(k)$ 下对应 $Y(k)$ 的运行成本为 $L_{\text{C}}(X(k), Y(k))$，当运行成本中只计及网损成本时，相应的网损成本为 $L_{\text{C}}()$；在 $X(k)$ 下对应 $Y(k)$ 的缺电成本为 $U_{\text{EC}}(X(k), Y(k))$，它等于缺电量与单位缺电成本之积。

式（9-18b）及式（9-18c）为各阶段电网结构优化约束，其中包括架线路径约束、每条路径架线回数约束、线型约束以及相邻两个阶段电网结构应满足的约束等。

式（9-18d）为各阶段电网运行优化约束，包括潮流约束、发电机功率约束及削减负荷量约束等。

当要计及不确定性因素影响时，式（9-18a）～式（9-18d）中的相关变量均取为相应的不确定性量的表达形式，如随机变量、模糊数、盲数等。

利用式（9-18a）～式（9-18d）所示的多阶段电网规划数学模型，可以达到将各阶段电网的投资优化与运行优化亦即各阶段可靠性成本优化与可靠性效益优化放在统一模型中作为整体优化，实现全面的多阶段动态规划的目的。

式（9-18a）～式（9-18d）所表示的数学模型是一个多变量、多约束的非线性混合整数动态规划模型。

9.5　多阶段电网规划数学模型的求解方法

对式（9-18a）～式（9-18d）所示的规划模型，数学上的动态规划求解方法是其最严格算法。但因电网规划涉及众多的变量及约束条件，使得用动态规划方法求解极易造成"维数灾难"问题，难以应用于实际工程中。即使采用 Benders 分解技术将优化模型分解成投资决策主问题（即可靠性成本优化问题）与运行决策子问题（即可靠性效益优化问题）迭代优化求解，在实现上仍很困难。因为要在多阶段规划中将运行决策优化解显式地表示成投资变量的函数通常是不容易的，特别是当还要计及不确定性因素影响时，对由子问题对偶信息构造的关于投资变量的函数，要通过主、子问题反复迭代求解则更加困难。过去的处理方法或是独立地求解各阶段规划方案，然后以某种方式协调各阶段之间的方案过渡问题，或是由规划人员事先确定各阶段有限方案集，然后再用动态规划算法求解。这些方法实际上属于近似动态或伪动态法，难以获得多阶段整体最优解。当再计及目标函数中网损成本及缺电成本计算的非线性时，则求解更加困难。如何才能求得整个规划期间网络发展的整体最优方案，一直是多阶段电网规划问题的难点所在。

遗传算法是因其具有对目标函数特性要求少，易处理多目标、多变量、多约束问题，易获得全局最优解，并由于其搜索最优解过程是有指导性的，从而能避免"组合爆炸"、"维数灾难"问题等优点而在电力系统中得到了较多应用；同时也为解决多阶段电网规划难点开辟了一条新途径。

遗传算法在解决实际问题时，主要由染色体（对应问题的一个解）编码、染色体群初始化、染色体性能评价以及遗传操作（选择、交叉、变异）等一系列步骤所组成，整个过程是个迭代的进化过程，直至满足某种收敛判据为止。用其求解多阶段电网规划问题时，对应的染色体编码以及染色体性能评价是其中的关键所在。下面主要介绍这两步的实现。

（一）遗传算法中的染色体编码

遗传算法主要是通过遗传操作对群体中具有某种结构形式的个体（即染色体）施加结构重组处理，从而不断地搜索出个体间的结构相似性，形成并优化基因块以逐渐逼近最优解。因此，遗传算法一般不能直接处理问题空间的参数，必须把它们转换成遗传空间的、由基因按一定结构组成的染色体。由问题空间向遗传空间的映射就是编码，而其逆过程即由遗传空间向问题空间的映射就是译码。

虽然由于遗传算法的鲁棒性使其对编码要求并不苛刻，但实际上编码的方式对遗传操作，尤其是对交叉操作的功能有很大影响。一种合理的编码应能恰当地描述解的结构和形态，并能有效地提高遗传搜索效率以及便于评价解的优劣性。因此，作为遗传算法流程第一步的编码的技术是遗传算法研究与应用中首先需要认真考虑的问题。

当用遗传算法求解多阶段电网规划问题时，作为将实际问题空间解变换成遗传空间解的染色体编码除应能便于遗传操作、提高遗传操作效率外，还应能直观地反映出规划期间各个阶段各架线路径的架线回数及线型信息，以便生成有意义基因块。这是用遗传算法实现多阶段动态规划的关键之一。

	阶段 i	阶段 j	阶段 k	阶段 l	阶段	…
基因1	回数	回数	回数	回数		线型
基因2	回数	回数	回数	回数		线型
基因3	回数	回数	回数	回数		线型
⋮						
基因n	回数	回数	回数	回数		线型

图 9-1　一条染色体的编码形式

在用遗传算法求解多阶段电网规划具体问题时，采用十进制数的多参数二维染色体编码形式则更加便利、直观。其中，一条染色体对应一种规划方案，一个基因对应一条待选线路径。染色体编码形式如图 9-1 所示。

对一个具有 5 条待选线路径，每条路径共可有 6 回线 3 种线型供选择的四阶段电网规划，其中一条十进制数表示的多参数染色体编码的具体形式如图9-2所示。各阶段、各路径的回数码与线型码都同时参加以后的遗传操作，从而在编码上体现了规划的动态性，为实现多阶段整体最优创造了条件。

多阶段电网动态规划中存在一个较为突出的问题，即阶段间方案过渡问题。规划中可能会出现为使前一阶段方案最优而架设的线路到后阶段为达到最优却要拆除该线路的情况，这在实际工程中一般是不允许的。对于算法中可能出现的这一问题，可以通过一种修复算法解决，即在对染色体性能评价之前，就对染色体中各基因进行修复，使其中的回数信息码按从小到大的顺序排列并以此作为阶段的排序。这样，就可以从根本上避免了架线复拆现象，并会使遗传操作变得容易。此外，在电网规划过程中，对任意一条架线路径，其各阶段所架线的线型应一致。为在遗传操作时不违背这一点，编码时只应对一个基因设一个线型信息码，而不是对每个基因的每个阶段设线型信息码。这样，在遗传操作后、染色体性能评价前，图9-2所示的染色体有可能转换为图9-3所示的形式。它表明，路径1第一阶段不架线，第二、三阶段分别架1回线，第四阶段架2回线，线型均为2；路径2第一、第三及第四阶段各架1回线，线型为3，第二阶段不架线；……。

4	1	0	2	3
3	2	1	1	2
0	4	3	1	1
2	1	1	1	2
1	3	1	1	2

0	1	2	4	2
1	1	2	3	3
2	1	3	4	1
1	1	1	2	3
1	1	1	3	2

图9-2 一条染色体编码的具体形式　　　　图9-3 变化后的染色体编码

（二）遗传算法中的适应函数设计

在用遗传算法搜索最优解的过程中，个体性能的优劣（即为一个方案的好坏）评价是通过计算适应函数值（即适应值）来完成的。适应函数是选择操作的依据，是引导群体向最优解漂移的指导者，它的设计与待求解问题的本身要求有关并且直接影响到遗传算法的性能。在应用遗传算法求解多阶段电网规划问题时，设计的适应函数应能反映电网多阶段规划的动态性，甚至不确定性以及规划的目标和要求，即要在满足一定的约束条件下使电网各阶段供电总成本之和最小。但由于遗传算法仅靠适应函数值来评价和引导搜索，待求问题所固有的约束条件不能明确地被表示出来，因此用遗传算法求解有约束的优化问题时需要考虑一些对策。作为一种对策，可以利用编码技术以及在适应函数中加惩罚项的方法来处理约束问题。

对网络结构约束，可以在编码设计中予以考虑，可以通过规定相应码位上的最大值来保证线路回数及线型约束，并通过前述的编码修复方式来满足各阶段之间的网架结构约束。至于网络连通性约束，可以在计算适应函数值之前处理，若网络不连通，则视为坏染色体予以剔除或使其居染色体群中排序的后位。而对染色体违背支路潮流约束的情况，则可通过惩罚方法予以处理，并将此惩罚体现在适应函数设计中，使一个约束优化问题转换为一个附带考

虑代价或惩罚的非约束性优化问题。这样，根据式（9-18）所示的多阶段电网规划模型，可以建立如下的适应函数

$$f = \left[Z + \sum_{k=1}^{N} F \cdot G_{FH}(X(k), Y(k)) \right] \tag{9-19}$$

式中　Z——各阶段供电总成本之和；

　　　N——阶段数；

　　　F——一个很大的正值，用来代表支路过负荷的惩罚系数，对于电网正常运行时过负荷以及电网在一条支路停运状态下过负荷，F 可取为不同的数值，当 F 取值接近无穷大时，非约束优化解可收敛到约束优化解；

　$G_{FH}()$——k 阶段电网正常运行时或电网在一条支路停状态下的支路过负荷程度。

当计及模糊不确定性影响因素并采用直流模糊潮流模型计算时，如在第 8 章中所述，其 $G_{FH}()$ 计算式为

$$G_{FH}(X(k), \tilde{Y}(K)) = \sum_{j=1}^{l} \frac{1}{P_{j\max}} \int_{P_{j\max}}^{\infty} \mu_{\tilde{P}^j}(x) \mathrm{d}x \tag{9-20}$$

式中　$\mu_{\tilde{P}^j}(x)$——k 阶段 $x(k)$ 网络结构下模糊运行决策为 $\tilde{Y}(k)$ 时的第 j 条支路有功模糊潮流隶属函数；

　　　$P_{j\max}$——第 j 条支路的功率极限；

　　　l——支路总数。

若 Z 为模糊数，则适应函数值也为一模糊数。

9.6　算 例 及 分 析

9.6.1　18 节点系统分析

采用多目标电网规划的一般最优化模型（VMP）和改进的最优切负荷模型，应用混合遗传-模拟退火算法对附录 A 中的 18 节点系统单阶段电网进行规划计算。

首先，计算各目标函数的极小点，并由此得到 2^2 个目标值：

经济性目标函数　　$f_1^* = 3105.21$ 万元，$f_{12} = 979.34$ 万元

可靠性目标函数　　$f_2^* = 836.304$ 万元，$f_{21} = 3480.43$ 万元

由式（9-11）求得对应的权系数 w_1，w_2。

然后，根据相应的模型和算法，得到综合效益最佳的优化方案。规划结果列于表 9-1，最优方案（表 9-1 中的方案 1）如图 9-4 所示。其中对线路的故障停运按 $N-2$ 考虑。由于缺少线路电阻参数，这里不对网损进行计算。

表 9-1　　　　　　　　　　　　　　18 节点系统的规划结果

方案	优化架线信息	经济性指标（万元）	可靠性指标（万元）	综合评价值
1	1—11，4—16（2），5—11（2），5—12，6—14（2），7—8，7—9，7—13（2），7—15，8—9，9—10（2），9—16，10—18，12—13，14—15（2），16—17（2），17—18（2）	3301.875	869.774	2153.194

续表

方案	优化架线信息	经济性指标（万元）	可靠性指标（万元）	综合评价值
2	1—11，4—16（2），5—11（2），6—14（2），7—8，7—9，7—13（2），7—15，8—9，9—10（2），9—16，10—18，11—12，12—13，14—15（2），16—17（2），17—18（2）	3316.677	886.302	2168.811
3	1—11，4—16（2），5—11（2），6—14（2），7—8，7—9，7—13（2），7—15，8—9，9—10（2），9—16，10—18，11—12（2），12—13，14—15（2），16—17（2），17—18（2）	3371.332	870.328	2190.108
4	1—11，4—16（2），5—11，6—14（2），7—8，7—9，7—13（2），7—15，8—9，9—10（2），9—16，10—18，11—12，11—13，12—13，14—15（2），16—17（2），17—18（2）	3362.998	912.862	2205.799

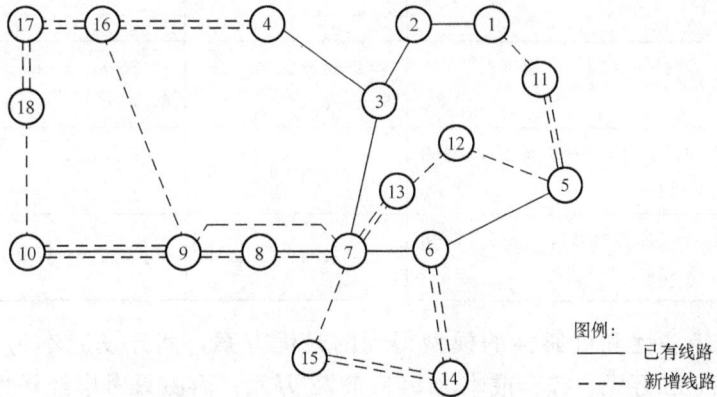

图 9-4 18 节点系统的最优规划方案

通过对上述规划方案的分析，发现经济性最优的方案，其可靠性指标与 f_2^* 的偏差率为 17.1%；可靠性最优的方案，其经济性指标与 f_1^* 的偏差率为 12.1%；而由综合考虑经济性和可靠性的多目标电网规划模型（VMP）得到的最优规划方案，其经济性指标与 f_1^* 的偏差率为 6.33%，可靠性指标与 f_2^* 的偏差率为 4.0%，相对经济性最优的方案和可靠性最优的方案更接近由 f_1^* 和 f_2^* 组成的多目标规划的理想点，具有最佳的综合社会效益。

9.6.2 19 节点系统分析

根据多目标多阶段电网规划的数学模型，采用多目标电网规划的分层最优化模型（LSP）和改进的最优切负荷模型，应用混合遗传－模拟退火算法对 19 节点四阶段电网进行规划计算。以附录 B 中的 19 节点四阶段（每阶段为 1 年）电网规划为例进行分析。原始数据及待规划的初始电网接线图见附录 B。规划前已有线路 33 条，待选路径 12 条，待选线路 21 条，每条线路功率极限为 12pu，取 $S_B = 10 \mathrm{MV \cdot A}$，贴现率取为 10%。

规划结果列于表 9-2，最优方案（表 9-2 中的方案 1）如图 9-5 所示。表 9-3 为相应优化架线信息，其中对线路的故障停运按 $N-2$ 考虑。由于缺少线路电阻参数，这里不对网损进行计算。

表 9-2   19 节点系统的规划结果

方案	综合成本（万元）	开发成本（万元）	缺电成本（万元）	经济/可靠
1	983.5372	911.769	71.7682	12.70436
2	984.2927	912.587	71.7057	12.72684
3	985.1894	913.587	71.6024	12.75917
4	985.8436	914.487	71.3566	12.81573

表 9-3   19 节点系统的优化架线信息

方案	阶段 1	阶段 2	阶段 3	阶段 4
1	2—3，4—5（2），4—6，5—8（3），6—14	2—3，2—4，2—5，6—7	2—3，2—5，4—6，7—8	
2	2—3，2—5，4—5（2），5—8（2），6—7，6—14	2—3，2—4，4—6，5—8	2—3，2—5，4—6，7—8	
3	2—3，2—4，2—5，4—5（2），5—8（2），6—7，6—14	2—3，4—6，5—8	2—3，2—5，4—6，7—8	
4	2—3，2—4，4—5（2），4—6，5—8（3），6—14，7—8	2—3，2—5，6—7	2—3，2—5，4—6	

由综合考虑经济性和可靠性的模型得到的最优方案，其开发成本为 911.769 万元，缺电成本为 71.7682 万元，综合成本为 983.5372 万元；而由只考虑经济性的模型获得的最优方案，其开发成本为 907.430 万元，缺电成本为 86.3939 万元，综合成本为 993.8239 万元。经济性最优的方案，其开发成本相对较低，但缺电成本较高，因此，经济性最优的方案不一定是综合最优的方案，而由多目标电网规划模型获得的优化方案计及了经济性和可靠性两方面因素，综合成本较低，具有更好的综合社会效益。另外，由上述列出的优化方案可以看出：开发成本高的方案，其缺电成本并不一定低，它们之间没有固定的、非此即彼的关系。

9.6.3 计及一些模糊因素的 19 节点系统分析

19 节点电网在计及发电机功率和负荷数值模糊性以及设备单价、故障率、修复率、单位缺电成本、贴现率等参数的模糊性情况下，应用遗传算法进行四阶段规划。各节点的发电机功率和负荷的模糊性用 $(0.99, 0.995, 1.005, 1.01)P$ 的梯形模糊数描述，其中 P 为模糊数中心值（附录 B 中的各电源功率）。对其他一些模糊参数也做类似处理，结果见表 9-4。表中的 $A-F$ 均代表模糊数中心值。A 取附录 B 中对应的线路单价；B 取 0.05；C 取 9.13×10^{-4}；D 取 10.0；F 取 3500。各节点用户的单位模糊缺电成本中心值 E 暂取 $E=(7.0, 4.0, 8.0, 3.0, 4.0, 3.0, 6.0, 7.0, 4.0, 3.0, 4.0, 9.0, 4.0, 8.0, 4.0, 4.0, 3.0, 10.4, 4.0)$。

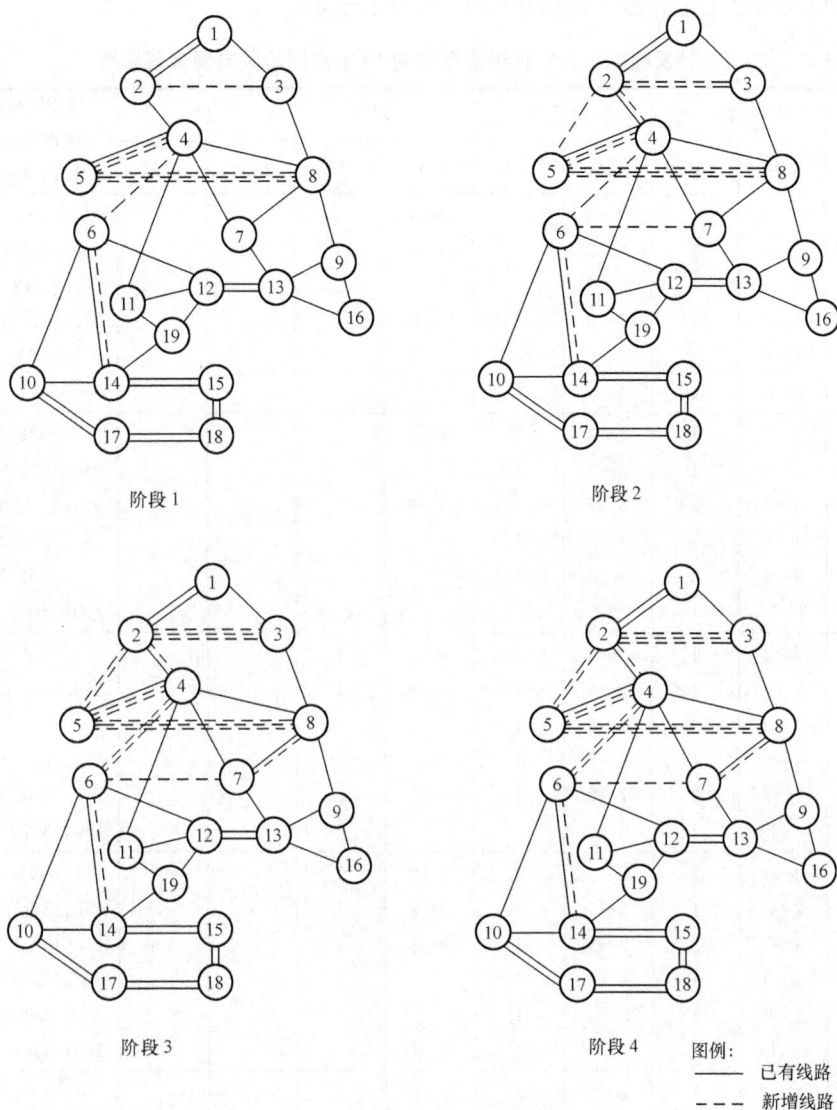

图 9-5   19 节点系统的最优规划方案

表 9-4   19 节点电网规划时的模糊参数

名　　称	模糊参数
线路单价［万元/（km·回）］	$(0.93,\ 0.95,\ 1.05,\ 1.08)\ A$
线路故障率［次/（年·km·回）］	$(0.85,\ 0.95,\ 1.05,\ 1.15)\ B$
线路修复率［年/（次·条）］	$(0.95,\ 0.98,\ 1.02,\ 1.05)\ C$
贴现率（%）	$(0.90,\ 0.95,\ 1.05,\ 1.10)\ D$
缺电成本［元/（kW·h）］	$(0.85,\ 0.95,\ 1.05,\ 1.20)\ E$
负荷持续时间（h）	$(0.90,\ 0.95,\ 1.05,\ 1.10)\ F$

　　规划结果列于表 9-5 及表 9-6 中，最优规划方案如图 9-6 所示，其中对线路的故障停运按 $N-2$ 考虑，故障情况下的切负荷权重按各节点用户的单位缺电成本大小考虑。由于原

始数据中缺少线路电阻参数，故这里暂不计算网损成本。

表 9-5 计及模糊不确定性因素影响的 19 节点四阶段电网规划结果

规划方案（新架线）	阶段 1 线路	阶段 1 回数	阶段 2 线路	阶段 2 回数	阶段 3 线路	阶段 3 回数	阶段 4 线路	阶段 4 回数	模糊投资成本（万元）、模糊缺电成本（万元）及模糊供电总成本（万元）
最优方案	2—3 2—5 4—5 4—6 5—8 6—14	1 1 2 1 2 1	2—3 2—5 6—7 7—8	2 1 1 1	2—4 4—6 5—8 9—13	1 1 1 1			［848.316, 868.791, 965.261, 995.466］ ［12.902, 20.685, 34.996, 62.332,］ ［861.218, 889.476, 1000.257, 1057.798］
次优方案 1	2—3 2—5 4—5 4—6 5—8 6—14	1 1 2 1 2 1	2—3 2—5 6—7 7—8 9—13	2 1 1 1 1	2—4 4—6 5—8	1 1 1			［849.147, 869.608, 966.093, 996.284］ ［13.004, 20.849, 35.271, 62.793］ ［862.151, 890.457, 1001.364, 1059.077］
次优方案 2	2—3 2—5 4—5 4—6 5—8 6—14	1 1 2 1 2 1	2—3 2—4 2—5 6—7 7—8	2 1 1 1 1	4—6 5—8 9—13	1 1 1			［849.230, 869.690, 966.176, 996.366］ ［12.965, 20.791, 35.189, 62.717］ ［862.195, 890.481, 1001.365, 1059.083］
次优方案 3	2—3 2—5 4—5 4—6 5—8 6—14	1 1 2 1 2 1	2—3 2—4 2—5 6—7 9—13	2 1 1 1 1	4—6 5—8 7—8	1 1 1			［849.238, 869.698, 966.184, 996.374］ ［13.004, 20.849, 35.271, 62.793］ ［862.242, 890.547, 1001.455, 1059.167］
次优方案 4	2—3 2—5 4—5 4—6 5—8 6—14	1 1 2 1 2 1	2—3 2—4 2—5 6—7 7—8 9—13	2 1 1 1 1 1	4—6 5—8	1 1			［850.060, 870.507, 967.008, 997.184］ ［13.055, 20.933, 35.420, 63.035］ ［863.115, 891.440, 1002.428, 1060.219］

表 9-6 对应表 9-5 中的各方案模糊可靠性指标

规划方案	LOLFE（h/年）	LOLFF（次/年）	LOLFD（h/次）	FEENS（万 kW·h/年）
最优方案	［0.3608, 0.5137, 0.7627, 1.0292］	［0.0859, 0.1259, 0.1946, 0.2709］	［1.3319, 2.6398, 6.0580, 11.9814］	［0.9055, 1.2894, 1.9435, 2.9337］
次优方案 1	［0.3711, 0.5284, 0.7845, 1.0585］	［0.0884, 0.1295, 0.2001, 0.2786］	［1.3320, 2.6407, 6.0580, 11.9740］	［0.9136, 1.3012, 1.9614, 2.9600］

续表

规划方案	LOLFE（h/年）	LOLFF（次/年）	LOLFD（h/次）	FEENS（万 kW·h/年）
次优方案 2	[0.3711, 0.5284, 0.7845, 1.0585]	[0.0884, 0.1295, 0.2001, 0.2786]	[1.3320, 2.6422, 6.0580, 11.9740]	[0.9125, 1.2993, 1.9584, 2.9558]
次优方案 3	[0.3711, 0.5284, 0.7845, 1.0585]	[0.0884, 0.1295, 0.2001, 0.2786]	[1.3320, 2.6422, 6.0580, 11.9740]	[0.9136, 1.3012, 1.9614, 2.9600]
次优方案 4	[0.3711, 0.5284, 0.7845, 1.0585]	[0.0884, 0.1295, 0.2001, 0.2786]	[1.3320, 2.6422, 6.0580, 11.9740]	[0, 9169, 1.3055, 1.9678, 2.9688]

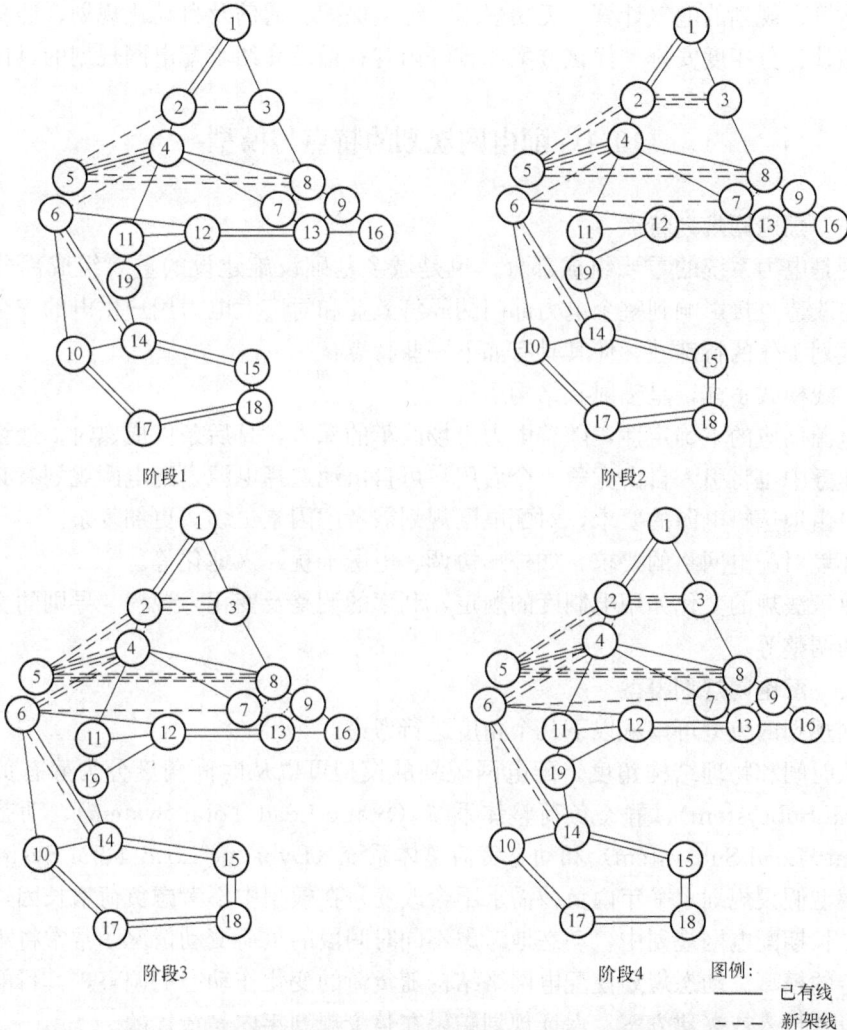

图 9-6　计及模糊不确定性因素影响的 19 节点电网最优规划方案

以上实例的规划计算表明，多目标电网规划模型和改进的混合遗传-模拟退火算法是可行的、有效的。该多目标电网规划模型和相应算法能够适用于大规模、多线型电网规划问题。

10　配 电 网 规 划

本章主要阐述配电网规划的特点、模型、流程，变电站站址确定。介绍了高压及中压配电网的常见接线模式；配电网规划的主要内容包括：资料及历史数据的收集、一些常用参数及接线模式设定、功能块的划分、用电预测、供电区域分割、主干线路配置、电缆通道规划、费用估算、规划的电气计算、无功规划、继电保护、通信及自动化规划、经济分析、配电可靠性估计、分年度安排、优化方案比较等内容；最后介绍了配电网规划的具体步骤。

10.1　配电网规划的特点与模型

10.1.1　配电网规划特点

配电网是电力系统的重要组成部分，也是城乡基础设施建设的重要组成部分，它的规划、建设与改造直接影响到整个电力部门的经济效益和对广大电力用户供电的安全可靠。由于配电网规划工作的特殊性，使其具有如下一些特点：

（1）接线模式多样，呈辐射状结构运行。

（2）电源供应的不确定性，随着电力市场改革的深入，日后条件成熟时，最终在配电领域的零售业务中也将引入自由竞争，今后用户可自由地选择电源，配电网规划有必要适应未来用户可自由地选择电源的要求，对配电网规划需考虑因素更多，更加复杂。

（3）环境对配电网络的要求，如外形协调、电磁干扰、入地化等。

（4）政策法规的变化如用电制度的规定，利率的调整及变化，规程、导则的变化，各种运行参数的调整等。

10.1.2　配电网规划模型

配电网规划的模型可以从以下几个角度进行考虑：

（1）从时间和物理结构角度。配电网规划的模型可以从时间角度分为静态负荷子系统（Static Load Subsystem）、静态负荷整体系统（Static Load Total System）、动态负荷子系统（Dynamic Load Subsystem）和动态负荷整体系统（Dynamic Load Total System）。

静态模型假设规划水平年内负荷需求不会改变，在模型中不考虑负荷增长因素。而动态模型是指在长期配电网规划中，动态地考虑不同时间段的负荷变动情况，常常将规划分成几个阶段进行的模型。动态规划使配电网络结构随负荷的变化作动态的调整，其目的是寻求一种动态的设备投入或兴建方案，保证规划结果在整个规划年内是最优的。

（2）从经济性和可靠性角度。配电网扩展规划的数学模型可分为确定性模型和可靠性模型两种。

确定性模型的目标函数只考虑经济性指标，以确定的可靠性指标——$N-1$原则为约束条件之一。常见的方法是首先建立满足正常运行情况的电力网络的架线方式，然后进行断线分析，通过消除断线以后出现的过负荷现象，对网络扩展方案进行修改，直到满足给定的约束条件为止。

可靠性模型的目标函数取可靠性成本和可靠性效益的现值之和。可靠性成本为投资费用，可靠性效益为发电成本费用、网损费用和停电损失费用之和。约束条件包括潮流等式约束、支路容量限制、网架限制等。

（3）从单目标与多目标角度。配电网规划的数学模型根据目标函数的个数可分成单目标模型和多目标模型。

配电网规划除了投资费用目标、年网损费用目标外，其他如生产费用、可靠性、网络安全约束的惩罚项、载荷能力以及环保因素等都可以作为规划目标之一。在规划时可能需要考虑多个目标，而这些目标有时是具有不同重要性甚至是相互矛盾的指标，因此需要合理地解决各个目标之间的冲突。多目标优化是解决这一问题的理想途径。

（4）从灵活性角度。配电网络的优化可分为确定性和不确定性两种建模方法。

传统的配电网规划优化方法是通过选择其中一个预想环境（被认为实现概率最大的一个），采用该环境下已"确定"的规划参数，求得满足该环境约束的、相对经济指标最优的确定性方案。这一类规划方法缺乏必要的适应性，其数学上的最优方案往往由于未来的不确定性因素而使该"最优方案"失去了其最优的意义。事实上，配电网规划确实涉及大量的不确定性。未来负荷增长大小和位置的不确定性、配电网的扩展费用的不确定性等。因此，在进行配电网规划时必须考虑这些不确定性因素对规划结果的影响。

目前，电网规划工作中已发现并开始研究的不确定性信息主要有随机性信息、模糊信息、灰色信息以及未确知信息四种。根据对不确定信息处理方法的不同，灵活规划的研究具体可以分为两类：第一类为多场景分析方法；第二类为基于不确定性信息数学建模的电网规划方法，主要有随机方法、风险评估法、模糊方法、灰色方法以及其他一些新的理论和方法，例如盲数理论、证据理论等。

10.1.3 配电网络规划流程

配电网规划是送变电设施建设规划的一个组成部分。为了方便将它单独列出，也可与输电网规划同时进行。

配电网规划的期限一般较短。一方面它与用户的实际分布有关，另一方面配电规划的实施期也较短。一般以5～15年的中、短期规划为主。配电规划的另一个特点是配电设施面广、点多，每个设施单位较小、数量很多，设施场所与居民、用户有直接接触等。

配电网络规划的内容主要包括以下几个方面：

（1）负荷预测。配电网络规划可以使用外推法和仿真法两种常用的预测方法。外推法是基于用电区域的历史数据，假设负荷发展率是连续变化的，根据原来的负荷发展率推移以后各时期的发展状况；而仿真法与外推法有互补的作用，仿真法是以用电区域每年的用电量为依据的，通过调查每个用电负荷类型和每个类型用户的数量来计算负荷预测值。任何负荷预测方法都不可能完全准确，当掌握更新的负荷发展数据后，就必须对原有的负荷预测值进行修正。

（2）确定网络的系统模型。确定网络的系统模型包括确定网络是采用架空线路还是电缆供电，确定导线截面大小、网络接线方式、负荷转移方案、网络中有关设备的选型，确定网络在运行期间遇到不适应要求时应如何进行改造，确定系统保护功能和配网自动化规划等。

（3）效益评估。配网规划经济效益评估，包括电网投资与增加用电量所产生收益的比较，以及为了使电网供电可靠性、线损率、电压合格率达到一定指标与所需投入费用之间的比较。采用投资与收益的研究可以确定使用哪一种供电方式。

配电网规划的流程可简化如下。

(1) 原始资料的收集准备。配电网覆盖广，配电设施数量和品种繁多，因此，必须掌握各种配电地区的特性及将来经济结构的变化趋势。原始资料收集准备的主要内容有:

1) 用户用电需要。应从长期展望出发估计出各配电地区的用电需要。

2) 用户电压要求。用户规划期内对供电电压的要求。

3) 用户供电可靠性要求。各类用户对供电可靠性的不同要求。

4) 用电负荷分布。它包括用户的用电设备的特性和用电方式。

5) 配电站站址要求。掌握配电设施可能安放的场所和条件。

6) 地区环境要求。变配电设施对周围居民及其他设施 (如通信等) 的影响情况。

7) 现有配电网的改造计划。它包括对现有配电网络的配置情况的分析与评价。

8) 输电网规划。只有了解了输电网规划以后，才能编制配电设备规则，输电网规划是配电设备规划的前提条件之一。

(2) 确定可能的配电规划方案。在整个电力系统中，按地区从满足长期供电需要出发，并考虑经济等因素，在分析负荷密度、供电可靠性水平、变电站布置及上一级电力系统结构等基础上，确定各可行的配电电压和配电方案。

(3) 经济性评价。在论证各可行方案对供电能力、供电可靠性、供电电压的要求及对未来发展和对环境的适应性的基础上，进行详细的经济性评价，计算出各可行方案的经济效果指标。

(4) 确定最佳配电规划方案。被选出的规划方案，应该是与输电网规划方案密切配合，协调一致，并适应运行管理、安全性、地区经济发展等方面的要求，其经济效果指标也应符合要求。

配电网规划的基本流程可以用图10-1表示。

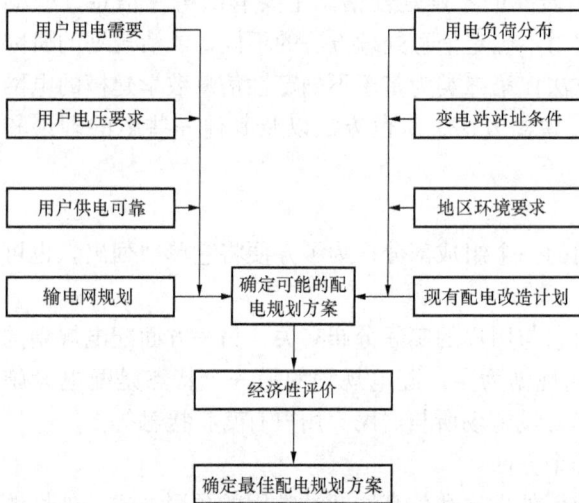

图 10-1　　配电网规划流程

10.2　变电站站址确定

城市配电网由上级电源变电站、变电站、配电站以及联系各级变、配电站的线路组成，这些变、配电站的位置直接影响着整个城市配电网的结构。尤其是电源变电站，其位置及容量的确定既要考虑到负荷的分布情况，又要考虑到整个电网的结构，其布局好坏直接影响到供电网络的结构是否合理以及无功电源的配置等问题，它关系到整个城市配电网建设的经济性和运行的可靠性。所以在城网规划工作中，变电站站址及容量的优化选择 (简称为变电站选址问题) 是在小区负荷分布预测之后的一项十分重要的基础工作。

10.2.1 变电站数量的确定

首先根据某水平年的预测负荷值按有关规程规定的容载比，确定该水平年需要的变电容量，然后将此变电容量与现有变电容量进行比较，从而确定该水平年变电容量的盈亏，进而可确定需要新建标准变电站的数量。用公式可表示为

$$n = \begin{cases} \dfrac{kP - S_\Sigma}{S_N} & (kP - S_\Sigma > 0) \\ 0 & (kP - S_\Sigma \leqslant 0) \end{cases} \tag{10-1}$$

式中　P——水平年的负荷需求；

　　　k——容载比；

　　S_Σ——现有变电站容量总和；

　　S_N——标准变电站容量。

用式（10-1）计算并经取整、分析，即可确定新建变电站的数量。

对于配电变压器的选择，可用各地块中期负荷预测的结果，考虑变压器的利用率和功率因数，在考虑原有配变的基础上，可确定各地块中对应布置的变压器的容量。在确定变压器容量时，对于居民生活区内的 10kV 配电变压器，其容量一般统一规范为 250、400、500、630、800kV·A。35kV 电业变压器，容量一般使用 16、20、31.5MV·A。为了提高供电的可靠性，变压器台数至少选定为两台，以满足"$N-1$ 原则"。

10.2.2 变电站选址优化

城市配电网变电站规划中，通过大量数据的统计确定出水平年的负荷量，再考虑原有变电站的布局，经分析比较才能确定新建变电站站址。这种传统的方法没有量的概念，工作量大，工期也较长，其主要缺点是人为因素影响较大，因此将优化理论引入变电站选址是很有必要的。

一、目标函数的建立

（一）单源连续选址

单源连续选址就是在某一变电站供电范围一定的情况下如何确定变电站站址的方法。在建立模型时，基于不同的目标所建立的模型不同，就几种模型讨论如下。这里设待求变电站的站址坐标为 (u, v)，城网中 10kV 各负荷点的坐标为 (x_i, y_i)。

（1）等负荷原则。假定各负荷点的性质相同，且具有相同的计算负荷、功率因数以及全年用电量，其目标函数定义为

$$\min C = \sum_{i=1}^{n} \left[(u - x_i)^2 + (v - y_i)^2 \right]^{\frac{1}{2}} \tag{10-2}$$

式中　n——该变电站所供负荷点的个数（下同）。

这种模型适用于负荷相差不大，年耗电量基本相同的场合，例如住宅区，对于区域规划中负荷不确定的场合，采用这种模型较为简单、直观。

（2）初投资最小原则。初投资最小原则主要是考虑了电线电缆的投资，并设电线电缆的价格及安装费用等与其截面面积成比例，这样计算出的初投资最小的负荷中心也就是有色金属材料消耗最少的变电站位置。先根据各负荷点的计算负荷和功率因数求出相应的配电线路的截面 S_i，则其目标函数定义为

$$\min C = \sum_{i=1}^{n} S_i \left[(u - x_i)^2 + (v - y_i)^2 \right]^{\frac{1}{2}} \tag{10-3}$$

该模型是将有色金属消耗最少作为主要因素，忽略了敷设电线电缆的土建投资等费用，该方法尤其适用于铜芯电缆消耗量大的场合。

(3) 负荷矩最小原则。负荷矩最小原则是各负荷点对负荷中心的负荷矩之和最小，计算时必须求出各负荷点的最大计算负荷，其目标函数定义为

$$minC = \sum_{i=1}^{n} P_i \left[(u - x_i)^2 + (v - y_i)^2 \right]^{\frac{1}{2}} \qquad (10 - 4)$$

式中　P_i——各负荷点功率，kW。

该模型是基于单位电力负荷路径最短设计的，实际上它接近于初投资最小原则，并考虑到降低线损，该模型在确定负荷中心上应用较为普遍。

(4) 网络运行费最小原则。以网络运行费最小原则的目标函数定义为

$$minC = \sum_{i=1}^{n} \beta_i P_i \left[(u - x_i)^2 + (v - y_i)^2 \right]^{\frac{1}{2}} \qquad (10 - 5)$$

式中　β_i——单位距离、单位负荷的费用系数。

这种模型主要适用于各负荷点年最大计算负荷运行小时数相差很大的情况。

(二) 多源连续选址

多源连续选址是在一个规划区中同时确定几个变电站的站址。它的模型与单源连续选址相对应。设所研究的问题有 m 个变电站，向 h 个负荷点供电，则基于等负荷、初投资最小、负荷矩最小原则以及网络运行费最小原则的多源连续选址目标函数分别为

$$minC = \sum_{j=1}^{m} \sum_{i=1}^{h} \delta_{ji} \left[(u_j - x_i)^2 + (v_j - y_i)^2 \right]^{\frac{1}{2}} \qquad (10 - 6)$$

$$minC = \sum_{j=1}^{m} \sum_{i=1}^{h} \delta_{ji} S_i \left[(u_j - x_i)^2 + (v_j - y_i)^2 \right]^{\frac{1}{2}} \qquad (10 - 7)$$

$$minC = \sum_{j=1}^{m} \sum_{i=1}^{h} \delta_{ji} P_i \left[(u_j - x_i)^2 + (v_j - y_i)^2 \right]^{\frac{1}{2}} \qquad (10 - 8)$$

$$minC = \sum_{j=1}^{m} \sum_{i=1}^{h} \delta_{ji} \beta_i P_i \left[(u_j - x_i)^2 + (v_j - y_i)^2 \right]^{\frac{1}{2}} \qquad (10 - 9)$$

$$s.\ t.\ \sum_{j=1}^{m} \delta_{ji} = 1 \qquad (i = 1,\ 2,\ 3,\ \cdots,\ h) \qquad (10 - 10)$$

式中　δ_{ji}——标志参量，$\delta_{ji} = \begin{cases} 1 & 电源 j 向负荷点 i 供电 \\ 0 & 电源 j 不向负荷点 i 供电 \end{cases}$；

　　　　h——负荷点的总个数；

$(u_j,\ v_j)$——第 j 个变电站的新站址；

$(x_i,\ y_i)$——第 i 个负荷点的坐标。

约束条件式 (10 - 10) 是保证任何一个负荷点的负荷，一般都不由一个以上的电源供电。这是因为城市配电网一般以闭式设计开式运行，各负荷点同时只能由一个电源来供电。

二、优化计算

确定了基于负荷矩最小原则的单源和多源连续选址数学模型之后，就可以确定模型的算法并进行编程，以求得城市配电网中一定负荷水平下的最佳变电站站址，变电站站址优化计算程序流程图如图 10 - 2 所示。

（一）单源连续选址优化计算

目标函数式（10-4）为一无约束的最优问题，其最小值可求出如下

令

$$d_i = \left[(u - x_1)^2 + (v - y_1)^2 \right]^{\frac{1}{2}} \qquad (10\text{-}11)$$

对式（10-4）求偏导数 $\dfrac{\partial C}{\partial u} = 0$，$\dfrac{\partial C}{\partial v} = 0$，则有

$$\begin{cases} u = \displaystyle\sum_{i=1}^{n} (P_i x_i / d_i) \Big/ \displaystyle\sum_{i=1}^{n} (P_i / d_i) \\[3mm] v = \displaystyle\sum_{i=1}^{n} (P_i y_i / d_i) \Big/ \displaystyle\sum_{i=1}^{n} (P_i / d_i) \end{cases} \qquad (10\text{-}12)$$

由于 d_i 中含有 u，v，所以采用迭代算法解此函数表达式，其初值 $(u(0), v(0))$ 为各负荷点坐标的算术平均值，代入式（10-11）；然后将式（10-11）求得的各 d_i 代入式（10-12）求得 $(u(1), v(1))$。若 $(u(k), v(k))$ 是在第 k 次迭代中求得的解，那么第 $(k+1)$ 次迭代求出的解为 $(u(k+1), v(k+1))$，当两个相继求出的解 $(u(k), v(k))$ 和 $(u(k+1), v(k+1))$ 充分接近时，可停止计算，即可确定出新建变电站站址为 (u, v)。

（二）多源连续选址优化计算

式（10-8）、式（10-10）是一个有约束的最优化问题，采用分配法求解，其优化计算的主要步骤如下：

（1）根据负荷预测结果，按 10kV 最佳供电半径或 35kV 变电站最佳容量将 h 个负荷点分为 m 个子集，即将规划范围分为 m 个供电区，分区所依据的供电半径 r 的求法如下。

假设变电站的供电范围为一半径是 r 的圆，且 10kV 中压配电网为辐射形网络结构，当整个电网覆盖面上的负荷密度均匀时，变电站个数 N 为

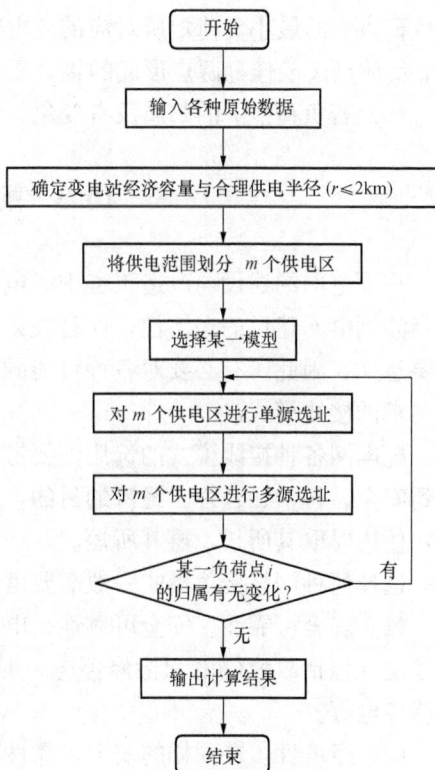

图 10-2 变电站站址优化计算程序流程图

$$N = \delta A K / S \qquad (10\text{-}13)$$

式中 δ——平均负荷密度，kW/km^2；

$\quad A$——供电区面积，km^2；

$\quad S$——变电站容量，$kV \cdot A$；

$\quad K$——变电站容载比。

则单位面积上变电站个数为

$$n = N/A = \delta K / S \qquad (10\text{-}14)$$

取一个变电站平均供电半径为 $r(km)$，则单位面积上变电站个数又为

$$n = 1/\pi r^2 \tag{10-15}$$

由式（10-14）和式（10-15）得

$$r = \sqrt{S/K\pi\delta} \tag{10-16}$$

（2）对 m 个供电区进行一次单源连续选址（取 $\delta_{ij} = 1$），确定出 m 个待选变电站的初始站址 (u_i, v_i) $(j = 1, 2, \cdots, m)$。

（3）从按单源连续选址确定出的 m 个待选变电站中选出 f 个已有变电站，将其站址换为最靠近它的已有变电站的站址。

（4）计算出每个负荷点到各个站的 $P_i d_{ji}$ $(i = 1, 2, \cdots, h; j = 1, 2, \cdots, m)$。

（5）选出负荷点 i 到电源点 j 的最小负荷矩为

$$F_j = \min(P_i d_{ji}) \quad (i = 1, 2, \cdots, h; j = 1, 2, \cdots, m)$$

则负荷点 i 的最小负荷矩所对应的变电站，就应该是该负荷点 i 在理论上的最佳电源点，将 h 个负荷点按最佳电源点形成的集合重新分组。

（6）若负荷点 i 的归属没有变化，计算结束，否则回到步骤（2）重新进行计算。

10.3　配电网的接线模式

在配电网的建设与改造工程中，电网接线模式的选择是一个非常重要的方面。因为它不仅牵涉到电网建设的经济性，而且关系到供电可靠性，对整个电力工业和用户的发展也具有重要意义，因此，有必要对各种可能的接线模式进行定量的计算分析，以便得出符合实际供电要求的接线模式。

配电网各种接线模式的选用，要考虑各方面的因素，满足功能要求，选择优化结构，以达到安全、科学、合理、经济的目的，各种网络结构有其各自的使用条件、应用范围及优缺点，使用要取其所长，避其所短。

选择何种网络接线模式一般需要考虑如下一些因素：

（1）安全可靠性。安全可靠性是电网的首要任务，要把电力送至用户，而且使一年中用户停电（包括故障停电和检修停电）时间最少（几分钟～几十分钟），停电包括故障停电、检修停电等。

（2）经济性。在同样的安全可靠性条件下电网的接线要满足电网线路最短，使用设备最省，费用最小。尽可能提高线路的使用率或负荷率，以充分利用线路，降低供电成本。

（3）灵活性。电网建设中有很多不确定因素，如负荷的变化、电源点的变化、电网建设中的进度和先后顺序及投资费用的改变，电网结构要有灵活性，能适应这种变化。

（4）延续性。电网的接线要满足对现有电网的延续性及在电网建设过程中的连续性。在有老电网的地区，规划电网时要结合现有线路的利用、改造及过渡，在各个建设期要考虑电网的连贯性，尽量避免及减少在建设过程中的再改造、改建或废弃，减少无效工程量。

（5）可发展。电网建设达到预期水平后，能具备进一步发展、扩大的条件。

（6）运行管理的方便及操作的简单。电网的接线要满足运行方便、容易管理，所用设备要简洁，特别是故障时，易于找出故障，隔离故障，操作要简便、快捷。

（7）其他。电网的接线要符合运行管理单位的使用习惯，并适应系统的自动化程度。

10.3.1 高压配电网接线模式

图 10-3～图 10-8 所示为高压配电网线路的常用接线模式，其特点分别分析如下：

（1）图 10-3 所示单侧电源 3T 接线的主要优点是简单、投资省，有较高的可靠性。设备利用率比较高，变电站可用容量为 67%。变压器高压侧为线路－变压器组接线，架空线和电缆线均适用。

（2）图 10-4 所示为具有中介点的放射状接线，该接线使离电源点比较远的变电站可以通过中介点获得电源，减少了电源的出线仓位。

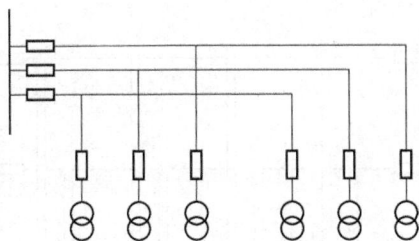

图 10-3 单侧电源 3T 接线

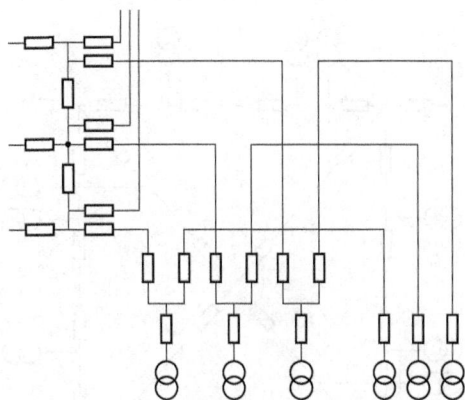

图 10-4 具有中介点的放射状接线

（3）图 10-5 所示为三回路全放射状接线，因为采用了三回电源对某一个变电站供电，考虑到现在的电力设备本身可靠性较高，因此该接线模式的可靠性还是可以满足城市供电。

（4）图 10-6 所示为单环形接线，该接线通过联络开关将不同电源点及变电站连接起来，形成一个环。任何一个区段故障时，合联络开关，将负荷转供到相邻馈线，完成转供。该接线的供电可靠性满足 $N-1$ 原则，设备利用率为 50%。

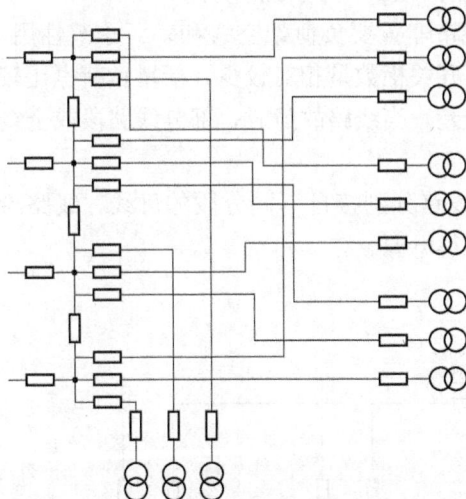

图 10-5 三回路全放射状接线

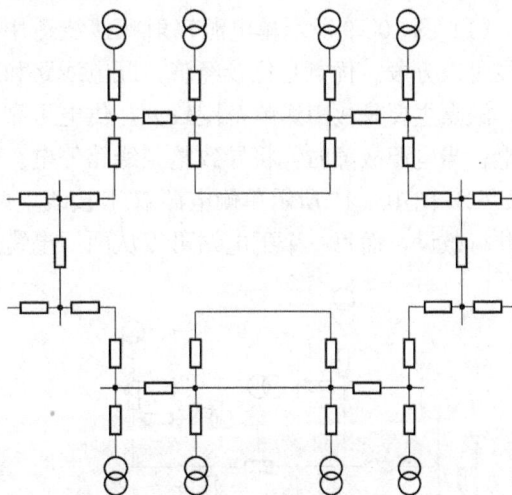

图 10-6 单环形接线

（5）图 10-7 所示 4×6 网络接线是加拿大电力专家 Ronald Page 于 1981 年发明的，并于 1982 年申请了美国发明专利，1983 年申请了加拿大专利。该接线由 4 个电源点，6 条手拉手线路组成，任何两个电源点间都存在联络或可转供通道。任一个电源故障时，受其影响的 3 段负荷，可自动闭合线路中间断路器，转由其余 3 个正常电源供电。此时，每个正常电源的增加容量为故障电源容量的1/3，为全网电源变压器容量的1/12，电源变压器可用率很高，大大减少了系统设备备用容量。4×6网络接线由于在网络设计上的对称性和联络上的完备性，使其在节省投资、提高可靠性、降低短路容量和网损、均衡负载和提高电能质量等方面具有优越性。该接线模式也适用于中压配电网中。

（6）图10-8所示双侧电源单断路器手拉手接线将来自不同电源点的两条馈线通过一台断路器进入变电站。任何一个区段故障时，合联络开关，将负荷转供到相邻馈线，完成转供。该接线的供电可靠性满足 $N-1$ 原则，设备利用率为 50%。

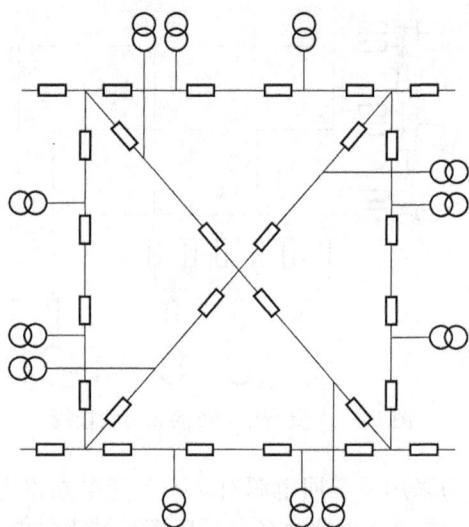

图 10-7　"4×6"接线

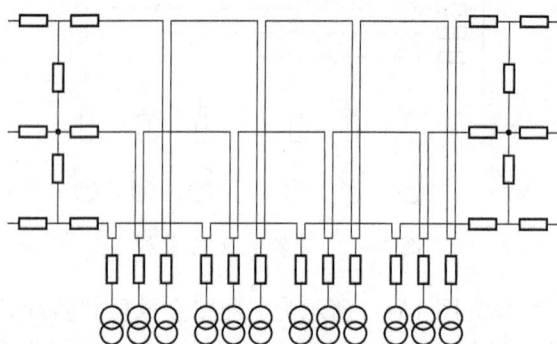

图 10-8　双侧电源单断路器手拉手接线

10.3.2　中压配电网接线模式

图10-9～图10-14所示为中压配电网的常用接线模式，其特点分别分析如下：

（1）图10-9所示单电源辐射状接线适用于城市非重要负荷架空线和郊区季节性用户，干线可以分段。优点是比较经济，配电线路和高压开关柜数量相对较少，新增负荷也比较方便；缺点主要是故障影响范围较大，供电可靠性较差。当线路故障时，部分线路段或全线将停电；当电源故障时，将导致整条线路停电。

（2）图10-10所示单侧电源双T接线中两回线路分别接自不同分段的母线，线路沿道路并行敷设，而每一个配电站可以从两回电缆上取得电源。

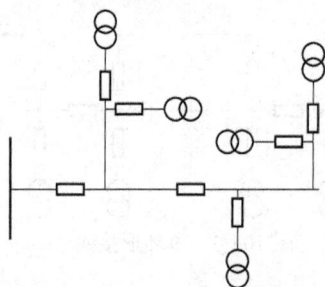

图 10-9　单电源辐射状接线

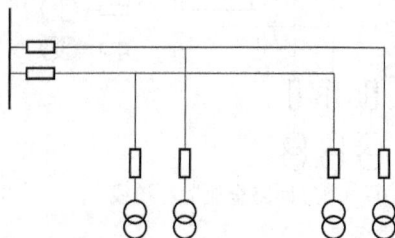

图 10-10　单侧电源双 T 接线

（3）图10-11所示不同母线出线连接开关站接线中每个开关站具有两回进线，开关站出线采用辐射状接线方式供电；也可以在开关站出线间形成小环网，进一步提高可靠性。如果开关站附近有低压负荷，则可以使用带配电变压器的开关站。

（4）图 10-12 所示双电源手拉手环网接线是通过一联络开关，将来自不同变电站（对应手拉手）或相同变电站（对应环网）不同母线的两条馈线连接起来。任何一个区段故障，合联络开关，将负荷转供到相邻馈线，完成转供。该接线供电可靠性满足 $N-1$ 原则，设备利用率为 50%，适用于三类用户和供电容量不大的二类用户。

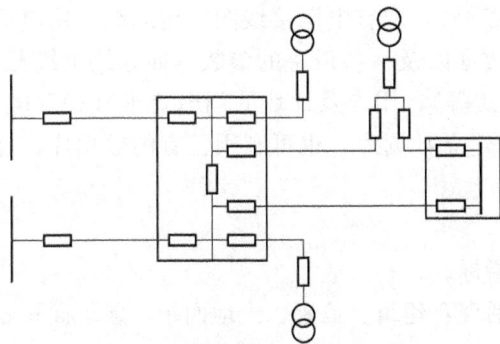

图 10-11　不同母线出线连接开关站接线

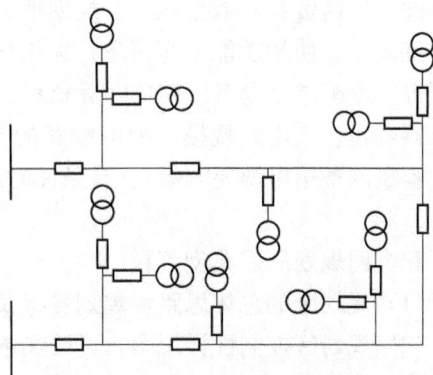

图 10-12　双电源手拉手环网接线

（5）图 10-13 所示为双电源手拉手双环网接线模式，环网电源可以是变电站也可以是开关站。如果是开关站，根据开关站的电源情况，其环网的可靠性也会有差异，如两座开关站的电源来自同一座 110kV 变电站，比电源来自两座不同的变电站的可靠性要低。该接线模式适用于可靠性要求比较高的一类负荷用户。

（6）"N 供 1 备"接线最早起源于法国的 EDF 公司，并在我国的深圳和广州取得广泛应用。该接线的特点是：N 条电缆线路联成电缆环网，1 条线路作为公共备用线路，正常时空载运行；非备用线路理论上可以满载运行，1 条运行线路出现故障时，可通过线路切换把备用线路投入运行。一般以"3-1"、"4-1"比较理想，总的线路利用率分别为 67% 和 75%，该模式供电可靠性较高，线路的理论利用率也较高，其中 3 供 1 备接线如图 10-14 所示。这种接线模式非常适合在城市核心区、繁华区和住宅小区采用。在实施中，先形成单环网，随负荷水平的不断提高，再按照规划逐步形成 N 供一备接线网络，满足供电要求。

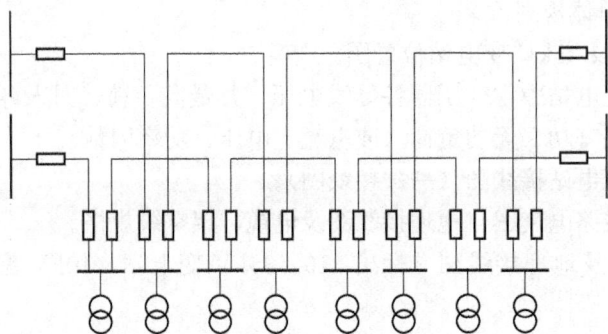

图 10-13　双电源手拉手双环网接线

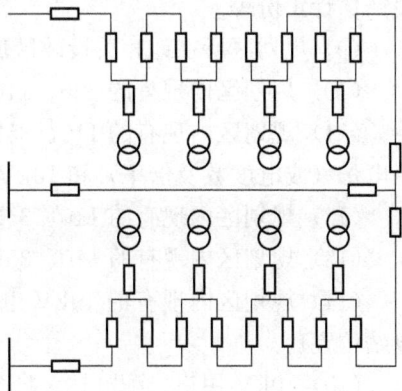

图 10-14　"3-1"主备接线

10.4 配电网规划的主要内容

10.4.1 所需资料及历史数据的收集

对所需资料及历史数据进行收集是进行规划的基本工作，属前期准备，是进行规划的必备条件。所需资料和数据包括：规划地区的地理图（最好是电子图，并标出河流、道路、地区详细规划、使用功能、容积率、大用户发展资料），现有电网接线图、地理图、用电历史数据等，变配电站及各线路的实际资料、历史数据以及一些设备的参数（如导线电缆截面、变压器容量、变电站规模、配电线路的接线模式等），用户及地块的用电要求（如双电源、各种容量的备用电源要求等）。有条件时最好能建立数据库，也可利用已有的数据库，互联共享。

配电网规划所需典型资料：

(1) 规划区的总体思路，规划目标及具体指标。

(2) 规划区控制性详规图、说明文本（包括现有建筑、位置、土地面积、建筑面积、使用功能）以及地理位置。

(3) 规划区内有表示规划道路及地块的地形图（地理图）及电子地图。

(4) 规划区内各地块及道路对敷设架空线及电缆的限制要求。

(5) 规划区内现有企业名称、地点、土地面积、地图上地理位置范围、建筑面积、生产规模、主要产品产量、生产班次、最大负荷、年或最大负荷月用电量，增容要求以及远期发展打算。

(6) 规划区内新企业（包括设想中的）名称、地点、土地面积、地图上地理位置范围、建筑面积、生产规模、主要产品产量、生产班次、用电负荷、年用电量、用电可靠性要求，是否需要双电源供电、建设年限、分阶段的安排、投产时间、发展远景打算，是否有产生谐波及冲击负荷的设备。

(7) 市政公用设施如雨水泵站、污水泵站、自来水、煤气、通信等的容量、规模、地理位置、用电负荷。

(8) 大项目的建设情况，如项目内容、规模、位置、占地面积、建筑面积、用电要求、投产估计年份等。

(9) 规划区所在地相关行政区域的总体规划。

(10) 规划区内现有的 220、110kV 及 35kV 变电站位置图。

(11) 规划区内现有的 110、35kV 变电站中主变压器各母线电压、月最高负荷、月及年用电量（或电度数及倍率）和 10kV 线路有功、无功负荷（或电流、电压、功率因数）。

(12) 规划区内现有的 110、35kV 变电站接线图（一次接线图）。

(13) 规划区内现有的 110、35kV 线路电气图、地理接线图及电缆、架空线规格。

(14) 规划区内现有的 10kV 电气图及地理接线图（标出 110、35kV 变电站，10kV 配电站位置）。

(15) 10kV 用户、配电站、杆变、环网站、箱式变电站、支接点的位置、名称、容量，10kV 杆—隔离开关位置，电缆架空线规格。

(16) 有关供电公司对划分功能块及地块的安排与打算，已划分地块内用电情况。

（17）有关供电公司现在的、目标的各种运行参数、指标等，如各类设备故障率（并按不同原因分析）、五年以上线损率、供电可靠率（并按不同原因分析）、检修周期、检修时间（h）、各类停电时间分析、故障修复时间、各类架空线路、电缆阻抗等。

（18）有关供电公司五年以上每月售电量和年售电量，年最大负荷及供电量。

（19）有关供电公司五年以上的《行业用电分类表》统计资料。

（20）有关大用户的地址，地理图上位置，供电电压，装接容量，五年及以上每月最大需量（kW），每月用电量（kW·h）。

（21）对配电自动化的设想及要求。

（22）各类设备的建设综合单价（包括土地费用、土建、设备、安装、配套及各种费率、间接费用等）。

（23）有关已定的电网建设及改造项目及内容，已定的变配电站站址、架空线路和电缆走廊。

（24）目前电网中存在的问题及改进的设想。

（25）有关供电公司已编制的电网发展规划，执行情况和存在问题。

（26）对配电网经济分析的要求。在资料中有很多是间接的，或是换算及推算的，也有很多是实际实践的数据，在应用中应充分尊重实际实践资料，以其为主要的依据。

10.4.2　功能块的划分

进行配电网规划时，需要了解用电（负荷）的分布，才能进行工作。需对规划的地区，划分若干个小块，以确定负荷分布。一般分成：

（1）功能块。集中使用功能相同的，一般不穿越道路、面积不很大的小块称功能块，可以根据城市控制性详细规划的安排进行划分。

（2）地块。四周以道路为界，使用功能基本接近，面积较大些，根据地理条件来定，称地块。

（3）小区。几个地块性质基本接近，在地理位置以及各种管理上连在一起的区域，面积稍大，称小区。

（4）地区。面积较大，在地理位置上，行政管理上相对独立的一个区域，如各种城镇、开发区、自然形成的农村等。

功能块及地块是统计计算负荷的基础。有条件的以功能块为基础，条件若不足至少也需以地块为基础。在上述区域中有明确地点的负荷如高层大厦及大工业用户等，以具体地理位置所在处为负荷点，称点负荷；以功能块或地块平均负荷计算的，称面负荷。可以用50m×50m或100m×100m小格代表负荷，也可以把地理重心作为一个负荷点来处理。地块以道路为界，变动较小，最好能与抄表路线结合起来，由电力企业统一编号后，经过计算机计算出地块用电及负荷，逐步形成完整的地块负荷数据，积累历史数据及基础数据，为规划工作创立比较好的条件。这对今后的业扩、工询工作非常有用，也能有条件与地理信息系统结合，逐步自动配置供电方案，也可以做到及时答复用户，对营销工作是一大进步。

10.4.3　负荷预测

负荷预测是规划的基础工作，进行配电规划，需要一个具体的用电点及具体分布，否则变电站、线路无法布局，所以功能块或地块是基础中的基础工作，需有一个长期、稳定、功能性质相近的功能块（地块）用电资料，如用电水平、发展过程（5年以上用电水平）及用电参数、建筑面积等，要长期积累资料，可与配电自动化抄表系统结合起来。

负荷预测的方法很多，各有特点，可以参见第2章对功能块或地块用电水平应该有两个制约：一是每个功能块或地块有一个饱和值即上限，一个起始值即下限。起始值不能为零，要有相当用电水平，改造地块为现有水平，新地块为首批使用时水平。二是所规划地区，有一个总量控制，各功能块或地块受制约于总量。总量由用电单耗、发展历史、同类比较、专家评估、工作经验总体平衡等得出。以此两项制约对功能块或地块负荷进行反复平衡协调。

功能块或地块内集中负荷可以用点负荷来表示，相同功能的分散负荷可用相对代表的点负荷或面负荷来表示。功能块或地块反映至变电站的负荷有一个同时率的问题，一般参考数据反映到 10kV 线路，同时率为 0.65%～0.75%，各线路负荷反映到变电站为 0.92%～0.94%，可根据用电性质选用，也可根据具体情况自行选定。

在负荷预测中要进行用电量的预测，或最高负荷利用小时数的预测，进行用电分析，在工程评估及经济分析中，也必须导入用电量的概念。

10.4.4　分割供电区域

根据功能块或地块的负荷分布，分割成若干供电区域。供电区域的分割要求适应已定供电变电站的供电容量，并满足由该变电站供应至各负荷点的线路的数量最少、距离最短，也就是总线路长度为最短。确定供电区域或负荷中心后，结合地形地貌及周围环境、条件即可按此设置变电站站址，同时要考虑建设上一级变电站（220kV 变电站）位置及线路安排。

10.4.5　配置主干线路

在已设置的变电站及功能块或地块的负荷布点间，配置配电线路。长期规划，一般只配置主干线路，至于具体的接线方式，具体配电站、配电变压器等布点，需待有具体详细及比较确定的规划的地区才能进行规划，期限亦不宜太长。在配置主干线路时要根据道路情况及敷设条件，如哪些道路可设置架空线或电缆，可设置的数量，因地制宜地配置；同时还要考虑各用户的用电要求，如要求备用电源、双电源、不同来源的双电源等。线路配置要达到"N−1 原则"的可靠性技术要求。对个别特别重要地区，要设法达到或接近"N−2 原则"的要求。在配置主干线路时要先确定供电的主要模式及思路框架，为以后的具体发展及建设定向，同时在配置主干线路时，要考虑各变电站间的联络容量。配电线路可不设专用联络线，可利用线路供电能力的余量，在各负荷线路间进行联络，即带负荷的联络线。在满足上述要求及考虑后，配置主干线路应是数量最少、距离最短，即建设总长度最短，在配置中要使负荷点合理配置及分配，线路负荷均匀及足额。

区内 10kV 架空线路采用绝缘导线，线路截面的选择可参照当地供电企业的技术规定。一般来说，35kV 电缆选 YJV−3×400mm²；10kV 架空线选 JKLYJ−120mm²；10kV 电缆选 YJV−3×240mm²。

10.4.6　电缆通道规划

在上述规划后，根据变电站设置、主干配电线路布置走向、变电站进线电源走向以及其他电力线路情况等，对穿越或供应规划区域的线路进行合并及统一。考虑如为电缆的，统一规划电缆通道。一般在 6 根以上的电缆需设置电缆通道，在设置电缆线路时宜均匀分散，分几个方向布置。尽量减少或避免双排管，以减少地下通道的困难，在配电规划中应避免使用电缆隧道，所以变电站站址应选负荷中心，能多个方向出线、交通方便、出线简便的十字路口。变电站容量不宜过大，出线不宜过多。在规划中由于大部分只进行主干线路的布置，对具体线路及用户线路均未做安排，所以在进行通道规划时，需留有余地；对重要道路及负荷密集地区的排管，按规划电缆数增加50%左右设置，一般地区按增加30%考虑。排管尽可能设在主要道路处，因主要道路今后设置困难，其他道路相对比较方便。在主要道路中各类排管未贯通的，如相距不远，尽可能予以贯通，以增加余度及灵活性。

10.4.7 费用估算

规划中的费用估算，有别于初步设计的概算及施工预算，更不同于竣工决算，比较粗略，属匡算性质，只是大致有个费用尺度。基本以单位造价进行估算，如线路按每公里的综合费用估算，变电站按每座的综合费用估算，还有配电站、开关站、环网站、箱变、电缆排管等均按综合单位造价估算，大部分只计算静态费用，即各项费用相加就是了。只有在进行经济分析时，才计入投资的早晚及每年利息的动态费用。

10.4.8 规划的电气计算及可靠性计算

在上述规划时已考虑了供电能力，负荷需求及"$N-1$原则"要求，均可以达到预计要求，因此电气计算一般可省略，除非特别提出及需要。

一般可靠性计算还需各类设备的故障率等。线损及运行费用计算，在配电规划的经济分析及综合评价比较优选时使用。进行计算时，因配电网络线路众多，范围大、面广、计算量极大，人工计算极为困难，需用计算机进行辅助。

10.4.9 无功补偿规划

一般在进行配电规划时，常常会忽视无功补偿规划，主要是因为：一，在变配电站布置时，常配置一定数量的无功补偿设备，需要时可以投入进行调节；对用户亦要求其达到一定的功率因数；二，负荷密度上升，线路缩短，而且电压浮动大部分能满足，矛盾不突出。然而，随着用户对电压要求的提高，无功配置更要求合理化，讲求经济性，因此无功补偿规划将是配电规划的一部分。无功补偿规划主要根据无功补偿装置的配置原则，进行无功需求（无功负荷）、无功供应（系统无功供给及补偿装置）、可调节手段及容量间的平衡与协调。详细内容将在第11章中予以描述。

10.4.10 继电保护、通信及自动化规划

随着电力技术的发展，继电保护与配电自动化将逐步合二为一，这会对配电网的运行条件及一些限额参数产生影响，从而影响配电网规划的配置及布局。使用不同的配电自动化规模、水平、内容，会有不同的配电网规划方案及投资水平。这时继电保护配电自动化内容已作为配电网规划的前提及基础工作，不可避免地将作为规划的重要内容，对规划的思路、认识、观念也将发生影响。

10.4.11 经济分析

过去由于各供电单位，不是一级法人，不进行独立核算，所以对供电成本核算，并不十分严格，而且投资及电费均实行统收统支，由各独立电力公司统一平衡、协调及核算。因此在规划中一般不做经济分析，对每个项目也不进行具体的经济分析。不像发电项目那样，将经济分析作为项目评审的重要内容。但是随着电力市场的发展，管理工作的提高，经济核算的加强，投资的多元化等因素，经济分析将日益显现其重要性。作为规划项目评价及投资决策的重要依据，经济分析将在今后规划中要逐步引入并开展工作。进行经济分析要引入电量、利息的概念，要注意电价的变化（购入及售出）、利率的变化、投资早晚的影响、供电成本的升降、投资收益率、内部收益率及回收年限等要求。

经济分析使用的主要方法详见第 3 章。

10.4.12　配电可靠性估计

配电系统供电可靠性直接反映对用户的供电能力，它是以用户停电多少天为标准。供电可靠性及设备的选型、安装调试、运行维护等环节，亦涉及网架结构及负荷性质等因素的制约。有条件及需要时，规划中还要进行必要的可靠性估计，配电系统常用的可靠性指标可参考第 5 章内容。

10.4.13　分年度安排

在进行总体规划后，根据需要及要求，进行分年度安排，特别是近期的年度安排。年度安排的目的：一是使规划先后可衔接，有一个逐步过渡问题；二是使近期项目安排更具体、更明确；三是适应经济分析的需要。分年度的具体做法，即是以一个年度作为一个断面，按前述的内容再进行一次规划安排，具体内容计划可适当简化，并受前一年（或几年）和后一年（或几年）的制约。

10.4.14　优化方案比较

进行规划时对布点（变电站）布线已进行了优化。但还是存在不同方案的优化，即原始设定的不一样，选用参数的不一样，如变电站容量、供电电压、选用线路容量、配电的供电接线模式。不同的方案及设定，按上述内容分别进行规划，然后按结果进行比选优化，工作量比较大，若有适合计算机辅助规划程序，则大量工作可由计算机替代，会方便许多。但在成熟区域及已有统一模式的区域，则可按统一方案规划，不再多方案优化，以求一致。至于统一方案是否合适及优化，则宜统揽全局专题研究，不必在各单个规划中再一一优化。

10.5　配电网规划的具体步骤

在确定规划目标、范围、要求、年限、构思框架后，按上述内容进行规划，具体步骤为：

（1）先取得规划区域地理图纸，最好是电子地图，收集原始数据及规划数据，现有供电设备及负荷水平等。

（2）划分功能块或地块并编号，最好划功能块，如果资料不具备，至少划出地块。

（3）估算总负荷，估算功能块或地块负荷及大用户的点负荷。功能块负荷反映到 10kV 线路上的负荷，有一个同时率，一般按 0.65～0.75 计算，10kV 线路反映到变电站同时率，一般按 0.92～0.94 计算。

（4）根据负荷分布及变电站可供容量，分割供电区域，布置电源点。

（5）按现有变电站站址、容量、已定变电站站址、容量及需规划变电站容量与分割的供电区域，多次选优逼近，选出所需规划变电站站址，然后与各方协调，进行人工调整，确定可行站址。

（6）按选定站址及负荷分布，进行主干线路规划，以最小路径、最少线路、给定负荷率、"N−1 原则"校核、线路配置设定或许可条件等来计算，进行规划布线。

（7）有需要及要求时，进行功能块或地块内的配电站、环网及变压器的规划，按选定的模式进行规划。

（8）汇总设置变电站、线路的负荷、负荷率、线路长度等计算。

（9）进行一些电气计算，必要时计算线损、电压降。

（10）需要时进行无功及电压控制规划与继电保护及配电自动化（含通信）规划。

（11）估算投资费用，必要时进行经济分析。

（12）按要求进行分年度或近期的规划、费用估算。

（13）需要时进行多方案优化方案比较。

11 电力系统无功规划

本章介绍电网电压允许偏差，无功补偿规划的原则，无功补偿容量的配置，无功补偿优化模型及解算方法中目标函数、约束条件、灵敏度关系、网络参数的修正及用线性规划求解的无功配置规划计算框图。

11.1 概　　述

电力系统的无功补偿与无功平衡，是保证电压质量的基本条件，对保证电力系统的安全稳定与经济运行起着重要作用。为此，要求对电网作无功电源规划，合理地安排无功电源，用优化方法选择合适的目标函数和控制手段，制定无功补偿方案。

为了实现电网电压的最优控制，要求电网中装设适当数量的补偿电容及有载调压变压器。然而，若装置过量的电容器则投资增加造成浪费，若装置的电容量偏少，则不能达到预定的控制目标。同样的装置容量，安装地点不同，其效果亦不同。所以，补偿电容装设容量、地点及有载调压变压器的增设，必须通过一定的补偿原则或者优化计算得出最佳的方案才能达到最大的经济效益。

按规划时间长短电网无功规划也可分为长期规划、中期规划和短期规划三种。当然，这种划分不是很严格，但应和网络规划的分类相符。一般规划期限在 10 年以上的称为长期规划，5～10 年的为中期规划，1～5 年的为短期规划。

11.2 电网电压标准

11.2.1 发电厂和变电站母线电压允许偏差值

（1）500（330）kV 母线：正常运行方式时，最高运行电压不得超过系统额定电压的 +10%，最低运行电压不应影响电力系统同步稳定、电压稳定、厂用电的正常使用及下一级电压调节。

（2）发电厂和 500kV 变电站的 220kV 母线：正常运行方式时，电压允许偏差为系统额定电压的 0～+10%；事故运行方式时为系统额定电压的 -5%～+10%。

（3）发电厂和 220kV 变电站的 110～35kV 母线：正常运行方式时，电压允许偏差为相应系统额定电压的 -3%～+7%；事故后为系统额定电压的 ±10%。

（4）带地区供电负荷的变电站和发电厂（直属）的 10（6）kV 母线：正常运行方式下的电压允许偏差为系统额定电压的 0～+7%。

11.2.2 用户受电端供电电压允许偏差值

（1）35kV 及以上用户供电电压正、负偏差绝对值之和不超过额定电压的 10%。

（2）10kV 及以下三相供电电压允许偏差为额定电压的 ±7%。

（3）220V 单相供电电压允许偏差为额定电压的 -10%～+7%。

11.2.3 各级电压容许损失值的范围

各级电压容许损失值的范围应经计算满足表 11-1 的要求。

表 11-1   各级电压电网的电压损失分配表

额定电压	电压损失分配值（%）	
	变压器	线路
220kV	1.5～3	1～2
110kV	2～5	3～5
35kV	2～4.5	1.5～4.5
10kV 及以下	2～4	4～8
其中：110kV 线路配电变压器低压线路（包括接户线）	2～4	1.5～3 2.5～5

11.3 无功补偿规划原则

无功补偿应按国家电网公司《电力系统电压质量和无功电力管理规定》执行，主要内容：

（1）电力系统配置的无功补偿装置应能保证在系统有功负荷高峰和负荷低谷运行方式下，分（电压）层和分（供电）区的无功平衡。分（电压）层无功平衡的重点是 220kV 及以上电压等级层面的无功平衡，分（供电）区就地平衡的重点是 110kV 及以下配电系统的无功平衡。无功补偿配置应根据电网情况，实施分散就地补偿与变电站集中补偿相结合，电网补偿与用户补偿相结合，高压补偿与低压补偿相结合，满足降损和调压的需要。

（2）各级电网应避免通过输电线路远距离输送无功电力。500（330）kV 电压等级系统与下一级系统之间不应有大量的无功电力交换。500（330）kV 电压等级超高压输电线路的充电功率应按照就地补偿的原则采用高、低压并联电抗器基本予以补偿。

（3）受端系统应有足够的无功备用容量。当受端系统存在电压稳定问题时，应通过技术经济比较，考虑在受端系统的枢纽变电站配置动态无功补偿装置。

（4）各电压等级的变电站应结合电网规划和电源建设，合理配置适当规模、类型的无功补偿装置。所装设的无功补偿装置应不引起系统谐波明显放大，并应避免大量的无功电力穿越变压器。35～220kV 变电站，在主变压器最大负荷时，其高压侧功率因数应不低于 0.95，在低谷负荷时功率因数应不高于 0.95。

（5）对于大量采用 10～220kV 电缆线路的城市电网，在新建 110kV 及以上电压等级的变电站时，应根据电缆进、出线情况在相关变电站分散配置适当容量的感性无功补偿装置。

（6）35kV 及以上电压等级的变电站，主变压器高压侧应具备双向有功功率和无功功率（或功率因数）等运行参数的采集、测量功能。

（7）为了保证系统具有足够的事故备用无功容量和调压能力，并入电网的发电机组应具备满负荷时功率因数在 0.85（滞相）～0.97（进相）运行的能力，新建机组应满足进相0.95 运行的能力。为了平衡 500（330）kV 电压等级输电线路的充电功率，在电厂侧可以考虑安装一定容量的并联电抗器。

（8）电力用户应根据其负荷性质采用适当的无功补偿方式和容量，在任何情况下，不应向电网反送无功电力，并保证在电网负荷高峰时不从电网吸收无功电力。

（9）并联电容器组和并联电抗器组宜采用自动投切方式。

11.3.1　按电压原则进行补偿

并联电容补偿的最基本要求是：满足负荷对无功电力的基本需要，使电压运行在规定的范围内，以保证电力系统运行安全和可靠。当电厂出线电压在 220kV 及以下时，其母线电压一般不宜高于额定电压的 10%。因此，各级电网的送受端允许有 10% 的电压降。线路压降越大，输送无功电力越多。从利用发电机无功容量考虑，按电压允许偏差进行无功补偿，可以让线路多输送些无功电力给受端。这一原则适用于无功补偿容量少，尚不能按经济补偿原则来要求的电力系统。按电压原则补偿，使电网中无功流动量加大和流动距离增加，电网有功损耗也相应提高。

11.3.2　按经济原则进行补偿

在电力系统无功补偿设备充裕，电网运行管理水平较好的情况下，并联无功补偿应按减少电网有功损耗和年费用最小的经济原则进行补偿和配置，即就地分区分层平衡。500（330）kV 与 220（110）kV 电网层间，应提高运行功率因数，甚至不交换无功。一个供电企业是一个平衡区，一个 500kV 变电站可作为一个供电区，35～220kV 变电站均可作为一个平衡单位，以防止地区间和变电站间无功电力大量窜动。对用户则要求最大有功负荷时，功率因数补偿到 0.98～1.0；而且要求补偿容量随无功负荷的变化及时调整平衡，不向系统送无功。

11.3.3　无功补偿优化

无功补偿优化是电力系统安全经济运行研究的一个重要组成部分，通过对电力系统无功电源的合理配置和对无功负荷的最佳补偿，不仅可以维持电压水平和提高系统运行的稳定性，而且可以降低有功网损和无功网损，使电力系统能够安全经济运行。目前现代计算工具已给无功补偿优化工作提供了软、硬件基础。出现了基于灵敏度分析的无功优化潮流、无功综合优化的线性规划内点法、带惩罚项的无功优化潮流和内点法等线性算法。针对线性算法的不足，又提出了运用非线性算法，混合整数规划、约束多面体法和非线性原—对偶算法等。为了提高收敛性和非线性的对于无功优化的离散变量（变压器分接头的调节、电容器组的投切）的处理，相继提出了遗传算法、Tabu 搜索法、启发式算法、改进的遗传算法、分布计算的遗传算法和模拟退火算法等人工智能方法，这些算法在一定程度上提高了无功优化的收敛性和计算速度，并且有些方法已经投入实际应用并取得了较好的效果。

11.4　无功补偿优化模型及解算方法

无功补偿最优配置规划，是根据各规划年的负荷水平，通过优化计算求出电网逐年补偿电容量及有载调压变压器的最优配置方案。最优配置方案的目标一般为：

（1）经济目标。系统的有功损耗最小化，补偿电容量最小，补偿效果最好。

（2）电压质量。各节点电压幅值偏离期望值差之和最小。

（3）电压稳定。考虑系统的电压稳定性，提高系统的电压稳定裕度。

在电网运行时，为了确保供电质量及设备安全，必须保证各母线的运行电压在规定的范围内，即母线运行电压不得低于规定的下限，也不得高于规定的上限。同样，必须保证变压器及线路的电流不能超过其规定值。取母线电压及变压器、线路的电流为运行变量，这些变量必须在规定的上下限内变动，称之为运行约束条件，相应的数学表达式称为运行变量的约束方程。

对于某些变电站，由于条件限制，增设的补偿电容量不能超过某个定值，即所谓补偿电容量的上限值。有载调压变压器的分接头挡数亦有上限和下限。因为补偿电容量及有载调压变压器分接头作为控制变量，所以又称为控制变量约束条件，它们的数学表达式称为控制变量约束方程。在最优无功配置方案中必须满足上述约束条件。

最优无功配置规划从数学意义上讲，就是在满足约束方程条件下，求出目标函数的极值。由于目标函数及运行变量约束方程都是非线性函数，所以要通过求解非线性方程来求出问题的解。但非线性规划计算时收敛慢，计算时间长，所以实际应用时受到限制。一般先进行线性化，然后用线性规划、整数规划和动态规划等方法进行求解。

11.4.1 目标函数

根据不同的目标函数可得到不同的补偿电容及有载调压变压器的最优配置方案。下面分别介绍几种不同的目标函数表达式。

一、网损最小目标函数

在满足约束条件的情况下，用投切补偿电容器及调节有载调压器的分接头来达到电网运行网损最小的无功配置方案。

若电网总的节点数为 n，则其网损为

$$P_L = \sum_{i=1}^{n} \sum_{j=1}^{n} U_i U_j G_{ij} \cos\theta_{ij} \tag{11-1}$$

式中 U_i、U_j——i、j 节点的电压；

$\quad\quad G_{ij}$——i 和 j 节点之间的电导；

$\quad\quad \theta_{ij}$——U_i 和 U_j 之间的相角差。

为了便于用线性规划求解，要对式（11-1）在运行点邻域进行线性化，并写成网损为补偿容量及有载调压变压器分接头挡的函数表达式

$$Z \triangleq \Delta P_L = \sum_{j=1}^{M_n} \frac{\partial P_L}{\partial Q_{Cj}} \Delta Q_{Cj} + \sum_{i=1}^{M_k} \frac{\partial P_L}{\partial t_i} \Delta t_i \tag{11-2}$$

式中 M_n——电容补偿节点数；

$\quad\quad M_k$——有载调压变压器台数；

$\quad\quad \Delta Q_{Cj}$——节点 j 的补偿电容增量；

$\quad\quad \Delta t_i$——i 号有载调压变压器的分接头挡数增量。

线路 i 侧的有功功率为 $U_i U_j (G_{ij} \cos\theta_{ij} + B_{ij} \sin\theta_{ij})$；

线路 j 侧的有功功率为 $U_j U_i (G_{ij} \cos\theta_{ji} + B_{ij} \sin\theta_{ji})$；

线路损耗为 $U_i U_j (G_{ij} \cos\theta_{ij} + B_{ij} \sin\theta_{ij}) + U_j U_i (G_{ij} \cos\theta_{ji} + B_{ij} \sin\theta_{ji}) = 2 U_i U_j G_{ij} \cos\theta_{ij}$。

网损 P_L 对节点电压的偏导为

$$\frac{\partial P_L}{\partial U_i} = 2 \sum_{j \in i} U_j G_{ij} \cos\theta_{ij} \quad\quad (i, j = 1, 2, \cdots, n) \tag{11-3}$$

网损 P_L 对节点相角的偏导为

$$\frac{\partial P_L}{\partial \theta_i} = -2 U_i \sum_{j \in i} U_j G_{ij} \sin\theta_{ij} \quad\quad (i, j = 1, 2, \cdots, n) \tag{11-4}$$

　　为了求出网损与有载调压变压器分接头和电容补偿的函数关系，必须计算网损对电容补偿的偏导数与网损对变压器分接头的偏导数（也称灵敏度）。

（1）网损对节点补偿电容的灵敏度$\left(\dfrac{\partial P_\mathrm{L}}{\partial Q}\right)$：

电网中节点i的注入有功功率P_i与注入无功功率Q_i的极坐标形式可表示为

$$P_i = \sum_{j\in i} U_i U_j (G_{ij}\cos\theta_{ij} + B_{ij}\sin\theta_{ij}) \qquad (i,\ j=1,\ 2,\ \cdots,\ n) \tag{11-5}$$

$$Q_i = \sum_{j\in i} U_i U_j (G_{ij}\sin\theta_{ij} - B_{ij}\cos\theta_{ij}) \qquad (i,\ j=1,\ 2,\ \cdots,\ n) \tag{11-6}$$

　　从式（11-1）可见，网损是节点电压幅值及相角的函数，又从式（11-6）可见，节点注入无功功率亦是节点电压幅值和相角的函数。根据隐函数求导法则，可求出网损对各节点注入无功功率的偏导数

$$\frac{\partial P_\mathrm{L}}{\partial Q_i} = \frac{\partial P_\mathrm{L}}{\partial U_1}\frac{\partial U_1}{\partial Q_i} + \frac{\partial P_\mathrm{L}}{\partial U_2}\frac{\partial U_2}{\partial Q_i} + \cdots + \frac{\partial P_\mathrm{L}}{\partial U_n}\frac{\partial U_n}{\partial Q_i} \qquad (i=1,\ 2,\ \cdots,\ n) \tag{11-7}$$

从式（11-6）可求得

$$\frac{\partial Q_i}{\partial U_j} = U_i (G_{ij}\sin\theta_{ij} - B_{ij}\cos\theta_{ij}) \qquad (i,\ j=1,\ 2,\ \cdots,\ n) \tag{11-8}$$

而
$$\frac{\partial U_i}{\partial Q_i} = \frac{1}{\partial Q_i / \partial U_i} \tag{11-9}$$

将式（11-3）、式（11-8）和式（11-9）代入式（11-7）的右边，得到

$$\frac{\partial P_\mathrm{L}}{\partial Q_i} = \sum_{k=1}^{n}\left\{\left(2\sum_{j\in k} U_j G_{kj}\cos\theta_{kj}\right)\frac{1}{U_i(G_{ik}\sin\theta_{ik} - B_{ik}\cos\theta_{ik})}\right\} \tag{11-10}$$

同理可得出网损对各节点注入有功功率的偏导数

$$\frac{\partial P_\mathrm{L}}{\partial P_i} = \frac{\partial P_\mathrm{L}}{\partial \theta_1}\frac{\partial \theta_1}{\partial P_i} + \frac{\partial P_\mathrm{L}}{\partial \theta_2}\frac{\partial \theta_2}{\partial P_i} + \cdots + \frac{\partial P_\mathrm{L}}{\partial \theta_n}\frac{\partial \theta_n}{\partial P_i}$$

$$= \sum_{k=1}^{n}\left\{-2U_k\left(\sum_{j\in k} U_j G_{kj}\sin\theta_{kj}\right)\frac{1}{U_i U_k(G_{ik}\sin\theta_{ik} - B_{ik}\cos\theta_{ik})}\right\} \tag{11-11}$$

$$(i,\ j=1,\ 2,\ \cdots,\ n)$$

（2）网损对有载调压变压器分接头的灵敏度$\left(\dfrac{\partial P_\mathrm{L}}{\partial t}\right)$：

　　设i和j节点之间用变压器连接，分接头在j侧，并假定注入功率分别为P_i、Q_i和P_j、Q_j，如图11-1所示。

　　当变压器分接头改变Δt_{ij}时，将引起支路功率的变化，从而引起节点注入功率的变化，图11-2表示了这种变化的相互关系。由于变压器分接头变动引起该节点功率的变化可用下列方程表达

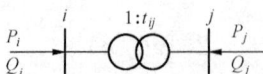

图 11-1　变压器变比为 $1: t_{ij}$
时节点功率示意图

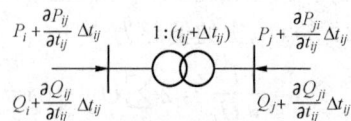

图 11-2　变压器变比改变 Δt_{ij}
后节点功率示意图

$$\Delta P_i = P_i - \left(P_i + \frac{\partial P_{ij}}{\partial t_{ij}}\Delta t_{ij}\right) = -\frac{\partial P_{ij}}{\partial t_{ij}}\Delta t_{ij}$$

$$\Delta Q_i = -\frac{\partial Q_{ij}}{\partial t_{ij}}\Delta t_{ij}$$

$$\Delta P_j = -\frac{\partial P_{ji}}{\partial t_{ij}}\Delta t_{ij}$$

$$\Delta Q_j = -\frac{\partial Q_{ji}}{\partial t_{ij}}\Delta t_{ij}$$

$$(11-12)$$

由节点 i 和 j 的注入功率变化而引起的网损变化是

$$\Delta P_L = \frac{\partial P_L}{\partial P_i}\Delta P_i + \frac{\partial P_L}{\partial Q_i}\Delta Q_i + \frac{\partial P_L}{\partial P_j}\Delta P_j + \frac{\partial P_L}{\partial Q_j}\Delta Q_j \quad (11-13)$$

将式（11-12）代入式（11-13），则有

$$\Delta P_L = \left[\frac{\partial P_L}{\partial P_i}\left(-\frac{\partial P_{ij}}{\partial t_{ij}}\right) + \frac{\partial P_L}{\partial Q_i}\left(-\frac{\partial Q_{ij}}{\partial t_{ij}}\right) + \frac{\partial P_L}{\partial P_j}\left(-\frac{\partial P_{ji}}{\partial t_{ji}}\right) + \frac{\partial P_L}{\partial Q_j}\left(-\frac{\partial Q_{ji}}{\partial t_{ji}}\right)\right]\Delta t_{ij}$$

$$(11-14)$$

所以有

$$\frac{\partial P_L}{\partial t_{ij}} \approx \frac{\Delta P_L}{\Delta t_{ij}} = -\left[\frac{\partial P_L}{\partial P_i}\left(\frac{\partial P_{ij}}{\partial t_{ij}}\right) + \frac{\partial P_L}{\partial Q_i}\left(\frac{\partial Q_{ij}}{\partial t_{ij}}\right) + \frac{\partial P_L}{\partial P_j}\left(\frac{\partial P_{ji}}{\partial t_{ji}}\right) + \frac{\partial P_L}{\partial Q_j}\left(\frac{\partial Q_{ji}}{\partial t_{ji}}\right)\right]$$

$$(11-15)$$

根据式（11-10）和式（11-11）可求出 $\frac{\partial P_L}{\partial P_i}$、$\frac{\partial P_L}{\partial Q_i}$、$\frac{\partial P_L}{\partial P_j}$ 和 $\frac{\partial P_L}{\partial Q_j}$。

式（11-15）中支路功率对分接头的偏导数与非标准变比在哪一侧（ i 侧或 j 侧）有关，所以应写成以下形式

$$\frac{\partial P_{ij}}{\partial t_{ij}} = \begin{cases} -\left(\frac{1}{t_{ij}}\right)U_iU_j(G_{ij}\cos\theta_{ij}+B_{ij}\sin\theta_{ij}) & 1\text{在}i\text{侧} \\ \left(\frac{2}{t_{ij}^2}\right)U_i^2G_{ij} - \left(\frac{1}{t_{ij}}\right)U_iU_j(G_{ij}\cos\theta_{ij}+B_{ij}\sin\theta_{ij}) & 1\text{在}j\text{侧} \end{cases}$$

$$\frac{\partial Q_{ij}}{\partial t_{ij}} = \begin{cases} \left(\frac{1}{t_{ij}}\right)U_iU_j(B_{ij}\cos\theta_{ij}-G_{ij}\sin\theta_{ij}) & 1\text{在}i\text{侧} \\ \left(\frac{1}{t_{ij}}\right)U_iU_j(B_{ij}\cos\theta_{ij}-G_{ij}\sin\theta_{ij}) - \left(\frac{2}{t_{ij}^2}\right)U_i^2B_{ij} & 1\text{在}j\text{侧} \end{cases}$$

$$\frac{\partial P_{ji}}{\partial t_{ij}} = \begin{cases} \left(\frac{2}{t_{ij}^2}\right)U_j^2G_{ij} - \left(\frac{1}{t_{ij}}\right)U_iU_j(G_{ij}\cos\theta_{ij}-B_{ij}\sin\theta_{ij}) & 1\text{在}i\text{侧} \\ -\left(\frac{1}{t_{ij}}\right)U_iU_j(G_{ij}\cos\theta_{ij}-B_{ij}\sin\theta_{ij}) & 1\text{在}j\text{侧} \end{cases}$$

$$\frac{\partial Q_{ji}}{\partial t_{ij}} = \begin{cases} -\left(\frac{2}{t_{ij}^2}\right)U_j^2B_{ij} + \left(\frac{1}{t_{ij}}\right)U_iU_j(G_{ij}\sin\theta_{ij}+B_{ij}\cos\theta_{ij}) & 1\text{在}i\text{侧} \\ \left(\frac{1}{t_{ij}}\right)U_iU_j(G_{ij}\sin\theta_{ij}+B_{ij}\cos\theta_{ij}) & 1\text{在}j\text{侧} \end{cases}$$

$$(11-16)$$

（注：1 在 i 侧、1 在 j 侧中 1 表示的是非标准变比 1：t_{ij} 中的 1）

二、补偿电容最小（或补偿费用最省）

其数学表达式是

$$\min Z = \sum_{i=1}^{k} C_i \Delta Q_{Ci} \tag{11-17}$$

式中　Z——费用或电容容量表达式；

　　ΔQ_{Ci}——i 节点的补偿电容增量；

　　　　k——无功补偿节点总数；

　$C_i = 1$——以补偿量为目标函数时的取值；

$C_i = A_i$——以补偿费用为目标函数，i 补偿点单位补偿电容的费用。

三、补偿效果最好

其数学表达式是

$$\max Z = \sum_{i=1}^{K_c} a_i^g \Delta u_i \tag{11-18}$$

式中　K_c——控制变量个数；

　　a_i^g——第 i 个控制变量网络性能的综合补偿效果系数；

　　Δu_i——第 i 个控制变量的增量。

11.4.2 被控制量与控制量的约束方程

在无功电压优化过程中要达到所选目标函数为最小（或最大）是有条件的，即需要满足约束条件。对控制量和被控制量都只能在规定的范围内变化。这个范围分别表述如下。

一、被控制量的约束条件

一般以电网中各母线（节点）电压、线路及变压器的电流为被控制量，所以节点电压的允许偏移范围、线路及变压器的允许电流就是约束条件，其表达式为

$$U_i^{\min} \leqslant U_i \leqslant U_i^{\max} \qquad (i=1,\ 2,\ \cdots,\ n) \tag{11-19}$$

$$I_j \leqslant I_j^{\max} \qquad (j=1,\ 2,\ \cdots,\ m) \tag{11-20}$$

式中　　　　i——节点号；

　　　　　　j——支路号；

　　n、m——分别为节点和支路总数；

$U_i^{\min}$、$U_i^{\max}$——分别为 i 节点允许电压的下限和上限；

　　$I_j^{\max}$——j 支路的允许电流上限。

如果用支路无功潮流来表示，则

$$q_j^{\min} \leqslant q_j \leqslant q_j^{\max} \tag{11-21}$$

其中 $q_j^{\max}$、$q_j^{\min}$ 分别为 j 支路的无功潮流上限和下限，其值分别为

$$q_j^{\min} = -\sqrt{(U_j I_j^{\max})^2 - p_j^2}$$

$$q_j^{\max} = \sqrt{(U_j I_j^{\max})^2 - p_j^2}$$

上式中的负号表示反向传送功率，U_j 和 p_j 分别为 j 支路电压和有功功率。上述约束方程可写成增量形式

$$\Delta U_i^{\min} \leqslant \Delta U_i \leqslant \Delta U_i^{\max} \tag{11-22}$$

$$\Delta q_j^{\min} \leqslant \Delta q_j \leqslant \Delta q_j^{\max} \tag{11-23}$$

$$\Delta U_i^{\max} = U_i^{\max} - U_i , \quad \Delta U_i^{\min} = U_i^{\min} - U_i , \quad \Delta q_j^{\max} = q_j^{\max} - q_j , \quad \Delta q_j^{\min} = q_j^{\min} - q_j$$

式（11-22）和式（11-23）表明了被控制量恢复到允许范围所需的最小增量，它的取值为

$$\Delta U_i = \begin{cases} U_i^{\min} - U_i & U_i \leqslant U_i^{\min} \\ 0 & U_i^{\min} \leqslant U_i \leqslant U_i^{\max} \\ U_i^{\max} - U_i & U_i \geqslant U_i^{\max} \end{cases} \tag{11-24}$$

$$\Delta q_j = \begin{cases} q_j^{\min} - q_j & q_j \leqslant q_j^{\min} \\ 0 & q_j^{\min} \leqslant q_j \leqslant q_j^{\max} \\ q_j^{\max} - q_j & q_j \geqslant q_j^{\max} \end{cases} \tag{11-25}$$

二、控制量的约束条件

如果电网没有发电厂，那么控制电网无功的手段只能是投切电容器和改变有载调压变压器的分接头。对于一个具体的电网，各节点的可投切电容和变压器分接头的调节范围都是一定的，即必须满足

$$Q_{Cj}^{\min} \leqslant Q_{Cj} \leqslant Q_{Cj}^{\max} \quad (j = 1, 2, \cdots, M_n) \tag{11-26}$$

$$t_k^{\min} \leqslant t_k \leqslant t_k^{\max} \quad (k = 1, 2, \cdots, M_k) \tag{11-27}$$

写成增量形式

$$\Delta Q_{Cj}^{\min} \leqslant \Delta Q_{Cj} \leqslant \Delta Q_{Cj}^{\max} \tag{11-28}$$

$$\Delta t_k^{\min} \leqslant \Delta t_k \leqslant \Delta t_k^{\max} \tag{11-29}$$

$$\Delta Q_{Cj}^{\max} = Q_{Cj}^{\max} - Q_{Cj}$$

$$\Delta Q_{Cj}^{\min} = Q_{Cj}^{\min} - Q_{Cj}$$

$$\Delta t_k^{\max} = t_k^{\max} - t_k$$

$$\Delta t_k^{\min} = t_k^{\min} - t_k$$

式中 M_n——补偿电容器节点数；

      t_k——第 k 台变压器调节分接头；

      M_k——可调压变压器台数；

$t_k^{\max}$、$t_k^{\min}$——分别为第 k 台调压变压器分接头上、下限。

式（11-26）中的 $Q_{Cj}^{\min}$ 和 $Q_{Cj}^{\max}$ 分别为电网 j 节点上配置的电容量上、下限，其值根据无功电压优化计算来决定，对于长期的无功配置规划，可能是分期配置电容。所以投切电容的上、下限应按具体情况来确定。

11.4.3 综合灵敏度矩阵

已经确定以电网的节点电压和支路无功潮流为被控制量，各节点的补偿电容量和有载调压变压器的分接头为控制量，因此必须确定各节点被控制量和控制量之间一一对应的量值关系。例如，已知各节点的电压偏差量 ΔU，为了校正这个偏差量，就需要知道各节点投切的电容量。这种被控制量和控制量之间的定量关系往往是通过灵敏度矩阵来得到的，而灵敏度矩阵的元素又取决于电网的结构特性。

由潮流计算可知，根据电网的节点无功平衡方程式（11-7），可写出各节点在状态 (U_0, θ_0) 邻域内的无功增量方程

$$\Delta Q_i = \sum_{j=1}^{n-1}\left(\frac{\partial Q_i}{\partial U_j}\Delta U_j + \frac{\partial Q_i}{\partial \theta_j}\Delta\theta_j\right)\big|_{(U_0,\ \theta_0)} + \sum_{k=1}^{M_k}\frac{\partial Q_i}{\partial t_k}\Delta t_k\big|_{(U_0,\ \theta_0)} \qquad (11\text{-}30)$$

$$(i,\ j=1,\ 2,\ \cdots,\ n-1;\ k=1,\ 2,\ \cdots,\ M_k)$$

式中 ΔU_j、$\Delta\theta_j$——分别为 j 节点的电压与功角增量;

ΔQ_i——第 i 节点的无功增量;

Δt_k——第 k 台有载调压变压器分接头位移量;

n——平衡节点。

在电网计算中,针对于某一负荷水平时可以认为 $\dfrac{\partial Q_i}{\partial U_j}\Delta U_j \gg \dfrac{\partial Q_i}{\partial \theta_j}\Delta\theta_j$ 始终成立。

所以式 (11-30) 可改写为

$$\Delta Q_i \approx \sum_{\substack{j=1\\ j\neq i}}^{n-1}\frac{\partial Q_i}{\partial U_j}\Delta U_j\big|_{(U_0,\ \theta_0)} + \sum_{k=1}^{M_k}\frac{\partial Q_i}{\partial t_k}\Delta t_k\big|_{(U_0,\ \theta_0)}$$

$$= J_Q\Delta U + J_T\Delta T \qquad (11\text{-}31)$$

$$J_Q = \left[\frac{\partial Q_i}{\partial U_i}\right]_{(U_0,\ \theta_0)}$$

$$J_T = \left[\frac{\partial Q_i}{\partial t_k}\right]_{(U_0,\ \theta_0)}$$

式中 J_Q——$(n-1)\times(n-1)$ 维矩阵;

J_T——$(n-1)\times M_k$ 维矩阵;

ΔQ、ΔU——分别为 $(n-1)$ 维列向量;

ΔT——M_k 维列向量。

由式 (11-31) 可写出被控制量电压增量 ΔU 和控制量 ΔQ 及 ΔT 的函数关系式

$$\Delta U = \left[J_Q^{-1} - J_Q^{-1}J_T\right]\begin{bmatrix}\Delta Q\\ \Delta T\end{bmatrix} \qquad (11\text{-}32)$$

同理,根据支路无功潮流方程写出在状态 $(U_0,\ \theta_0)$ 附近的增量方程

$$\Delta q_{ij} = \sum_{j=1}^{n-1}\left(\frac{\partial q_{ij}}{\partial U_j}\Delta U_j + \frac{\partial q_{ij}}{\partial \theta_j}\Delta\theta_j\right)\big|_{(U_0,\ \theta_0)} + \sum_{k=1}^{M_k}\frac{\partial q_{ij}}{\partial t_j}\Delta t_k\big|_{(U_0,\ \theta_0)} \qquad (11\text{-}33)$$

$$(i=1,\ 2,\ \cdots,\ m)$$

同理,不等式 $\dfrac{\partial q_{ij}}{\partial U_j}\Delta U_j \gg \dfrac{\partial q_{ij}}{\partial \theta_j}\Delta\theta_j$ 成立,所以式 (11-33) 可改写成

$$\Delta q_{ij} = \sum_{j=1}^{n-1}\frac{\partial q_{ij}}{\partial U_j}\Delta U_j\big|_{(U_0,\ \theta_0)} + \sum_{k=1}^{M_k}\frac{\partial q_{ij}}{\partial t_k}\Delta t_k\big|_{(U_0,\ \theta_0)}$$

$$= H_U\Delta U + H_T\Delta T \qquad (11\text{-}34)$$

$$H_U = \left[\frac{\partial q_{ij}}{\partial U_j}\right]\big|_{(U_0,\ \theta_0)}$$

$$H_T = \left[\frac{\partial q_{ij}}{\partial t_k}\right]\big|_{(U_0,\ \theta_0)}$$

式中 Δq——m 维列向量;

ΔT——M_k 维列向量;

ΔU——$(n-1)$ 维列向量。

由式（11-32）和式（11-34）可得支路无功潮流控制方程

$$\Delta q = H_U [J_Q^{-1} \quad -J_Q^{-1} J_T] \begin{bmatrix} \Delta Q \\ \Delta T \end{bmatrix} + H_T \Delta T$$

$$= [H_U J_Q^{-1} \quad H_T - H_U J_Q^{-1} J_T] \begin{bmatrix} \Delta Q \\ \Delta T \end{bmatrix} \tag{11-35}$$

把式（11-32）和式（11-35）合并写成

$$\begin{bmatrix} \Delta U \\ \Delta q \end{bmatrix} = \begin{bmatrix} J_Q^{-1} & -J_Q^{-1} J_T \\ H_U J_Q^{-1} & H_T - H_U J_Q^{-1} J_T \end{bmatrix} \begin{bmatrix} \Delta Q \\ \Delta T \end{bmatrix} \tag{11-36}$$

或

$$\begin{bmatrix} \Delta U \\ \Delta q \end{bmatrix} = \begin{bmatrix} S_1 & S_2 \\ S_3 & S_4 \end{bmatrix} \begin{bmatrix} \Delta Q \\ \Delta T \end{bmatrix} \tag{11-37}$$

式中 $S_4 \triangleq H_T - H_U J_Q^{-1} J_T$——支路无功潮流对变压器分接头的灵敏度矩阵；

$S_2 \triangleq -J_Q^{-1} T_T$——节点电压对变压器分接头的灵敏度矩阵；

$S_3 \triangleq H_U J_Q^{-1}$——支路无功潮流对节点无功补偿的灵敏度矩阵；

$S_1 \triangleq J_Q^{-1}$——节点电压对节点无功补偿的灵敏度矩阵。

又令 $\quad \Delta X \triangleq \begin{bmatrix} \Delta U \\ \Delta q \end{bmatrix}$，$\Delta U \triangleq \begin{bmatrix} \Delta Q \\ \Delta T \end{bmatrix}$，$S \triangleq \begin{bmatrix} S_1 & S_2 \\ S_3 & S_4 \end{bmatrix}$

则被控制量和控制量的增量之间的线性关系可简单表达为

$$\Delta X = S \Delta U \tag{11-38}$$

式中 S——综合灵敏度矩阵。

现将上述各个灵敏度矩阵的元素分别求解如下：

（1）J_Q：根据节点无功功率平衡方程，节点 i 的注入无功功率为

$$Q_i = U_i \sum_{j=1}^{n} U_j (G_{ij} \sin\theta_{ij} - B_{ij} \cos\theta_{ij}) \quad (i, j = 1, 2, \cdots) \tag{11-39}$$

$$J_Q = \frac{\partial Q_i}{\partial U_j} = \begin{cases} \sum_{k=1}^{n} U_k (G_{ik} \sin\theta_{ik} - B_{ik} \cos\theta_{ik}) - B_{ii} V_i & (j=i) \\ U_i (G_{ij} \sin\theta_{ij} - B_{ij} \cos\theta_{ij}) & (j \neq i \quad i \in j) \\ 0 & (i \neq j \quad i \notin j) \end{cases} \tag{11-40}$$

（2）J_T：1 在 i 侧，t 在 j 侧时，有

$$J_T = \begin{cases} \dfrac{\partial Q_i}{\partial t} = -U_i U_j (G_{ij} \sin\theta_{ij} - B_{ij} \cos\theta_{ij})/t \\ \dfrac{\partial Q_j}{\partial t} = U_i U_j (G_{ij} \sin\theta_{ij} + B_{ij} \cos\theta_{ij})/t - \dfrac{2}{t^2} B_{ij} U_j^2 \\ \dfrac{\partial Q_k}{\partial t} = 0 \quad (k \neq i, k \neq j) \end{cases} \tag{11-41}$$

1 在 j 侧，t 在 i 侧时，有

$$J_T = \begin{cases} \dfrac{\partial Q_i}{\partial t} = U_i U_j (-G_{ij}\sin\theta_{ij} + B_{ij}\cos\theta_{ij})/t - \dfrac{2}{t^2}B_{ij}U_i^2 \\[2mm] \dfrac{\partial Q_j}{\partial t} = U_i U_j (G_{ij}\sin\theta_{ij} + B_{ij}\cos\theta_{ij})/t \\[2mm] \dfrac{\partial Q_k}{\partial t} = 0 \qquad (i \neq k,\ j \neq k) \end{cases} \tag{11-42}$$

(3) H_U:

$$H_U = \frac{\partial q_{ij}}{\partial U_k} = \begin{cases} U_j(G_{ij}\sin\theta_{ij} - B_{ij}\cos\theta_{ij}) + 2B_{ij}U_i & (k=i) \\ U_i(G_{ij}\sin\theta_{ij} - B_{ij}\cos\theta_{ij}) & (k=j) \\ 0 & (k \neq i、j) \end{cases} \tag{11-43}$$

$$H_U = \frac{\partial q_{ji}}{\partial U_k} = \begin{cases} -U_j(G_{ij}\sin\theta_{ij} + B_{ij}\cos\theta_{ij}) & (k=i) \\ -U_j(G_{ij}\sin\theta_{ij} + B_{ij}\cos\theta_{ij}) + 2B_{ij}U_j & (k=j) \\ 0 & (k \neq i、j) \end{cases} \tag{11-44}$$

(4) H_T: 变压器非标准变比的 1 在 i 侧, t 在 j 侧时, 有

$$H_T = \begin{cases} \dfrac{\partial q_{ij}}{\partial t} = -\dfrac{1}{t}U_i U_j(G_{ij}\sin\theta_{ij} - B_{ij}\cos\theta_{ij}) \\[2mm] \dfrac{\partial q_{ji}}{\partial t} = -\dfrac{2}{t^2}B_{ij}U_j^2 + \dfrac{1}{t}U_i U_j(G_{ij}\sin\theta_{ij} + B_{ij}\cos\theta_{ij}) \end{cases} \tag{11-45}$$

1 在 j 侧, t 在 i 侧时, 有

$$H_T = \begin{cases} \dfrac{\partial q_{ij}}{\partial t} = \dfrac{1}{t}U_i U_j(B_{ij}\cos\theta_{ij} - G_{ij}\sin\theta_{ij}) - \dfrac{2}{t^2}B_{ij}U_i^2 \\[2mm] \dfrac{\partial q_{ji}}{\partial t} = \dfrac{1}{t}U_i U_j(G_{ij}\sin\theta_{ij} + B_{ij}\cos\theta_{ij}) \end{cases} \tag{11-46}$$

11.4.4 网络参数修正

用投切电容器和调节有载调压变压器的分接头来控制电网电压, 实际上是靠改变电网的参数来实现的, 每次投切电容或改变变压器的分接头都相应地改变着电网参数。

(1) 投切电容器对电网参数的影响: 若 i 节点投切电容量为 Q_{Ci}, 对应的电纳增量为 $\dfrac{Q_{Ci}}{U_i^2}$, 这就是网络导纳矩阵中自电纳的修正量, 从而有

$$B_{ii}^{(N)} = B_{ii}^{(0)} + \frac{Q_{Ci}}{U_i^2} \tag{11-47}$$

式中　$B_{ii}^{(N)}$——i 节点补偿后的自电纳;

　　　$B_{ii}^{(0)}$——i 节点补偿前的自电纳;

　　　U_i——i 节点的电压。

(2) 有载调压变压器分接头调整对网络参数的影响: 图 11-3 是非标准变比变压器的电路图, 图中参数为

$$\left.\begin{array}{l} Y'_{ii} = Y = G + jB \\[2mm] Y'_{jj} = \dfrac{Y}{t} + \dfrac{1}{t}\left(\dfrac{1}{t}-1\right)Y = \dfrac{Y}{t^2} = \dfrac{1}{t^2}(G+jB) \\[2mm] Y'_{ij} = -\dfrac{Y}{t} = -\dfrac{1}{t}(G+jB) \end{array}\right\} \tag{11-48}$$

式中 Y'_{ii}——i 节点的自导纳；

$\quad\quad Y'_{jj}$——j 节点的自导纳；

$\quad\quad Y'_{ij}$——i，j 节点之间的互导纳。

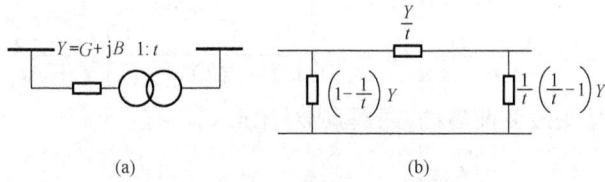

图 11-3 非标准变比变压器电路图

(a) 原理图；(b) 等值电路

当有载调压变压器分接头改变 Δt 后，有 $t' = t + \Delta t$，则

$$Y'_{ii} = Y = G + \mathrm{j}B$$

$$Y'_{ij} = -\frac{Y}{t'} = -\frac{Y}{t + \Delta t} = \frac{-1}{t + \Delta t}(G + \mathrm{j}B)$$

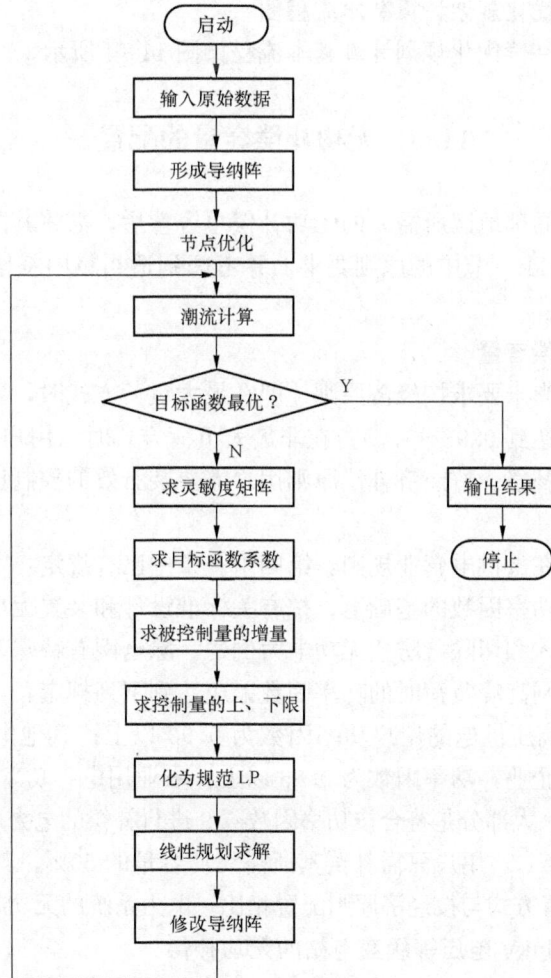

图 11-4 用线性规划的无功补偿规划计算流程图

$$= -\frac{G+jB}{t} \cdot \frac{t}{t+\Delta t}$$

$$Y'_{jj} = \frac{Y}{(t')^2} = \frac{1}{(t+\Delta t)^2} \cdot Y$$

$$= \frac{G+jB}{t^2} + (t+\Delta t)\left[\frac{1}{(t+\Delta t)^2} - \frac{1}{t^2}\right]\frac{G+jB}{t+\Delta t}$$

如果把变压器分接头改变前后的参数写成对比形式，有

$$\left.\begin{array}{l} Y_{ii}^{(N)} = Y_{ii}^{(0)} \\[2mm] Y_{ij}^{(N)} = \dfrac{t}{t+\Delta t} Y_{ij}^{(0)} \\[2mm] Y_{jj}^{(N)} = Y_{jj}^{(0)} + (t+\Delta t)\left[\dfrac{1}{t^2} - \dfrac{1}{(t+\Delta t)^2}\right] Y_{ij}^{(N)} \end{array}\right\} \qquad (11-49)$$

式中　　$Y_{ii}^{(N)}$、$Y_{ij}^{(N)}$、$Y_{jj}^{(N)}$——分别为变压器分接头调整后的自、互导纳；

　　　　$Y_{ii}^{(0)}$、$Y_{ij}^{(0)}$、$Y_{jj}^{(0)}$——分别为变压器分接头调整前的自、互导纳。

11.4.5　无功补偿优化规划计算基本流程图

用线性规划的无功补偿优化规划计算基本流程如图11-4所示。

11.5　无功补偿容量的配置

在规划出全系统或局部地区所需要的无功补偿总容量后，需将其配置到用户和各级变电站中去，配置方式按第11.3节中的原则要求，并考虑到适当集中补偿容量，以利于节省投资和无功控制。

11.5.1　用户的补偿容量

目前，我国对用户尚未要求按经济原则［即在最大负荷方式时，要求用户基本不受系统供给的无功（功率因数达到0.98~1.0）；在非最大负荷方式时，用户应及时调节补偿容量，不向系统送无功］进行补偿。按经济补偿原则用户需要装有效的控制设备并具有较高的运行水平。

对用户的补偿容量在《供电营业规则》第四十一条中已有规定："无功电力应就地平衡。用户应在提高用电自然功率因数的基础上，按有关标准设计和装置无功补偿设备，并做到随负荷和电压变动及时投入和切除，防止无功电力倒送。除电网有特殊要求的用户外，用户在当地供电企业规定的电网高峰负荷时的功率因数，应达到下列规定：

100kV·A及以上高压供电的用户功率因数为0.90以上；其他电力用户和大、中型电力排灌站、趸购转售电企业，功率因数为0.85以上；农业用电，功率因数为0.80以上。

目前各电力系统中，大部分是符合按功率因数0.9进行补偿的电力用户。如按用户自然功率因数0.707计（$Q/P=1$），用户只需补偿其所需无功容量的50%，其余50%的无功电源则取自电力系统。这一配置方式与按经济原则配置相比，电力系统的无功补偿容量偏大了。

11.5.2　500（330）kV电压等级变电站的无功补偿

（1）500（330）kV电压等级变电站容性无功补偿的主要作用是补偿主变压器无功损耗以及输电线路输送容量较大时电网的无功缺额。容性无功补偿应按照主变压器容量的

10％～20％配置，或经过计算后确定。

（2）500（330）kV 电压等级高压并联电抗器（包括中性点小电抗）的主要作用是限制工频过电压和降低潜供电流、恢复电压以及平衡超高压输电线路的充电功率，高压并联电抗器的容量应根据上述要求确定。主变压器低压侧并联电抗器组的作用主要是补偿超高压输电线路的剩余充电功率，其容量应根据电网结构和运行的需要而确定。

（3）当局部地区 500（330）kV 电压等级短线路较多时，应根据电网结构，在适当地点装设高压并联电抗器，进行无功补偿。以无功补偿为主的高压并联电抗器应装设断路器。

（4）500（330）kV 电压等级变电站安装有两台及以上变压器时，每台变压器配置的无功补偿容量宜基本一致。

11.5.3　220kV 变电站的无功补偿

（1）220kV 变电站的容性无功补偿以补偿主变压器无功损耗为主，并适当补偿部分线路的无功损耗。补偿容量按照主变压器容量的 10％～25％配置，并满足 220kV 主变压器最大负荷时，其高压侧功率因数不低于 0.95。

（2）当 220kV 变电站无功补偿装置所接入母线有直配负荷时，容性无功补偿容量可按上限配置；当无功补偿装置所接入母线无直配负荷或变压器各侧出线以电缆为主时，容性无功补偿容量可按下限配置。

（3）对进、出线以电缆为主的 220kV 变电站，可根据电缆长度配置相应的感性无功补偿装置。每一台变压器的感性无功补偿装置容量不宜大于主变压器容量的 20％，或经过技术经济比较后确定。

（4）220kV 变电站无功补偿装置的分组容量选择，应根据计算确定，最大单组无功补偿装置投切引起所在母线电压变化不宜超过电压额定值的 2.5％。一般情况下无功补偿装置的单组容量，接于 66kV 电压等级时不宜大于 20Mvar，接于 35kV 电压等级时不宜大于 12Mvar，接于 10kV 电压等级时不宜大于 8Mvar。

（5）220kV 变电站安装有两台及以上变压器时，每台变压器配置的无功补偿容量宜基本一致。

11.5.4　35～110kV 变电站的无功补偿

（1）35～110kV 变电站的容性无功补偿装置以补偿变压器无功损耗为主，并适当兼顾负荷侧的无功补偿。容性无功补偿装置的容量按主变压器容量的 10％～30％配置，并满足 35～110kV 主变压器最大负荷时，其高压侧功率因数不低于 0.95。

（2）110kV 变电站的单台主变压器容量为 40MV·A 及以上时，每台主变压器应配置不少于两组的容性无功补偿装置。

（3）110kV 变电站无功补偿装置的单组容量不宜大于 6Mvar，35kV 变电站无功补偿装置的单组容量不宜大于 3Mvar，单组容量的选择还应考虑变电站负荷较小时无功补偿的需要。

（4）新建 110kV 变电站时，应根据电缆进出线情况配置适当容量的感性无功补偿装置。

11.5.5　10kV 及其他电压等级配电网的无功补偿

（1）配电网的无功补偿以配电变压器低压侧集中补偿为主，以高压补偿为辅。配电变压器的无功补偿装置可按变压器最大负载率为 75％，负荷自然功率因数为 0.85 考虑，补偿到变压器最大负荷时其高压侧功率因数不低于 0.95，或按照变压器容量的 20％～40％进行配置。

（2）配电变压器的电容器组应装设以电压为约束条件，根据无功功率（或无功电流）进行分组自动投切的控制装置。

11.5.6 电缆线路电抗器的补偿

随着城市电网建设的需要，35～220kV 电缆线路敷设量逐渐增加。电缆线路与架空线路相比，其单位长度的电抗小，一般为架空线路的 30%～40%；正序电容大，一般为架空线路的 20～50 倍；由于散热条件不同，同样截面的导体，电缆长期允许通过的电流值，一般只有架空线路的 50%。因此，电缆线路相对架空线路而言其运行特点是损耗小、充电功率多、负荷轻。

电缆线路是输送有功负荷的设备，是不能根据无功负荷变化而频繁投切的无功电源。由于 35kV 和 63kV 电缆线路的充电功率小且距负荷的电气距离近，一般情况下，即作为无功电源参与无功平衡，不进行电抗补偿。对 110kV 和 220kV 电缆线路的充电功率则需根据电缆线路长度和电网的具体情况而定。电缆充电功率利用越多，无功电源的调节容量越小。为更好地减少电缆线路产生的无功功率对电网运行的影响，应考虑装设一定容量的电抗器，以补偿在小负荷运行方式时电缆线路多余的充电功率。

用并联电抗器补偿电缆线路充电功率，其容量和配置方式尚无明确规定。上海地区电网的做法是：在有电缆进出线的 220kV 变电站低压侧安装补偿电抗器，其容量为主变压器容量的 17%，即 180MV•A 主变压器补偿一组 30Mvar 低压电抗器，120MV•A 主变压器补偿一组 20Mvar 电抗器。

11.6 配电网无功补偿容量的确定

11.6.1 确定补偿容量的几种方法

（1）从提高功率因数需要确定补偿容量。如果电网最大负荷月的平均有功功率为 P_{av}，补偿前的功率因数为 $\cos\varphi_1$，补偿后的功率因数为 $\cos\varphi_2$，则补偿容量可用式（11-50）和式（11-51）计算

$$Q_C = P_{av}(\tan\varphi_1 - \tan\varphi_2) = Q_{av}\left(1 - \frac{\tan\varphi_2}{\tan\varphi_1}\right) \qquad (11-50)$$

或写成

$$Q_C = P_{av}\left(\sqrt{\frac{1}{\cos^2\varphi_1} - 1} - \sqrt{\frac{1}{\cos^2\varphi_2} - 1}\right) \qquad (11-51)$$

式中　Q_C——所需补偿容量，kvar；

Q_{av}——最大负荷日平均无功功率，kvar；

P_{av}——最大负荷日平均有功功率，kW。

有时需要将 $\cos\varphi_1$ 提高到大于 $\cos\varphi_2$，小于 $\cos\varphi_3$，则补偿容量应满足

$$P_{av}\left(\sqrt{\frac{1}{\cos^2\varphi_1} - 1} - \sqrt{\frac{1}{\cos^2\varphi_2} - 1}\right) \leqslant Q_C \leqslant P_{av}\left(\sqrt{\frac{1}{\cos^2\varphi_1} - 1} - \sqrt{\frac{1}{\cos^2\varphi_3} - 1}\right)$$

$$(11-52)$$

其中，$\cos\varphi_1$ 应采用最大负荷日平均功率因数，$\cos\varphi_2$ 的确定必须适当。

（2）从降低线损需要来确定补偿容量。如设补偿前流经电力网的电流为 $\dot{I}_1$，其有功分

量和无功分量分别为 $\dot{I}_{1a}$ 和 $\dot{I}_{1r}$，则

$$\dot{I}_1 = \dot{I}_{1a} - j\dot{I}_{1r}$$

若补偿后，流经网络的电流为 $\dot{I}_2$，其有功分量和无功分量分别为 $\dot{I}_{2a}$ 和 $\dot{I}_{2r}$，则

$$\dot{I}_2 = \dot{I}_{2a} - j\dot{I}_{2r}$$

但是，加装电容器后，将不会改变补偿前的有功分量，故有

$$\dot{I}_{1a} = \dot{I}_{2a}$$

相量图如图 11-5 所示。

补偿前的线损 ΔP_1 为

$$\Delta P_1 = 3I_1^2 R = 3\left(\frac{I_{1a}}{\cos\varphi_1}\right)^2 R$$

补偿后的线损 ΔP_2 为

$$\Delta P_2 = 3I_2^2 R = 3\left(\frac{I_{2a}}{\cos\varphi_2}\right)^2 R$$

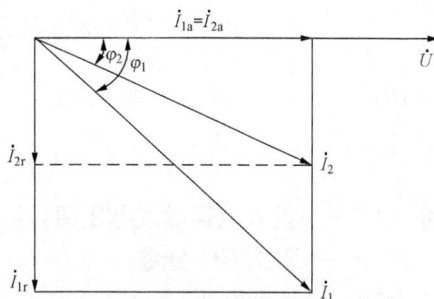

图 11-5　加装电容器前后的相量图

补偿后线损降低的百分值 $\Delta P_s \%$

$$
\begin{aligned}
\Delta P_s \% &= \frac{\Delta P_1 - \Delta P_2}{\Delta P_1} \times 100\% \\
&= \frac{3\left(\dfrac{I_{1a}}{\cos\varphi_1}\right)^2 R - 3\left(\dfrac{I_{2a}}{\cos\varphi_2}\right)^2 R}{3\left(\dfrac{I_{1a}}{\cos\varphi_1}\right)^2 R} \times 100\% \\
&= \left[1 - \left(\frac{\cos\varphi_1}{\cos\varphi_2}\right)^2\right] \times 100\%
\end{aligned}
\tag{11-53}
$$

式中　ΔP_1——补偿前的线损；

ΔP_2——补偿后的线损；

$\Delta P_s \%$——补偿后线损降低的百分数。

而补偿容量 Q_C 为

$$
\begin{aligned}
Q_C &= \sqrt{3}U\Delta I_x = \sqrt{3}U(I_1\sin\varphi_1 - I_2\sin\varphi_2) \\
&= \sqrt{3}U\left(\frac{I_{1a}}{\cos\varphi_1}\sin\varphi_1 - \frac{I_{2a}}{\cos\varphi_2}\sin\varphi_2\right) \\
&= \sqrt{3}UI_{1a}(\tan\varphi_1 - \tan\varphi_2) = P(\tan\varphi_1 - \tan\varphi_2)
\end{aligned}
$$

式中　ΔI_x——补偿前后容性电流差值；

U——线路电压；

P——有功功率。

因此，补偿容量与式（11-50）是一致的。

（3）从提高运行电压需要来确定补偿容量。在配电线路的末端，特别是重负荷、细导线的线路，运行电压较低，加装补偿电容以后，可以提高运行电压，但补偿电容过大时产生过电压。此外，在网络电压正常的线路中，装设补偿电容时，网络电压的压升不能越限。为了

满足以上约束条件，必须求出无功容量 Q 和网络电压增量之间的关系。

当装设补偿电容以前，网络电压可用下述表达式计算

$$U_1 = U_2 + \frac{PR + Qx}{U_2}$$

装设补偿电容后，电源电压 U_1 不变，变电站母线电压 U_2 升到 U_2'，且

$$U_1 = U_2' + \frac{PR + (Q - Q_C)x}{U_2'}$$

所以

$$\Delta U = U_2' - U_2 = \frac{Q_C x}{U_2'} \quad Q_C = \frac{U_2' \Delta U}{x} \qquad (11\text{-}54)$$

式中　U_2'——投入电容母线电压值，kV；

　　　x——阻抗容性分量；

　　　U_1——电源电压；

　　　U_2——变电站母线电压；

　　　ΔU——投入电容后电压增量，kV。

三相所需总容量

$$\sum Q_C = 3Q_C = 3\frac{U_{2L}'}{\sqrt{3}} \times \frac{\Delta U_L}{\sqrt{3}} \times \frac{1}{x} = \frac{\Delta U_L U_{2L}'}{x} \qquad (11\text{-}55)$$

式中　U_{2L}'——线电压；

　　　ΔU_L——投入电容后线电压增量。

可见，除所包含的电压和电压的增量是线电压和相电压的区别外，三相补偿容量的表达式（11-55）与单相补偿容量的表达式（11-54）是一样的。

（4）用补偿当量确定补偿容量。当采用补偿当量确定补偿容量时，可将线路分为 n 段，算出每段的有功损耗值 ΔP_i，即

$$\Delta P_i = \frac{Q_{ri}(2Q_i - Q_{ri})R_i \times 10^{-3}}{U_N^2}$$

式中　Q_i——第 i 段线路的补偿容量；

　　　Q_{ri}——第 i 段线路的无功损耗；

　　　R_i——第 i 段线路的电阻。

则 n 个线路有功损耗的减少的总值为

$$\sum \Delta P_i = \sum_{i=1}^{n} \frac{Q_{ri}(2Q_i - Q_{ri})R_i \times 10^{-3}}{U_N^2}$$

因此，补偿容量

$$Q_C = \frac{\sum \Delta P_i}{C_b} \qquad (11\text{-}56)$$

式中　C_b——无功经济当量，即线路投入单位补偿量时有功损耗的减少量。

11.6.2　低压电网的无功补偿

低压无功补偿的目标是实际无功的就地平衡，通常采用的方式有随机补偿、随器补偿和跟踪补偿三种。

（1）随机补偿。随机补偿就是将低压电容器组与电动机并接，通过控制、保护装置与电动机同时投切。农用电动机，特别是排灌电动机，应优先选用此种补偿方式。

随机补偿的优点是：用电设备运行时无功补偿投入，用电设备停运时补偿设备退出；不需频繁调整补偿容量，具有投资少、占位小、安装容易、配置方便灵活、维护简单、事故率低等优点。

为防止电动机退出运行时产生自励过电压，补偿容量一般不应大于电动机的空载无功负荷，通常推荐

$$Q_C = (0.95 \sim 0.98)\sqrt{3}U_N I_0 \tag{11-57}$$

式中　U_N——额定电压；

　　I_0——电动机空载电流；

　　Q_C——补偿电容器容量。

（2）随器补偿。随器补偿是指将低压电容器通过低压保险接在配电变压器二次侧，以补偿配电变压器空载无功的补偿方式。

配电变压器在轻载或空载时的无功负荷主要是变压器的空载励磁无功功率

$$Q_0 = I_0\% S_N \times 10^{-2} \tag{11-58}$$

式中　Q_0——变压器空载励磁无功功率，kvar；

　　$I_0\%$——空载电流百分数；

　　S_N——变压器额定容量，kV·A。

对于轻负载配电变压器而言，这部分损耗占供电量的比例较大，导致电费单价增高。由于随器补偿在低压侧，故而接线简单，维护管理方便，且可以有效地补偿配电变压器空载无功，使该部分无功就地平衡，从而提高配电变压器利用率，降低无功网损，是目前补偿配电变压器无功的有效手段之一。

由于随器补偿属于固定补偿，能有效地限制电网无功基荷，补偿效果好，具有较高的经济性，因此应提倡在各个容量等级的配电变压器上进行随器补偿。

随器补偿只能补偿配电变压器的空载无功功率 Q_0，如果补偿容量 $Q_C > Q_0$，则在配电变压器接近空载时造成过补偿，而且理论分析和试验以及运行经验表明，在此条件下，当出现配电变压器非全相运行时，易产生铁磁谐振，因此推荐选用 $Q_C = (0.95 \sim 0.98)Q_0$。

（3）跟踪补偿。跟踪补偿指以无功补偿投切装置作为控制、保护装置，将低压电容器组补偿在大用户 0.4kV 母线上的补偿方式。补偿电容器的固定连接组可起到相当于随器补偿的作用，补偿用户自身的无功基荷；投切连接组用于补偿无功峰荷部分。投切方式分为自动和手动两种。一般地，用户负荷有一定的波动性，故推荐选用自动投切方式，采用无功补偿自动投切装置。此种装置可较好地跟踪无功负荷变化，运行方式灵活，运行维护工作量小。

考虑到电动机投运的不同时率和单台电动机补偿容量限制等因素，对于较大的乡镇企业用户，采用跟踪补偿比随机、随器补偿能获得更好的补偿效果，而且不需要提高补偿度，并可适当调整各组电容器的运行时间，使其寿命相对延长，从而降低电器的购置更新费用。但是，跟踪补偿所需的自动投切装置比随器、随机补偿的控制、保护装置复杂，功能更完善，初投资也大一些。

选择自动投切装置应特别注意其性能和质量，必须满足以下五个条件：

（1）能根据无功负荷的变化自动投切电容器组，使功率因数保持在 0.95 以上且不过

补偿。

(2) 能实现电容器组自动循环投切，使电容器、接触器使用概率接近，延长使用寿命。

(3) 元器件性能稳定可靠，受环境影响小，便于维护。

(4) 具有过电压保护功能。

(5) 在轻负荷时，不会引起电容器组投切振荡现象。

投切振荡现象是指在分组自动投切电容器时，未投入某一组电容器的功率因数低于给定的下限，而投入后又高于其上限，于是在自控器的作用下反复进行投切。

上述三种补偿方式均可对特定种类无功负荷实现就地平衡的无功补偿，降损节能效果好。

随机补偿适用于补偿电动机的无功损耗，以补偿励磁无功为主，排灌用电动机可适当加大补偿容量。此种方式较好地限制农网无功峰荷。年运行小时数在 1000h 以上的电动机，采用随机补偿较其他补偿方式更经济，补偿设备投资可在 1～2 年内收回。

随器补偿应用于补偿配电变压器空载无功，属于固定补偿方式，补偿容量不宜超过配电变压器空载无功。此种补偿方式可削减农网无功基荷。对于容量在 50kV·A 及以上 JB 500—1964 系列、JB 1300—1973 系列专用变压器、综合变压器，均应提倡采用随器补偿。JB 6451.1—1986 系列 125kV·A 以上容量的配电变压器，也应采用随器补偿。

跟踪补偿适用于 100kV·A 以上专用配电变压器用户，可以替代随机、随器两种补偿方式。补偿效果好，且电容器组可得到较前两种方式更可靠的保护。在跟踪补偿与随机、随器补偿的经济性接近时，应优先选用跟踪补偿方式。

12　电力系统自动化规划

本章主要介绍电力系统自动化规划的原则和策略，具体阐述了电力系统通信、电网调度自动化、变电站自动化、配电自动化以及电力系统信息一体化的规划方法和相关技术。

12.1　概　　述

12.1.1　电力系统自动化的组成

为了保障电力系统的安全与经济运行，需要从发电厂、输电网、变电站、配电网等各个环节对电力系统运行状态进行实时监视并加以控制，使得电力系统始终处于正常状态运行。现代电力系统自动化是信息技术、计算机技术及自动控制技术在电力系统中的应用。针对电力系统发电、输电、变电、配电、用电五个有机联系的环节，电力系统自动化分别由对应的自动化系统进行监控。其中，在发电环节有电厂自动化系统，在输电环节有电网调度自动化系统，在变电环节有变电站自动化系统，在配电、用电环节有配电自动化系统。

电网调度自动化系统连接发电、输电、变电环节，通过发电厂和变电站的远动终端RTU采集电网运行的实时信息，通过信道传输到调度中心的主站系统，调度自动化主站系统可以通过远动终端对输电网进行数据采集和实行远程控制，根据收集到的全网信息，实施能量管理系统功能，对电网的运行状态进行安全性分析、负荷预测以及自动发电控制、经济调度控制、调度员模拟培训系统等。

变电站自动化系统完成的功能有变电站的电气设备数字化采集处理、变电站电气设备遥控与遥调、计算机继电保护、电压无功控制、故障信息处理及"五防"闭锁操作功能等。

配电自动化系统完成的功能有配电网数据采集和监控、馈线自动化、配电站自动化、配电管理系统等。

12.1.2　电力系统自动化规划的意义

电力系统自动化规划是电力自动化系统设计和实施的前提和依据，在进行电力自动化系统建设之前做好自动化系统的规划工作将大大地提高电力自动化系统的可用性和扩展性，使系统具有较高的投入产出比和性能价格比。反之，电力自动化系统如果没有良好的规划指导，直接进行电力自动化系统的设计和实施，则具有较大的技术风险性和经济风险性，很难保证自动化系统实施的效果。

12.1.3　电力系统自动化规划的原则

电力自动化系统规划应该以电力公司的发展战略目标为指导方针，以电力部门的应用要求、业务流程和部门管理任务实际需求为基础，依据电力系统监控和信息化方面的技术发展趋势，从当前实际状况出发，兼顾技术先进性和经济实用性，提出电力自动化系统的发展目标、技术原则和系统配置，全面系统地指导电力自动化系统的实施进程。

一般来说，电力自动化系统规划的主要原则如下：

(1) 电力系统自动化的规划不可单纯为自动化而自动化，必须与电力一次网络和设备的改造和发展规划相协调，实现整体投资的技术经济综合优化。

(2) 电力系统自动化规划应该处理好局部与整体、近期与远期的关系，分阶段投资和实施，分层次推广，并使分阶段建设的各电力自动化子系统协调发展，最终形成一个相互匹配的电力自动化系统。

(3) 电力系统自动化规划应该纳入电力系统规划和电力企业信息整体规划当中，应按照国际标准数据结构和接口规范规划，既要考虑信息共享，又要具有网络安全防护措施，保障系统的信息安全。

(4) 最大限度地利用现有电力自动化系统和电力设施资源，非标准系统可通过必要转换接入标准系统，延长可用期限。应尽量选用模块化设计产品，便于功能扩展和技术升级，满足系统发展要求，避免重复投资。

(5) 电力自动化通信系统的实施应该因地制宜，考虑多种通信方式的综合应用，发挥光纤、无线、专线电缆、载波等多种通信方式的各自优点，灵活配置。

(6) 电力系统自动化规划应综合考虑经济效益和社会效益，从提高供电安全性、可靠性和节能降耗，减少运行维护费用和工作量，提高电力企业工作效率和管理水平的角度出发，定量分析投资效益。

12.1.4　电力系统自动化规划的步骤

电力系统自动化规划的主要步骤如下：

(1) 电力自动化现状与一次系统发展需求分析。首先要对一次系统发展进行分析，包括负荷及运行指标情况，电源情况，变电站和配电网结构现状，接地方式、供电可靠性及线损，一次接线方式以及现有的调度体制和管理体制等。

此外还要对现有电力自动化系统和功能进行分析，相关计算机监控系统的状况，找出现有电力自动化的现状与一次系统发展需求的差距，找到电力自动化系统的关键问题，为后续的自动化规划奠定需求基础。

(2) 电力自动化系统的建设目标。在现状分析基础上，结合电力系统监控和信息化方面的技术发展趋势，制定出电力自动化系统的总体目标及阶段发展目标。根据阶段发展目标进行总体功能规划，并制定实施范围和发展规模。

(3) 电力通信系统规划。电力通信系统是电力自动化系统的基础环节，结合功能需求进行信息流量预测，确定传输信息对通信网的容量要求，规划传输信息类型以及通信网架结构体系，确定信息传输的技术要求，确定通信方式的具体配置。

(4) 电力自动化系统结构规划。根据电力自动化的信息量规模和相应的通信系统规划，对电网调度自动化、变电站自动化及配电自动化系统的体系结构进行设计和规划，确定自动化系统的拓扑组成结构，相关子系统的设置原则和配置方案。确定电网调度自动化、变电站自动化及配电自动化系统各自的功能配置。

(5) 电力自动化终端规划。分析变电站或配电站的一次设备对遥测、遥信、遥控、遥调的技术要求以及信息量的配置要求，分析一次设备的接口要求，确定测控终端的功能配置和自动化设备选型原则，规划技术指标要求及具体的安装方式。

(6) 电力自动化主站系统规划。分析电力自动化系统主站的信息量规模及技术要求，规划主站系统的功能、结构，确定主站软件体系结构、软件平台的选择、硬件设备选型及与现有系统的接口方案。

（7）电力自动化方案预算与经济性评估。针对电力自动化系统各部分的不同方案和设计规模，分别做出预算汇总和经济性评估。

12.2　电力通信系统规划

电力系统的各种应用对数据通信网络的带宽、可靠性、质量提出了更高的要求，随着信息技术的高速发展，电力通信网络对电力系统自动化的支撑作用将得到更大的强化。调度自动化系统的应用拓展，电力市场交易，变电站自动化网络化发展，配电自动化系统及需方管理自动化系统的建设都要求提供更大的网络带宽及接口灵活性，电力企业 Intranet 的建立和应用对网络带宽提出了更高要求；视频业务在无人值班变电站、电厂视频监控、会议电视等方面的应用，都对网络带宽、可靠性及接口的灵活性提出了更高要求。

电力通信系统规划分为两个层次，即输电网通信规划和配电网通信规划。输电网通信规划一般指从发电厂、变电站到调度中心的长距离通信规划；配电网通信规划一般指城市的配电站或配电终端设备到配电调度中心的通信规划。

12.2.1　输电网通信规划

输电网的通信规划主要纳入现有的国家电力数据网络（state power data network，缩写为 SPDnet）建设和规划体系中。国家电力数据网络 SPDnet 的一级网络自 1992 年启动以来，经过几期工程的建设已具规模，实现了全国联网，形成了面向全电力系统的公共数据网络，其服务对象应包括调度系统、生产管理系统、设计系统、教育、科研、情报系统等电力行业的各个部门。

输电网通信系统规划设计的原则如下：

（1）选择高可靠性、高带宽的通信方式和传输通道，建立高性能、综合多种业务的网络平台，提供实时数据通信业务、非实时数据通信业务、视频及多媒体通信业务。

（2）应具有高度灵活性，能支持多种协议，提供各种不同接口，以满足目前及未来的网络需求。

（3）应具有良好的可扩展性，网络设备应能支持网络的平滑扩容，保证在网络的增长过程中，网上业务不会受到影响。

（4）应具有高度的可靠性、安全性及可保证的服务质量，以满足电力系统实时调度、报价结算等特殊业务的需求。

（5）应具有按业务、部门等组建虚拟专用网的能力，以满足不同业务的需要，提供业务及用户群间的隔离，保证安全性，并为现有网络的接入提供方便。

（6）必须采用符合国际标准的协议和接口，满足与其他网络的互联要求。

（7）应具有较完善的网络管理功能，宜采用统一的网络管理平台，以简化管理程序，提高网络运行管理水平。

（8）应采用成熟、先进的网络技术，以保证网络的稳定、可靠运行。

根据全国电力系统通信现状和发展规划，利用现有的通信电路和在建、将建的光纤和同步数字体系 SDH（Synchronous Digital Hierarchy）数字微波通信电路，综合考虑数据通信网络的安全性、可靠性、方便性、灵活性的要求，国家电力数据网络 SPDnet 一级网络采用了 3 层结构：核心层、骨干层、接入层。

核心层位于网络枢纽节点，提供高吞吐量的数据交换，同时支持多业务和各种数据接口；骨干层采用星形和环形相结合的网络结构，每个骨干节点至少与两个核心节点或骨干节点相连；接入层主要负责业务的集中，提供对各种业务，包括对传统低速业务的支持。接入层节点按就近入网的原则接入附近的核心节点或骨干节点。

输电网通信系统多种业务综合已成为近几年网络通信技术发展的趋势，在数据通信网上传输语音、图像、数据等传统数据以外的业务具有节省设备投资、简化管理及更高效地利用带宽等多种优势。这对组网技术提出了更高要求，多业务的网络平台应考虑多项业务的实时性和安全性，各种组网技术性能比较如表 12-1 所示。

表 12-1 各种组网技术性能比较

功能	DDN	X.25	Frame Relay	IP	ATM
OSI 层次	物理层	网络层	链路层	链路层	链路层
复用方式	时隙	VC（虚容器）复用	VC（虚容器）复用	无	VC（虚容器）复用
吞吐量	较高	低	较高	高	高
传输速度	低~高速 0.15Kbps~45Mbps	低~中速 0.15~64Kbps	低~高速 0.15Kbps~2Mbps	低~高速 10~1000Mbps	中~高速 25~622Mbps
延时	很低	高 延时可变	低 延时可变	高 延时可变	很低
提供业务	多业务	数据业务	数据（多业务）	多媒体	多业务、多媒体
主要应用	数据、语音、图像、LAN 互联	低速数据终端用户	高速数据、突发业务、LAN 互联	LAN 互联多媒体	语音、高速数据、LAN 互联图像、视频、多媒体
传输介质	数字微波、光纤	模拟/数字电路	数字微波、光纤	数字微波、光纤	数字微波、光纤

数字数据网 DDN（Digital Data Network）是利用数字信道提供永久或半永久性电路，以传输数据信号为主的数据通信网络。DDN 技术基于传统的时分复用技术，其带宽是固定分配的，可支持高速数据和多媒体业务，因其延时很小，能保证端到端的数据透明传输，数据吞吐量又大，所以非常适合实时业务及多媒体业务。但另一方面，DDN 不支持突发性业务的特性，对目前及今后网络中大量的局域网互联业务的支持有限。

X.25 分组交换技术组网纠、检错能力强，但是组网的传输速率不可能达到很高，处理延时很大，交换机为复杂的处理付出较高的成本。SPDnet 在初期基于当时通道条件的限制，只能选用对通道质量要求相对较低的 X.25 分组交换网。

帧中继技术采用与 X.25 相同的统计复用技术，但简化了第 3 层的复杂处理，仅完成开放式通信系统互联（Open System Interconnection，OSI）参考模型第 2 层的核心功能。帧中继技术的出现基于传输技术的飞速发展、传输可靠性的提高及计算机技术的不断发展、终端智能化的提高，简化了 X.25 技术复杂的传输确认与纠错的过程，把重传功能推向网络外部的智能化外部终端,提高了传输速度,降低了端到端的延时,很好地满足了数据用户高速及突发性强的特点。因此,对数据业务而言,帧中继技术是一种经济 IP 技术。

ATM 技术采用异步时分复用的方法,将信息流分成固定长度的信元,进行高速交换。由于 ATM 采用统计复用技术,可以动态分配带宽,对于具有突发性特点的数据业务来说极为有利,同时 ATM 以固定长度的信元传送用户业务,又可以保证对延时敏感的用户的需求,适合多媒体业务。

对于调度自动化和变电站自动化的应用来说,往往需要把各个独立的业务网互联起来,实现网络资源的共享、信息的联网处理,利用数据网实现 RTU 与调度端的连接有 3 种:

(1) 路由器方式。RTU 通过协议转换器将所用协议转换至 TCP/IP 及标准的网络用户层协议,经串口或厂、站局域网与路由器连接,通过 V.35 接口接入当地的 ATM 设备。路由器互联方案如图 12-1 所示。

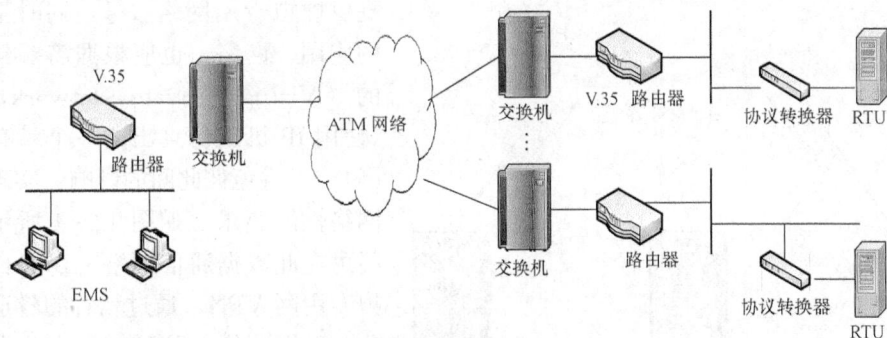

图 12-1 路由器互联方案

(2) 局域网方式。RTU 通过协议转换器将所用协议转换至 TCP/IP 及标准的网络用户层协议,接入厂、站局域网,通过局域网接口接入当地的 ATM 设备。网络局域网互联方案如图 12-2 所示。

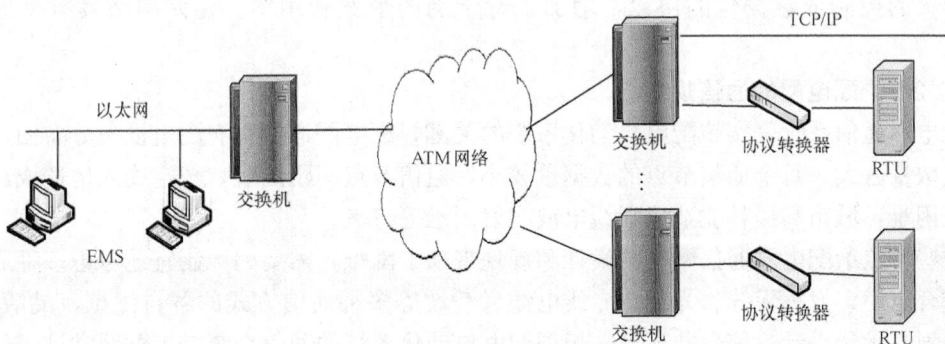

图 12-2 局域网互联方案

(3) RTU 通过 V.24 接口接入当地的 ATM 设备,在调度端 EMS/SCADA 系统通过其前置机以 V.24 接口接入节点机。串行互联方案如图 12-3 所示。

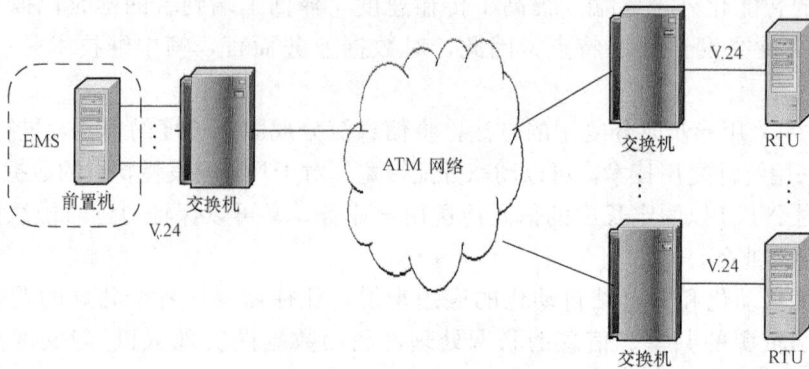

图 12-3　串行接口方案

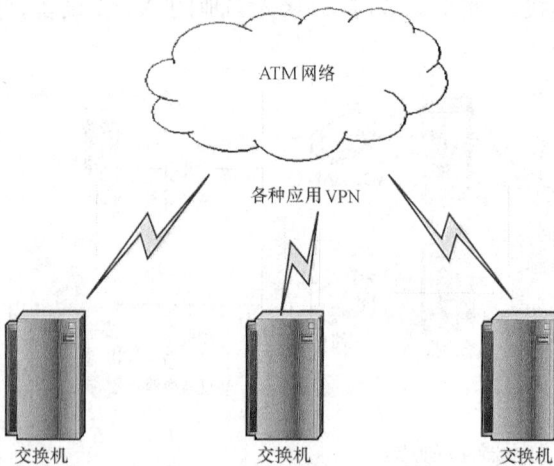

图 12-4　VPN 信息交换

电力系统各业务部门有很多内部信息交流，要求安全、保密，数据网络应提供虚拟专用网络服务，同时不同种类的应用、网络，也应根据需要建立各自的（Virtual Private Network，VPN）（使用 IP 机制仿真出的一个私有的广域网），以避免彼此间的影响，实现各自的网络性能要求。如图 12-4 所示，各部门可在此数据通信网络上建立自己的虚拟专用网 VPN，通过私有的隧道技术在公共数据网络上仿真一条点到点的专线技术。

VPN 功能允许单个物理网同时分化成为多个逻辑网络。每个逻辑网络拥有自己的逻辑子网号，子网间被完全分开，以确保安全性的隔离。逻辑网络限制了一个网络层协议对其他网络的影响，特别是对于那种需要广播百分比很大的控制或数据包的协议，增加了骨干网的带宽利用率。允许网络具有良好的扩展性。

12.2.2　配电网的通信规划

配电网通信系统是实施配电自动化系统的关键，配电网通信具有配电设备分布面广，通信节点数量巨大，每个通信节点的数据量较小，通信节点间距离短，架空线入地造成通信线路布线困难，城市高楼林立造成无线电波绕射困难等特点。

这些特点给配电网通信网络的设计和规划带来了困难，需要因地制宜地考虑多种通信方式的综合应用，发挥无线、光纤、专线电缆、载波等多种通信方式的各自优点，灵活配置、全面规划、优化设计、信息共享，来规划配电自动化系统的通信系统。配电网常见通信方式如表 12-2 所示。

配电网通信系统规划设计的原则如下：

（1）在配电网通信系统的规划中，配电自动化系统通信要具有较高的可靠性和抗干扰性，通信系统中的各种通信介质和通信设备要能够适应各种运行条件，具有很好的防潮、防雨、防晒措施，还要能够承受高电压、大电流、雷击等干扰。

表 12 - 2 常 见 通 信 方 式 比 较

	通信电缆	光纤通信	无线	电力线载波	GPRS
传输速率	1Kbps～10Mbps	1Mbps～1Gbps	1～64Kbps	1Kbps～1Mbps	1～115Kbps
传输距离	1～10km	适合长距离通信	1～10km	1～2km，可中继	在GPRS网内不受限制
传输可靠性	可靠性高，噪声影响小	可靠性高，无噪声影响	可靠性中等受天气及其他因素影响	相线耦合干扰大，可靠性较低利用电缆屏蔽层通信干扰小，可靠性中等	可靠性中等但是，通信数量过大时通信质量下降
成本	建设成本中等，运行费用低	建设成本高，运行费用低	建设成本中等，运行费用低	建设成本中等，运行费用低	建设成本低，运行费用较高
安装及维护	不方便，涉及路面开挖、移杆等麻烦	不方便，涉及路面开挖、移杆等麻烦	方便	较为方便	方便
适用范围	适宜于站内通信	适合配电主干通信或新建线路预先埋设	城市建筑影响较大，适宜于郊区和农村	适合城市电缆供电系统	适合不带控制的配电监测系统

（2）配电网通信系统速率的选择应该根据配电自动化的不同应用功能选择相匹配的通信速率。

（3）配电网通信系统应根据监控系统的需要来决定是否需要双向通信能力。对于要实现开关的状态采集、控制的场合要求配电通信系统支持双向通信能力；对于仅需要采集测量而不需要控制的场合则单向通信即可。

（4）配电网通信系统既要考虑通信设备的初始投资费用，又要考虑到通信系统的运行费用。

（5）配电网通信系统具有不受停电影响的适应性和故障恢复能力，即使在停电地区内通信仍能正常通信8～12h。

（6）配电网通信系统应该安装调试简捷，使用与维护方便。

（7）配电网通信系统应便于扩展，满足通信系统的节点随网架结构变化、用户设备增加的扩展性能。

配电网通信的规划需要进行以下工作：

（1）确定通信网络总体结构。配电自动化通信系统一般都根据当地的实际情况采用多种通信方式并存的混合模式，同时依据配网规模的大小，选择与配电自动化系统的模式相适应的结构，通信系统的拓扑结构可以由点对点结构、点对多点结构、总线方式、星形结构及环形结构等。

由于配电自动化涉及的设备数量多、范围广，如果所有的数据都发送到中心，将造成信息瓶颈，一旦发生通信故障不易及时处理和控制，采用分层处理的方式可以有效地利用通信资源。通信系统一般可以分为三个层次。

第一层次为配电自动化监控主站至子站之间，通信上为点对点或环形连接。实现主要信息汇集节点的数据传输，实现配电调度中心与管辖的子站、变电站之间的数据交换。

第二层次为配电自动化监控子站与设备层监控终端之间，通信物理路由采用点对点结构、点对多点结构，以及星形或环形结构。负责将一定区域内的接入设备信息进行集中上送。实现通信子站与开闭所内的多介质数据通信控制器的数据交换以及通信子站和 FTU、TTU 和电量计费通信控制器之间的配电数据网络通信。

第三层次为设备层监控终端之间的连接及监控终端与配变采集装置等用户设备之间的通信连接。通信物理路由一般采用点对多点结构或星形结构。负责将区域内的用户设备或部分监控终端的信息传递到通信第二层次中，或者特定条件下，也可以根据用户设备的情况直接进入通信的第一层次中。

（2）选择不同层次的通信方式。配电自动化通信系统对带宽和可靠性的要求是随层次的上升而增加的，配电自动化主要的通信方式如光纤通信、电力线载波、无线通信、通信电缆、GPRS/CDMA 公网通信等各有特点和不同的性能价格比，通常需要根据配电网的具体情况和当地通信已有资源的现状，在不同层次上采用不同的通信方式，即采用混合通信系统，混合通信系统的优点在于能够为不同的网络结构提供最合适的通信方式。

配电自动化监控主站至子站之间的配电网第一层次通信，担负着主站与变电站 RTU、配电子站的通信，要求通信可靠性高，同时子站节点又作为下一级网络数据的集中转发点，数据量大，在通信方式选择上应考虑采用光纤通信，光纤网采用带自愈功能的双环网，其线路长度可达四五十公里，挂接几十甚至多达一百个节点，可以满足一般中等城市配电网的需求。

配电自动化监控子站与设备层监控终端之间的配电网第二层次通信，覆盖范围相对较小，一般沿配电线路分布，半径不超过十几公里，在这级通信中节点较多，如线路 FTU、配电站 DTU 及配电变压器 TTU。各节点数据量及优先级不同，如线路 FTU、配电站 DTU 的数据比较重要优先级高，需要较为频繁地查询或主动上报，对通信的可靠性及实时性有较高的要求，而配电变压器 TTU 数据量大但查询间隔可以长一些，要求通信速率可以低一些。需要根据不同的数据通信要求选择相应的通信方式，如光纤、无线数传电台、配电线载波、有线电缆载波，GPRS/CDMA 等，小范围内可采用现场总线、RS—485 总线等。网络采用总线方式，多点共线，节省线路投资。在由电力电缆组成的供电负荷密度大，网络结构复杂的配电网区域内，如果新建项目，有条件预埋铺设光纤的可以采用光纤通信网，在城区光纤施工困难的线路可以采用电力线载波通信方式。

设备层监控终端之间的连接及监控终端与配变采集装置等用户设备之间的第三层次配电网通信，电量计费通信控制器和用户自动抄表之间的数据通信也属于本层次通信。由于末端用户设备的节点数量大，结构易变，发展迅速，要求节点价格低廉而且具有较强的扩展能力。一般可以选择配电线载波、有线电缆载波或 GPRS/CDMA 等方式进行通信。

（3）确定通信终端基本功能及性能要求。通信终端基本功能要根据通信网络总体结构和不同的通信方式来确定，要求能够满足配电网通信系统数据传输的基本要求，性能要能够满足在恶劣环境下可靠运行。

（4）确定通信规约。通信规约是指通信系统的主站和从站之间的通信约定，由于电力自动化系统中涉及的通信层次较多，终端设备类型也比较多，因此，涉及的通信规约也会比较多。一般来说，原则上应该采用 IEC 的国际标准，不宜擅自订立规约。在调试中，一般从站的规约向主站规约看齐。

电力自动化监控主站至子站之间的配电网第一层次通信的规约配置，由于该层通信方式以宽带网络主干网通信为主，两侧安装网络交换设备，配电自动化主站通过网络协议与子站设备进行信息交换。此方式的规约选择原则上应采用 IEC870—5—104 的网络协议，或者在点对点方式下采用 IEC870—5—101 协议。随着网络型变电站自动化系统的发展以及 IEC61850 新一代协议的推广，在配电网第一层次通信中应该逐步推广 IEC61850 协议。

电力自动化监控子站与设备层监控终端之间的配电网第二层次通信规约配置，通过监控子站到设备层监控终端如果是以太网方式通信同样可以采用 IEC870—5—104 的网络协议，如果是点对多点或星型以及环形等非网络连接，可以采用 IEC870—5—101 协议进行异步轮询接受信息。

设备层监控终端之间的连接及监控终端与配变采集装置等用户设备之间的第三层次配电网通信规约配置，可以根据传输信息的类别分别选择，对于电气量监控信息可以采用 IEC870—5—101 协议，对于电能量采集信息可以采用 IEC870—5—102 协议，对于负荷管理信息可以采用部颁负荷管理协议，对于网络型的连接采用 IEC870—5—104 的网络协议。

12.3　电网调度自动化系统规划

12.3.1　概述

我国的电网调度体系采取统一调度和分级管理模式，以上的国家电网和区域电网公司分别对应相应的电网调度中心，其中国家电网调度中心（简称国调）一个，区域电网调度中心（简称网调）5 个，独立区域电网调度中心（简称网调）1 个，另外下设省级电网调度中心（简称省调）28 个、地区电网调度中心（简称地调）310 个，县级电网调度中心（简称县调）1500 个。

对于电力系统运行过程的监视与控制是电网调度自动化系统的基本功能，有效的电网调度自动化系统可以帮助调度员正确地了解电网的信息并作出正确的控制与决策，保证电力系统能够运行在正常状态，即使短暂地偏离正常状态也要能够进行有效的分析计算，并通过调度迅速地回到正常状态。

电网调度自动化系统的规划主要分为监视控制与数据采集（SCADA）系统规划和能量管理系统（EMS）两个部分，而电网的可观测性分析是电网调度自动化系统规划的基础。

12.3.2　可观测性分析

电力系统可观测性是指系统的量测分布足够用以求解系统当前的状态，当通过数据采集获得的量测量通过量测方程能够覆盖所有的母线电压幅值和相角时，则通过状态估计可以得到电网的全部状态变量，称该网络是可观测的。

可观测性分析依赖于系统拓扑结构，当系统拓扑结构发生较大变化时，可观测性可能会发生改变，另外，当测量系统中的量测数据配置不合理，也可能造成可观测性发生变化，即使系统量测有冗余，电力系统状态估计也未必能够求解各节点的电压幅值和相角。针对系统当前的拓扑结构，通过系统可观测性分析，进行有效的测点布置，满足了可观测性条件，就可以使状态估计能够在各种条件下顺利进行。

可观测性分析的模型如下：

考虑一个 n 维母线系统，其状态估计输出结果为 $2n-1$ 维，状态变量为

$$\boldsymbol{X}=[V_1, V_2, \cdots, V_n, \theta_1, \theta_2, \cdots, \theta_{n-1}]^{\mathrm{T}} \tag{12-1}$$

系统量测方程为

$$Z=h(x)+v \tag{12-2}$$
$$\boldsymbol{Z}=[Z_1, Z_2, \cdots, Z_m]^{\mathrm{T}}$$

式中　Z——m 维量测量，其分量可能是节点电压幅值、支路潮流或节点注入功率等；

　$h(x)$——m 维量测函数；

　v——m 维量测误差。

状态估计的目标函数为

$$J(x)=[Z-h(x)]^{\mathrm{T}}R^{-1}[Z-h(x)] \tag{12-3}$$

式中　R^{-1}——量测权重（可以采用量测的倒数）。

状态估计是在给定量测量 Z 的基础上，求出使得目标函数 $J(x)$ 达到最小的 x 值，目标函数 $J(x)$ 最小的含义是使量测量加权残差平方和为最小。

在状态估计的计算中常用到以下两个矩阵：

(1) 量测方程 $h(x)$ 的雅可比矩阵 $\boldsymbol{H}$；

(2) 量测信息矩阵 $\boldsymbol{H}^{\mathrm{T}}\boldsymbol{R}^{-1}\boldsymbol{H}$。

网络可观测性的算法主要有两类：数值方法和拓扑方法。

可观测性的数值方法通过对信息矩阵 $\boldsymbol{H}^{\mathrm{T}}\boldsymbol{R}^{-1}\boldsymbol{H}$ 进行分解，如果对角线项不出现零主元，那么网络是可观测的，反之，则是不可观测的。

可观测性的拓扑分析方法的核心思想是检查根据配置的量测集是否能够建立一个满秩的支撑树以覆盖全网所有的节点，通过寻找量测网络的一个最大满秩的森林型结构来判断网络的可观测性，若该最大满秩的森林型结构是一个生成树，则量测网络是可观测的，反之，则是不可观测的。

12.3.3　SCADA 系统规划

监视控制与数据采集 SCADA（Supervisory Control And Data Acquisition）系统规划包括 SCADA 的终端设备配置与规划以及 SCADA 主站系统配置与规划两个方面。SCADA 系统信息交换如图 12-5 所示。

SCADA 系统需要采集和控制的终端设备主要有厂站的 RTU（Remote Terminal Unit）、PMU（Phasor Measurement Unit）以及变电站自动化系统中的测控单元。

一般来说，SCADA 与能量管理系统（Energy Management System，EMS）各应用之间，需要通过网络拓扑分析和状态估计两个基本应用软件模块进行系统状态分析和数据的准备，作为其他 EMS 高级应用的基础。

信息交换的内容如下：

(1) 厂站的 RTU、PMU 以及变电站自动化系统

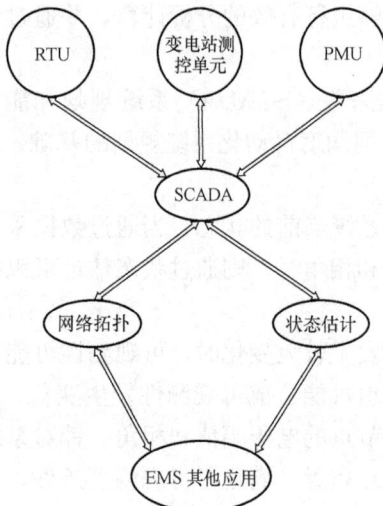

图 12-5　SCADA 系统信息交换

中的测控单元向 SCADA 主站系统提供遥测/遥信得到的模拟量测和状态量，其中，PMU 还可以提供电压相角，变电站测控单元还可以提供继电保护信息。

（2）SCADA 主站系统向厂站的 RTU、PMU 以及变电站自动化系统中的测控单元发出对时、遥调/遥控等命令。

（3）SCADA 主站系统网络拓扑分析信息来源于厂站提供电网中所有导电设备所处的开、合状态序列，当发生某个开关的变位事件后拓扑分析结果产生如电气岛、带电状态、支路开合变化情况。

（4）SCADA 主站系统网络状态估计信息来源于厂站提供电网中的模拟量测值和质量属性，网络拓扑分析提供拓扑分析结果，状态估计分析提供发现不良数据等事件、估计后的量测值和质量、状态估计后的熟数据。

一、SCADA 的终端设备配置与规划原则

（1）PMU 最优配置原则。出于成本的考虑，不可能在系统所有的节点上都安装 PMU，关于 PMU 的安装地点和个数的问题，以保证系统结构完全可观测性和最大量测数据冗余度为约束，以配置 PMU 数目最小为目标。

（2）RTU 配置原则。增强状态估计的运行可靠性，即在运行方式不断变化和量测故障的条件下，能跟踪分析估计精度和检查量测系统的可观测性及不良数据的可辨识性。

（3）自动化系统中的测控单元一般在重要发电厂、变电站都有配置，往往是和变电站或发电厂的微机继电保护单元进行一体化设计，以达到要求的技术指标时花费最少的投资，或者在规定的投资条件下达到最高技术指标为原则。

二、SCADA 的主站系统配置与规划原则

（1）SCADA 主站系统的设计首先需要进行配电自动化系统的信息量分析，必须对当前及未来一段时期的监控信息量做好充分的分析与计算。

（2）SCADA 主站系统体系结构设计应该遵从开放式系统设计思想，为今后系统的发展和升级打下基础，按照分层、分布式结构和开放性原则进行设计。

（3）SCADA 系统信息模型应该遵循 IEC61970 的公共信息模型（Common Information Model，CIM）设计规范，历史数据库原则上应该采用大型商用数据库软件，实时数据库应支持标准的 SQL 等访问方式。

（4）SCADA 主站系统硬件及软件配置应考虑冗余配置，充分考虑系统可用性和可靠性的设计要求，采用双以太网、双服务器的处理方式，网络协议采用标准的协议等。

（5）SCADA 主站系统与其他系统进行接口设计时，既要考虑信息共享，又要考虑到网络安全解决方案，遵循电监会发布的《电力二次系统安全防护规定》。

12.3.4 能量管理系统规划

能量管理系统（EMS）应用软件可以分为能量管理、网络分析和调度员培训模拟三个方面，这些软件都可以按实时模式和研究模式（有时也称实时态和研究态）两种模式工作。

EMS 功能模块如图 12-6 所示[179]，实时模式是指 EMS 运行在当前最新的实时数据环境下，研究模式是指 EMS 运行在实时数据的一个断面环境下，在研究模式下实时数据不再刷新。

SCADA 的任务是实时收集电力系统运行数据，监视其状态并实现与 EMS 联系的接口，它向能量管理、网络分析和调度员培训模拟提供实时数据。

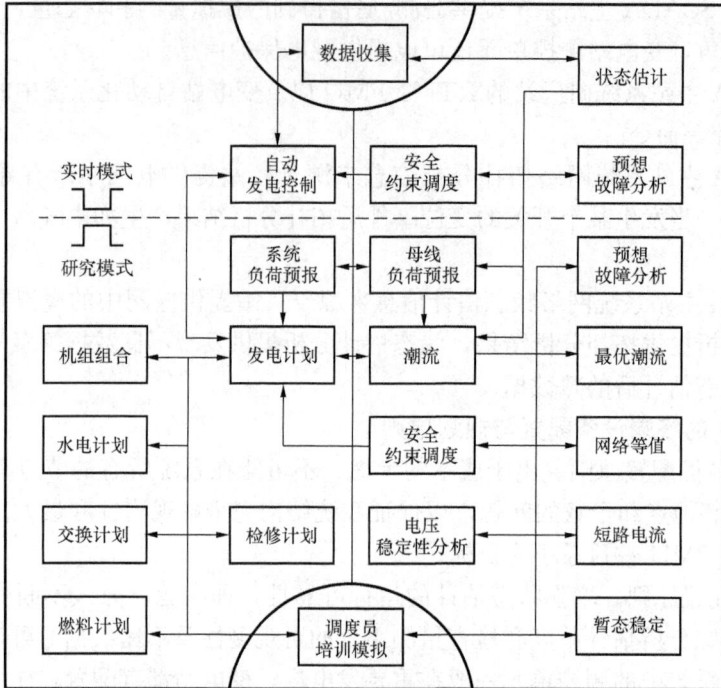

图 12 - 6　EMS 软件功能模块

EMS 软件的规划配置如下：

（1）能量管理方面。能量管理方面的软件利用电力系统总体信息（频率、机组功率、联络线功率）进行调度决策，主要目标是提高控制质量和改善运行的经济性。能量管理软件从 SCADA 取频率和功率等实时数据，向 SCADA 送机组控制信息。

能量管理方面软件可以配置自动发电控制（AGC）、系统负荷预测、发电计划（也称火电调度计划）、机组经济组合（机组启停计划）、水电计划（水火电协调计划）、交换功率计划、燃料调度计划。

（2）网络分析方面。网络分析方面的软件利用电力系统全面信息（母线电压和角度）进行分析与决策，主要目标是提高运行的安全性，使 EMS 的决策能做到安全性与经济性的统一。网络分析软件从 SCADA 取实时量测值和开关状态信息，向 SCADA 送量测质量信息；网络分析软件从能量管理软件取负荷预报值和发电计划值，传递网损修正值和机组安全限值。

网络分析方面软件可以配置、状态估计、母线负荷预报、潮流计算、预想事故分析、安全约束调度、最优潮流、短路电流计算、电压稳定性分析、暂态分析。

（3）调度员培训模拟方面。可以由研究方式或实时方式为出发点，按规定教案培训调度员，也可以做分析工具使用。

12.4　变电站自动化系统规划

12.4.1　概述

变电站自动化系统是在变电站中实现遥控、遥测、遥信、遥脉、遥调以及遥视等监控功能，以及各种继电保护功能和相关自动装置功能的计算机应用系统。变电站自动化系统的系统结构形式先后经历了从集中式、集中与分布相结合方式到完全分布式的演变过程。

对于变电站自动化系统的规划需要针对变电站自身的规划和定位进行，根据变电站的实际应用、地理区域、电压等级、企业策略等的不同进行分类设计。对选定的变电站类型，进线和出线的数量、变压器台数不同也会有不同的设计方案。

对变电站自动化系统的规划，主要包括变电站信息流规划和变电站自动化功能配置规划。变电站信息流规划主要进行变电站自动化系统的分层信息流向设计以及信息量的评估，作为变电站自动化功能配置及技术实现的基础。变电站自动化功能配置规划主要研究继电保护、监控功能和自动控制功能的逻辑及物理实现的配置，作为变电站自动化系统技术实现的基础。

12.4.2 变电站信息流规划

变电站自动化系统的基本结构可以抽象为如图 12-7 所示的逻辑结构，分为过程层、间隔层和变电站层三个层次。

变电站自动化的过程层主要是指变电站的智能化电气设备，其功能有三类：电气量参数检测、设备状态检测和操作控制执行与驱动；变电站的间隔层设备完成本间隔的监视控制与保护功能，实现通信；变电站层实现信息共享以及运行功能的协调工作。

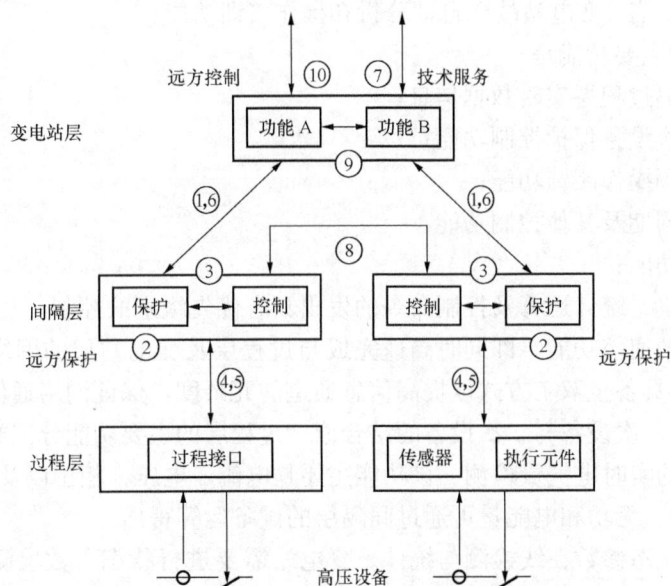

图 12-7 变电站自动化系统的逻辑结构及其信息流

变电站自动化系统的信息流如图 12-7 所示，表示如下：

信息接口 1 表示在间隔层和变电站层之间交换保护信息；

信息接口 2 表示在间隔层和远方保护之间交换保护信息；

信息接口 3 表示在间隔层内交换信息；

信息接口 4 表示在过程层和间隔层之间 TV 和 TA 瞬时数据交换；

信息接口 5 表示在过程层和间隔层之间交换控制信息；

信息接口 6 表示在间隔层和变电站层之间交换控制信息；

信息接口 7 表示在变电站层和远方工程师工作站之间交换信息；

信息接口 8 表示在间隔层之间直接交换信息；

信息接口 9 表示在变电站层之间交换信息；

信息接口 10 表示在变电站层和远方控制中心之间交换控制信息。

12.4.3 变电站自动化功能配置规划

变电站自动化系统是保证变电站的当地功能和远方功能得以完善的重要保证，主要具有远动功能、自动控制功能、计量功能、继电保护功能、接口功能以及系统功能等七大功能组。下面分层分别详述：

(1) 变电站层的主要任务是：

1) 汇总全站的实时数据信息，不断刷新实时数据库，按时登录历史数据库；

2) 按既定协约将有关数据信息送往调度或控制中心；

3) 接收调度或控制中心有关控制命令并转间隔层、过程层执行；

4) 具有在线可编程的全站操作闭锁控制功能；

5) 具有 (或备有) 站内当地监控、人机联系功能，如显示、操作、打印、报警等功能以及图像、声音等多媒体功能；

6) 具有对间隔层、过程层的设备在线维护、在线组态、在线修改参数的功能；

7) 具有 (或备有) 变电站故障自动分析和操作培训功能。

(2) 间隔层的主要功能是：

1) 汇总本间隔过程层实时数据信息；

2) 实施对一次设备保护控制功能；

3) 实施本间隔操作闭锁功能；

4) 实施操作同期及其他控制功能；

5) 继电保护功能；

6) 对数据采集、统计运算及控制命令的发出具有优先级别的控制；

7) 承上启下的通信功能，即同时高速完成与过程层及变电站层的网络通信功能，必要时，上下网络接口具备全双工方式以提高信息通道的冗余度，保证网络通信的可靠性。

(3) 过程层是一次设备与二次设备的结合面，过程层的主要功能分三类：

1) 电力运行的实时电气量检测。该功能主要是电流、电压、相位以及谐波分量的检测，其他电气量如有功、无功和电能量可通过间隔层的设备运算得出。

2) 运行设备状态参数在线检测与统计。变电站需要进行状态参数检测的设备主要有变压器、断路器、隔离开关、母线、电容器、电抗器以及直流电源系统。在线检测的内容主要有温度、压力、密度、绝缘、机械特性以及工作状态等数据。

3) 操作控制的执行与驱动。操作控制的执行与驱动包括变压器分接头调节控制，电容、电抗器投切控制，断路器、隔离开关的分合控制以及直流电源充放电控制等。

对于变电站自动化保护和控制功能配置的规划，有必要根据变电站的大小和功能要求分类进行配置。下面以 IEC61850—1—5 定义了 5 个主要的变电站类型为例，比较说明不同规模的变电站自动化系统的功能配置方案。

表 12-3 中的变电站类型 D 表示终端变电站，T 表示输电变电站。变电站出线数量不同

反映出变电站的规模，功能配置主要根据变电站的不同类型以及规模对于人机联系、控制功能、告警和测量计量的配置要求，根据实际需求进行科学配置，作为继电保护，仅仅给出一些典型的例子，表示功能的级别，并没有列出全部保护内容。

表 12 - 3　　　　　　　　　　　变电站类型和配置功能示例

变电站类型	D1	D2	D3	T1	T2
出线数量	1～5	5～20	＞20	1～10	＞10
人机联系					
间隔层	√	√	√	√	√
变电站层，简单		√		√	√
变电站层，完整			√	√	√
控制功能					
断路器	√	√	√	√	√
隔离开关/线路或者接地			√	√	√
调节器		√	√	√	√
自动化顺序操作			√	√	√
同期			√	√	√
告警					
仅仅总告警	√	√			
全部告警功能			√	√	√
继电保护					
过流保护	√	√	√	√	√
后备保护		√	√	√	√
距离保护				√	√
冗余保护					√
母线差动保护			√	√	√
测量					
单相电流	√	√			
母线电压		√	√	√	√
三相电流			√	√	√
电能量表计	√	√	√	√	√

12.5　配电自动化系统规划

12.5.1　概述

　　配电自动化是一项集计算机技术、自动控制技术、数据通信、信息管理技术于一身的综合信息管理系统。配电自动化是利用现代计算机及通信技术，将配电网的实时运行、电网结构、设备、用户以及地理图形等信息进行集成，构成完整的自动化系统，实现配电网运行监控及管理的自动化、信息化。实施配电自动化系统的目的是提高供电可靠性，提高供电质量、提高服务质量、优化电网操作、提高供电企业的经济效益和提高企业的管理水平，使供电企业和用户双方受益。

《配电自动化系统功能规范》（DL/T 814—2002）对配电自动化系统的实施提出了应该坚持统筹兼顾、统一规划；分析现状、优化设计；远近结合、分步实施；充分利用现有设施、改造建设等原则。同时还特别强调了将实时的配电自动化与配电管理集成，应与地区电网调度自动化、负荷管理、变电站自动化、用电管理、用户服务、管理信息等系统有机集成，以实现信息源唯一、资源共用、信息共享、图形数据同步更新。

因此，做好配电自动化系统规划，首先必须全面深入地分析当前城市电网的现状和对自动化系统的需求。认真分析供电企业的发展目标，研究供电负荷及相关指标的现状，了解变电站和配电网络接线方式，分析现有的各类自动化及信息化系统的功能及数据流，研究自动化系统及其管理制度的状况，并了解国内外当前城市电网自动化技术的发展状况。

12.5.2　监控终端布点规划

配电监控终端有馈线自动化终端装置 FTU、配电变压器终端装置 TTU、配电站/开闭站监控终端装置 DTU 三种类型。其中：

馈线自动化终端装置 FTU 是指具有自动或远程操作功能的配电网远程终端，它可以与带启动器/马达的开关协调安装。

配电变压器监控终端 TTU 用于配电变压器检测或控制，具有对配电变压器的各种运行参数的监视、测量及控制等功能。

配电站/开闭所监控终端 DTU 用于配电网中开闭所和配电站设备的监控，并具有遥信、遥测、遥控和故障电流检测等功能。

配电监控终端布点配置技术原则如下：

（1）基于配电网当前一次设备和网架的现状，循序渐进地分阶段规划配置配电监控终端；

（2）配电监控终端信息量的配置和规划中，要考虑配电网信息化集成及配电网优化运行的需求，考虑系统的规模效益；

（3）配电监控终端的信息处理中，要考虑信息的可用性与实用性，根据信息量的使用需求设计信息的采集频率和实时性；

（4）配电监控终端的信息系统设计，要考虑系统建设的实用性和经济性，不仅考虑建设成本，也要考虑运行维护成本；

（5）充分利用原有配电自动化系统的设备资源，原则上应该继承使用。原有终端设备可以通过原系统的二级主站或原主站的前置机接入新 DSCADA 主站，实现遥信、遥测、遥控的功能。

12.5.3　监控主站系统规划

要对庞大而复杂的中低压配电网实施有效的监控，需要从提高配电网整体运行管理水平的目标出发，做好监控主站系统的规划，首先要从根本上改变目前中低压配电网信息盲区的现状，使中低压配电网数据成为企业信息化管理的主要支撑数据之一，同时通过配电网实时信息与管理信息系统的合理集成，可以极大地服务于各供电企业的调度、运行、工程、营销等部门，提高网络运行水平、管理水平。

在以上配电主站系统的设计原则基础上，配电主站系统的规划需要进行配电自动化系统的信息量分析、确定配电自动化及管理系统的体系结构、确定配电自动化主站系统配置、确定配电自动化子站系统硬件及软件配置等几个方面的工作。

配电主站系统配置技术原则如下：

（1）DSCADA 的数据处理中，要考虑配电网信息的海量特点，要考虑海量数据的压缩分类处理以及根据应用需求快速获取信息能力的角度设计 SCADA 模式；

（2）满足供电企业信息化与数字化要求，结合企业的信息系统规划，确定 DSCADA 系统的采集与控制方案；

（3）配电主站系统要设计好与相关系统的边界与接口：

1）相关系统包括 ERP、营销信息系统、调度自动化、生产管理系统、负荷管理及远方自动抄表、变电站自动化系统。

2）配电自动化与 ERP、营销信息系统、生产管理系统等其他管理系统的边界在综合数据平台，通过综合数据集成平台实现 DSCADA 实时及历史信息和电网资产及设备信息的共享。

3）配电自动化负荷管理及远方自动抄表的信息也可以通过综合数据集成平台共享。

4）配电自动化与调度自动化系统的边界在 10kV 母线，10kV 的出线开关的控制权属于调度 SCADA 的权限，但是其故障信息要送到配电自动化系统中。

（4）配电自动化主站系统在结构上应遵循分层、分布式体系结构的设计思想，根据信息量的实际要求，决定是否设立配电子站层，完成通信的分布式网络，集中转发的作用。

（5）配电高级应用软件配置规划要求：

1）配电网应用分析软件的功能配置，突出配电网经济运行和节能降耗实用性计算；

2）配电网应用分析软件的实现，要充分利用 DSCADA 的采集数据以及相关系统的集成数据，并对这些数据进行相容性的分析。

3）配电网应用分析软件要具备通过公共信息模型（CIM）和组件接口规范（CIS）的集成能力。

12.5.4 馈线自动化规划

馈线自动化（Feeder Automation，FA）的基本步骤包括故障定位、故障隔离、非故障区域恢复供电和配电网络优化重构。其基本原理是：将环网结构开环运行的配电网线路通过分段开关把供电线路分成各个供电区域；当某区域发生故障时，及时将分割该区域的开关跳开，隔离故障区域；随后，将因线路发生故障而失电的非故障区域迅速恢复供电，从而避免了因线路出现故障而导致整条线路连续失电，大大减小停电范围，提高供电可靠性。

馈线自动化（FA）配置技术原则如下：

（1）根据供电可靠性的需要及一次设备的现状，规划实施不同层次的 FA 配置模式。

（2）FA 的配置模式和规划，要从线路开关设备当前实际情况出发，要根据实际线路的供电可靠性要求选择相适应的合理模式；

（3）FA 的设计模式，要从简化信息路径和适应线路拓扑更改的角度设计更加可靠的简化模式。

馈线自动化的实现方式有三种：无通道模式、集中智能模式和分布智能模式。

在进行馈线自动化配置规划时，首先，要对配电线路进行供电可靠性分析，然后，针对不同区域、不同线路的可靠性要求，采取不同的馈线自动化的实现方式。

对于网架结构比较简单，主要是双电源供电的手拉手线路，在不具备通信手段或通信条件不完善，供电可靠性要求不是很高的场合，可以选用无通道模式馈线自动化方案。

对于不具备电动操作的开关线路，供电可靠性要求又不是很高的场合，可以安装故障指示器结合遥信上传到配电监控中心，实现故障点的判别，然后调度员发出工作票，到现场由人工实现故障点隔离。

对于建设有效而又可靠的通信网络，多电源供电的复杂的网络，线路上的开关具有遥控功能，供电可靠性要求较高的场合，可以选择集中智能模式的馈线自动化方案。

对于建设有分布式对等通信网络，多电源供电的复杂的网络，线路上的开关具有遥控功能，电能质量要求很高的场合，可以选择分布智能模式的馈线自动化方案。

12.6　电力系统信息一体化规划

12.6.1　概述

目前电力企业中为满足特定的需要，已安装和开发了多种不同的应用系统，如实现电网实时监控和运行的调度自动化 SCADA 系统、能量管理系统（EMS）、配电自动化系统（DAS）、配电管理系统（DMS）、变电站自动化系统（SAS）、资产管理系统（Asset Management System，AMS）、负荷管理系统（Load Management System，LMS）、电力营销管理信息系统（Sale Management System，SMS)、客户电话查询系统（Call Center）、企业资源规划系统（Enterprise Resource Planning，ERP）等。这些应用系统在设计上多是相互独立的，由于各电力应用系统开发时间的不同、建设模式也不同，具有显著的异构性特点，使得电力企业应用系统成为信息"孤岛"，造成这些系统资源信息共享不足，数据信息源头不唯一，工作和服务流程不闭环，难以做到各业务流程的协调和管理，更难以实现对决策系统的有效支持。

国家电网公司在"十一五"规划中明确提出了信息化的建设目标：建立一体化企业级信息集成平台，在信息化的建设中，将完善信息网络，建立安全、可靠、快速、畅通的信息网络，同时部署数据交换，建立国网公司总部与各网省公司统一的数据交换，实现公司关键业务数据的纵向快速交换，确保上下信息畅通；建设数据中心，实现数据共享，建成国网公司总部和网省公司两级数据中心，逐步实现数据中心间的数据交换和数据点播；推进应用集成，促进流程优化，结合业务流程的梳理，制定标准，设计架构，开展应用集成试点，实现财务、营销等关键业务应用的横向集成。在此基础上，整合资金流、物流和信息流，实现"三流合一"，优化企业资源配置，实现电力信息系统一体化建设。

12.6.2　电力企业信息集成

在构建电力信息资源平台过程中，需要遵循统一的行业规范和标准体系。自 20 世纪 90 年代中期以来，国际电工技术委员会（IEC）负责电力系统控制及其通信相关标准的第 57 技术委员会（IEC TC 57）逐步制定了一系列标准，特别是新推出的 IEC61970/IEC61968，IEC61970 标准建立了电力企业信息交换的公共信息模型，规范了组件接口规范去访问公共信息，可以实现在统一的公共信息模型（CIM）基础上通过标准的数据交换平台进行数据交换。IEC61968 对供电企业主要业务进行了抽象，并将公共信息模型扩展到配电应用，通过消息传递机制的企业集成总线（UIB）实现供电企业多个应用系统的信息共享机制。

长期以来，业务信息系统的重心在于各自分散的自动化应用系统，这些系统往往只用来满足用户在自动化操作过程中某一方面的特殊需要，相应的企业对于岗位的设置和业务流程的建立也是分散的系统基础之上。

电力企业应用系统是一个高度分布和异构的环境，如何在异构环境下实现各个分布式应用的互联将是电力企业信息集成的一项挑战，一个开放的接口标准是解决此类问题的关键，基于公共信息模型（CIM）和企业集成总线（UIB）的数字化供电企业一体化信息集成的步骤如下：

（1）定义业务流程，可以通过面向对象的用例分析和事件顺序分析。

（2）在业务流程的基础上，明确业务流程的需要传递的消息类型。

（3）根据业务流程的需要，在 IEC CIM 基础上建立扩展的信息模型。

（4）在 IEC 61968 的消息类型基础上定义出与建立的扩展信息模型相匹配的消息类型，并结合组件接口规范（CIS）建立企业集成总线（UIB）。

（5）定义设备及相关对象在数据库中字段的名称和编码得到全局数据字典，并在此基础上建立企业级的数据中心。

（6）组织开发实施。对业务流程的分析并结合 IEC CIM 建立扩展的信息模型，结合 IEC 61968 的消息类型建立的扩展信息模型相匹配的消息类型，既可以满足与其他电力公司或控制中心交换信息的信息共享的建模需要，又可以满足电力公司自身业务流程的特殊要求。企业集成总线（UIB）提供传送机制、发布/订阅和请求/应答能力、集成路由和日志、具有冗余能力的分布式服务器、例外处理、交易管理和系统管理等。在企业集成总线（UIB）上进行交换的消息采用前面定义的基于 CIM 的扩展信息模型以及基于 61968 的扩展消息类型，电力企业原有的各个应用系统在其内部可以有各自的信息描述，只要在应用程序（或组件）接口语义级上基于公共信息模型，不同厂商开发的应用系统就可以在应用间访问和建立公共数据。

在此基础上，基于组件接口规范（CIS）建立企业集成总线（UIB）以及全局数据字典，可以建立企业级的数据中心。数据中心可以有效整合电力公司各种自动化系统与信息管理系统的信息，为电力系统的安全经济的运行决策提供有效的支撑。目前国家电网公司正在规划各级电力公司的数据中心，数据中心的建立将为电力公司业务的整合、信息的再利用、科学的决策提供基本的数据平台。

电力企业的数据中心包括主题数据库、数据仓库、实时数据平台几个方面组成。主题数据库存放的数据来源于各个应用系统数据库，经过数态重获引擎的转换和整理，形成面向业务主题的数据组织存储，与企业的业务流程中要解决的主要问题相关联。

实时数据平台涉及实时信息的获取和应用需求，它通过企业集成总线从各个实时监控系统中获得覆盖输电网、变电站、发电厂以及配电网和用电的实时信息的一个镜像并实时更新，实时信息的集成需要考虑二次安全防护的规定。

在主题数据库和实时数据平台的基础上构建一个数据仓库不但能够保存历史数据、阶段性数据，并从时间上进行分析，而且能够装载外部数据，接受大量的外部查询。

12.6.3　信息集成安全规划

电力企业信息一体化应用系统的集成在享受信息共享所带来的高效率的同时，其所承受的网络安全风险也不断地增大，《电力二次系统安全防护总体方案》充分利用了我国电力专用通信网对信息安全提供的便利，对电力系统业务按照安全等级要求及业务需求设置了两个安全区：

（1）生产控制区。生产控制区为 SCADA/EMS 区，为监控实时信息运行区域，为准实时和非实时信息运行区域。

（2）信息管理区。为管理信息系统和办公系统的运行区域。

《电力二次系统安全防护规定》主要采取的策略是"安全分区、横向隔离、纵向认证"，其中生产控制区和信息管理区要求物理隔离，给信息集成的实现带来较大困难。

信息集成的安全规划技术原则：

（1）信息集成不仅要从空间上进行安全防护，而且从信息存在的生命周期全过程建立时间安全模型，包括信息处于采集、传输、处理、交易和发布五个不同的环节，使得信息系统在电力信息的集成过程的整个生命周期所经历的时空状态集内都有安全保障。

（2）信息集成要满足信息安全需求，包括：

1）信息的可用性（Availability）。防止失去对资源和数据的访问能力。

2）完整性（Integrity）。防止对数据进行未经授权的修改。

3）机密性（Confidentiality）。防止数据未经授权而泄露出去。

4）不可抵赖性（Non-repudiation）。确保发送信息发送者就是信息创建者。

（3）信息集成既要保证信息安全，又要能够满足电力企业对于信息集成的需求。

遵循信息集成的安全规划技术原则，在时空结合的信息安全模型基础上考虑信息集成及其安全防护，就要在安全区防护的空间安全设置方案的同时，考虑到供电企业信息集成的不同阶段为不同应用系统使用的信息可用性、完整性、机密性、不可抵赖性，这是电力企业信息一体化建设的关键所在。处于生产控制区（包含安全Ⅰ区和安全Ⅱ区）的实时监控信息需要在处于信息管理区的其他业务中进一步使用和挖掘，因此，本文提出通过实时数据的"安全引擎"机制作为电力企业信息一体化信息集成的一个基础环节，如图 12-8所示。

时空结合的安全模型下建立实时数据服务安全引擎，物理隔离装置将生产控制区和信息管理区的两个网络进行了物理隔离，隔离设备不支持任何开放的通信协议，不支持任何开放的网络协议，只有读、写两个命令，数据的流向也只能是单向，在网络隔离的情况下数据交换通过将包转换成文件，通过隔离装置内部的规约以"摆渡"的方式进行信息交换，使得安全Ⅰ区和Ⅱ区的实时信息能够跨安全区的物理隔离将实时数据的镜像进入实时数据平台，通过实时数据平台发布被其他应用系统使用。

数据访问的安全防护可以采用 IEC TC57 委员会的 WG15 工作组正在制定的 IEC62351系列标准制定安全措施，其中 IEC62351—7 网络和系统管理的安全性针对端对端的安全防护，如安全策略、访问控制机制、密钥管理、审计记录等安全防护等措施，可以应用到电力企业信息一体化应用系统的安全集成，在通过物理隔离装置进行信息系统的横向隔离的同时，也需要利用证书安全机制实现信息系统的纵向认证。

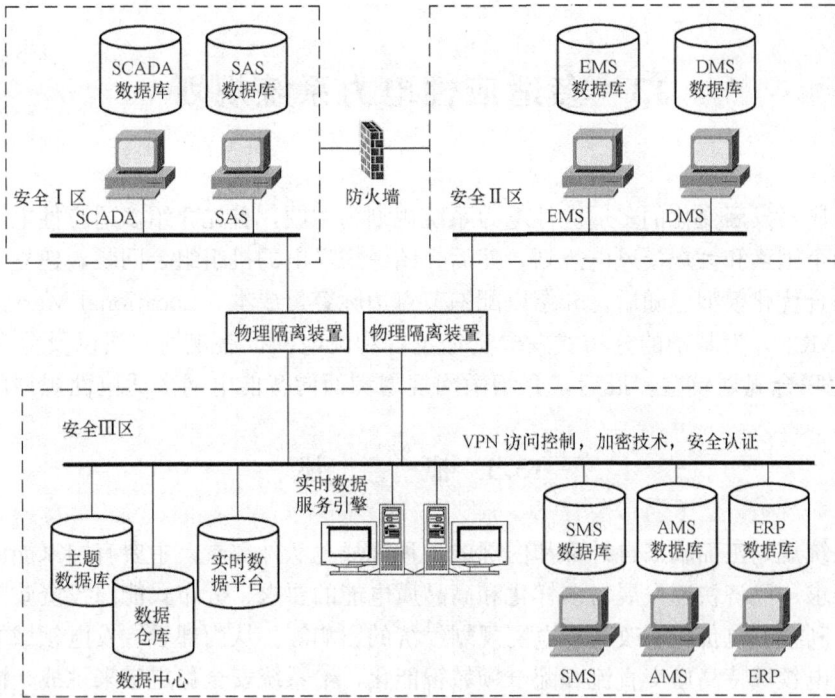

图 12 - 8 "安全引擎" 机制

13　多适应性电力系统规划

本章以应对发展变化的多适应性电力系统规划为主题，首先介绍多适应性电力系统规划应考虑的四个因素和大规模风电规划，然后介绍考虑风电的机组组合问题，建立了大规模风电和电网联合优化模型。随后，介绍以配网节点边际容量成本（Locational Marginal Capacity Cost，LMCC）为基础的分布式发电选址定容和配电网扩展规划方法以及分布式发电与配网适应性联合规划模型。最后，介绍微网规划和面向智能电网多适应性规划的概念。

13.1　概　　述

电力系统规划正面临来自外部和内部的各种挑战。从外部看，主要有国家能源政策对节能减排的要求、经济快速发展对多样化和高品质电能的要求、分布式能源投资政策影响供电企业的实际利益、电价机制改革对电网规划经济的影响等。从内部看，发电领域非传统同步发电机、输电领域特高压交直流和配电领域智能化，给系统安全稳定带来挑战，同时也给电力系统规划提出了新的要求。为适应不断变化的内外部环境，多适应性电力系统规划可以从四个因素分析，如图 13-1 所示，依次为系统性能、系统效率、社会效益和成本。

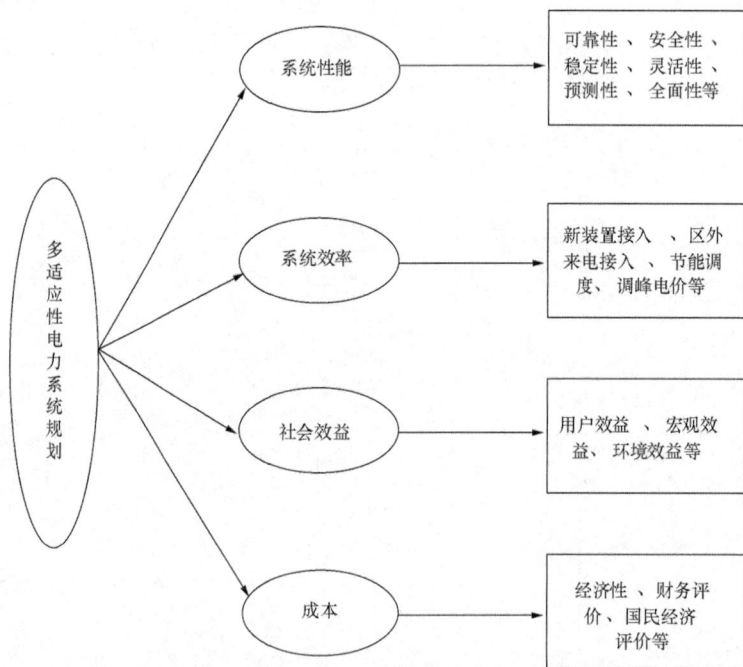

图 13-1　多适应性电力系统规划的四个因素

（1）系统性能要求。系统性能尤其是电网性能，不仅限于安全、稳定、可靠，对预测性、灵活性这两个描述未来长时间动态特征的性能也要有所要求,这是多适应性电力系统规划必须考虑的要素。

(2)系统效率要求。系统效率是以系统性能为基础,在保障性能的基础上,提高效率,是多适应电力系统规划的重要目标。系统效率的提高,依赖多适应规划中对新技术新设备正确地规划、使用,其内容主要包括新能源及其他装置(如储能设备)的接入、区外来电接入、节能调度、差别定价、电源规划指导等。

(3)社会效益要求。社会效益也称社会责任,主要指用户效益、宏观效益和环境效益这三方面的内容,体现互动、兼容、清洁的特点。创造社会效益是电力系统的社会责任。

(4)成本要求。成本要求也称经济效益,经济效益是电力系统循环投资的基本保障,经济性往往是评价电力系统规划方案的最后一关。用成本来衡量规划的经济性更加直接而且更加能够强调企业的社会责任,强调系统未来的经济、高效的特征。

系统性能、系统效率、社会效益和成本是电力系统规划需要考虑的最主要的四个因素。从这四个基本因素出发,可用来构建多适应性电力系统规划,根据这四个因素的特征可把规划理解为四个目标、三个阶段:第一阶段是系统性能的满足和系统效率的优化;在满足这两个目标的前提下,再进行第二阶段社会效益的优化;最后在前面三个目标都优化后,进行第三阶段的成本优化。在实际的多适应性电力系统规划中,也可以分别从这四个因素同时进行定性分析和定量分析。针对具体情况,采用定性与定量结合的方法。

13.2 大规模风电规划

国家能源政策对节能减排的要求,使得中国的电力工业必须有效利用风力发电资源。大规模风电规划与风能资源有关,在确定的装机容量下,风电输出功率的概率分布与风速相关。

13.2.1 风电输出功率模型

大量实测数据表明,绝大多数地区的风速概率分布都可以采用 Weibull 分布函数来描述。典型的风速概率分布曲线如图 13-2 所示[212]。

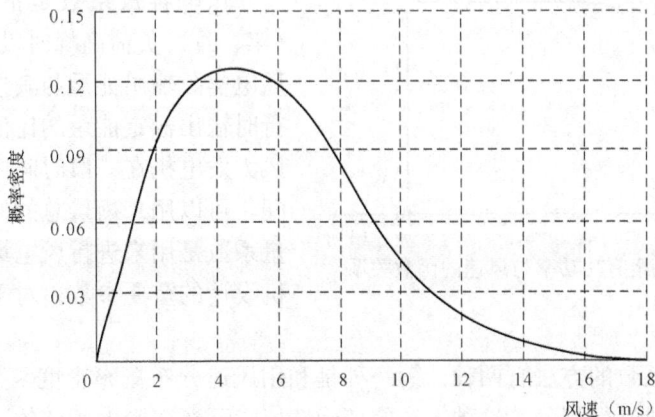

图 13-2 典型的风速概率分布曲线

设风速概率分布服从两参数 Weibull 分布,则风速概率密度函数可以表示为

$$f(v) = \left(\frac{k}{c}\right)\left(\frac{v}{c}\right)^{k-1} e^{\left[-\left(\frac{v}{c}\right)^k\right]} \tag{13-1}$$

式中　　v——给定风速;

　　　　c——Weibull 分布的尺度参数,它反映的是平均风速的大小;

　　　　k——形状参数,它能够反映风速分布的特点,对应 Weibull 分布密度函数的形状,取值范围一般在 $1.8 \sim 2.3$。

风速的分布函数为

$$F(v) = 1 - e^{\left[-\left(\frac{v}{c}\right)^k\right]} \tag{13-2}$$

大多数风电机组的输出功率与风速之间的近似函数关系如图 13-3 所示。

其分段函数表达式为

$$P_g(v) = \begin{cases} 0 & 0 \leqslant v \leqslant V_{ci} \\ (A + Bv + Cv^2) & V_{ci} \leqslant v \leqslant V_r \\ P_r & V_r \leqslant v \leqslant V_{co} \\ 0 & v \geqslant V_{co} \end{cases} \tag{13-3}$$

$$A = \frac{1}{(V_{ci} - V_r)^2} \times \left[V_{ci}(V_{ci} + V_r) - 4(V_{ci}V_r)\left(\frac{V_{ci} + V_r}{2V_r}\right)^3\right] \tag{13-4}$$

$$B = \frac{1}{(V_{ci} - V_r)^2} \times \left[4(V_{ci} + V_r)\left(\frac{V_{ci} + V_r}{2V_r}\right)^3 - (3V_{ci} + V_r)\right] \tag{13-5}$$

$$C = \frac{1}{(V_{ci} - V_r)^2} \times \left[2 - 4\left(\frac{V_{ci} + V_r}{2V_r}\right)^3\right] \tag{13-6}$$

式中　　V_{ci}——切入风速;

　　　　V_{co}——切出风速;

　　　　V_r——额定风速;

　　　　P_r——风电机组额定输出功率。

13.2.2　风电容量系数

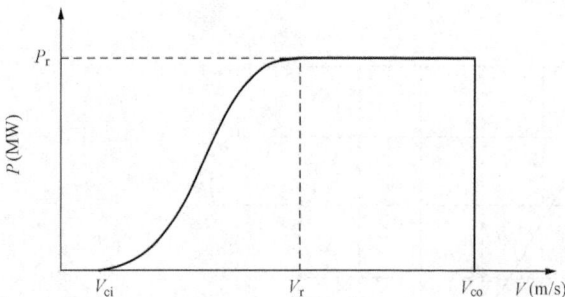

图 13-3　风电机组有功功率与风速的函数关系

风电容量系数是指某特定时间段内(年、月、负荷高峰时段、负荷低谷时段)风电实际输出能量与其按额定装机容量运行时输出额定能量的比值。它等价于这台风力发电机在一段时间内满负荷工作的时间,可以用来衡量总的发电情况。风电容量系数是用来进行风电场选址、风力发电机设计的重要参数,对于风电场规划也有一定指导意义。

计算风电容量系数的方法有两种。第一种是利用风速分布概率密度函数,如 Weibull 分布以及风速功率曲线进行积分。这种方法的准确性依赖于概率密度函数的适当选择,风速分布的参数一般由时序风速数据计算得出。第二种是利用风速序列以及风速功率曲线求出风力发电机功率序列而后进行累加。两种方法的计算公式如下:

（1）通过风速分布获取容量系数（Weibull 方法）。若给出了风速概率密度函数 $f(v)$，则时间段 T 内风力发电机发出的总能量 E_w 为

$$E_w = T \int_0^\infty P_g(v) f(v) \mathrm{d}v \tag{13-7}$$

式中，$\int_0^\infty P(v) f(v) \mathrm{d}v$ 是在风速概率密度函数 $f(v)$ 下的风电输出功率期望，乘以时段 T 即为风电输出总能量。风速概率密度函数 $f(v)$ 可以认为符合双参数 Weibull 分布，即式（13-1），风电输出功率与风速关系 $P_g(v)$ 可以使用式（13-3）。风力发电机在时间段 T 内以额定功率运行所发出的能量 E_R 为

$$E_R = T P_r \tag{13-8}$$

则容量系数的定义可得

$$C_f = \frac{E_w}{E_R} \tag{13-9}$$

（2）通过风速序列获取容量系数（序列方法）。把风速序列代入风电输出功率与风速关系式 $P_g(v)$ 计算风电发出的有功功率，累加时间段 T 内的能量输出，那么时间段 T 内风力发电机发出的总能量 E_c 为

$$E_c = \sum_{i=1}^N P(v_i) \Delta t_i \tag{13-10}$$

式中，$T = \sum_{i=1}^N \Delta t_i$。

则根据容量系数的定义有

$$C_f = \frac{E_c}{E_R} \tag{13-11}$$

由上述计算可知，容量系数与风电场风速情况有关。对于给定的风电场，风速概率分布或时序风速特征基本不变，即容量系数基本不变。

在电量平衡中，需要评估风电场在特定时间内的电量，可以通过该风电场容量系数计算，即风电场在时段 T 内发出的电量 E_w 等于风电场装机容量 P_r、风电场容量系数 C_f 和时段 T 的乘积，如式（13-12）所示。

$$E_w = P_r \cdot C_f \cdot T \tag{13-12}$$

在电力平衡中，风电容量按照风电保证容量和风电输出功率上限分别加以考虑。风电保证容量是风电在 95% 置信度下风电最小输出功率（也就是：风电输出功率在 95% 时间不少于风电保证容量，或风电输出功率仅在 5% 时间不多于风电保证容量）。风电保证容量主要用于衡量风电为系统提供的基本容量。风电保证容量计算过程如下：把确定时段的风电输出功率按从大到小排序，在某一时间百分比下（譬如 95%）风电的最小输出功率，即在排序后的风电输出功率曲线上，时间轴为 95% 处对应的风电输出功率。在图 13-4 中风电持续输出功率曲线是把研究时间分成若干段，每段取风电平均输出功率，按时间段的风电平均输出功率从大到小排列，横坐标使用时间百分比，纵坐标取风电输出功率占风电装机容量百分比，横坐标 95% 处的纵坐标就是在 95% 时间百分比下风电保证容量百分比，即 A 点。从目前安装风电机组情况看，在我国新疆哈密、甘肃酒泉、蒙西、东北、河北、江苏和广东等风能资源地区，在 95% 时间百分比下的风电保证容量百分比依次为 0.1%、1.4%、4.6%、

5.9%、1.0%、0.7%[215] 和3%[216]。

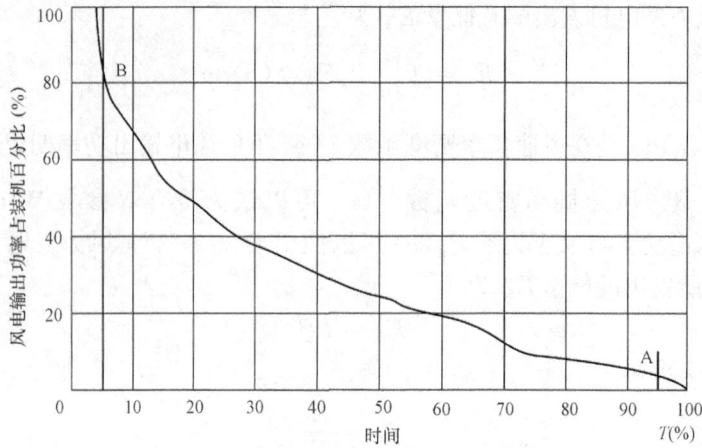

图 13-4 风电持续输出功率曲线

风电输出功率上限是风电在 95%置信度下风电最大输出功率（也就是：风电输出功率在 95%时间不少于风电保证容量，或风电输出功率仅在 5%时间不多于风电保证容量）。风电输出功率上限主要用来衡量系统接受风电的最大容量。风电输出功率上限计算过程如下：把确定时段的风电输出功率按从大到小排序，在某一时间百分比下（譬如 95%）风电的最大输出功率，即在排序后的风电输出功率曲线上，时间轴为 5%处对应的风电输出功率。在图 13-4 中横坐标 5%处的纵坐标就是在 95%时间百分比下风电输出功率上限容量百分比，即 B 点。从目前安装风电机组情况看，在我国新疆哈密、甘肃酒泉、蒙西、东北、河北、江苏和广东等风能资源地区，在 95%时间百分比下的风电输出功率上限百分比依次为 80.2%、62.9%、68.5%、58.2%、63.2%、81.3%[215] 和58%[216]。

13.3 适应大规模风电的电力系统规划

适应大规模风力发电的电网规划与常规发电的电网规划最大的不同，是风力发电机组与常规发电机组的组合优化。

13.3.1 考虑大规模风电的机组组合

考虑大规模风电的机组组合与常规机组组合主要不同是调峰和备用。电力系统调峰能力就是正常运行的机组的最大输出功率和最小输出功率之差，是否能满足系统的负荷峰谷差的要求。图 13-5 所示的电力系统日负荷曲线描述了 1 天 24h 的负荷变化情况。负荷曲线中的最大值称为日最大负荷（P_{max}，即峰荷），最小值称为日最小负荷（P_{min}，即谷荷）。风电接入系统前，系统的日调峰需求主要表现为峰荷与谷荷

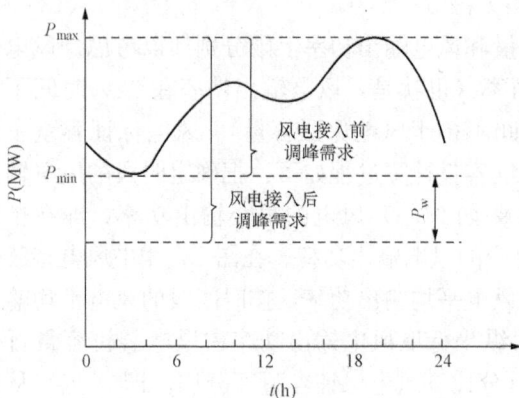

图 13-5 风电接入前后系统调峰需求变化

间的差值,即峰谷差。

　　风电接入系统以后,日调峰需求变化如图13-5所示,由于风电的随机性与间歇性,导致既有可能在系统日负荷达到峰值时,风电零输出功率,也有可能在日负荷到达谷值时,风电满发。为了保证风电输出功率始终上网,系统日调峰需求显著增加,变为日负荷峰谷差与风电接入容量 P_w 之和。机组组合优化目标函数一般是总成本最小,含风电的机组组合优化需要考虑风电最大接纳及其风险水平,因此是多目标优化模型。含大规模风电的机组组合优化多目标模型的目标函数依次为:

　　(1) 总弃风量最小,其计算式为

$$\text{Min} F_1 = \sum_{t=1}^{T_d} \max(P_{a,t},\ 0) \tag{13-13}$$

式中　　$P_{a,t}$——t 时段系统中可用调峰容量无法承担的风电及负荷波动所产生的弃风电量;

　　　　T_d——研究的时段总数。其数学表达为

$$P_{a,t} = \min\left\{ P_{w,t},\ \Delta P_{w,t} - \Delta P_{L,t} - \sum_{k=1}^{NG} u_{k,t} \cdot \min(P_{gk}^{\text{ramp}},\ P_{gk,t-1} - P_{gk,\min}) \right\}$$

$$\tag{13-14}$$

式中　　　　　　　$\Delta P_{w,t}$, $\Delta P_{L,t}$——分别为 t 时段风电输出功率增长量和负荷增长量;

　　　　　　　　P_{gk}^{ramp}——第 k 台机组的爬坡率;

　　　　　　　$P_{gk,t-1}$——第 k 台机组在 $t-1$ 时段的输出功率;

　　　　　　　$P_{gk,\min}$——第 k 台机组的最小输出功率;

$\min(P_{gk}^{\text{ramp}},\ P_{gk,t-1} - P_{gk,\min})$——$t$ 时段第 k 台机组可用调峰容量;

　　　　　　　　$u_{k,t}$——第 k 台机组在 t 时段的起停状态变量,0 为停机,1 为开机;

　　　　　　　NG——系统中所有发电机总数。

　　(2) 总机组运行费用最小,其计算式为

$$\text{Min} F_2 = \sum_{t=1}^{T_d} \sum_{k=1}^{NG} m(u_{k,t} \cdot F_{k,t}^c(P_{gk,t}) + u_{k,t}(1 - u_{k,t-1}) S_{k,t}^c) \tag{13-15}$$

式中　　　　m——单位煤耗价格;

　$F_{k,t}^c(P_{gk,t})$——机组 k 在时段 t 的发电等值煤耗;

　　$S_{k,t}^c$——机组 k 在时段 t 的起停等值煤耗。

　　式 (13-15) 计算火电机组煤耗作为系统运行费用,不考虑水电、风电等机组的运行费用。

　　(3) 旋转备用容量不足风险最小。机组组合中风电输出功率预测存在误差,该误差一般满足正态分布,误差的出现是短时间的,需要使用旋转备用容量进行调节。所有开机机组在 t 时段的功率调节是否能消除风电误差的影响,存在一定的风险,该风险可称为旋转备用容量不足风险,其计算式为

$$\text{Min} F_3 = \frac{1}{T_d} \sum_{t=1}^{T_d} \text{Pr}\{\tilde{e}_w \,|\, (\tilde{e}_w \cdot P_{w,t}) > P_{\text{adj}^+,t}\}$$

$$+ \frac{1}{T_d} \sum_{t=1}^{T_d} \text{Pr}\{\tilde{e}_w \,|\, (\tilde{e}_w \cdot P_{w,t}) < P_{\text{adj}^-,t}\} \tag{13-16}$$

式中　　$P_{\text{adj}^+,t}$, $P_{\text{adj}^-,t}$——分别为 t 时段中系统的正负可用调峰容量。

其数学表达分别为

$$P_{\text{adj}^+, t} = \sum_{k=1}^{NG} \left[u_{k, t} \cdot \min(P_{gk}^{\text{ramp}}, P_{gk, \max} - P_{k, t}) \right] \qquad (13-17)$$

$$P_{\text{adj}^-, t} = \sum_{k=1}^{NG} \left[u_{k, t} \cdot \max(-P_{gk}^{\text{ramp}}, P_{gk, \min} - P_{k, t}) \right] \qquad (13-18)$$

式中 $\tilde{e}_{\text{w}}$——风电输出功率的预测误差变量。

一般采用正态分布描述误差的概率特性，并可以通过风速的历史数据及过往的预测数据进行参数估计，得到 $\tilde{e}_{\text{w}}$ 分布的参数 μ 和 σ。

在机组组合问题中，通常考虑的约束条件是有功功率平衡、机组容量限制、抽水蓄能限制、旋转备用容量限制和机组爬坡率限制，对任意时间段 t 具体计算式为

$$\sum_{k=1}^{NG} P_{gk, t} = L_t \qquad (13-19)$$

$$u_{k, t} \cdot P_{gk, \min} \leqslant P_{gk, t} \leqslant u_{k, t} \cdot P_{gk, \max} \quad (k \in \Psi_{\text{ht}}) \qquad (13-20)$$

$$P_{gk, t}(v) = \begin{cases} 0 & 0 \leqslant v \leqslant V_{\text{ci}} \\ (A + Bv + Cv^2) & V_{\text{ci}} \leqslant v \leqslant V_{\text{r}} \\ P_{r, k} & V_{\text{r}} \leqslant v \leqslant V_{\text{co}} \\ 0 & v \geqslant V_{\text{co}} \end{cases} \quad (k \in \Psi_{\text{wt}}) \qquad (13-21)$$

$$-u_{k, t} \cdot P_{gk, \max} \leqslant P_{gk, t} \leqslant u_{k, t} \cdot P_{gk, \max} \quad (k \in \Psi_{\text{ps}}) \qquad (13-22)$$

$$E_{\text{a}}^{(0)} - \sum_{t=0}^{t} P_{gk, t}^{d} + \eta \sum_{t=0}^{t} P_{gk, t}^{c} \geqslant 0 \quad (k \in \Psi_{\text{ps}}) \qquad (13-23)$$

$$E_{\text{b}}^{(0)} + \frac{1}{\eta} \sum_{t=0}^{t} P_{gk, t}^{d} - \sum_{t=0}^{t} P_{gk, t}^{c} \geqslant 0 \quad (k \in \Psi_{\text{ps}}) \qquad (13-24)$$

$$L_t + H_t \leqslant \sum_{k=1}^{NG} u_{k, t} P_{gk, \max} \qquad (13-25)$$

$$\begin{aligned} T_k^{\text{up}} &\leqslant T_{k, t}^{\text{on}} \\ T_k^{\text{down}} &\leqslant T_{k, t}^{\text{off}} \end{aligned} \qquad (13-26)$$

$$\begin{aligned} P_{gk, t} - P_{gk, t-1} &\leqslant u_{k, t} \cdot P_{gk}^{\text{ramp}} + u_{k, t}(1 - u_{k, t-1}) P_{gk, t} \\ P_{gk, t-1} - P_{gk, t} &\leqslant u_{k, t} \cdot P_{gk}^{\text{ramp}} + u_{k, t-1}(1 - u_{k, t}) P_{gk, t} \end{aligned} \qquad (13-27)$$

式中 $P_{gk, \max}$——节点 i 中第 k 台发电机的输出功率上限；

$\quad\quad P_{gk, \min}$——节点 i 中第 k 台发电机的输出功率下限；

$\quad\quad f(\cdot)$——风机输出功率与风速的函数关系；

$\quad\quad P_{gk, t}^{c}$——第 k 台抽蓄机组在 t 时刻的抽水功率；

$\quad\quad P_{gk, t}^{d}$——第 k 台抽蓄机组在 t 时刻的发电功率；

$\quad\quad E_{\text{a}}^{(0)}$——初始时刻上水库水位的等值电量；

$\quad\quad E_{\text{b}}^{(0)}$——初始时刻下水库水位的等值电量；

$\quad\quad \Psi_{\text{ht}}$——系统中所有火电机组集合；

$\quad\quad \Psi_{\text{wt}}$——系统中所有风电机组集合；

$\quad\quad \Psi_{\text{ps}}$——系统中所有抽蓄机组集合；

$\quad\quad \eta$——抽蓄抽水效率；

L_t——系统在时段 t 的负荷需求；

H_t——系统在时段 t 的旋转备用需求；

T_k^{down}——机组 k 的最小停机时间；

T_k^{up}——机组 k 的最小开机时间；

$T_{k,t}^{\text{on}}$——机组 k 在时段 t 的连续开机时间；

$T_{k,t}^{\text{off}}$——机组 k 在时段 t 的连续停机时间；

P_{gk}^{ramp}——机组 k 的输出功率增加和减少的爬坡率限值；式（13-21）中符号意义同式（13-3）。

式（13-19）是系统有功平衡约束；式（13-20）是常规机组输出功率约束；式（13-21）是风电机组输出功率约束；式（13-22）是抽水蓄能机组输出功率约束；式（13-23）、式（13-24）是抽水蓄能机组电量平衡约束；式（13-25）是系统旋转备用约束；式（13-26）是机组最小开停机时间约束；式（13-27）是机组爬坡率约束。

13.3.2 大规模风电接入的电网联合规划模型

电力系统是一个完整的整体，电网规划的方案结果将会影响到机组组合的优化结果，而机组组合又会反过来影响电网规划的优化结果，因此可以将这两个问题进行整合，建立考虑机组组合和电网扩展规划的综合优化规划模型。在求解得到最优网络扩展方案的同时给出在该方案下机组组合的最优方案。在此模型中，需要考虑机组组合的网络约束，同时也需要考虑如何规划合理的网络扩展方案满足机组组合有可行解的约束。通过循环迭代使这两个子问题的共同目标逼近最优解。该模型是一个综合的非线性混合整数优化规划模型，由于维数很高，对于大型电力系统易发生"维数灾"问题，直接求解会很麻烦，且优化精度不高。可利用 Benders 分解算法将该规划问题分解为一个基态主问题和一系列相互独立的子问题，通过对主问题和子问题交替协调计算求解电网规划的优化方案。多场景风电与电网联合优化模型目标函数依次如下：

（1）总弃风电量最小。在所有可行的风电和电网规划方案下，按每年 M 个典型日加权计算年弃风总量，优化目标是年弃风电量最小，其计算式为

$$\text{Min} F_4 = \sum_{n=1}^{M} 365 \cdot \mu_n \cdot \sum_{t=1}^{T_d} \max(P_{a,t}, 0) \tag{13-28}$$

式中 μ_n——第 n 个典型日在全年中出现的比例；

M——典型日，要根据天气特征选取。

此处弃风功率 $P_{a,t}$ 不仅包含了系统调峰容量的缺额，同时也需要计及为了消除电网规划方案中潮流越限而导致的弃风功率。

（2）总投资运行成本最小。总成本包括输电线路投资成本、网损及机组运行成本。总成本转化为等效年成本并使其最小，其计算式为

$$\begin{aligned}
\text{Min} F_5 = &\sum_{(i,j) \in N} \frac{c_{ij} x_{ij} \cdot r \cdot (1+r)^Y}{(1+r)^Y - 1} + \varepsilon \cdot \tau_{ij\max} \cdot \sum_{i,j \in \Omega} x_{ij} \cdot R_{ij} \cdot E((P_{ij})^2) \\
&+ \sum_{n=1}^{M} 365 \cdot \mu_n \cdot \sum_{t=1}^{T_d} \sum_{k=1}^{NG} [u_{k,t} \cdot m \cdot F_{k,t}^{\text{coal}}(P_{gk,t}) \\
&+ u_{k,t}(1 - u_{k,t-1}) S_{k,t}^{\text{coal}}]
\end{aligned} \tag{13-29}$$

式中 c_{ij}——待选线路集中线路 (i,j) 的投资成本；

ε——单位电价;

$\tau_{ij\max}$——年最大负荷损耗小时数,可根据最大负荷利用小时与用户功率因数查取;

x_{ij}——线路(i,j)的整数决策变量,是增加的线路条数;

r——贴现率;

Y——线路经济使用年限;

R_{ij}——支路(i,j)的单回线路电阻;

$E((P_{ij})^2)$——支路(i,j)潮流平方项的期望。

式中,前两项分别是电网的线路投资年费用和网损年费用,最后一项是折算到全年的机组组合的机组发电运行费用和机组起停费用之和。由于机组组合不可能按照全年 8760 个时段进行考虑,采用的简化考虑方法是首先计算全年 M 个典型日的机组组合,然后根据该典型日在全年的出现概率求得全年这些典型机组组合方案出现的天数,进而得到全年开机运行费用和机组起停费用的总费用。

(3) 旋转备用不足和潮流越限风险最小。其中,风险度定义为机组组合方案中旋转备用不足的风险和电网规划方案中出现潮流越限的风险。总风险是考虑风电波动性以及负荷不确定性所带来的风险,其风险最小计算式为

$$
\begin{aligned}
\text{Min}\,F_6 = \frac{1}{M}\sum_{i=1}^{M}\Bigg\{ & \frac{1}{T_d}\sum_{t=1}^{T_d}\text{Pr}_i\{\tilde{e}_w\,|\,(\tilde{e}_w\cdot P_{w,t}) > P_{\text{adj}^+,t}\} \\
& + \frac{1}{T_d}\sum_{t=1}^{T_d}\text{Pr}_i\{\tilde{e}_w\,|\,(\tilde{e}_w\cdot P_{w,t}) < P_{\text{adj}^-,t}\}\Bigg\} \\
& + \frac{1}{N_l}\sum_{(i,j)\in\Omega}\text{Pr}(\tilde{P}_{ij}\,|\,\tilde{P}_{ij} > P_{ij\max})
\end{aligned}
\tag{13-30}
$$

式中　$\tilde{P}_{ij}$——系统中(i,j)两个节点间的线路上有功潮流随机变量;

$E(P_{ij})$——该线路潮流的期望值;

$\sigma(P_{ij})$——该线路潮流的标准差;

$P_{ij\max}$——该线路的有功容量;

N_l——系统中所包含的所有线路的总数。

式中第一项是旋转备用不足风险,第二项是线路潮流越限风险,可采用蒙特卡洛模拟法计算线路潮流越限风险。

大规模风电接入的电网联合规划模型约束是在典型日机组组合优化模型约束下再增加电网约束条件,具体为

$$
\sum_{j\in\Omega_i}P_{ij,n} + \sum_{k\in NG_i}P_{gk,n} = P_{Li,n}, \quad i\in\Omega_N
\tag{13-31}
$$

式中　$\displaystyle\sum_{j\in\Omega_i}P_{ij,n}$——在第 n 种场景下与节点 i 有公共支路的节点 j 对节点 i 的注入功率;

Ω_i——与节点 i 有公共支路的节点集合;

Ω_N——所有的节点集合;

$P_{gi,n}$——在第 n 种场景下节点 i 上的发电机输出功率。

$$
P_{ij} = (b_{ij}^{(0)} + x_{ij}b_{ij}')(\delta_i - \delta_j), \quad \forall(i,j)\in\Omega
\tag{13-32}
$$

$$
u_{k,n,t}\cdot P_{gk,n,\min} \leqslant P_{gk,n,t} \leqslant u_{k,n,t}\cdot P_{gk,n,\max}, \quad k\in\Psi_{\text{ht}}
\tag{13-33}
$$

$$P_{gk,n,t}(v) = \begin{cases} 0 & 0 \leqslant v_{n,t} \leqslant V_{ci} \\ (A + Bv_{n,t} + Cv_{n,t}{}^2) & V_{ci} \leqslant v_{n,t} \leqslant V_r \\ P_{r,k} & V_r \leqslant v_{n,t} \leqslant V_{co} \\ 0 & v_{n,t} \geqslant V_{co} \end{cases}, \quad k \in \Psi_{wt} \quad (13-34)$$

$$-u_{k,n,t} \cdot P_{gk,\max} \leqslant P_{gk,n,t} \leqslant u_{k,n,t} \cdot P_{gk,\max}, \quad k \in \Psi_{ps} \quad (13-35)$$

$$E_a^{(0)} - \sum_{t=0}^t P_{gk,n,t}^d + \eta \sum_{t=0}^t P_{gk,n,t}^c \geqslant 0; \quad 0 \leqslant t \leqslant T, \quad k \in \Psi_{ps} \quad (13-36)$$

$$E_b^{(0)} + \frac{1}{\eta} \sum_{t=0}^t P_{gk,n,t}^d - \sum_{t=0}^t P_{gk,n,t}^c \geqslant 0; \quad k \in \Psi_{ps} \quad (13-37)$$

$$0 \leqslant x_{ij} \leqslant x_{ij\max}, \quad \forall (i,j) \in \Omega \quad (13-38)$$

$$L_{n,t} + H_{n,t} \leqslant \sum_{k=1}^{NG} u_{k,n,t} P_{gk,\max} \quad (13-39)$$

$$\begin{aligned} T_k^{up} &\leqslant T_{k,n,t}^{on} \\ T_k^{down} &\leqslant T_{k,n,t}^{off} \end{aligned} \quad (13-40)$$

$$\begin{aligned} P_{k,n,t} - P_{k,n,t-1} &\leqslant u_{k,n,t} \cdot P_k^{ramp} + u_{k,n,t}(1 - u_{k,n,t-1})P_{k,n,t} \\ P_{k,n,t-1} - P_{k,n,t} &\leqslant u_{k,n,t} \cdot P_k^{ramp} + u_{k,n,t-1}(1 - u_{k,n,t})P_{k,n,t} \end{aligned} \quad (13-41)$$

式中　$\sum_{j \in \Omega_i} P_{ij,n}$——在第 n 种场景下与节点 i 有公共支路的节点 j 对节点 i 的注入功率；

Ω_i——与节点 i 有公共支路的节点集合；

Ω_N——所有的节点集合；

NG_i——与节点 i 连接的发电机组集合；

$P_{gk,n}$——指发电机 k 在第 n 种场景下的输出功率；

$P_{Li,n}$——指节点 i 第 n 种场景下的负荷；

$b_{ij}^{(0)}$——规划前线路 $i-j$ 的电纳；

b_{ij}'——规划后增加一条线路所增加的电纳；

δ_i——节点 i 的相位。

约束条件中是在机组组合约束中考虑电网因素，式（13-31）表示节点有功功率平衡方程；式（13-32）表示直流潮流方程；式（13-38）表示新增线路通道约束，其他公式同机组组合中约束。

从规划模型可以看出，可分为双层，首先是决策层，也就是线路条数和风电场选择，然后，在规划方案确定下，根据含风电的机组组合和潮流约束，求解运行成本和潮流，并把相应结果代入目标函数中，不断循环这样的过程以寻求多目标规划非劣解。

13.4　分布式发电选址定容规划

13.4.1　分布式发电选址定容概念

分布式发电选址定容规划要解决分布式发电应该接在什么位置以及容量是多少的问题。分布式发电并网的电压等级可根据《城市电力网规划设计导则》确定，如表 13-1 所示。分布式发电一般接在配网中，其选址定容的考虑因素是配网，而配网本身也存在规划问题，那么如何协调这两者之间的问题呢？本节建立配电网节点边际容量成本概念，并以此为基础，对分布式发电选址定容与配网扩展规划进行决策。

表 13 - 1 分布式发电并网电压等级

分布式电源总容量范围	并网电压等级（kV）	分布式电源总容量范围	并网电压等级（kV）
数千瓦至数十千瓦	0.4	8～30MW	35、66
数十千瓦至 7～8MW	10	30～50MW	110（66）

当配电网无法满足负荷增长要求时，需考虑对配电网扩容。传统的扩容方法通常是在成本最小化的规划思路下扩大主变压器和线路容量。分布式发电（Distributed Generation，DG）由于具有扩容作用，能有效延缓（或避免）配电网建设投资，在配电网出现供电容量缺额的情况下，DG 可作为线路或变电站的替代方案，并且负荷增长速度越慢，DG 的替代作用越显著。但是 DG 接入配电网可能导致现有供电设备得不到充分利用。在配网规划层面DG 的问题主要集中在根据配电网现状，以当前经济效益最大化为目标，优化 DG 接入位置和容量，同时对于如何利用 DG 实现资源优化配置，提高供电容量的利用效率也是值得关注的问题。本节借鉴长期增量成本的分析方法，介绍配电网节点边际容量成本（LMCC）的概念，配电网节点边际容量成本是指节点增加单位负荷所引起配电网投资的增量。刻画支路末端节点功率增加（或减少），支路投资提前（或延缓）而产生的投资（或收益），以反映各节点容量的充裕度，以此作为 DG 与配网适应性决策指标，确定 DG 的定址定容。在此基础上，以 DG 单位扩容成本小于接入点的边际容量成本作为采用 DG 接入的条件，既发挥了DG 的扩容作用，又避免 DG 接入造成原有供电设备利用率降低。

13.4.2 配电网节点边际容量成本

对给定容量的供电支路（线路或变压器），若已知负荷增长速度，可确定该支路的扩容时间为

$$P_i^{\max} = P_i(1+d_i)^{T_i} \qquad (13 - 42)$$

式中 P_i ——流经支路 i 的功率；

      d_i ——负荷年增长率；

      $P_i^{\max}$ ——支路容量；

      T_i ——扩容时间。

假设采用相同型号和容量的供电设备（线路或变压器）对支路扩容，其投资折算成现值可表示为

$$C_i^{PV} = \frac{C_i^{AV}}{(1+r)^{T_i}} \qquad (13 - 43)$$

式中 C_i^{AV} ——支路 i 的扩容投资；

      r ——折现率；

      C_i^{PV} ——扩容投资的折现值。

在现有负荷水平下，给定负荷增量 ΔP，扩容时间将提前，有

$$P_i^{\max} = (P_i + \Delta P)(1+d_i)^{T_i^*} \qquad (13 - 44)$$

式中 T_i^* ——由于负荷增量 ΔP 而产生新的扩容时间。

相应地，扩容投资的折现值也将发生变化，

$$C_i^{PV*} = \frac{C_i^{AV}}{(1+r)^{T_i^*}} \tag{13-45}$$

式中　C_i^{PV*}——由于负荷增量 ΔP 而产生新的扩容投资的折现值。

从而计算单位负荷的增量成本，即

$$\Delta c_i = \frac{\Delta C_i}{\Delta P} = \frac{C_i^{PV*} - C_i^{PV}}{\Delta P} \tag{13-46}$$

式中　Δc_i——支路 i 的增量成本。

当 $\Delta P \to 0$，Δc_i 为 C_i^{PV} 对 P_i 的偏导数，即 $\Delta c_i = \dfrac{\partial C_i^{PV}}{\partial P_i}$。

节点 i 的边际容量成本（LMCC）可表示为

$$m_i = \sum_{k \in \Phi_{Ui}} \Delta c_k \cdot \alpha \tag{13-47}$$

式中　α——DG 投资年限内资金等年值系数；

Φ_{Ui}——节点 i 的上游支路集合。

若在节点 i 接入 DG，受支路容量约束，对节点 i 的上游支路有

$$P_k^{\max} \geqslant \sum_{j \in \Phi_{Dk}} P_{Lj} - P_{DGi}, \quad k \in \Phi_{Ui} \tag{13-48}$$

式中　P_{DGi}——节点 i 接入 DG 的容量；

Φ_{Dk}——支路 k 的下游节点集。

将式（13-48）的 P_{DGi} 移到等号左边，有

$$P_k^{\max} + P_{DGi} \geqslant \sum_{j \in \Phi_{Dk}} P_{Lj}, \quad k \in \Phi_{Ui} \tag{13-49}$$

根据式（13-49），从支路容量的角度看，DG 扩容作用可等效为在不含 DG 的网络中对 DG 接入点的所有上级支路扩容，其扩容增量为接入 DG 的容量，如图 13-6 所示。

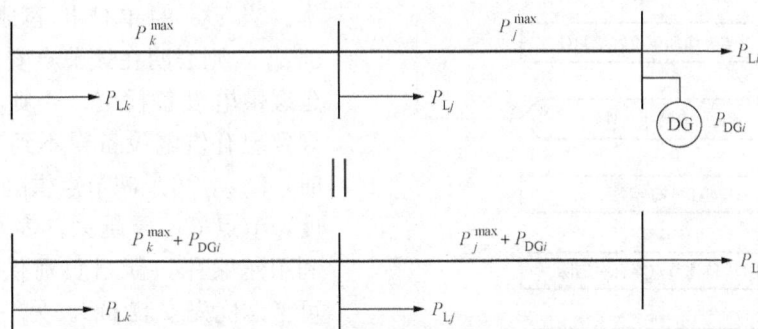

图 13-6　DG 扩容等效示意图

根据 DG 扩容等效分析，含 DG 的配电网节点边际容量成本计算方法为：以 DG 容量为增量，扩大接入点所有上级支路的容量，便可计算出含 DG 的配电网节点边际容量成本。

13.4.3　分布式发电选址定容决策

从对配电网扩容的角度看，采用 DG 扩容的成本包括 DG 的固定投资和变动成本，其中变动成本为 DG 发电成本（主要为燃料费用）与相应电量的购电成本之差。对于清洁环保的

新能源，还可考虑政府补贴等。从而，可定义 DG 的单位扩容成本，即

$$c_{DG}^y = f_{DG} \cdot \alpha_{DG} + (c_{DG}^v - c_b - c_a) \cdot \tau_{max} \tag{13-50}$$

式中　c_{DG}^y——DG 的年单位扩容成本；

　　　　f_{DG}——DG 单位容量的固定投资；

　　　　α_{DG}——年费用系数；

　　　　c_{DG}^v——DG 的单位可变运行成本；

　　　　c_b——配电公司在上级电网中的购电价格；

　　　　c_a——政府补贴，可用来反映相关社会效益；

　　　　τ_{max}——DG 最大容量利用小时数。

此外，还可计入 DG 接入对网损 P_L 的影响，DG 单位扩容成本可表示为

$$c_{DG}^y = f_{DG} \cdot \alpha_{DG} + (c_{DG}^v - c_b - c_a - k_i \cdot c_b) \cdot \tau_{max} \tag{13-51}$$

式中　k_i——节点 i 的网损微增率，表示在节点 i 接入单位容量 DG 对减小网损的灵敏度系数。

由于 DG 通常恒功率因数运行，设功率因数为 $\cos\varphi_g$，则 k_i 可表示为

$$k_i = \frac{\partial P_L}{\partial P_{DGi}} + \tan\varphi_g \cdot \frac{\partial P_L}{\partial Q_{DGi}} \tag{13-52}$$

另外，需说明的是，这里 DG 通常指输出功率稳定的往复式发电机、微汽轮机、燃料电池等，而对于输出功率具有随机性的可再生能源类型的 DG，如风力发电、光伏发电 DG，则需乘以容量系数。根据当地气候条件选取容量系数，比如在某些规划中风电容量系数取 0.43，光伏发电容量系数取 0.33；其他类型 DG 的容量系数取 1.0。

C_{LMCC} 可用来表示各节点供电容量成本。当 DG 的单位扩容成本小于节点 C_{LMCC}，则表明在该节点安装 DG 能有效延缓供电设备投资；否则，接入 DG 将导致现有供电设备得不到充分利用。同时，C_{LMCC} 可反映节点供电容量的利用程度，节点 C_{LMCC} 越大，表示该节点容量利用越紧张，新增负荷供电成本越高，可考虑优先安装 DG。另一方面，DG 具有扩容作用，接入配电网，不仅可减小接入点的 C_{LMCC}，其他节点的 C_{LMCC} 也会不同程度降低。

基于 $LMCC$ 的 DG 决策方法可表述如下：在 DG 接入的待选节点中，依次在 C_{LMCC} 大于 DG 单位扩容成本的节点增加一定容量的 DG。然后，考虑接入配

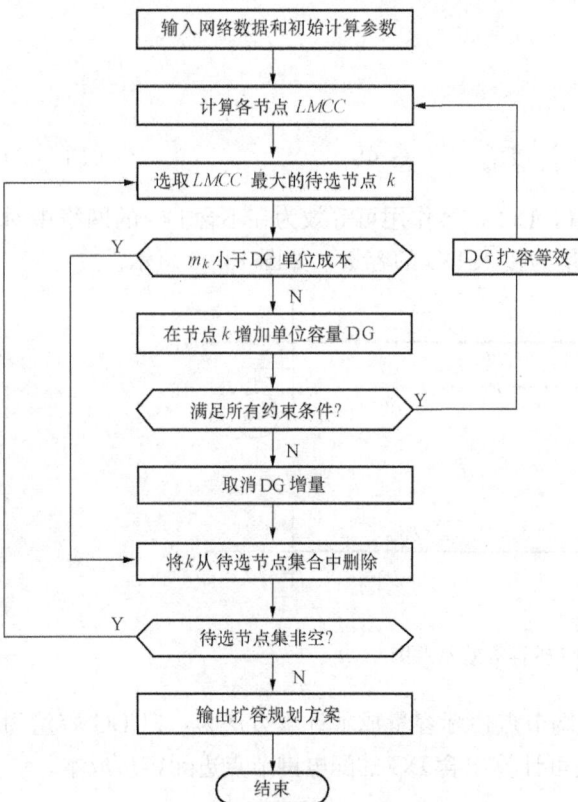

图 13-7　基于配网节点边际容量成本的 DG 规划流程图

电网 DG 的扩容作用，重新计算各节点 C_{LMCC}，判断是否继续增加 DG 接入的容量，直到各待选节点的 C_{LMCC} 均小于 DG 单位扩容成本为止。

此外，根据当前配电网的运行方式，不考虑 DG 向上游节点反送潮流，因而

$$P_{DGi} \leqslant \sum_{j \in \Phi_{Di}} P_{Lj}, \quad i \in \Phi_g \tag{13-53}$$

式中 Φ_g——安装 DG 的待选节点集合。

综上，DG 与配网规划适应性决策计算流程如图 13-7 所示。

本节使用节点边际容量成本，构建 DG 与配网规划适应性决策方法。C_{LMCC} 能有效反映节点容量的充裕程度。基于节点边际容量成本的配电网规划将 DG 配置到供电容量紧张的负荷节点，既发挥了 DG 的扩容作用，又避免现有供电设备闲置，从而实现了 DG 资源的优化配置。

13.5 分布式发电与配网适应性联合规划

随着更多 DG 的接入，配电网由无源变为有源，配电网管理也由被动到主动。电网公司主动将 DG 与配网进行适应性联合规划，将会带来一定的经济利益，譬如：DG 合理的布置可以减少电能损耗，降低输配电成本；DG 还可为系统提供紧急后备能源或辅助服务，提高电力供应的可靠性和稳定性。本节首先介绍以性能和效率约束，以社会成本为目标，建立 DG 与配网相互适应的联合规划模型，然后介绍其求解算法。

13.5.1 分布式发电与配网联合规划模型

DG 与配电网适应性规划模型以社会成本最小化为目标。社会成本包括线路投资成本、DG 固定投资成本、DG 运行维护费用（含燃料费用）、网络损耗费用和向输电网的购电费用，并且还需计及可再生能源类型 DG 在环保、节能中的社会效益。目标函数可描述为

$$\mathrm{Min}\, C_{total} = \alpha_{net} \cdot C_{net} + \alpha_{DG} \cdot C_{DG}^{fixed} + C_{DG}^{var} + C_{loss} + C_{en} - C_{DG}^{U} \tag{13-54}$$

式中 C_{total}——社会成本；

C_{net}——网架投资，包括线路、变电站和配电站投资；

C_{DG}^{fixed} 和 C_{DG}^{var}——分别为 DG 的固定投资成本和可变运行年成本；

C_{loss}——年网络损耗费用；

C_{en}——向上级电网购电费用成本；

α_{net} 与 α_{DG}——分别为网架投资与 DG 固定投资的年费用系数；

C_{DG}^{U}——采用可再生能源所避免的环境污染治理成本以及其他社会成本，采用政府对可再生能源的政策性补贴来反映这些节省的社会成本。

在满足对所有用户供电的前提下，假设采用固定价格从上级电网购买电力，则上级电网购电费用成本与接入配电网的 DG 容量及其发电成本相关。

DG 与配电网适应规划模型的性能和效率约束条件包括：

（1）节点电压约束。

$$U_i^{min} \leqslant U_i \leqslant U_i^{max} \quad (i \in \Phi) \tag{13-55}$$

式中 U_i^{max}, U_i^{min}——分别为节点电压 U_i 的上、下限；

Φ——配电网节点集合。

（2）支路潮流约束。

$$S_j \leqslant S_j^{\max} \quad (j \in \Omega) \tag{13-56}$$

式中　$S_j^{\max}$——支路 j 上线路容量的限值；

　　　　Ω——配电网的支路集合。

　　（3）供电可靠性约束。

$$\lambda \cdot \left(l_i + \sum_{j \in \Omega_{Di}} l_j \right) \leqslant R^{\max} \tag{13-57}$$

式中　i——直接与变电站相连的负荷节点；

　　　　l_i——变电站到节点 i 的线路长度；

　　　Ω_{Di}——节点 i 的下游支路集；

　　　　λ——线路单位长度的年故障次数；

　　　$R^{\max}$——最大可接受的年故障次数。

　　（4）DG 输出功率约束。

$$P_{DGi} \leqslant P_{DGi}^{\max} \quad (i \in \Phi_g) \tag{13-58}$$

$$Q_{DGi} \leqslant Q_{DGi}^{\max} \quad (i \in \Phi_g) \tag{13-59}$$

式中　P_{DGi}，Q_{DGi}——节点 i 处接入 DG 的有功和无功功率；

　　　$P_{DGi}^{\max}$，$Q_{DGi}^{\max}$——节点 i 处最大可接入的 DG 容量。

13.5.2　模型求解

　　DG 与配电网适应规划模型既涉及网架规划又涉及 DG 的选址定容，极易陷入"维数灾"。为此，将联合规划模型转换成几个易于求解的子问题。

　　首先，计算 DG 的发电成本。DG 发电成本包括可变成本（运行维护与燃料费用）和固定投资在寿命周期内的分摊，可用以下关系式来描述

$$W_{DG} \cdot c_{DG} = f_{DG} \cdot P_{DG}^{rated} \cdot \alpha_{DG} + W_{DG} \cdot (c_{DG}^v - c_{DG}^u) \tag{13-60}$$

式中　c_{DG}——DG 的单位发电成本；

　　　P_{DG}^{rated}——DG 的额定容量；

　　　f_{DG}——单位容量 DG 的固定投资；

　　　W_{DG}——DG 年发电量；

　　　c_{DG}^v——DG 单位电量的可变成本；

　　　c_{DG}^u——DG 单位电量所避免的社会成本（包括环境治理成本等），用政府给予的政策性补贴加以反映。

　　计及可再生能源类型 DG 的随机性与间歇性，有

$$P_{DG} = C_f \cdot P_{DG}^{rated} \tag{13-61}$$

式中　P_{DG}——DG 输出功率平均值；

　　　C_f——容量系数。

　　根据式（13-60）和式（13-61），有

$$c_{DG} = \frac{f_{DG} \cdot \alpha_{DG}}{8760 \cdot CF} + (c_{DG}^v - c_{DG}^u) \tag{13-62}$$

　　同时，目标函数中 DG 固定投资成本、可变成本、购电费用、网络损耗费用和可避免的社会效益成本可分别表示为

$$C_{DG}^{fixed} = \sum_{i \in \Phi_g} \alpha_{DGi} \cdot f_{DGi} \cdot \frac{P_{DGi}}{CF_i} \tag{13-63}$$

$$C_{DG}^{var} = 8760 \sum_{i \in \Phi_g} c_{DGi}^v \cdot P_{DGi} \tag{13-64}$$

$$C_{en} = 8760 \cdot c_b \cdot P_b \tag{13-65}$$

$$C_{loss} = 8760 \cdot c_b \cdot P_L \tag{13-66}$$

$$C_{DG}^U = 8760 \sum_{i \in \Phi_g} c_{DGi}^u \cdot P_{DGi} \tag{13-67}$$

式中　P_b——向输电网的购电量；

　　　c_b——购电价格；

　　　P_L——配电网的有功损耗。

将式（13-63）~式（13-67）代入目标函数，可得

$$C_{total} = \alpha_{line} C_{line} + 8760 \sum_{i \in \Phi_g} \left[\frac{\alpha_{DGi} f_{DGi}}{8760 CF_{DGi}} + (c_{DGi}^v - c_{DGi}^u) \right] P_{DGi} + 8760 c_b P_b + 8760 c_b P_L \tag{13-68}$$

由式（13-62），目标函数可进一步整理为

$$Min\, C_{total} = \alpha_{line} C_{line} + 8760 (c_b P_L + \sum_{i \in \Phi_g} c_{DGi} P_{DGi} + c_b P_b) \tag{13-69}$$

上式第二项为最小化发电成本和网络损耗费用，属于最优潮流问题（Optimal Power Flow，OPF）。这样，适应规划模型可转化成一个双层规划问题：上层规划问题架设线路；下层规划问题则在该网架下确定 DG 的有功功率，从而确定 DG 的接入位置与容量。转换后的双层规划模型结构如图 13-8 所示。

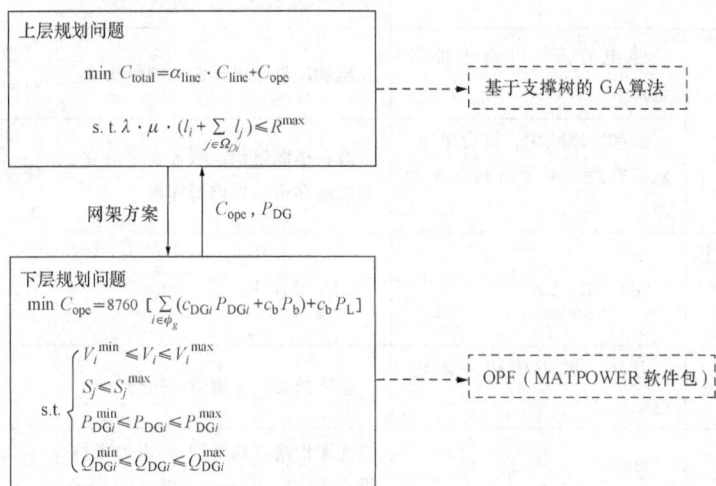

图 13-8　转换后的双层规划模型结构

双层规划是具有两个层次系统的规划与管理问题，上层决策只通过自己的决策去指导下层决策者，并不直接干预下层的决策；而下层决策需把上层决策作为参数，在自己的可行域范围内作出决策。双层规划详细内容可以参阅本书 9.3 节内容。

本节双层规划模型是下层以最优值反馈到上层的双层规划模型，上层规划将网架方案传递给下层，下层规划将发电成本和 DG 有功功率传递给上层；上层规划可采用基于支撑树的遗传算法搜索最佳网架结构，下层规划中的 OPF 问题可调用 MATPOWER 软件包求解。

13.6　微网多适应性规划

微网是一种由负荷和分布式电源共同组成的系统，它可同时提供电能和热量；微网内部的电源主要由电力电子器件负责能量的转换，并提供必要的控制；微网相对于外部大电网表现为单一的受控单元，并同时满足用户对电能质量和供电安全等要求。微网通过公共连接点（Point of Common Coupling，PCC）与配网连接，微网含有储能装置和控制装置，具备独立运行能力。微网多适应性规划要考虑与配网的连接和微网自身构成。

13.6.1　微网与配网连接

微网与配网有一个耦合点，在物理结构上与配网相连，而其运行和控制模式可能在依赖主网（Grid-Dependent，GD）模式和不依赖主网模式（Grid-Independent，GI）之间转换，其取决于微网和配网之间的功率交换。表 13-2 是基于微网应用、所有制结构、负荷类型的微网结构的一般分类及其特征，其中包括了三类微网：电力系统微网、单一或者多厂址的工业/商业微网和偏远微网。

表 13-2　　　　　　　　　　　　微网结构的一般分类及其特征

分类 特征		电力系统微网		工业/商业微网		偏远微网
		城市电网	农村馈线	多厂址	单厂址	
应用		闹市区	计划孤岛	工业园区、大学校园、购物中心	商业楼或者居民楼	偏远社区和地理孤岛
主要驱动力		停电管理，可再生能源整合		电能质量，可靠性和能源效益		偏远地区电气化和燃料消耗的减少
优点		温室气体减少、混合供电、阻塞管理、延迟升级、辅助服务		改善电能质量、服务水平分化、热电冷联供、需求侧管理		供电可用度、可再生能源整合、温室气体减少、需求侧管理
运行方式：依赖主网（GD），自治运行（GD），计划孤岛（IG）		GD，GI，IG		GD，GI，IG		IG
向 GI 和 IG 过渡	故障	故障（临近馈线或者变电站）		主网故障，电能质量问题		—
	预设	维修		能源价格（高峰期），电力系统维修		—

微网典型模型如图 13-9 所示，微网中包含有多个 DG 和储能系统，联合向负荷供电，整个微网对外是一个整体，通过一个断路器和上级电网变电站相连。DG 可以是不同类型的分布式电源，例如光伏电源、风力发电、微型燃气轮机、燃料电池等；储能单元可以是蓄电池、超级电容器、超导储能、飞轮等。从配网侧来看，微网就像电网中发电机或负荷一样，是一个模块化的整体。微网与主网通过公共连接点（PCC）相连，此处通常安置电压、电流互感器用于检测微网运行状态。对于某些微网控制方式，如主从控制方式或分散控制方式，系统还需安置通信设备，用于控制信号的传递。此外，PCC 点还需安置隔离开关用于微网

运行模式切换，网中各分布式电源与微网连接处也需配置隔离开关，用于故障维护。

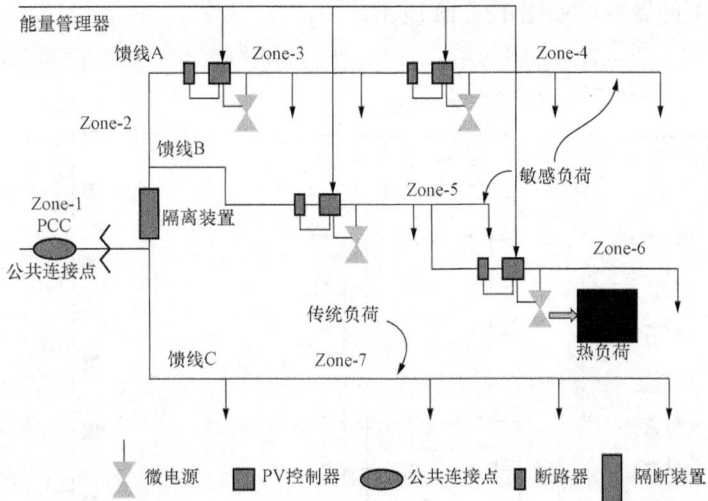

图 13-9　典型的微网模型

　　微网的典型结构主要包括接入配网运行的微网结构、配网备用型微网结构、自治型微网结构以及孤立供电的微网结构四种。其中，接入配网运行的微网结构和配网备用型微网结构是微网与配电网联网运行时的典型结构，自治型微网结构和孤立供电的微网结构是微网孤岛运行时的典型结构。四种微网的典型结构分别如图 13-10～图 13-13 所示。

　　(1) 接入公网运行的微网，如图 13-10 所示。

　　(2) 公网备用型微网，如图 13-11 所示。

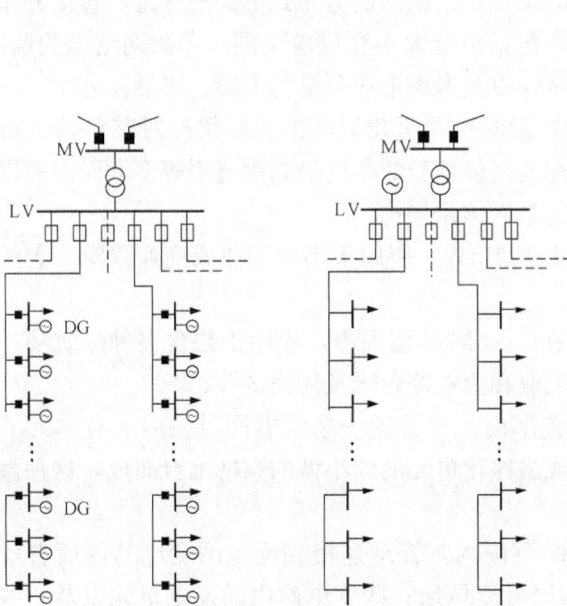

图 13-10　接入公网运行的微网结构

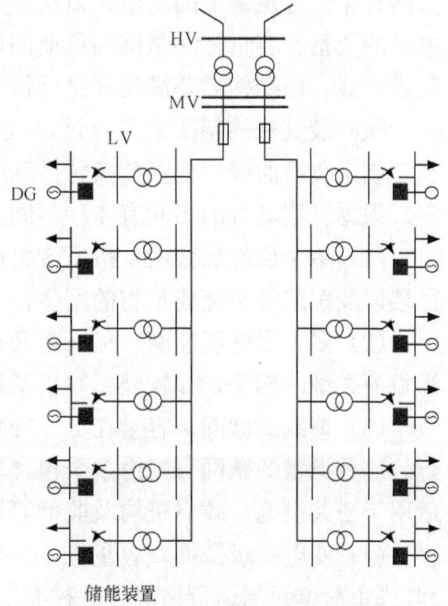

图 13-11　公网备用型微网结构

(3) 自治型微网，如图 13-12 所示。

(4) 孤立供电的微网，如图 13-13 所示。

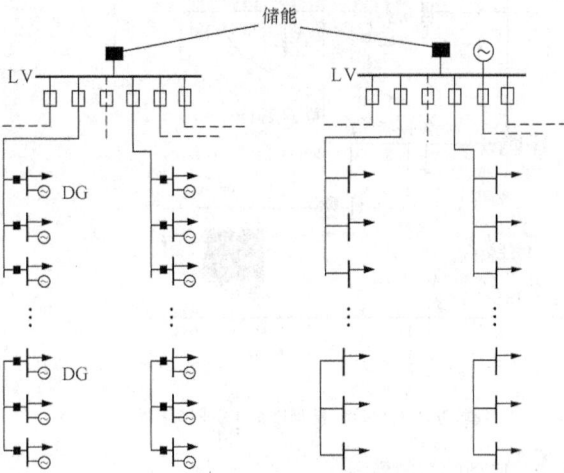

图 13-12　自治型微网结构

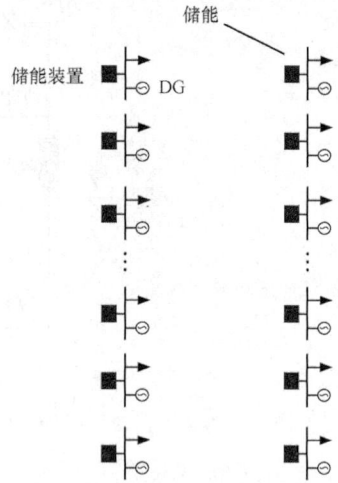

图 13-13　孤立供电的微网结构

接入配网运行的微网和配网备用型微网，可根据微网运行特点使用配网多适应性规划方法规划微网接入点。自治型微网和孤立供电的微网规划不需要考虑与配网的连接问题，重点考虑微网自身的设计。

13.6.2　微网构成规划

微网自身规划主要包括：①确定微网的大致规模、容量，在规划微网前需要对所规划的微网有一个容量级上的定位，以指导后续的工作；②微网内分布式电源的确定，包括分布式电源的类型、容量；③微网内负荷的确定，包括负荷大小和供电范围；④微网结构的确定，完成布线，该结构需要满足并网运行的经济性以及考虑形成孤岛的方便、可靠。

微网最直观的特征就是容量，微网的容量应根据所建微网的实际情况对其负荷进行分类，制定负荷曲线，根据负荷特性和所连配电网能承受的微网最高渗透率等多方面因素来确定。根据应用场合的不同有 4 种不同容量的微网体系架构：

(1) 单个设施级微网，指所带负荷量小于 2MW，应用于小型工业或商业建筑、大的居民楼以及医院等单幢建筑物的网络；

(2) 多个设施级微网，指所带负荷量在 2～5MW 范围内，应用于包含多种建筑物、多样负荷类型的网络，如校园、军事基地、工业和商业综合区及居民区等；

(3) 馈线级微网，容量在 5～10MW 范围内，它管理一条配电网母线内所有单元的运行。这种类型的微网可能由多个包含单一或多样化单元的较小型的微网组合而成，这种微网适用于公共设施、政府机构及监狱等场合；

(4) 变电站级微网，容量在 5～10MW 范围内，管理连接到配电网变电站的所有发电和/或负荷单元的运行情况。这种类型的微网可能包括一些变电站内的发电单元以及一些馈线级和设施级的微网。

微网在实际规划设计中需要考虑的注意点主要有以下几个方面：

(1) 单个设施级微网中，为保证 DG 稳定运行，DG 容量一般大于其所在微网内的负荷；

（2）多个设施级微网和更高级别微网中，为保证 DG 经济运行，DG 的容量应小于所在微网内总负荷的大小，在孤岛运行时优先保证重要负荷的供电；

（3）从安全稳定性方向考虑，DG 接入容量受所连配电网能承受的微网最高渗透率的影响，微网的渗透率定义为 $\lambda = P_\mathrm{m} / P_\mathrm{s}$。式中，$P_\mathrm{m}$ 为微网渗透到电网的功率；P_s 为电网的总功率；

（4）常用的分布式发电包括微型燃气轮机、燃料电池、光伏电池、风力发电机及热电联产等，在选择 DG 类型时需要考虑该类型电源的容量、技术水平、电网建设环境以及政策等；

（5）重要负荷通过开关控制从电网和分布式电源均能获得电能供应，孤岛运行时重要负荷能从分布式电源获得电能，非重要负荷通过开关控制选择性与 DG 相连；

（6）微网内分多条供电馈线，重要负荷与分布式电源及储能设备可形成一条馈线，多个非重要负荷可单独形成一条馈线，多条馈线通过开关设备连接到微网公共母线，公共母线通过公共接入点与大电网相连，微网的结构综合多方面因素考虑可采用放射状结构；

（7）分布式电源与负荷的连接距离不应超过相关技术导则规定的供电距离，同时应尽可能接近重要负荷，以保证供电的可靠性；

（8）微网规划中，可以考虑储能装置的使用，以平抑部分分布式发电对微网的不利影响，提高微网整体经济性和可靠性。

13.7　面向智能电网的多适应性规划

随着经济发展、智能电网技术进步和电力市场逐步完善，电力系统规划正面临诸多挑战：

（1）现代社会对电网的安全性、可靠性、稳定性的要求进一步提高。大容量长距离输电、多回大容量直流落点和直流的相互影响对电压稳定提出了更高的要求。

（2）电力市场化的推进造成了电网规划的基础发生了根本变化，厂网分开导致发电、输电的不确定性增加。

（3）新能源接入带来的不确定性。

（4）国际环保呼声日高，节能减排、走廊资源匮乏成未来电网直面的环保问题。

（5）短路电流超限严重制约电网运行方式，这也对电网的规划和对极端事件的预案提出了较高的要求。

（6）系统潮流的不确定性将改变传统电力调度的模式。

（7）科技进步和社会发展影响推动电力规划的数字化、信息化发展趋势。

智能电网应当具备的特征如下：

（1）自愈自动恢复，无需或仅需少量人为干预，实现电力网络中存在问题元器件的隔离或使其恢复正常运行，最小化或避免用户的供电中断。

（2）预测预想事故，预测是根据历史数据分析并研究形成的预想事故集，并据此做出事故预案，通过连续的评估自测，检测、分析局部网络的异常运行。

（3）集成信息系统，实现包括监视、控制、维护、反馈、能量管理、配电管理、市场运营等和其他各类信息系统间的综合集成。

（4）可靠坚强稳定，有效提高线路输送能力和电网安全稳定水平，以坚强电网为基础进行建设。

（5）优质电能质量，借助数字化、信息化技术，运用市场经济手段进行电价调整，削峰填谷，保证电能质量，实现电能质量的差别定价。

（6）高效资产优化，通过对资源的全局掌握和灵活调配。从整体上实现资源优化配置和网络配置、扩容的优化，降低它的运行维护成本和投资。

（7）协调电力市场，实现电源、电网、用户资源的协调运行，与电力批发、零售市场实现无缝对接，显著提高电力系统运营效率，促进电力市场竞争效率。

（8）互动电力用户，与用户设备和行为进行交互沟通。通过促使电力用户发挥积极作用，实现电力运行和环境保护等多方面的收益。

（9）兼容发电资源，能够适应各类电源与用户便捷接入、退出的需要，可以容纳包含集中式发电在内的多种不同类型发电，甚至是储能装置。

（10）安全抵御攻击，有效抵御或减轻各类严重故障及外力破坏；一旦发生中断，也能很快恢复。

为了顺应智能电网的发展趋势，从容应对各种挑战，需要多适应规划以保障电力系统发展。多适应性规划涉及的内容如13.1节中多适应性考虑的四个方面：电网性能、电网效率、社会效益和成本。表13-3是智能电网特点在多适应性规划中的体现，表13-4是面临的挑战在多适应性规划中的应对措施。

表 13 - 3　　　　　　　　　　智能电网特点在多适应性规划中的体现

智能电网特点	特点在新规划体系中的体现	电网性能	电网效率	社会效益	成本
自愈	规划网架线路中的故障检测点； 在区域电网或更大范围内规划多重保障体系	√	√	√	
可靠	强化可靠性、稳定性指标； 增加可靠性和稳定性校验的指标	√			√
预测	将安全防线前移到规划层面； 建立预想事故集，并进行情景模拟为规划工作提供依据	√		√	
安全	高度重视基于数字化、信息化平台的防火墙建设； 电网可靠性、稳定性更高	√		√	√
兼容	接纳集中/分布式新能源和储能设备的接入； 充分考虑系统的可扩展性	√	√		
互动	重视客户需求，与客户沟通以满足客户的用电需求； 借助科技手段实现远程操控				√
协调	通过信息平台使各种信息公开透明，便于多方协调； 实现电网与电力市场的无缝对接	√	√		
高效	考虑大量区外来电对规划的影响； 开展节能调度，在更大范围内进行资源的优化配置		√		√
优质	开展需求侧管理，运用分时电价等经济手段进行峰谷负荷平衡； 提供清洁、稳定的电能		√	√	√
集成	将各级电力网络系统及相关数据库进行集成； 统一接口、统一标准		√		√

表 13 - 4　　　　　　　　　　规划面临的挑战在多适应性规划中应对措施

面临的挑战	挑战在新规划体系中的应对措施	电网性能	电网效率	社会效益	成本
现代社会对电网的安全性、可靠性、稳定性的要求进一步提高	安全性、可靠性和稳定性的校验指标更加严格，致力于打造坚强电网	√			√
电力市场的推进造成了电网规划的基础发生了根本的变化，厂网分开导致发电、输电的不确定性增加	提高电力市场竞争效率，加大规划在地方政府规划中的影响力，强化电源规划在电源及其配套设施建设项目审批过程中的约束作用	√	√		
新能源的接入带来的不确定性	加大新能源采用力度，解决新能源发电上网难的问题		√	√	
国际环保呼声日高，节能减排、资源匮乏成未来电网直面的资源问题	将国家节能减排、资源约束等因素作为电网规划的主要约束条件进行重点考虑		√	√	
短路电流超限严重制约电网运行方式	在保证电网基本特性不变前提下，增加短路电流限制装置	√			√
系统潮流的不确定性将改变传统电力调度的模式	增加对网架传输过程中远程监控的能力，建立数字化、自动化、智能化的高级调度中心	√	√		
科技进步和社会发展影响推动电力规划的数字化、信息化发展趋势	自上而下建立统一的、兼容的信息化平台，运用先进的计算机辅助手段进行电力规划		√	√	

　　面向智能电网的多适应性规划是一种全面、综合、科学的规划理念，这种规划理念将保证电网性能作为规划的根本任务，致力于提高电网效率、创造社会效益并兼顾经济性的最优，从而使电网规划工作能够体现智能电网的特点，并且可以应对各种不确定因素的挑战。对四大目标（因素）所体现的特点加以抽象，能够比较全面的解释和涵盖面向智能电网的多适应性规划（图 13 - 1），体现了规划体系的四大目标，任何一个目标的优化必将实现电网整体绩效目标的优化。这四大目标相对独立又相互关联，如性能的优化可能需要牺牲成本和社会效益，效率的优化可能需要牺牲性能等。

附录 A   18 节点系统图及其参数

18 节点系统原有 10 个节点，9 条支路，在未来水平年，系统增加为 18 个节点，27 条支路。系统的初始参数见表 A-1、表 A-2，系统的经济性和可靠性参数见表 A-3，网络如图 A-1 所示。

表 A-1   18 节 点 系 统 数 据

节点号	发电功率 (万 kW)	负荷 (万 kW)	节点号	发电功率 (万 kW)	负荷 (万 kW)
1	0	55	10	750	94
2	360	84	11	540	700
3	0	154	12	0	190
4	0	38	13	0	110
5	760	639	14	600	32
6	0	199	15	0	200
7	0	213	16	495	132
8	0	88	17	0	400
9	0	259	18	142	0

表 A-2   18 节点系统线路数据 ($S_B = 10MVA$)

支路号	两端节点	线路电抗 (pu)	线路容量 (万 kW)	原有线路数	可扩建线路数	长度 (km)
1	1—2	0.0176	230	1	1	70
2	1—11	0.0102	230	0	2	40
3	2—3	0.0348	230	1	0	138
4	3—4	0.0404	230	1	0	155
5	3—7	0.0325	230	1	0	129
6	4—7	0.0501	230	0	1	200
7	4—16	0.0501	230	0	3	200
8	5—6	0.0267	230	1	0	106
9	5—11	0.0153	230	0	2	60
10	5—12	0.0102	230	0	1	40
11	6—7	0.0126	230	1	0	50
12	6—13	0.0126	230	0	1	50
13	6—14	0.0554	230	0	3	220
14	7—8	0.0141	230	1	1	60

支路号	两端节点	线路电抗 （pu）	线路容量 （万 kW）	原有线路数	可扩建线路数	长度 （km）
15	7—9	0.0318	230	0	1	126
16	7—13	0.0126	230	0	2	50
17	7—15	0.0448	230	0	2	178
18	8—9	0.0102	230	0	1	40
19	9—10	0.0501	230	1	2	200
20	9—16	0.0501	230	0	2	200
21	10—18	0.0255	230	0	2	100
22	11—12	0.0126	230	0	2	50
23	11—13	0.0255	230	0	1	100
24	12—13	0.0153	230	0	1	60
25	14—15	0.0428	230	0	3	170
26	16—17	0.0153	230	0	2	60
27	17—18	0.0140	230	0	2	55

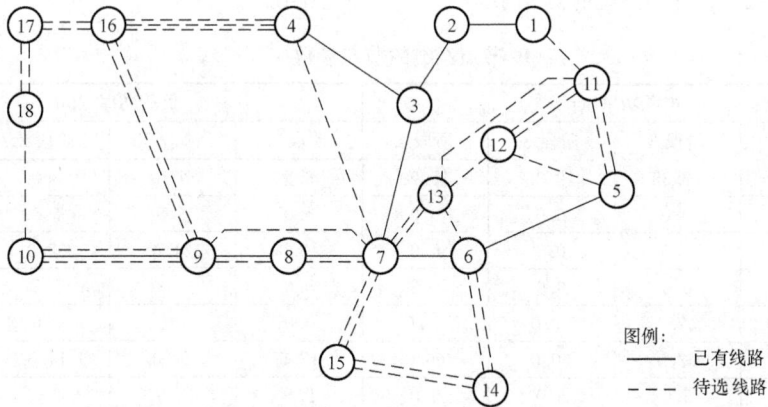

图 A-1　18节点系统的初始网络

表 A-3　　　　　　　18节点系统的经济性和可靠性参数

名称	参数	名称	参数
线路单价/〔万元/（km·回）〕	100.0	缺电损失评价率/〔元/（kW·h）〕	5.0
线路故障率/〔次/（年·km·回）〕	0.05	负荷持续时间/h	3500
线路修复率/〔年/（次·回）〕	9.13×10^{-4}		

附录 B 19 节点系统图及其参数

19 节点系统算例是一个扩展四阶段（每阶段为 1 年）的动态规划问题。至规划目标年，该系统有 19 个节点，32 条待选支路，规模适中，是动态规划较为典型的算例。系统的初始网络如图 B-1 所示，节点参数和支路参数见表 B-1、表 B-2；系统的经济性和可靠性参数参考表 A-3，所不同的是线路单价取表 B-2 中对应的值，缺电损失评价率（IEAR）按各节点分别选取：IEAR=（7.0, 4.0, 8.0, 3.0, 4.0, 3.0, 6.0, 7.0, 4.0, 3.0, 4.0, 9.0, 4.0, 8.0, 4.0, 4.0, 3.0, 10.4, 4.0），S_B = 10MVA，贴现率取为 10.0%。

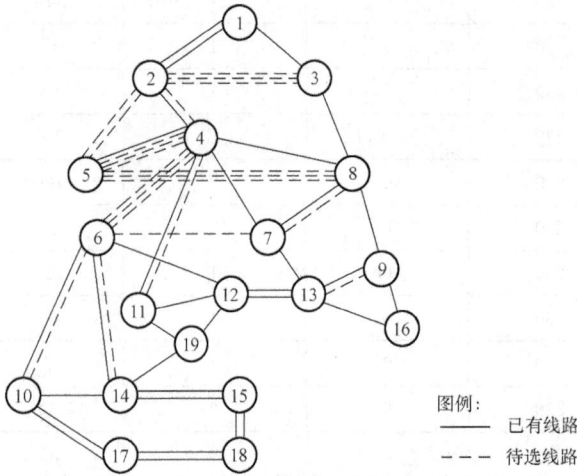

图例：
—— 已有线路
--- 待选线路

图 B-1 19 节点系统的初始网络

表 B-1 19 节点系统的节点参数

节点编号	电源功率（pu）				负荷功率（pu）			
	阶段 1	阶段 2	阶段 3	阶段 4	阶段 1	阶段 2	阶段 3	阶段 4
1	12.33	12.33	12.33	15.90	6.5	7.0	8.0	9.2
2	0.0	0.0	0.0	0.0	5.0	5.5	6.0	6.8
3	0.0	0.0	0.0	0.0	10.0	21.0	32.0	33.0
4	0.0	0.0	0.0	0.0	5.0	5.3	5.5	5.6
5	46.0	57.0	70.0	77.0	0.0	0.0	0.0	0.0
6	45.0	52.0	60.0	66.0	12.5	13.0	14.5	15.0
7	5.0	5.0	5.0	5.0	9.5	9.5	9.5	9.7
8	0.0	0.0	0.0	0.0	30.5	37.5	45.0	45.4
9	0.0	0.0	0.0	0.0	4.0	4.5	5.0	6.0
10	0.0	6.0	12.0	13.8	0.0	0.0	0.0	0.0
11	9.15	12.15	15.15	17.30	3.0	4.0	4.0	4.5
12	0.0	0.0	0.0	0.0	5.0	5.3	5.5	6.2
13	2.12	2.12	2.12	2.20	7.0	8.0	9.0	10.0
14	0.0	0.0	0.0	0.0	3.1	4.0	5.5	6.1
15	5.5	5.5	5.5	6.0	7.0	8.0	9.0	14.2
16	0.0	0.0	0.0	0.0	8.0	9.0	10.7	11.7
17	0.0	0.0	0.0	0.0	6.0	8.0	8.2	10.0
18	0.0	0.0	0.0	0.0	9.0	10.0	10.7	14.5
19	6.0	6.0	6.0	7.0	0.0	0.0	0.0	2.3
小计	131.1	159.6	188.1	210.2	131.1	159.6	188.1	210.2

表 B - 2 19 节点系统的支路参数

支路编号	首末节点	单回电抗（pu）	单回容量（pu）	单回价格（万元）	原有回路	待选回路
1	1—2	0.02550	12.0	0.0	2	0
2	1—3	0.02550	12.0	0.0	1	0
3	2—3	0.01530	12.0	45.0	0	3
4	2—4	0.01020	12.0	11.0	1	1
5	2—5	0.02440	12.0	66.0	0	2
6	3—8	0.01020	12.0	0.0	1	0
7	4—5	0.01632	12.0	48.0	1	3
8	4—6	0.01632	12.0	48.0	0	3
9	4—7	0.02040	12.0	0.0	1	0
10	4—8	0.02346	12.0	0.0	1	0
11	4—11	0.01224	12.0	37.2	1	1
12	5—8	0.03570	12.0	105.0	0	3
13	6—7	0.03264	12.0	96.0	0	1
14	6—10	0.01938	12.0	76.0	1	1
15	6—12	0.02550	12.0	0.0	1	0
16	6—14	0.02346	12.0	70.0	1	1
17	7—8	0.00306	12.0	9.9	1	1
18	7—13	0.00306	12.0	0.0	1	0
19	8—9	0.00306	12.0	0.0	1	0
20	9—13	0.00306	12.0	10.0	1	1
21	9—16	0.00612	12.0	0.0	1	0
22	10—14	0.01020	12.0	0.0	1	0
23	10—17	0.02244	12.0	0.0	2	0
24	11—12	0.01530	12.0	0.0	1	0
25	11—19	0.00306	12.0	0.0	1	0
26	12—13	0.01734	12.0	0.0	2	0
27	12—19	0.01499	12.0	0.0	1	0
28	13—16	0.00816	12.0	0.0	1	0
29	14—15	0.02101	12.0	0.0	2	0
30	14—19	0.02101	12.0	0.0	1	0
31	15—18	0.00510	12.0	0.0	2	0
32	17—18	0.01020	12.0	0.0	2	0

参 考 文 献

[1] 黄晞. 电力技术发展史. 北京：水利电力出版社，1985.

[2] 陈珩. 电力系统稳态分析. 2版. 北京：水利电力出版社，1995.

[3] 国家电力公司计划投资部. 市场经济与电力计划投资工作. 北京：中国电力出版社，1999.

[4] 纪雯. 电力系统设计手册. 北京：中国电力出版社，1998.

[5] 萧国泉，徐绳均. 电力规划. 北京：水利电力出版社，1993.

[6] 上海电机工程学会科普委员会. 电与环保. 北京：中国电力出版社，1999，9.

[7] 王锡凡. 电力系统优化规划. 北京：水利电力出版社，1990.

[8] 中国电力企业联合会. 2005年全国电力工业发电统计年报，2006.

[9] 美国信息能源署. 国际能源展望2006，2006.

[10] 报告编写组. 中国能源发展的回顾 [A]. 中国新能源与可再生能源1999白皮书 [C]. 北京：中国计划出版社，1999.

[11] 郭剑波. 我国电力科技现状与发展趋势. 电网技术，2006，30 (18)：1-7.

[12] 国家信息中心中经网 (http：//www.zgjjxx.net.cn/). 2006年中国行业年度报告系列之电力. 2006.

[13] 刘晨晖. 电力系统负荷预报理论及方法. 哈尔滨：哈尔滨工业大学出版社，1987.

[14] 牛东晓，曹树华，赵磊，等. 电力负荷预测技术及其应用. 北京：中国电力出版社，1998.

[15] 顾洁. 电力系统中长期负荷预测理论与方法研究. 上海交通大学博士学位论文，2002.

[16] 国家电力公司战略研究与规划部，国家电力公司动力经济研究中心. 中国电力负荷特性分析与预测. 北京：中国电力出版社，2002.

[17] 陈章潮，顾洁. 模糊理论在上海浦东新区电力负荷预测中的应用. 系统工程理论及实践，1995，7 (2)：25-30.

[18] 顾洁，陈章潮. 电力负荷预测的模糊聚类预测方法研究. 上海交通大学学报，1996，8 (1)：47-51.

[19] 顾洁，陈章潮，郑家志. 模糊时间序列在电力负荷预测中的应用. 上海交通大学学报，1999，6 (12)：47-51.

[20] 谭扬波，陈光. 一种基于最大模糊熵的高斯聚类算法. 电子科技大学学报，2000，29 (3)：269-272.

[21] 顾洁. 电力系统中长期负荷预测的模糊模型研究. 上海交通大学学报，2002，5 (2)：115-117.

[22] 顾洁，申刚，徐光虎. 改进的电力系统中长期负荷预测方法研究. 电力自动化设备，2002，6.

[23] 蔡文著. 物元分析. 广州：广东高等教育出版社，1989年.

[24] 蔡文著. 物元模型及其应用. 北京：科学技术文献出版社，1994.

[25] 许登超，罗旭光，张朋柱，等. 军需品订货量的一种自适应模糊预测方法研究. 系统工程理论与实践，1999，3：38-46.

[26] Rahman. Saifur, Shrestha. Govinda. A priority vector based technique for load forecasting. IEEE Trans. Power Systems，1991，6 (4)：1459-1465.

[27] Islam. Syed M，Al-Alawi. Saleh M，Ellithy. Khaled A. Forecasting monthly electric load and energy for a fast growing utility using an artificial neural network. Electric Power Systems Research，1995，34 (1)：1-9.

[28] Bunn. Derek W. Forecasting loads and prices in competitive power markets. Proceedings of the IEEE，2000，88 (2)：163-169.

[29] 傅远德. 线性规划和整数规划. 成都：成都科技大学出版社，1990.

[30] Gheorghe，Virgil Alexandrescu，Gheorghe Grigoras，etc. Peak load estimation in distribution networks by fuzzy regression approach. 10th Mediterraean Electro~technical Conference，2000：907-910.

[31] L E. 布西. 工业投资项目的经济分析. 陈启申，等译. 北京：机械工业出版社，1985.

[32] 王锡凡. 电力系统规划基础. 北京：水利电力出版社，1994.

[33] 孙洪波. 电力网络规划. 重庆：重庆大学出版社，1996.

[34] 陈章潮，程浩忠. 城市电网规划与改造. 2版. 北京：中国电力出版社，2007.

[35] R. L. 沙利文著. 电力系统规划. 孙绍兴译. 北京：水利电力出版社，1984.

[36] E. Lakervi，E. J. Holmes . 配电网络规划与设计. 范明天，张祖平，岳宗斌译. 北京：中国电力出版社，1999.

[37] 刘振亚，特高压电网. 北京：中国经济出版社，2005.

[38] 电力工业部安全监察及生产协调司编. 电力系统规程合订本. 北京：中国电力出版社，1995.

[39] 电力工业部. 电力工程经济分析暂行条例，1998，3.

[40] 程浩忠，张焰. 电力网络规划的方法与应用. 上海：上海科学技术出版社，2002.

[41] 侯煦光. 电力系统最优规划. 武汉：华中理工大学出版社，1991.

[42] Nakamura S. A review of electric production simulation and capacity expansion planning programs energy research，1984，8：231-240.

[43] Booth R. R.，Power system simulation based on probability analysis，IEEE Trans. ，1972，PAS-91：62-69.

[44] Jenkins R. T.，Vorse T. C. Use of fourier series in the power system probabilistic simulation. Proc. of 2nd WASP Conference，1977.

[45] Caramanis M，Fleck W，Stremel J. Daniel S.，Probabilistic production costing：an investigation of alternative algorithms. Electric Power & Energy Systems，1983，5 (2)：75-86.

[46] Rau N S，Toy P，Schenk K F. Expected energy production costs by the method of moments. IEEE Trans on Power Apparatus & Systems，1980，99 (5)：1908-1917.

[47] Wang Xifan. Equivalent energy function approach to power system probabilistic modeling. IEEE Trans on Power Systems，1988，3 (3)：823-829.

[48] Lin M，Breipohl A，Lee F. Comparison of probabilistic production cost simulation methods. IEEE Trans on Power Systems，1990，5 (3)：984-989.

[49] L. L. Garver. Power generation scheduling by integer programming：development of theory. AIEE Trans，1962，81：730-735.

[50] Gomory R E.，Outline of an algorithm for integer solutions to linear problem，Bulletin of the American Mathematical Society，1958，64 (05)：275-278.

[51] G. Cote, M. Laughton. Decomposition techniques in power system planning：the Benders partitioning method. Electric Power and Energy Systems，1979，1 (1)：57-64.

[52] F V Louveaux，Y Smeers. Optimal investment for electricity generation：a stochastic model and a testproblem. Numerical Techniques for Stochastic Optimization，1998，Springer Verlag.

[53] Bellman，R. Dynamic programming. Princeton，NJ：Princeton University Press，1957.

[54] 牛映武. 运筹学. 2版. 西安：西安交通大学出版社，2006.

[55] D. D. William，R. B. Thomas. Planning for new electric generation technologies a stochastic dynamic programming approach. IEEE Trans on Power Apparatus and Systems，1984，PAS-103 (6).

[56] H. T. Yang, S. L. Chen. Incorporating a multi-criteria decision procedure into the combined dynamic programming/production simulation Algorithm for generation expansion planning. IEEE Trans on Power Systems，1989，4 (1)：165-175.

［57］ International Atomic Energy Agency. WASP-III Guidebook. 1984.

［58］ Holland J H. Adaptation in natural and artificial systems. Ann Arbor，Michigan：The University of Michigan Press，1975.

［59］ 李茂军，童调生，罗隆福. 单亲遗传算法及其应用研究. 湖南大学学报，1998，25（6）：56 - 59.

［60］ 吴耀武，侯云鹤，熊信艮，等. 基于遗传算法的电力系统电源规划模型. 电网技术，1999（3）：10 - 14.

［61］ F Yoshikazu，C Hsaio-Dong. A parallel genetic algorithm for generation expansion planning. IEEE Trans on Power Systems，1996，11（2）：955 - 961.

［62］ B P Jong，M P Young，R W Jong，et al. An improved genetic algorithm for generation expansion planning. IEEE Trans on Power Systems，2000，15（3）：916 - 922.

［63］ 贺峰，熊信银，吴耀武. PGA 在电力系统电源规划中的应用. 继电器. 2003，31（6）：26 - 30.

［64］ 王锡凡. 电源规划模型. 西安交通大学学报，1986，20（2）：1 - 12.

［65］ 郭永基，电力系统可靠性原理与应用. 北京：清华大学出版社，2004.

［66］ 杨蒂百，戴景宸，孙启宏. 电力系统可靠性分析基础及应用. 北京：水利电力出版社，1986.

［67］ 杨蒂百. 发电系统可靠性分析原理和方法. 北京：水利电力出版社，1987.

［68］ 王锡凡，王秀丽，别朝红. 电力市场条件下电力系统可靠性问题. 电力系统自动化. 2000，24（8）：19 - 22.

［69］ 赵渊，周家启，周念成. 大电力系统可靠性评估的解析计算模型. 中国电机工程学报. 2006，26（5）：19 - 25.

［70］ Q/GDW156—2006. 城市电力网规划设计导则. 国家电网公司. 2006.

［71］ 郭永基. 电力系统及电力设备的可靠性. 电力系统自动化，2001，19（17）：53 - 56.

［72］ 水利电力部西北电力设计院. 电力工程设计手册. 北京：水利电力出版社，1989.

［73］ DL755—2001. 电力系统安全稳定导则.

［74］ SD131—1984. 电力系统技术导则.

［75］ SD325—1989. 电力系统电压和无功电力技术导则.

［76］ 电力发展规划编制原则. 电力工业部电计 ［1997］730 号文，1997，12.

［77］ 上海市电力公司. 上海电网若干技术原则的规定，2004 年.

［78］ 朱海峰. 不确定性信息的电网灵活规划方法. 上海交通大学博士学位论文，2000，7.

［79］ James P Ignizio. 单目标和多目标系统线性规划. 闵仲求，李毅华，谭玮，译. 上海：同济大学出版社，1986.

［80］ 管梅谷，郑汉鼎. 线性规划. 济南：山东科学技术出版社，1985.

［81］ 李德，等. 运筹学. 北京：清华大学出版社，1982.

［82］ DL/T 5092—1999. 110～500kV 架空送电线路设计技术规程.

［83］ 胡淑礼. 模糊数学及其应用. 成都：四川大学出版社，1994.

［84］ ［日］水本雅晴. 模糊数学及其应用. 刘凤璞，译. 北京：科学出版社，1986.

［85］ 程浩忠，朱海峰，王建民，等. 利用盲数 BM 模型的电网灵活规划方法. 上海交通大学学报，2003，37（9）：1347 - 1350.

［86］ Bland R G. New finite pivoting rules for the simplex method. Mathematics of Operations Research，1997：103 - 07.

［87］ 张焰. 不确定性的长期电网规划研究. 上海交通大学博士学位论文. 1998.

［88］ 朱海峰，程浩忠，张焰，等. 利用盲数进行电网规划的潮流计算方法. 中国电机工程学报，2001，21（8）：74 - 78.

［89］ 张焰. 电网规划中的最小模糊缺电成本计算研究. 系统工程理论与实践. 2000，20（7）：123 - 127.

[90] 张焰. 电网规划中的模糊可靠性评估方法. 中国电机工程学报，2000，20（11）：77‐80.

[91] 谢敏，陈金富，段献忠，等. 基于模糊阻塞管理的启发式电网规划方法. 中国电机工程学报，2005，25（22）：61‐67.

[92] 高赐威，程浩忠，王旭. 盲信息的模糊评价模型在电网规划中的应用. 中国电机工程学报，2004，24（9）：24‐29.

[93] Da Silva Edson Luiz, Gil Hugo Alejandro, Areiza Jorge Mauricio. Transmission network expansion planning under an improved genetic algorithm. IEEE Trans on Power Systems. 2000, 15（3）：1168‐1175.

[94] Ruiqing Zhao, Kaoping Song. A hybrid intelligent algorithm for reliability optimization problems Fuzzy Systems, 2003. FUZZ '03. The 12th IEEE International Conference. 2003，2（5）：1476‐1481.

[95] 朱海峰，程浩忠，张焰，等. 电网灵活规划的研究进展. 电力系统自动化，1999，23（17）：38‐41.

[96] Rana Mukerji, William J. Burke, Hyde M. Merrill, et al. Creating data bases for power systems planning using high order linear interpolation. IEEE Transactions on Power Systems, 1988, 3（4）：1699‐1705.

[97] Merrill, H. M., A. J. Wood. Risk and uncertainty in power system planning. Electric Power & Energy Systems, 1991, 13（2）：81‐90.

[98] 刘开第，吴和琴，庞彦军，等. 不确定性信息数学处理及应用. 北京：科学出版社，1999.

[99] 王光远. 未确知信息及其数学处理. 哈尔滨建筑工程学院学报，1990，23（4）：1‐8.

[100] 王光远. 工程软设计理论. 北京：科学出版社，1992.

[101] 西安交通大学，等. 电力系统计算. 北京：水利电力出版社，1978.

[102] 吴际舜. 电力系统静态安全分析. 上海：上海交通大学出版社，1985.

[103] 何仰赞，温增银，汪馥英，等. 电力系统分析. 武汉：华中工学院出版社，1985.

[104] 陈章潮，唐德光. 城市电网规划与改造. 北京：水利电力出版社，1988.

[105] 熊岗. 多阶段多目标电网模糊规划. 上海交通大学硕士学位论文，1993. 2.

[106] Enrique O. Crousillat, Peter Dorifner, Pablo Alvarado, et al. Conflicting objectives and risk in power system planning. IEEE Transactions on Power Systems, 1993, 8（3）：887‐893.

[107] R. Tanabe, K. Yasuda, R. Yokoyama, et al. Flexible generation mix under multi objectives and uncertainties. IEEE Transactions on Power Systems, 1993, 8（2）：581‐587.

[108] 朱海峰，程浩忠，张焰，等. 考虑线路被选概率的电网灵活规划方法. 电力系统自动化，24（17），2000：20‐24.

[109] Jonathan Rosenthead. Planning under uncertainty：a methodology for robustness analysis. J. Opl. Res. Soc.，1990. 31：331‐334.

[110] 杨志荣，劳德容. 综合资源规划方法与需求方管理技术. 北京：中国电力出版社，1996.

[111] 樊亚亮. 电力系统不确定性及灵活规划研究. 上海交通大学工学硕士论文，1996.

[112] 阙讯，程浩忠. 考虑柔性约束的电网规划方法. 电力系统自动化，2000，24（24）：17‐20.

[113] Wong K P, Wong Y W. Genetic and genetic/simulated-annealing approaches to economic dispatch. IEE Proceedings：Part C，1994，141（5）：507‐513.

[114] Wong K P, Wong Y W. Thermal generator scheduling using hybrid genetic/simulated-annealing approach. IEE Proceedings：Part C，1995，142（4）：372‐380.

[115] 包海龙. 基于混合遗传—模拟退火算法的多目标电网规划. 上海交通大学工学硕士论文，2000，1.

[116] 张洪明，樊亚亮，廖培鸿. 输电系统规划的灵活决策方法. 中国电机工程学报，1998，18（1）：48‐56.

[117] H Lee Willis, R W Rowell, H N Tram. Long-range distribution planning with load forecast uncertain-

ty. IEEE Transactions on Power system，1987 PWRS-2（3）：684-691.

[118] N Kagan，R N Adams. Electrical power distribution systems planning using fuzzy mathematical programming. Electrical Power Energy Systems，1994. 16（3）：191-196.

[119] J Tome Saraiva，Vladimiro Miranda，L M V G Pinto. Impact on some planning decisions from a fuzzy modeling. IEEE Transactions on Power Systems，1994，9（2）：819-825.

[120] 程浩忠，朱海峰，马则良，等. 基于等微增率准则的电网灵活规划方法. 上海交通大学学报，2003，37（9）：1351-1353.

[121] 程浩忠，阙讯，马则良，等. 考虑出力调整和柔性约束的电网综合规划方法. 上海交通大学学报，2005，39（3）：417-420.

[122] 胡毓达. 实用多目标最优化. 上海：上海科学技术出版社，1989.

[123] 童陆园，王小波，王仲鸿. 输电网的中长期动态整数规划——临界可行结构匹配法. 电力系统及其自动化学报，1989，1（1）：12-23.

[124] Albuyeh F，James J S. A Transmission network planning method for comparative studies. IEEE Transactions on Power Apparatus and Systems，1981，100（4）：1679-1684.

[125] EI-Sobki S M，EI-Metwally M M，Farrag M A. New approach for planning high-voltage transmission network. IEE Proceedings：Part C，1986，133（5）：256-262.

[126] Kim K J，Park Y M，Lee K Y. Optimal long term transmission expansion planning based on maximum principle. IEEE Transactions on Power Systems，1988，3（4）：1494-1501.

[127] Sharifnia A，Ashtiani H Z. Transmission networks planning：a method for synthesis of minimum-cost secure networks. IEEE Transactions on Power Apparatus and Systems，1985，104（8）：2026-2034.

[128] Levi V A，Calovic M S. Linear programming based decomposition method for optimal planning of transmission network investment. IEE Proceedings：Part C，1993，140（6）：516-522.

[129] 徐向军. 多目标多阶段电网模糊规划. 上海交通大学硕士论文，1995.

[130] 张洪明，仲建中，廖培鸿. 非确定性电网规划——多级决策法. 电力系统自动化学报，1994，6（2）：29-38.

[131] Miranda Vladimiro，Ranito J V，Proenca L M. Genetic algorithms in optimal multistage distribution network planning. IEEE Transactions on Power Systems，1994，9（4）：1927-1933.

[132] Gallego R A，Monticelli A，Romero R. Transmission system expansion planning by an extended genetic algorithm. IEE Proceedings：Part C，1998，145（3）：329-335.

[133] Kirkpatrick S. Optimization by simulated annealing. Science，1983，220（5）：671-679.

[134] Romero R，Gallego R A，Monticelli A. Transmission system expansion planning by simulated annealing. IEEE Transactions on Power Systems，1996，11（1）：364-369.

[135] Gallego R A，Alves A B，Monticelli A，et. al. Parallel simulated annealing applied ato long term transmission network expansion planning. IEEE Transactions on Power Systems，1997，12（1）：181-188.

[136] Mario V F Pereira，Leontina M V G Pinto. Application of sensitivity analysis of load supplying capability to interactive transmission expansion planning. IEEE Transactions on Power Apparatus and Systems，1985，104（2）：381-389.

[137] Arun P Sanghvi，Neal J Balu，Mark G Lauby. Power system reliability planning practices in North America. IEEE Transactions on Power Systems，1991，6（4）：1485-1491.

[138] Agarwal S K，Torre W V. Development of reliability targets for planning transmission facilities using probabilistic techniques—a utility approach. IEEE Transactions on Power Systems，1997，12（2）：704-709.

[139] Gerd Kjolle，Lars Rolfseng，Eyolf Dahl. The economic aspect of reliability in distribution system plan-

ning. IEEE Transactions on Power Delivery, 1990, 5 (2): 1153 - 1157.

[140] 谢敬东, 王磊, 唐国庆. 遗传算法在多目标电网优化规划中的应用. 电力系统自动化, 1998, 22 (10): 20 - 22.

[141] Kariuki K K, Allan R N. Applications of customer outage costs in system planning, design and operation. IEE Proceedings: Part C, 1996, 143 (4): 305 - 312.

[142] 曹世光, 柳焯, 于尔铿. 缺电成本与可靠性规划的研究. 电网技术, 1997, 21 (9): 52 - 54.

[143] Billinton R, Oteng-Adjei J. Utilization of interrupted energy assessment rates in generation and transmission system planning. IEEE Transactions on Power Systems, 1991, 6 (3): 1245 - 1253.

[144] 刘勇, 康立山, 陈毓屏. 非数值并行算法 (第二册)——遗传算法. 北京: 科学出版社, 1994.

[145] 陈国良, 王熙法, 庄镇泉, 等. 遗传算法及其应用. 北京: 人民邮电出版社, 1996.

[146] 康立山, 谢云, 尤矢勇, 等. 非数值并行算法 (第一册)——模拟退火算法. 北京: 科学出版社, 1994.

[147] Miranda Vladimiro, Srinivasan Dipti, Proenca L M. Evolutionary computation in power systems. Electrical Power & Energy System, 1998, 20 (2): 89 - 98.

[148] Lee T Y, Hick K L. Transmission Expansion by Branch—Bound Integer Programming With Optimal Cost—Capacity Curves. IEEE Trans PAS, 1974, 93 (5): 1390 - 1400.

[149] 周勤慧, 吴耀武, 等. 输电网络规划协调优化模型及其应用. 水电能源科学, 1996, 14 (2): 108 - 112.

[150] Meliopoulos A P, Webb R. Optimal long range transmission planning with AC Load Flow. IEEE Trans PAS, 1982, 101 (10): 4156 - 4163.

[151] Guo Ricai. A new decomposition based reliability optimization on method for long range transmission planning. Proceedings Of the International Conference On Electrical Engineering, 1996, 1.

[152] 岑文辉, 赵民, 等. 遗传算法及其在电网规划中的应用. 全国高等学校电力系统及其自动化专业第十届学术年会论文集, 1994.

[153] 王秀丽, 王锡凡. 遗传算法在输电系统规划中的应用. 全国高等学校电力系统及其自动化专业第十届学术年会论文集, 1994.

[154] 张有兵, 杨期余. 遗传算法在城网规划中的应用. 全国高等学校电力系统及其自动化专业第十二届学术年会论文集, 1996.

[155] 张俊芳, 王秀丽, 等. 遗传算法在电网规划应用中的改进. 电网技术, 1997, 21 (4): 25 - 32.

[156] 程浩忠, 高赐威, 马则良, 等. 多目标电网规划的分层最优化方法. 中国电机工程学报, 2003, 23 (10): 11 - 16.

[157] 程浩忠, 高赐威, 马则良, 等. 多目标电网规划的一般最优化模型. 上海交通大学学报, 2004 38 (8): 1229 - 1232, 1237.

[158] 郭永基. 电力系统可靠性分析. 北京: 清华大学出版社, 2003.

[159] 吕文杰. 地区电网最优化规划方案研讨. 电网技术, 1999, 1 (23): 38-42.

[160] 钱颂迪. 运筹学. 3 版. 北京: 清华大学出版社, 2005.

[161] GB/50293—1999. 城市电力规划规范.

[162] [加] 李文沅. 电力系统风险评估 (模型方法和应用). 周家启, 等译. 北京: 科学出版社, 2006.

[163] Cheng Haozhong, Chen Zhangchao, H. Sasaki, N. Yorino, Din Gaoshan, Ren Nianrong. Optimal placement planning of compensating capacitors and reactors in urban power transmission networks. Proceeding of International Conf. on Power System Technology (Icpst'94) 1994: 851 - 855.

[164] 程浩忠, 廖培鸿. 地区电网补偿电容最优配置规划. 电力系统自动化, 1987. 6: 3 - 11.

[165] 程浩忠. Economic dispatch of power system using an equivalent quadratic programming algorithm. 水

电能源科学，1992. 10 (3)：152 - 161.

[166] 程浩忠，廖培鸿. Optimal control of reactive power and voltage for distribution systems IFAC symposium on power systems and power plants, IFAC PREPINTS POWE RSYSTEM AND POWER PLANT CONTROL. 1986. 474 - 477.

[167] 程浩忠. 配电系统无功电压优化程序. 供用电，1988. 13 (1)：14 - 16.

[168] 程浩忠，廖培鸿. 地区电网无功电压最优控制. 水电能源科学，1991. 9 (2)：23 - 26.

[169] 程浩忠，陈章潮. 城市送电网中电力电容器配置的优化规划. 电力电容器，1995. 62 (4)：6 - 8.

[170] 程浩忠. 遗传算法在电力系统无功优化中的应用. 电工电能新技术，1996. 3 (15)：21 - 25.

[171] 程浩忠，祝达康，万善良，等. 城市电网发展规划方案的无功优化配置与分析. 电网技术，1997 (10)：41 - 43.

[172] 程浩忠. 基于遗传算法的电力系统无功优化. 上海交通大学学报，1998，32 (1)：127 - 130.

[173] 程浩忠，吴浩. 电力系统无功与电压稳定性. 北京：中国电力出版社，2004.

[174] 程浩忠，艾芊，张志刚，朱子述. 电能质量. 北京：清华大学出版社，2006.

[175] 范舜，韩水. 配电网无功优化及无功补偿装置. 北京：中国电力出版社，2003.

[176] 国家电网公司——电能损耗 无功电压管理规定及技术原则. 北京：中国电力出版社，2004.

[177] 黄晓莉. 面向 21 世纪的国家电力数据网络（上）. 电力系统自动化，1999，23 (22)：45 - 49.

[178] 黄晓莉. 面向 21 世纪的国家电力数据网络（下）. 电力系统自动化，1999，23 (23)：45 - 49.

[179] 于尔铿，刘广一，周京阳. 能量管理系统（EMS）. 北京：科学出版社，1998.

[180] 刘东. 配电自动化系统试验. 北京：中国电力出版社，2004.

[181] 国际电工委员会. IEC 61970、IEC61850、IEC61968 系列国际标准.

[182] 国家电力监管委员会第 5 号令. 电力二次系统安全防护规定，2006.

[183] DL/T 814—2002. 配电自动化系统功能规范. 北京：中国电力出版社，2002.

[184] DL/T 5092—1999. 110～500kV 架空送电线路设计技术规程. 北京：中国电力出版社，1999.

[185] 供电营业规则. 中华人民共和国电力工业部第 8 号令，1996，10.

[186] Zhou Kongjun, Li Haijun and Hou Xingzhe. The Application of LCC theory on the watt-hour meter management. 2006 International Conference on Power system Technology, Oct. 22 - 26, 2006：1 - 8.

[187] Pingtao Yan, Mengchu Zhou. A life cycle engineering approach to development of flexible manufacturing systems. IEEE Transactions on Robotics and Automation, 2003, 19 (3)：465 - 473.

[188] 白玉东，王承民，衣涛，等. 基于柔性分析的风电并网容量优化建模. 电力系统自动化，2012，36 (12)：17 - 24.

[189] Liew S N, Strbac G. Maximizing penetration of wind generation in existing distribution networks. IEEE Proceedings of Transmission and Distribution, 2002, 149 (3)：256 - 262.

[190] 万振东. 考虑大规模风电消纳能力的电网灵活规划. 上海交通大学硕士论文，2012.

[191] H. Yu, C. Y. Chung, K. P. Wong, et al. A Chance Constrained Transmission Network Expansion Planning Method With Consideration of Load and Wind Farm Uncertainties. IEEE Transactions on Power systems, 2009, 24 (3)：1568 - 1576.

[192] LuBo, Shahideh Pour M. Unit commitment with flexible generating units. IEEE Transactions on Power systems, 2005, 20 (2)：1022 - 1034.

[193] Grey A, Sekar A. Unified solution of security-constrained unit commitment Problem using a linear Programming methodology. IET Generation Transmission & Distribution, 2008, 2 (6)：856 - 867.

[194] Vladimiro Miranda, Pun Sio Hang. Economic Dispatch Model With Fuzzy Wind Constraints and Attitudes of Dispatchers. IEEE Transactions On Power Systems. 2005, 20 (4)：2143 - 2145.

[195] Senjyu T, Shimabukuro K, Uezato K, et al. A fast technique for unit commitment Problem by ex-

tended Priority list. IEEE Transactions on Power systems, 2003, 18 (2): 882 - 888.

[196] Jaeseok Choi, Tran T, El-Keib A A, et al. A method for transmission system expansion planning considering probabilistic reliability criteria. IEEE Transaction on Power Systems, 2005, 20 (3): 1606 - 1615.

[197] Zhang P, Lee S T, Probabilistic Load Flow Computation Using The Method of Combined Cumulants and Gram-Charlier Expansion, IEEE Transaction on Power Systems, 2004, 19 (1), 676 - 682.

[198] 欧阳武. 含分布式发电的配电网规划研究. 上海交通大学博士论文, 2009.

[199] Pipattanasomporn Manisa, Willingham Michael, Rahman Saifur. Implication of on-site distributed generation for commercial/industrial facilities. IEEE Transactions on power systems, 2005, 20 (1): 206 - 212.

[200] 缪源诚, 程浩忠, 龚小雪, 等. 含微网的配电网接线模式探讨. 中国电机工程学报, 2011, 32 (1): 17 - 23.

[201] Jun Xiao, Fangxing Li, Wenzhuo Gu, et al, Total supply capability and its extended indices for distribution systems: definition, model calculation and applications. IET Generation, Transmission & Distribution, Volume 5, Issue 8: 869 - 876.

[202] 余贻鑫, 栾文鹏. 智能电网. 电网与清洁能源, 2009, 25 (1): 7 - 11.

[203] 程浩忠, 张焰, 严正, 刘东, 顾洁. 电力系统规划. 北京: 中国电力出版社, 2008.

[204] 程浩忠, 姜祥生. 20kV 配电网规划与改造. 北京: 中国电力出版社, 2010.

[205] 刘振亚. 中国电力与能源. 北京: 中国电力出版社, 2012.

[206] 李蕊, 李跃, 苏剑, 等. 配电网重要电力用户停电损失及应急策略. 电网技术, 2011, 35 (10): 170 - 176.

[207] Asiedu Y. Product life cycle cost analysis: state of the art review. International Journal of Production Research, 1998, 36 (4): 883 - 908.

[208] Ingo Jeromin, Gerd Balzer, Jurgen Backes, et al. Life cycle cost analysis of transmission and distribution systems. 2009 IEEE Bucharest Power Tech Conference, June 28-July 2, 2009, Bucharest, Romania: 1 - 6.

[209] Zhu Hong and Hu Wenping. An instance based on a 3-dimensional model of life cycle cost for overhead lines. International Conference on Computer, Mechatronics, Control and Electronic Engineering, 2010, 1: 431 - 434.

[210] GB/T 19963—2011. 风电场接入电力系统技术规定. 中华人民共和国国家标准.

[211] 张宁, 康重庆, 陈治坪, 等. 基于序列运算的风电可信容量计算. 中国电机工程学报, 2011, 31 (25): 1 - 9.

[212] Bowden G J, Barker P R, Shestopal V O, et al. The Weibull distribution function and wind power statistics. Wind Engineering, 1983, 7 (2): 85 - 98.

[213] Balouktsis A, Chassapis D, Karapantsios T D. A nomogram method for estimating the energy produced by wind turbine generators. Solar Energy, 2002, 72 (3): 251 - 259.

[214] Damousis I G, Alexiadis M C, Theocharis J B, et al. A fuzzy model for wind speed prediction and power generation in wind parks using spatial correlation. IEEE Transactions on Energy Conversion, 2004, 19 (2): 352 - 361.

[215] 国网能源研究院. 国家电网公司促进清洁能源发展研究专题七: 我国清洁能源与电力协调发展研究报告. 2009, 12: 49 - 58.

[216] 樊扬, 林勇, 徐乾耀, 等. 广东电网风电出力特性分析及其经济性评价. 南方电网技术, 2012, 6 (1): 8 - 11.